无线电精汇

Build Your Own Kits with MCU

单片机系统开发
与应用案例精选

■ 《无线电》编辑部 编

SYSTEM

77 个单片机开发案例，**450+** 页丰富内容

51、AVR、STM32 等多种主流单片机开发一次掌握

涵盖多种制作类型，可参照性强

用单片机设计和制作你自己的智能设备吧！

U0277641

人民邮电出版社
北京

图书在版编目（ＣＩＰ）数据

单片机系统开发与应用案例精选 / 《无线电》编辑
部编. -- 北京 : 人民邮电出版社，2020.6
（《无线电》精汇）
ISBN 978-7-115-53281-7

Ⅰ．①单… Ⅱ．①无… Ⅲ．①单片微型计算机 Ⅳ.
①TP368.1

中国版本图书馆CIP数据核字(2020)第020348号

内 容 提 要

　　《单片机系统开发与应用案例精选》是"《无线电》精汇"系列中的一本，精选汇编了 77 个优秀的单片机设计与制作项目，分为玩转显示控制、掌握信号检测与控制、设计实用智能设备、应用多种无线通信 4 章。

　　单片机在现代电子产品中应用广泛，是产品智能化的基础。本书中介绍的项目涉及最基础的 LED 控制、屏幕显示、按键交互功能，温度、红外、超声波、触控等各种传感器，以及 GPS、蓝牙、Wi-Fi、RFID 等模块的使用方法。本书中收录的项目从学习单片机必做的电子时钟，到各种智能装置、仪器仪表、物联网设备，逐渐提高复杂程度、扩大应用范围。书中汇集的制作案例内容丰富、资料翔实、实用性强，是近年来国内电子爱好者、电子技术专业人士在单片机制作项目中的精品，值得读者学习与借鉴。

　　本书不仅适合电子爱好者、单片机学习者阅读，还可以为中小学单片机社团开展电子科技实践活动，大学电子、自动化等专业学生进行设计和制作实践、开阔思路提供有益的参考。

　◆ 编　　　　　《无线电》编辑部
　　　责任编辑　周　明
　　　责任印制　彭志环
　◆ 人民邮电出版社出版发行　　北京市丰台区成寿寺路 11 号
　　　邮编　100164　　电子邮件　315@ptpress.com.cn
　　　网址　https://www.ptpress.com.cn
　　　北京市艺辉印刷有限公司印刷
　◆ 开本：787×1092　1/16
　　　印张：28.25　　　　　　　　2020 年 6 月第 1 版
　　　字数：721 千字　　　　　　2020 年 6 月北京第 1 次印刷

定价：119.00 元

读者服务热线：(010)81055493　印装质量热线：(010)81055316
反盗版热线：(010)81055315
广告经营许可证：京东工商广登字 20170147 号

前言

电子制作项目向来都是电子爱好者、大中专学校电子专业师生的最爱。《无线电》杂志自 1955 年创刊以来，历经 60 多年、出版 680 多期，刊登了大量具有知识性和趣味性、可操作性强的无线电制作方面的文章，伴随着一代又一代无线电爱好者成长，拥有了一批又一批无线电和电子技术的粉丝。当代很多从事电子技术工作的专家、教授小时候都曾是无线电爱好者。有的无线电爱好者虽然没有从事电子技术专业工作，但他们能把自己的专长运用到工作中，使电子技术在其他领域得到广泛的应用和发展。《无线电》杂志为自己在"科普、创新、实作、分享"中不懈努力、得到众多粉丝认可而感到欣慰。2019 年，《无线电》入选中国科协、财政部、教育部、科学技术部、国家新闻出版署、中国科学院、中国工程院联合实施的中国科技期刊卓越行动计划，且是仅有的 5 种科技期刊之一。

电子科学技术的发展是一个国家科学技术进步的重要标志之一。普及无线电和电子科学技术既是国家科学技术发展的需要，也是培养新世纪科技人才的需要，更是《无线电》杂志义不容辞的使命。为此，我们适时地把《无线电》杂志上刊登过的、优秀的制作类文章，认真精选汇编成书，以方便广大读者学习，从而延伸《无线电》杂志的科普服务功能。

这套"《无线电》精汇"系列图书，内容取自近几年来《无线电》杂志发表的优秀制作类文章，其中既有经典的电子制作，又有体现时代特征的单片机应用与开发项目，以及新世纪创意迸发的开源制作项目。这些项目既可以用于业余和课外电子制作活动，又能用于开发智能电子产品。

"《无线电》精汇"系列图书内容丰富、信息量大、涵盖技术领域宽广、资料齐全、实用性强，可作为广大电子技术人员、科研人员、电子爱好者的重要参考书，也适合作为大学电子、自动化等专业学生进行设计与制作实践的指南。

《无线电》编辑部

目录

第一章　玩转显示控制

CONTENTS

第二章　掌握信号检测与控制

目录

第三章　设计实用智能设备

第四章　应用多种无线通信

带☆的表示有配套数字资源（源程序、电路图等）。

本书相关数字资源下载平台地址：
http://box.ptpress.com.cn/y/RC2020000004

第一章

玩转显示控制

1 LED小灯瓶

1.1 功能及特点

■ 你可以送给朋友作为生日礼物。

■ 它发出的淡黄色的光很温馨，可以在吃饭、聚会时烘托气氛。

■ 虽然LED灯瓶有12个LED，由于程序使用的是逐点动态扫描的驱动方式，整体功耗仅仅相当于点亮一个LED。因此，电池充电一次，连续工作一个星期不成问题。

■ 用6个I/O引脚的单片机驱动12个LED。

■ 可控制LED的亮/灭及渐变。

1.2 起源

有一天在网上看到一个制作——LED电子萤火虫，我感觉电路很有特点，于是就想仿制一个。那个LED电子萤火虫用的是ATtiny13单片机来控制，我也正好有。而且硬件制作比较简单，成本也不高，10元钱都不到，就能DIY一个。虽然简单，但是制作需要耐心和细心，毕竟需要连接12个LED，焊接的工作量不少，我自己用了一个下午才完成，而程序更是陆陆续续地写了几个小时。

估计你会很好奇地问，一共才6个可用I/O引脚的 ATtiny13，怎么能驱动12个LED呢？其实，我要告诉你，它不仅可以点亮每个LED，而且还能控制每个LED的亮度呢！这才是本次制作的精华。在制作的过程中，发生了一点小小的意外。我购买的JST充电线和原来的充电器引脚相反，致使我原本打算使用的小型锂电池损坏，不能充电。在万般无奈的情况下，我只好更换体积更大的锂电池了。

1.3 主要材料

这次的主要元器件就是ATtiny13单片机和12个LED。当然还有双绞线、洞洞板、电池、空瓶子、电阻等其他辅助材料，如图1.1所示。

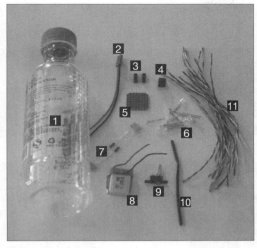

编号	名称	说明
1	空瓶子	外观
2	JST插头	用于给锂电池充电
3	单片机插座	方便更换单片机
4	ATtiny13 单片机	控制电路的芯片
5	洞洞板	固定支撑作用
6	12个LED	发光组件
7	220Ω电阻	限流电阻，防止LED烧毁
8	3.7V锂电池	电源
9	开关	电源开关作用
10	1.5mm 热缩管	包在金属上，防止短路
11	双绞线	网线上拆下的

图1.1 制作所需的主要材料

　　本制作使用的是8个引脚的ATtiny13单片机，这款单片机现在的价格很便宜，4元左右就能买到。 ATtiny13是AVR单片机，它有1KB的 Flash、64B的EEPROM、64B的SRAM、6个通用I/O口线、 32个通用工作寄存器、1个具有比较模式的8位定时器/计数器、片内/外中断、4路10位ADC、具有片内振荡器的可编程看门狗定时器，以及3种可以通过软件进行选择的省电模式。12个LED为普通的3mm发黄色光的LED。

1.4　制作过程

1 焊接单片机插座。

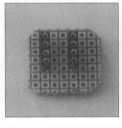

2 焊接两个电阻。

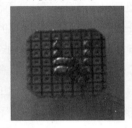

4 焊接好的12个LED。

3 双绞线套入热缩管后，焊接LED。焊接好后，用打火机加热热缩管，使其收缩固定。最后，别忘了再扭下热缩管。

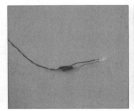

5 将双绞线焊接到洞洞板上。

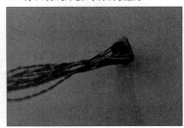

⑥ 洞洞板和双绞线焊接好的效果。

⑦ 焊接JST插头、锂电池和开关。

⑧ 在瓶子上开口。

⑨ 用热熔胶固定。

⑩ 装入瓶子中。

1.5 控制原理

为什么6个I/O能控制12个LED呢？它们之间会不会相互影响呢？其实，这样的连接方式不仅能控制每个LED，还能控制其亮度呢！之所以能这样连接，是因为AVR单片机的每个I/O都是3态输出的。如果用普通51单片机，这样连接是不行的。

那么又是如何控制LED的亮度呢？控制亮度的关键是ATtiny13的两路PWM，它们可以分别设置连接到PB0和PB1引脚上。在ATtiny13使用内部振荡器的情况下，PWM的最高频率可设置为47.5kHz。而且PWM的极性可以通过设置寄存器而改变，这使得12个LED亮度的控制更加简单了。

先谈谈如何控制每个LED单独的亮和灭。ATtiny13的每个I/O都有4种状态，即输出0状态、输出1状态、高阻态（悬空态）、带上拉电阻的高阻态。要使LED亮，必须要让LED中流过正向的电流，如果要让最左边的LED亮，PB1输出1、PB2输出0即可。但是，其他不相关的引脚需要设置成高阻态。否则，如果PB0此时也为1的话，第2个LED也会亮。总之，为了保证其他LED不受到影响，在设置某个灯亮时，必须先把所有I/O设置成不带上拉的高阻态。

能控制亮和灭有什么了不起？呵呵，其实还能控制每个LED单独的渐变，就是渐渐变亮，渐渐变暗。我举个例子吧，如果要最左边的LED渐渐变亮，就先设置PB2引脚为0电平，PB1引脚设置为高电平驱动的PWM波。然后，程序逐渐控制PB1的PWM状态，通过调整PWM高电平的脉宽长度来实现亮度控制。当PWM高电平的时间长时，LED就变亮了。反之，LED就变暗了。

那么电路原理图（见图1.2）中第7个反过来接的LED怎么实现亮度控制呢？原理还是一样，只是PB2将刚才的0电平设置成1电平，原来PB1为高电平脉冲驱动的PWM波设置成低电平脉冲驱动的PWM波即可。同样，要控制第7个LED的亮度，就控制PWM低电平的脉宽长度，当低电平的脉宽长度变长时，LED就变亮了。反之，LED就变暗了。

那么能实现所有的LED同时发光吗？制作过程中，这个功能的实现倒是困扰了我一会儿。后

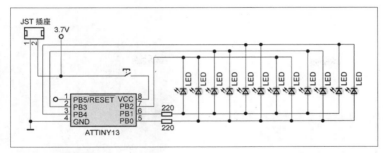

图1.2 控制电路原理图

来，我想到了动态扫描。什么是动态扫描？老式电视机不就是这个原理吗？电视机通过磁场让射线高速地扫描屏幕，从而产生一幅画面。那么，让每个LED分别亮1ms左右，然后像电视机一样不断地扫描，看上去就都亮了。在此基础上，再控制每个LED的亮度数值，就能实现整体亮度控制了。如果LED足够多，单片机引脚也足够多，还可能显示一副灰度画面呢！

1.6 3种效果的程序编写

程序的PWM频率设置为最高的37.5kHz。之所以选择这么高的频率是为了不影响动态扫描。试想，如果PWM频率为100Hz，那么还怎么动态扫描呢？在程序中，动态扫描实际的频率为62Hz。这已经足够骗过人的眼睛，让我们看不到LED的闪烁。

在单片机的中断代码中，程序每过26μs就会产生溢出中断一次，通过变量count计数中断次数。当中断的次数达到50次时，就更换下一个LED，显示它对应的亮度。LED的亮度存储到led[ ]这个数组中，每个LED通过载入对应的亮度值，即通过改变PWM产生寄存器的OCR0A与OCR0B，来实际控制高低电平脉宽长度，最终实现亮度的控制。当然，每次通过PWM控制亮度，都要先根据LED的驱动电平方式，重新设置PWM的控制模式。在此之前，还要记得设置不相关的引脚为高阻态。

LED的3种效果控制程序能够实现LED不断地变换，只要调用就能分别实现如下功能：所有LED的呼吸效果、逐个点亮和熄灭LED、LED流水显示的效果。从编程的思路上讲，led[ ]数组存放了12个元素，每个元素所存内容，即对应每个LED的亮度值。要改变某个LED的亮度，都是通过设置led[ ]数组中对应元素的 PWM 缓冲数值来实现自动变换。要让所有的LED全亮只需设置数组中的每个元素的数值都为255即可。如果要一半的亮度就设置为128。要让某个LED单独最亮，只要设置这个LED对应的元素数值为255，其他的元素为0。如果任意LED要产生渐渐变亮的效果，那么只要对应数组元素中的数值从0逐渐变为255即可。同理，渐渐变暗，数值就从255变成0。要实现什么样的效果，大家可以通过改变led[ ]数组来实现。

2 个性七彩小夜灯

前一段时间笔者偶得一香水瓶，此瓶做工精良、玲珑剔透。虽然瓶内香水已经用尽，但丢弃实在可惜，笔者一直在想如何将此瓶废物利用，做个什么有用的东西。此香水瓶无色透明，大致为球形，表面布满大小不一的气泡状装饰性凹点，根据这些特点不断想象，最终笔者还是觉得用它来做小灯罩最为合适，不仅利用了其能够透光的特性，还利用了其装饰性凹点能够反射和折射光线的特性，这样的"灯罩"可以使灯具有很好的视觉效果，当灯光颜色变化时更是交相辉映、绚丽多彩。既然想到了就赶快动手，免得创意"溜走"，经过几天的努力，笔者制作出了这款颇具个性的七彩小夜灯。

2.1 外观设计

为了方便制作，也为了更具有个性，本小夜灯摒弃了外壳，在结构上也没有作太复杂的设计，仅是简单地采用了"灯罩＋底座"的形式，其中底座就是各部分电路的电路板。

灯罩为球形，这是已经确定的，因而小夜灯外观的设计主要就是底座的设计。底座既要突出个性，又要与灯罩相协调，这是外观设计时一定要考虑的。球形的投影是圆，圆是公认的最完美的图形，也是最简单的图形，从简洁、大方的设计角度出发，与之组合的图形也应该是一个非常简单的图形。三角形是最简单的多边形，其中正三角形又是最完美的三角形，将之与圆组合起来十分协调。此外，正三角形还能给人以稳定的感觉，底座采用这种形状也非常合适。因此，本小夜灯的底座设计为正三角形，整体外观俯视图如图2.1所示。

2.2 功能设计

本小夜灯的主要功能是夜间辅助照明，它设计有2种工作模式，分别为静态模式和动态模式，其中每种工作模式又有26种显示花样可选。静态模式下灯的颜色、亮度等状态始终不变，动态模式下灯的状态按一定规律循环变化，各模式下不同显示花样对应的灯的状态将在后面软件设计中详细介绍。由于灯的颜色、亮度和显示花样能够灵活改变，所以本小夜灯也可以作为节日彩灯来使用。

本着使用方便、操作简单的原则，本小夜灯设计了3个按键，分别为开关键、静态模式键和动态模式键,如图2.1所示。各按键的功能如下。

开关键:在待机状态下按此键则开机进入工作状态,小夜灯按上次关机前设置的模式和显示花样工作,首次上电默认为静态模式、花样0;在工作状态下按此键则关机进入待机状态,小夜灯熄灭。

静态模式键:在静态模式下按此键则切换到下一种显示花样,各种显示花样可以循环切换;在动态模式下按此键则切换到静态模式;在待机状态下按此键无效。

动态模式键:在动态模式下按此键则切换到下一种显示花样,各种显示花样可以循环切换;在静态模式下按此键则切换到动态模式;在待机状态下按此键无效。

因采用低功耗设计,待机电流甚微,所以无须设计单独的电源开关。

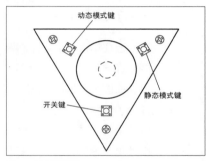

图2.1 外观俯视图

2.3 原理分析

本小夜灯的灯罩非常小,因而灯罩内的灯(即光源)的体积也不能太大,否则将无法装入。LED具有体积小、亮度高、功耗低、寿命长等优点,近年来在照明领域应用越来越广泛,这里也采用LED作光源,体积和亮度均可满足要求。

目前市场上LED颜色的种类比从前多了不少,但仍是有限的几种。在实际应用中,若需要LED发出更多种颜色的光,较为常用的方法是用多个不同颜色的LED混色。在大多数应用中,如广告屏、照明等,一般是选用红色、绿色和蓝色三种基色的LED来混色。若不改变各LED的亮度,上述3种颜色混色后能够得到4种新的颜色,如表2.1所列;若改变其中一种或多种颜色的LED的亮度,则可以得到更多种颜色。本小夜灯就采用这种混色的方法。

2.4 硬件设计

电路原理图见图2.2,整个电路包括控制电路和电源电路两部分。

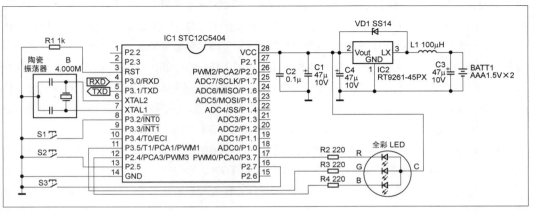

图2.2 电路原理图

2.4.1 控制电路

近几年很多半导体制造商都开发了专用的三基色LED亮度控制IC即混色控制IC，此类IC在礼品笔、电子胸花等产品中十分常见，如图2.3所示。这类IC成本低廉、外围电路简单，但显示花样少，使用不够灵活，且多为裸片，不适合电子爱好者在业余条件下使用。基于以上考虑，本小夜灯没有采用专用IC，而是采用单片机来控制三种基色的LED的亮度。单片机选用STC（宏晶科技）的STC12C5404，主要是因为它内部具有4个通道独立的PWM（Pulse Width Modulation，脉宽调制）电路，可以很容易地实现本3路LED亮度的控制。它是一款单时钟/机器周期单片机，兼容MCS-51指令系统，工作电压为3.5～5.5V，在掉电模式下电流仅为0.1μA。

STC12C5404引脚排列与常用的AT89C2051类似，只是在它的基础上又增加了若干个引脚。本小夜灯操作并不复杂，控制对象也很单一，因而单片机外围电路非常简洁。PWM0、PWM1和PWM3这3个通道的PWM输出口分别控制红色、绿色和蓝色3路LED。由于各输出口灌电流可达20mA，所以无须任何驱动电路，直接与LED连接即可。INT0、P2.5和P2.7这3个I/O口各连接1个按键，这些I/O口内部均有弱上拉晶体管，为了简化电路，外部没有再连接上拉电阻。RXD和TXD没有连接任何器件，但也通过焊盘单独引出，以方便在线编程和调试。虽然STC12C5404内部具有RC振荡器，但误差较大，为了保证电路的一致性以及显示花样变换时间的准确性，电路中还是使用了外部振荡器。这里没有使用常用的石英晶体，而是选用内置负载电容的陶瓷振荡器，这样就无须再外接负载电容，简化了电路。

2.4.2 电源电路

本小夜灯采用电池供电，这样小夜灯在工作时就无须外接专门的电源，也可以随时移动，使用更加方便。红色LED的正向导通电压V_F一般为2.0V，而绿色（这里并非指普通的黄绿色，而是指纯绿色，有时也叫翠绿色）和蓝色LED的正向导通电压V_F一般均为3.5V，这就决定了控制电路的工作电压应高于3.5V。大多数电池的标称电压为1.5V，用3节电池串联才能满足上述要求，但这样当每节电池工作一段时间电压降至约1.2V后电路将无法正常工作，电池利用率比较低，不够经济，作为采用电池供电的产品是不允许的。若采用4节电池串联虽然能够提高电池利用率，但总电压超过了单片机允许的最高工作电压，而且体积也增大了不少，更不可行。为了解决以上矛盾，同时也为了进一步减小体积，这里特别设计了升压电路，整个电路采用2节1.5V电池串联供电。

升压电路以IC2为核心，将3V电池电压升至4.5V作为单片机及其外围电路的工作电压。IC2为RICHTEK（立锜科技）推出的升压型DC/DC变换器RT9261-45PX，它具有外围元器件少、功耗低、启动电压低、效率高等特点，当每节电池电压降至0.75V时电路仍能正常工作，电池利用率非常高。

电路中输入端电容C3可以降低电源阻抗，减小输出噪声，使输入电流平均化从而提高效率。输

表2.1　基色混色后得到的颜色

基色	混色后的颜色
红+绿	黄
绿+蓝	青
红+蓝	紫（品红）
红+绿+蓝	白

图2.3　礼品笔中的混色控制IC

出端电容C4的主要作用是使输出电压变得平滑，输出电压较高以及负载电流较大时，输出的纹波电压也会变大，C4的作用更加重要。为了获得比较稳定的输出电压，应选用22μF以上的低ESR（等效串联电阻）电容，当要求不高并且负载电流较小时，为了降低成本也可以选用质量较好的普通电解电容，但应适当增大容量。

电感L1应尽量选用直流电阻较小的产品。虽然电感值在很宽的范围内选取本电路都可以工作，但是电感值过大会使最大输出电流减小，并且增大了体积，增加了成本；电感值过小会使纹波电流变大，工作效率降低，并且有可能导致磁饱和，综合考虑以上因素L1选100μH。

VD1应选用正向压降小、开关速度快的肖特基二极管，本电路工作电压低、电流小，绝大多数的肖特基二极管都能够满足要求，但是一定要选择反向漏电流I_R较小的型号，否则空载输入电流偏大，待机功耗达不到要求。这里VD1选用SS14，此型号不同制造商生产的产品I_R的参数会有一定的差别，在实际选择时应注意。

2.5 软件设计

程序包括主程序、按键检测子程序、静态显示子程序、掉电处理子程序、外部中断0服务程序和定时器0溢出中断服务程序等几个部分。

2.5.1 主程序

主程序流程图见图2.4。初始化程序除了清RAM以及对I/O口、定时器、中断等进行设置以外还对与PWM功能相关的寄存器进行设置，这里将PWM输出口输出脉冲的频率f_{PWM}设置为1.302kHz。初始化后调用静态显示子程序进入工作状态，之后执行主循环程序，完成按键检测、掉电处理等任务。

2.5.2 按键检测子程序

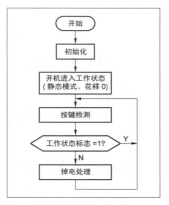

图2.4 主程序流程图

按键检测子程序流程图见图2.5。这部分程序的任务是根据按键操作执行相应的按键处理程序，完成工作状态、模式以及显示花样的切换。其中，开关键处理主要改变工作状态标志并在工作状态标志置1时恢复原来的工作状态；静态模式键处理主要改变静态模式花样寄存器的数值，并调用静态显示子程序改变LED的状态；动态模式键处理主要改变动态模式花样寄存器的数值，并设置相关寄存器的初始值、使能定时器0溢出中断，为执行定时器0溢出中断服务程序做好准备。

2.5.3 静态显示子程序

静态显示子程序的主要任务是根据静态模式花样寄存器的数值改变各路LED的状态。静态模式各显示花样对应的各路LED的状态如表2.2所列。

程序中将各路LED状态对应的占空比设置值（CCAPnH寄存器的数值）参考表2.2按花样列成表，静态显示子程序根据静态模式花样寄存器的数值，通过查表得到相应花样各路LED状态对应的占空比设置值，用这些设置值替代原来的设置值即可改变各路LED的状态。

表2.2　静态模式各显示花样对应的各路LED的状态

花样	各路LED的状态	花样	各路LED的状态	花样	各路LED的状态	花样	各路LED的状态
0	R●G◎B○	1	R◎G◎B○	2	R◎G●B○	3	R◎G◎B○
4	R◎G◎B●	5	R◎G◎B○	6	R●G◎B○	7	R◎G◎B○
8	R●G◎B○	9	R◎G◎B○	10	R◎G◎B●	11	R◎G◎B●
12	R◎G◎B◎	13	R◎G◎B◎	14	R●G○B●	15	R●G◎B◎
16	R◎G◎B●	17	R◎G◎B○	18	R◎G●B●	19	R◎G●B●
20	R◎G◎B●	21	R●G◎B○	22	R◎G◎B●	23	R◎G◎B◎
24	R◎G●B○	25	R◎G◎B◎				

●表示全亮，此时PWM输出口输出脉冲的占空比为0.391%；◎表示半亮，此时占空比为66.8%；○表示熄灭，此时占空比为100%。

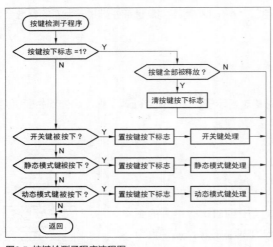

图2.5　按键检测子程序流程图

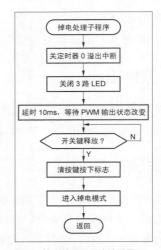

图2.6　掉电处理子程序流程图

2.5.4　掉电处理子程序

掉电处理子程序流程图见图2.6。其主要任务是关闭各路LED，进入掉电模式。执行这部分程序后，程序将停止运行，系统功耗降至最低，当单片机被"唤醒"后，程序返回继续运行。

2.5.5　外部中断0服务程序

每当开关键按下后产生外部中断，外部中断0服务程序执行一次。这部分程序的指令只有2条，并没有执行实质性的任务，它仅是将单片机从掉电模式中"唤醒"。

2.5.6　定时器0溢出中断服务程序

定时器0溢出中断服务程序流程图见图2.7，它实际上是动态显示子程序。这部分程序每10ms执行一次，其主要任务是在动态模式下按所选择的显示花样循环改变各路LED的状态。为了方便软件设计，这里将动态模式每种显示花样细分为若干拍，各显示花样各拍对应的各路LED的状态如表2.3所列。

动态模式各显示花样的各拍中，包含变亮或变暗状态的拍持续时间较长，约为2.56s；不包含

表2.3 动态模式各显示花样各拍对应的各路LED的状态

花样	各拍各路LED的状态	花样	各拍各路LED的状态	花样	各拍各路LED的状态
0	R●GOBO→ROGOBO	5	R○GOBO→ROGOBO	10	R▲GABO→R▼GOB▼
1	ROG●BO→ROGOBO	6	ROG●BO→ROGOBO	11	ROG▲BO→R○G▼B●
2	ROGOB●→ROGOBO	7	R▲GOBO→R▼GOBO	12	R▲GOBA→R▼GOB▼
3	R○GOBO→ROGOBO	8	R○GABO→ROG▼BO	13	R▲GABA→R▼G▼B▼
4	ROG○BO→ROGOBO	9	ROGOBA→ROGOB▼		

14	R●GOBO→ROG●BO→ROGOB●
15	R○G●BO→ROG●BO→R●GOBO
16	R●GOBO→R●G●BO→ROG●BO→ROGOBO→ROGOB●→R●GOBO
17	R▲GOBO→R▼GOBO→ROGABO→ROG▼BO→ROGOBA→ROGOB▼
18	R▲GABO→R▼G▼BO→ROGABA→ROG▼B▼→R▲GOBA→R▼GOB▼
19	R▲GOBO→R▼GOBO→R▲GABO→R▼G▼BO→ROGABO→ROG▼BO→ROGABA→ROG▼B▼→ROG○BA→ROGOB▼→R▲GOBA→R▼GOB▼
20	R▲GOB●→R○GOB▼→R○GABO→R▼G●BO→ROG●BA→ROG▼B●
21	R▲GABA→R○G▼B▼→R▼G○BO→R▲GABA→R▼G●B▼→ROG▼BO→R▲GABA→R▼G▼BO●→ROG○B▼
22	R▲GABO→R○GOBA→R○GOB▼→R▼G○BO→ROGABO→R○GOBO→R▼GOBO→ROG▼BO→R○GOB▼→ROGOBA→R▲GOBO→R●G▲BO→ROG▼BO→R●GOB▼→R▼GOBO
23	R●GOBO→R▼G▲BO→ROG●BO→ROG▼BA→ROGOB●→R▲GOB▼
24	R▲GABO→ROGOBO→R●GOBO→ROG●BO→ROGOB●→R●GOBO→ROG●BO→ROGOB●→ROGABO→ROGOBO→ROG●BO→ROGOBO→ROG●BO→ROGOB●→ROGOBO→R●GOBO→ROGOB●→ROGOBO
25	R▲GABO→ROGOBO→R●G●BO→ROG●BO→ROGOB●→ROGOBO→ROGABA→ROGOBO→R●G●BO→ROGOB●→ROGOBA▲→ROGOBO→R●G●BO→ROGOBO→R▲GOBA▲→ROGOBO→R●G●BO→ROGOBO

●表示全亮，此时占空比为0.391%；○表示熄灭，此时占空比为100%；▲表示变亮，此时占空比逐渐由100%降至0.391%；▼表示变暗，此时占空比逐渐由0.391%升至100%。

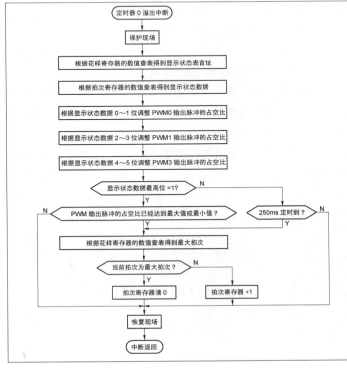

图2.7 定时器0溢出中断服务程序流程图

变亮和变暗状态的拍持续时间较短，约为250ms。程序中将各路LED的状态标志和拍的长短标志组合为1字节的显示状态数据，参考表2.3按花样和拍次列成表，定时器0溢出中断服务程序根据动态模式花样寄存器和拍次寄存器的数值通过查表得到相应花样、相应拍的显示状态数据，依此调整各路LED的占空比设置值即可改变各路LED的状态。随着定时器0溢出中断的不断产生以及拍次寄存器数值的不断改变，各路LED的状态便可按所选择的显示花样的各拍循环变化。

2.6　PCB设计与制作

为了满足整体造型、体积以及底座功能的具体要求，本小夜灯PCB分为2块来设计。控制电路和电源电路分别布局在1块边长约87mm的正三角形电路板上，这2块电路板在安装时通过金属支撑柱来实现电气连接。控制电路和电源电路都比较简单，元器件也相对较少，采用单面板即可满足布局要求。整个电路工作电压较低，工作电流也很小，PCB走线宽度和间距无特殊要求。布局好的电路板如图2.8所示。

PCB布局好后可以委托工厂加工，也可以自制。笔者制作电路所使用的PCB是用感光板自制的，如图2.9所示。

2.7　元器件选择与电路制作

制作本小夜灯电路所需要的元器件不多，但各器件都应按要求选择。IC1选用SOP-28封装，IC2选用SOT-89封装。R1~R4均选用0805系列贴片电阻，C1、C3和C4均选用C型尺寸贴片钽电解电容，C2选用0805系列贴片电容，L1选用CD43型贴片线绕电感。XTAL1选用PBRC-B系列或与之兼容的其他型号贴片陶瓷振荡器，S1~S3均选用6mm×6mm小型直插按键。

为了便于将LED装入灯罩，并获得更好的混色效果，这里光源没有采用3个单色LED，而是采用了1个全彩LED。全彩LED也叫七彩LED或三色LED，其内部封装有红色、绿色和蓝色3种颜色的LED管芯，它在使用时相当于3个LED。全彩LED内部各LED其中一端连在一起形成公共端，加上各LED的另一端它共有4个引脚，排列如图2.10所示（少数产品可能与此不同，具体以产品资料或实际测量为准）。根据公共端极性的不同，全彩LED可以分为共阴极和共阳极两种，按电路要求，这里采用后者。根据外观和制造工艺的不同，全彩LED又可以分为透明和雾状（类似磨砂灯泡的效果）两种，为了使光线更加自然、柔和，制作时最好选用后者。市场上全彩LED的尺寸规格多为Φ5mm，制作时选用这种规格即可。

BATT1为2节串联的AAA（7号）1.5V电池，制作时应通过配套的电池夹（电池盒）来安装。

电路中绝大部分器件为贴片器件，焊接时要特别仔细，以免出现短路、虚焊等缺陷。各元器件焊接好后应对照电路原理图反复检查，若有错误和缺陷要及时改正和修补。为了方便调试，LED和电池夹可暂不安装，待调试结束后再另行安装。自制的PCB表面往往没有阻焊层，为了防止铜箔氧化影响电气性能和外观，电路焊接好后最好在PCB铜箔表面镀一层锡或涂一层松香酒精溶液。焊接完成并经过镀锡处理的电路板如图2.11所示。

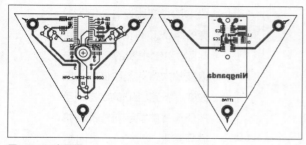

图2.8　PCB布局图

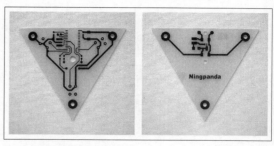

图2.9　用感光板自制的PCB

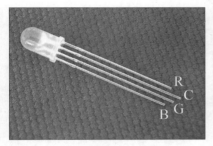
图2.10 全彩LED引脚排列

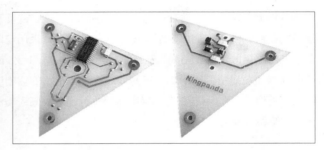
图2.11 焊接好的电路板

2.8 调试

　　小夜灯控制电路和电源电路相互独立，这两部分电路的调试也应分开进行，以免彼此牵扯而影响电路测试和故障判断。

　　控制电路调试前要预先对LED进行加工，以满足调试和安装的要求。加工时先将LED各引脚从靠近其根部的凸起处剪断，再将外侧的2个引脚向内侧弯折，如图2.12所示。之后在LED各引脚上分别焊接1根长约10mm的细导线，并在LED内侧的2个引脚的焊点处各套一小段热缩管以免短路，如图2.13所示。为了便于区分LED各引脚，各导线应选用不同的颜色且最好与所连接的引脚对应的LED的颜色一致。LED加工好后可以在灯罩上试装一下，若无法放入灯罩则应将LED外侧的2个引脚再向内侧弯折或将LED的"帽檐"剪去，必要时还需要重新焊接导线以减小焊点或改变焊点形状，从而满足安装要求。

　　控制电路调试时先将LED的连接线按电路原理图焊接在控制电路板上，再在控制电路板上两电源输入端以及RXD和TXD端各焊接1根导线，分别与4.5V电源和编程电路相连。以上均为临时性连接，因而对焊接质量以及外观没有太高要求。为了能够持续准确地检测电路，调试应使用稳压电源，不要使用电池。电路连接妥当后仔细检查几遍，确认无误后即可上电将程序下载至单片机内，之后重新上电对按键功能和LED状态进行全面测试。本电路及程序相对比较简单，调试一般不会有太大问题，但有一点要特别注意。本电路的待机电流不应超过1μA（正常情况下一般约为0.1μA），待机电流偏大（功耗偏高）时要仔细检查电路和程序，而不能轻易忽略，否则在实际使用时会浪费电池电能。此外，在调试过程中若发现LED的亮度或混色效果不理想，可以通过适当调整R2～R4的阻值来改善。

图2.12 LED引脚的加工

　　电源电路调试时，在电源电路板上两电源输入端各焊接1根导线与3V电源相连，这里同样使用稳压电源来调试。上电后在空载的情况下测量电路的输出电压，此时应略高于4.5V，如果偏差较大应立即断电检查电路。同样在空载的情况下测量电路的输入电流，此时应在20μA以下（正常情况下一般约为10μA），否则要仔细检查电路。VD1的反向漏电流I_R偏大、C3和C4的漏电流偏大、IC2性能不良以及电路短路等都可能导致输入电流偏大（功耗偏高），检查电路时要特别注意以上几点。

图2.13 焊接好连接线的LED

与调试控制电路一样，功耗问题不能轻易忽略，调试时要有足够的耐心，力争将功耗降至最低，这一点对调试采用电池供电的电路至关重要。空载测试正常后用1个100Ω/0.5W的电阻作为负载进行带载测试，在测试过程中，电路的输出电压应始终保持在4.5V左右，如果电压变化范围较大则还需进一步检查和调整电路。

图2.14 LED的安装

2.9　组装

小夜灯的零部件相对比较多，组装应按一定的步骤进行，主要包括LED安装、电池夹安装、支撑柱安装和底脚安装4个步骤。

2.9.1　安装LED

安装LED时，首先将香水瓶的瓶塞芯（原香水瓶喷雾机构的一部分）穿过控制电路板中心的孔，套上瓶塞将之卡紧；然后将LED连接线从瓶塞芯穿过并拉紧，如图2.14所示。之后根据控制电路板上LED连接端焊盘的位置剪去LED连接线多余的部分，并将其焊接在电路板上，如图2.15所示。最后将加工过的卡环（原香水瓶瓶口处的装饰部件）和香水瓶套在瓶塞上，如图2.16所示，若香水瓶与瓶塞无法套紧则应在两者表面涂少许万能胶后再安装，以确保结构牢固。

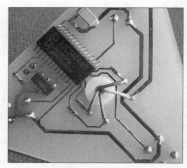

图2.15 LED连接线的焊接

2.9.2　安装电池夹

安装电池夹时，首先将电池夹用海绵双面胶粘贴在电源电路板上，粘贴时要将电池夹的连接线从电路板边缘的穿线孔穿过，并且要将电池夹的安装孔与电路板上相应的孔对正，使电池夹居中；然后用螺钉通过安装孔进一步将电池夹固定妥当，如图2.17所示。最后根据电源电路板上电源输入端焊盘的位置，剪去电池夹连接线多余的部分，并将其焊接在电路板上，如图2.18所示。

2.9.3　安装支撑柱

支撑柱不仅用来支撑2块电路板构成底座，它还起着连接控制电路和电源电路的作用，因此支撑柱最好选用铜质镀镍两头内螺纹支撑柱，以保证电气性能和外观效果。支撑柱共需要3个，通过M3螺钉将其与控制电路板固定在一起，如图2.19所示。安装时螺钉一定要旋紧，使支撑柱与控制电路板铜箔可靠接触。

2.9.4　安装底脚

底脚的主要作用是支撑底座，使电池夹悬空。这里底脚用小型铝质电位器旋钮来制作，制作时先将旋钮内的塑料芯去掉，再在旋钮顶部的中心钻1个直径为3mm的孔即制作完成，如图2.20所

图2.16 香水瓶的固定

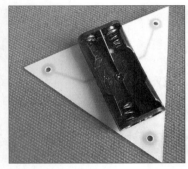

图2.17 电池夹的安装

图2.18 电池夹连接线的焊接

图2.19 支撑柱的安装

图2.20 用旋钮自制的底脚

图2.21 底脚的安装

示。这种自制底脚外观非常好，与整体造型风格也比较一致。与支撑柱一样，底脚也需要3个，通过M3螺钉来安装，如图2.21所示。底脚安装的同时也将支撑柱与电源电路板固定在了一起，安装时螺钉同样也要旋紧，使支撑柱与电源电路板铜箔可靠接触。组装完毕后在电池夹内装入电池，小夜灯即可使用。若电路不工作则要仔细检查各支撑柱与电路板铜箔是否接触良好以及2块电路板安装是否错位等，直到发现问题排除故障为止。制作完成的小夜灯如题图所示。

　　制作这样一个彰显个性的小夜灯，每当夜幕降临后点亮，各色灯光此起彼伏，望着它定然是十分惬意，有兴趣的读者可以制作一个感受一下。读者在制作时可以根据实际选择的灯罩修改小夜灯的外观和结构，也可以通过修改程序中各模式显示状态表的数据来增删显示花样或改变各显示花样对应的各路LED的状态。此外，读者还可以以此为参考，设计制作出更多更有个性的电子制作精品。

3 3D版模拟交通灯

笔者一直喜欢制作不同风格的单片机作品，从学生时代的实验作品到工作之后的成品设计，感觉很有必要让大家了解一下关于单片机项目设计的完整流程，为大家设计、制作自己的单片机项目提供一些参考。

3.1 设计篇

我一直想设计一款模拟交通灯，来体验一下控制路口红绿灯的感觉，正好对单片机的使用着迷，于是我就开始了3D版模拟交通灯的设计与制作之旅。

我设想的交通灯环境是这样的：1个十字交通路口，8个方位的车流和人行道，8个人行道和4个车行道，东西、南北向通行时允许调头，没有左转。人行与车行两道相同，一个循环2次，此为双向通车模式。单向通车模式时可左转和调头，但每次只有一个方向通车，一个循环需要4次，人行与车行单道相同。据此分析，一共需要28个交通指示灯。

使用单片机实现交通灯的模拟控制并不难，比如STC89C51，从它的引脚设置入手，分配好它们的功能。因为每个人行道相对的红绿灯是同时亮、灭的，北向车行时，其东向人行道灯也可和北向车行灯同步工作，但人行道的绿灯需要设计为可闪烁的，所以这里只有红灯可共用一个I/O口，一个通道方向用去4个I/O口，4个通道方向共用去16个I/O口。这就是主控部分的基本原理。

为了实现3D效果，我将主控器和电源设计在PCB的底板上，在PCB另一面绘制出交通路口的路面线条，在板子上安放交通灯灯板。利用方形排母接口和对应排针连接灯板和PCB主板，利用余下的单片机I/O口与两位一体共阳极数码管的段对接，用于显示时间，该数码管安装在板子上的"十字路口"中心处。笔者设计了3个按键，一个用于特殊情况处理，比如控制只开通某一方向通行；一个用于处理双向通行中的某流向；一个用于处理全部通行或警示。交通灯板上的指示灯采用LED。完整电路图如图3.1所示，实物运行图如图3.2所示。

有了硬件平台，接下来开始编写程序，这是模拟的关键。单片机的编程利用状态机方式，将每一个路况的车流开通划为一个状态。

第一种模式：双向通行模式只需4种状态，南北向和东西向的绿灯与红灯的工作情况，南北向和

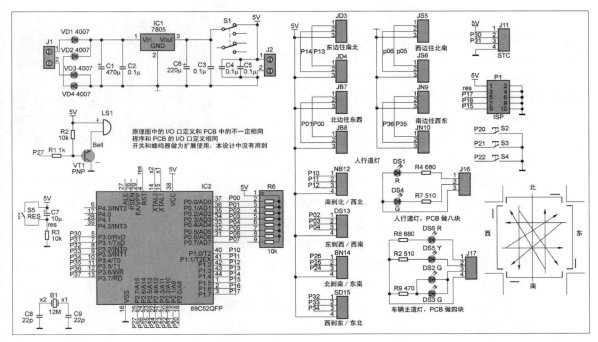

图3.1 完整电路图

东西向的黄灯的闪烁情况。这种模式在路口允许右转，但无法实现左转，否则车流会发生拥堵，因此并不适应四车道以上左转弯路口。

　　第二种模式，状态需要增加到8种，每个方向只启动2个绿灯，包含同向人行灯在内。比如东向西行，开启一个绿灯，那么东向西行的人行道、车流可以进行前、左、右3个方向的通行，而其他3个方向的交通灯均为红灯等待。这种模式，每个方向的等待时间将不一致，因此时间显示需要独立分配。

　　另外，按键和数码管均采用状态机，显示1ms扫描一位，每一位看成一个状态，按键10ms扫描一次，把按下、确认按下、执行、释放单独看成一个状态。因此程序中使用的51单片机资源只需两个定时器，整体程序只有三大部分：按键、显示、交通灯的路况切换。

图3.2 实物运行效果图

3.2　制板篇

　　很多朋友想到的制板可能就是简单的热转印加自制酸液进行腐蚀，或直接对简单电路板进行手工雕刻。以上两种方法都可以得到一块电路板，如果全是贴片元器件还算好，要是加入直插元器件，恐怕还得备下不少不同直径的钻头，而且工艺全是手工制作，费时、费力。在焊接元器件时电路板也没有阻焊层和丝印层，一方面需要对着源文件才能焊接；另一方面只要有铜的区域全可上锡，这种工艺就感觉回到了20世纪70年代前。我们一起来看看笔者的这款3D版交通灯都经历了哪些工艺流程吧。

首先需是拼板、生成Gerber文件、钻孔文件等，然后将生成的Gerber文件分层进行激光光绘，再将印制电路板自动钻孔，然后进行上油墨、烘烤、曝光等处理，再进行线路腐蚀、上阻焊油、上丝印油等流程，最后一步是割边打磨成形。一片完整的单面板的生产流程，以上步骤必不可省。

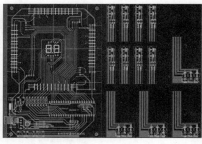

图3.3 拼板效果

模拟交通灯需要的电路板共有13片，需要我们进行拼板设计。笔者采用的是Altium Designer 10软件。先确认电路板大小，笔者设计的板子大小是300mm×150mm，预留板边20mm，13块板拼接的PCB如图3.3所示。注意，每块板的拼接在子文件中复制后不能直接使用"Ctrl+V"快捷键剪切到母文件中，必须使用智能粘贴方式，用快捷键E再单击A，仅对Duplicate Designator进行勾选即可。

Gerber文件用Altium Designer 10可直接生成，不一定非得使用CAM350软件。 Gerber文件生成，可在拼好板的PCB窗口界面单击File→Fabrication Outputs→ Gerber Files，然后会有如图3.4所示的窗口弹出，将每一项菜单中的两个复选框选取，然后在Layers菜单中将所有需要的层全部勾选，如图3.5所示，再单击OK按钮。在层的选择中仔细观察GTO、GTP对应的电路层，以此类推，可鉴别出这些简写所对应的电路层，对于其他菜单按默认即可。接下来我们便能看到Gerber文件所对应的每一个电路层，如图3.6所示。我们还需要生成各种焊盘和过孔的钻孔文件，在PCB窗口界面单击File→Fabrication Outputs→NC Drill Setup，然后按如图3.7所示窗口内容选择并依次单击OK按钮，之后会在拼板文件夹内生成一个.txt 钻孔文本，有了这些文件就可以开始制板了。

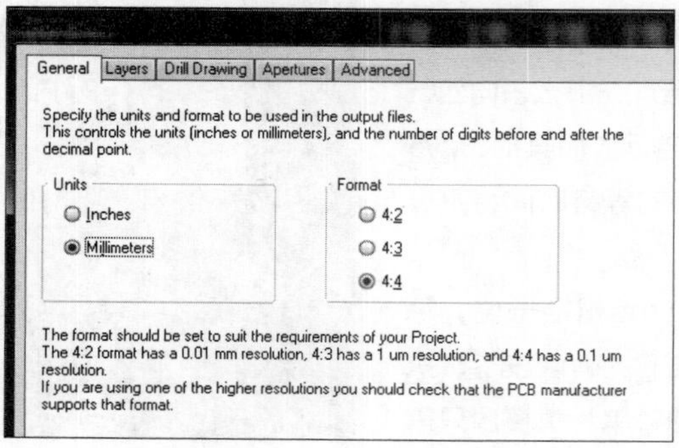

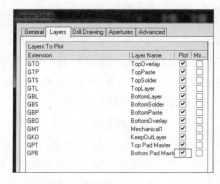

图3.4 比例选择菜单

图3.5 层次选择菜单

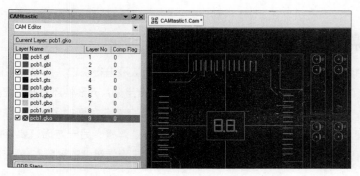

图3.6 Gerber文件层

若采用激光光绘，需要先借助第三方软件进行Gerber文件的信号层、丝印层、阻焊层的拼合，激光光绘使用的是光绘底片，绘完后还需要进行显影液和定影液的浸泡才可见光，这个过程和以前的胶卷生成相片是一样的，成形效果图如图3.8所示。这个过程虽复杂，但精度很高，若没条件，我们也可用菲林膜纸直接进行打印。打印时可直接在Altium Designer 10软件中生成的Gerber文件，选择单层打印，要求必须是1：1大小，或使用CAM350软件进行打印，要注意的是，信号层和字符层应采用负片形式打印。由于菲林膜纸存在热胀冷缩的情况，打印后的精度会下降一点，适合要求不高的电路板。

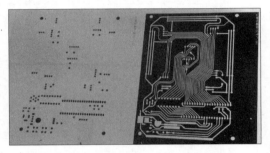

图3.7 钻孔文件输出设置　　　　　　　　　　图3.8 激光光绘后模拟交通灯电路板的成形效果

接下来可以对敷铜板钻孔，使用自动数控钻台，需要先将钻孔文件下载至钻台，然后确认零点，在操件屏中选择先钻直径为0.9mm的孔或直径为1.2mm的孔，每确认一次钻孔大小还需要手动更换与之大小对应的钻头，自动钻孔过程如图3.9所示。三维钻台也不是那么容易购置的，我们可以选用手动小台钻，手钻因板上没坐标，所以只能等电路板上有了线路和丝印时才能钻孔，此步骤需要排到最后，手动钻台如图3.10所示。

　　　图3.9 自动钻台　　　　　　　　　　　　　　图3.10 手动钻台

接下来是腐蚀电路的环节，在此之前需要对电路板的铜面进行抛光，亮化铜皮，亮化后的铜板如图3.11所示。然后在铜板上刮一层线路油，电路感光油墨需要和汽油进行混合并搅拌成黏稠状时才能涂抹在丝网上，再用软胶刷刮动油墨，使油墨可透过印刷丝网过滤粘在单面铜板上，如图3.12

所示，直到均匀无杂质后，再将电路板送入烘烤箱中进行10min的60℃烘烤，直至黏稠状油墨不再湿润，处理一次油墨后需要将丝网进行清洗。整个制板过程中只有腐蚀铜板的酸液对皮肤有侵蚀，制作时需要小心。

图3.11 刨光后的铜板

图3.12 感光油墨印刷

将打印好的底层信号层或光绘底片裁剪出来，按面积粘贴在烘干油墨的那层铜板上，正反面需要注意，如图3.13所示。特别提醒，制板过程中所有化学油墨不能见过强的白光或长时间处在日光下，否则将失去感光效果。笔者为了拍摄照片，开启了闪光灯，结果就在制作线路层时报废了几块铜板，在黄色灯光下操作还是可行的。然后将其送入曝光设备中进行曝光处理，电流为20A，时间为40s左右，如图3.14所示。如若没有这样的设备，可采用热转印法，那么之前的油墨烘干过程全省去。曝光后铜板上是看不出任何变化的，但是把电路板送入化学显影设备中"溜达"几次，会发现被光曝过的地方那层蓝油全部清洗掉了，整个电路板以蓝油呈现出线路，挺有意思的。

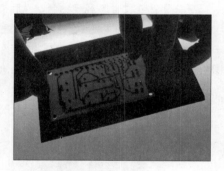

图3.13 底片与铜板粘贴在一起

图3.14 曝光机设备

此时将电路板送至腐蚀设备中，腐蚀液温度在50℃左右即可，来回过上几遍，露铜区域的铜皮就不见了。电路板上仅剩下蓝油线路，而蓝油下面就是被保留的铜皮信号线路，如图3.15所示。之后将铜皮上的线路油墨进行退膜处理，将所有铜皮线路冲洗出来，如图3.16所示。接下来为线路板上阻焊油墨和丝印油墨。常见的阻焊油是绿色的，丝印油是白色的，为了快捷完成，阻焊和丝印均可用绿油或白油。上

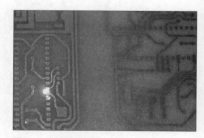

图3.15 腐蚀后的铜板

油、烘烤、曝光和化学曝光过程就是重复前面信号层处理的过程，丝印和阻焊可同步执行，只是油墨化学物质不一样，处理的方法还是印刷、烧烤、显影。制

作到这里，电路板基本就成形了，如图3.17所示，接下来可开始手动钻孔，然后割边或裁板。

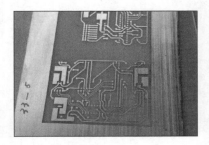

图3.16 退膜后的电路板

图3.17 基本成形的交通灯电路板（合成图）

割边还是使用自动数控钻孔机，当然割边文件是以KeepOutLayer层来切割的，因此也需要使用钻孔的第三方软件来生成一个割边文件，下载到钻孔机内，进行自动割边，通常割边下4刀，深度为1.6mm，使用的钻头是割边打磨头。若没有割边工具，只能进行手动裁板，工具是机械闸刀，如图3.18所示。

交通灯的主控板面积够大，裁切问题不大。可人行灯板太小，无法裁取完整；车行灯板是异型的，无法下刀怎么办？不用怕，可用砂轮洗边。砂轮是个好东西，人行、车行灯板的成形和磨边全靠它打磨出来，如图3.19所示。机械裁刀裁出的板边都会有毛刺，容易割手，可用砂布、锉刀或砂轮进行磨边处理。

自此，3D版交通灯的13块电路板全部生产出来。各位读者看完文章细细体会吧，一个电路板的生产其实没有那么简单，需要的流程和工艺还是挺复杂的，现在也能理解到工厂进行电路板批量生产时为何常常需要5天左右的生产周期了吧？

图3.18 机械闸刀

图3.19 砂轮

一个小型制板工艺流程总结起来可以分为以下六大步：第一步，将设计文件输出生产文件，并生产出底片；第二步，金属化过孔，包含钻孔和镀铜（双面板过孔工艺）；第三步，图形转移，包含腐蚀线路层；第四步，阻焊制作；第五步，字符制作；第六步，电路板切割，磨边。

3.3 焊接调试篇

焊接这个模拟交通灯必不可少的元器件清单见表3.1。此外，我们再准备一张焊接丝印图，垫在焊接台上（仅个人习惯），以方便焊接时查阅元器件参数和具体的焊接位置。焊接丝图在PCB源文件中导出，在打印选项中只勾选顶层丝印，打印时建议勾选上黑白打印。顶层焊接丝印图如图3.20所示，顶层焊接丝印图、完整电路板焊接图可在本书目录页所示的下载平台下载。

表3.1　3D版交通灯元器件清单

元器件名称	序号	参数	封装	单板数量
插件排母		3P-2.54	SIP2.54-3P	8
插件排母		4P-2.54	SIP2.54-4P	4
插件排针		3P-2.54	SIP2.54-3P	8
插件排针		4P-2.54	SIP2.54-4P	5
贴片电阻		470Ω	0805	28
插件发光二极管		绿色F5	LEDDA	12
插件发光二极管		红色F5	LEDDA	12
插件发光二极管		黄色F5	LEDDA	4
插件电解电容	C1	220μF	CAP4X7H	1
插件电容	C2、C3	0.1μF	CG5	2
插件电容	C4、C5	30pF	CG5	2
插件共阳极红色两位一体数码管	VD1		LIN4026	1
插件电源座	J1	DC6～12V	DC005	1
插件轻触按键	K1、K2、K3		AN4.6x6.5	3
插件三极管	VT1、VT2	C9012	TO-92	2
插件电阻	R1～R8	470Ω	R0.9Y	8
插件电阻	R9、R10	1kΩ	R0.9Y	2
插件拨动开关	S1	3脚带固定脚	SW3-12x6	1
插件IC座			DIP40	1
插件IC	IC1	7805	TO-220B	1
插件IC	IC2	STC89C52	DIP40	1
插件晶体振荡器	B1	11.0592MHz	X49US	1

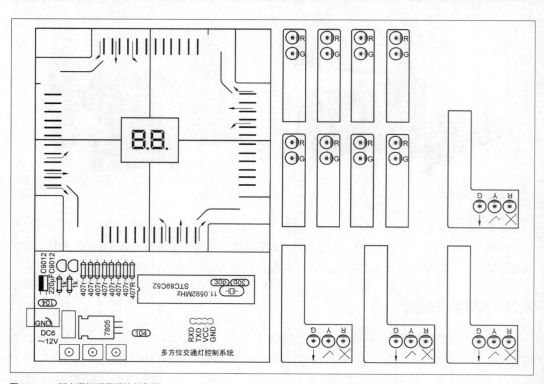

图 3.20　3D 版交通灯顶层焊接丝印图

3.3.1 焊接步骤

01　主板先焊接 DIP40 的 IC 座内的电子元器件（晶体振荡器电路）。

02　再焊接 IC 座和 IC 座周边电阻、电容、电源电路等。

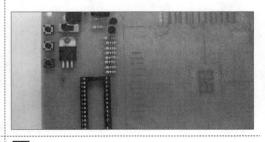

03　焊接立体的灯座接口和时间显示器。需要注意的是，灯座接口一条是 40 脚的，需要用斜口钳先裁剪出不同的 3 脚和 4 脚灯座接口。另外，显示器物料下方有一个跳线，已在上一步骤中焊接好了，再将显示器焊接上时，跳线将被隐藏起来。

04　将主板上需要跳线的地方用导线全部连接上，这里的跳线全部焊接在电路板的底层，因为 3D 版交通灯顶层带有路标字符，因此跳线如果设置在顶层会影响美观。

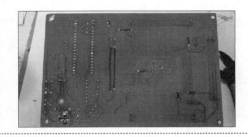

05　在 12 个灯板上焊接贴片限流电阻，由于采用单层电路板设计，没有制造底层丝印工艺，因此焊接时需要注意电阻位置和参数。

06　在焊接与主板对接的灯座接口插针时，尽量让插针与灯板平行，否则在与主板灯座接口对接时，灯板会偏斜。

07 焊接发光二极管，需要注意其发光颜色与相应的焊接位置。

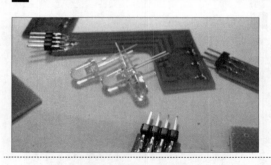

　　焊接完后，供电前需用万用表测试一次电源前级输入端、稳压输出端、电源到地线端是否存在短路故障，重新检查一次所有芯片是否存在虚焊或装反。一定要先检测再上电测试。

3.3.2 程序下载

　　3D版模拟交通灯的控制核心采用的是STC89C52RC单片机，使用在线编程软件即可，而下载程序需要一个串口电路，为了方便和简单，可以使用CH340系列USB转串口芯片。3D版交通灯主板在设计时已预留了单片机的串口通信端口，这样我们只需要用杜邦线将主板与下载器进行对接，然后将下载器与计算机USB端口对接，便可以进行程序的下载操作。

3.3.3 上电调试

　　程序中使用了时间转换状态机、普通按键检测、动态扫描刷新显示时间等方法。交通信号灯的控制由时间转换状态机独立完成，不需要前台程序去管理。定时器作为后台，处理交通信号灯速度快，不受前台程序的牵制，而且采用时间转换状态机完全可以避免数据或者交通信号灯工作顺序、时间出现混乱的情况。

　　前台程序处理普通按键检测、动态扫描刷新显示时间用12MHz晶体振荡器绰绰有余，两个函数内容见下文。其中，显示函数扫描两个一体数码管，利用了2ms的人眼视觉暂留显示时间。另外，我们可以从按键函数中了解到，KEY1和KEY2均没有按键释放监控语句，因为这两个按键的功能是处理紧急通道放行的，在这两种情况下，交通灯的工作情况由后台处理。而KEY3必须增加一个按键释放检测语句，因为这是恢复交通信号灯正常运行的状态，时间显示必须由前台程序处理，所以需要检测按键是否被释放，否则显示出来的时间将一直会是Lt变量的时间值。

```
void display()     //显示函数
{
    SEG = seg[DISTIME % 10];
    COM1 = 0;
    delay_nms(2);
    COM1 = 1;
    if(DISTIME / 10 == 0)
```

```
    {
        SEG = 0xFF;
        COM0 = 1;
    }
    else
    {
        SEG = seg[DISTIME / 10];
```

```
        COM0 = 0;                              delay_nms(10);
        delay_nms(2);                          if(KEY3 == 0)
        COM0 = 1;                              {
    }                                              TR0 = 1;
}                                                  DISTIME = Lt;
void scan_key()    //按键检测                        if(flag == 0)
{                                                    flag = 1;
    if(KEY1 == 0)    //东西绿                        else
    {                                                  flag = 0;
        flag = 0;                              }
        TR0 = 0;                               while(~KEY3);
        DISTIME = 0;                       }
        XG = 1; XR = 0; XNG = 1; XNY = 1;  }
        BG = 0; BR = 1; XBG = 0; XBY = 1;  void main()    //前台程序
        DG = 1; DR = 0; DBG = 1; DBY = 1;  {
        NG = 0; NR = 1; DNG = 0; DNY = 1;      sys_init();
    }                                          while(1)
    if(KEY2 == 0)    //南北绿                   {
    {                                              scan_key();
        flag = 0;
        TR0 = 0;                                   if(flag)
        DISTIME = 0;                                 display();
        XG = 0; XR = 1; XNG = 0; XNY = 1;          else
        BG = 1; BR = 0; XBG = 1; XBY = 1;          {
        DG = 0; DR = 1; DBG = 0; DBY = 1;            SEG = 0x00;
        NG = 1; NR = 0; DNG = 1; DNY = 1;            COM0 = COM1 = 1;
    }                                              }
    if(KEY3 == 0)    //全黄和恢复                }
    {                                      }
```

　　至于后台程序，由时间转换状态机不停地根据时间自动切换不同的状态，而不同的状态表现的现象就是切换8个方向的交通信号灯的颜色，后台的正常运行程序和紧急通道放行程序同样由变量flag来判断单片机执行当前的运行状态。后台程序读者可以在本书目录页所示的下载平台下载。

4 隔空控制——七彩"魔法瓶"

我们经常在电视上看到魔术师表演隔空取物、隔空移物、隔空击物等，既然那么多的"隔空"表演，而且我的作品名字也取叫"魔法瓶"，那么这个"魔"又是怎样的魔法呢？我又会玩些什么"隔空"的招数让你过上一个美好的春天呢？请看下文！

一看题图，你可能会想，不就是一个普通的玻璃瓶吗？但是这个瓶子的功能却不简单，瓶子会感知周围光线的强度而改变内部的LED流动花式。当你的手背着光源的位置向前靠近时，口里再喃喃几句"魔法咒语"，神奇的现象出现了，本来的花式突然改变了，时而变蓝，时而变红。当你的手继续靠近时，然后可以关灯，这时瓶子闪烁得更加耀眼，更加激烈了，哇，太神奇了，竟然可以"隔空控制"！如果将此作品放在家里客厅或宿舍，一定会吸引很多客人或同学的眼球，而且可以活跃气氛。

"七彩魔法瓶"的奥秘是运用光敏电阻探测出周围光线的强弱，再根据光度由强到弱分成8个区间，每个区间都有一种不同的LED流动花式，第一个区间（也即是光照最强时）"魔瓶"不断显示红、绿、蓝的颜色；第二到第四个区间分别显示红色、绿色和蓝色3种不同颜色的主题，不同的颜色能改变人的心情，因此随着主题的改变，心情也改变了；第五个区间（光照较暗时）瓶子会逐渐变化出类似彩虹的七彩颜色，因为红、绿、蓝三原色进行不同的组合就会得到不同的颜色；第六个区间是我们熟悉的流水灯，先由前排逐个流动，然后后排逐个流动；第七个区间是我最喜欢的，

先逐渐点亮单数和双数排的LED，同时，在瓶子内部的黄色和绿色草帽高亮LED交替亮起，发射出的光线经过洞洞板和玻璃瓶透射出来，显得特别好看；最后一个区间是光照最暗的时候，内部的高亮LED都亮起，同时左右排的LED交替点亮，之后全部闪烁，达到最激烈的程度。相信在场观众的心情此时会达到高潮，很有创意吧，下面让我们一起来制作！

4.1 电路原理

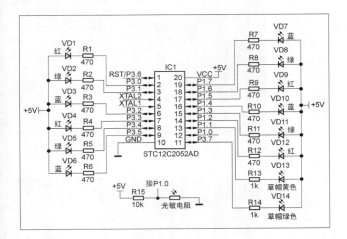

所需器件列表：

- ◆ 20脚的STC12C2052AD单片机1个（或者选用同类有AD功能的单片机）
- ◆ 红、绿、蓝贴片LED各4个
- ◆ 绿色和黄色的高亮草帽LED各1个
- ◆ 470Ω贴片电阻6个
- ◆ 1kΩ贴片电阻2个
- ◆ 10kΩ贴片电阻1个
- ◆ 光敏电阻1个
- ◆ 7.5cm×7cm的玻纤洞洞板1块（玻纤板透光效果好）
- ◆ 排针若干
- ◆ 瓶口大小合适的空玻璃瓶子1个

01 用裁刀把7.5cm×7cm的玻纤洞洞板裁成3块2.5cm×7cm的大小，玻纤板有一种半透明感，能把内部的光更好地透射出来，显示的效果更加美观。当然，如果材料有限也可以用其他的洞洞板，只不过效果没那么酷罢了。

02 然后在其中的一块洞洞板背面分别焊接上贴片LED和470Ω的贴片电阻，此作品要求越小越好，因此元器件都选用了贴片封装以减小体积，LED从左往右的颜色排列为红、绿、蓝、红、绿、蓝（对应单片机的P3.0~P3.5引脚）。为了显示出七彩的效果，一定要按照红、绿、蓝的顺序排列，这三原色能组合出多种不同的颜色。注意要在中间间隔两个孔盘的位置，因为这块板子是放在左边的位置，也就是单片机P3组引脚的一边，为了更好地方便后面的对应焊接，中间跳过晶体振荡器引脚部分而焊接，焊接完成后如图所示。

03 在另一块板子上连续焊接贴片LED和470Ω的贴片电阻，此处6个LED对应P1.2~P1.7引脚，LED按照电路图所示的蓝、绿、红、蓝、绿、红的顺序排列。注意上面两块板子要对应好单片机的引脚位置。

04 分别剪出10针和7针的排针，并且用钳子把其弯曲成120°，然后分别焊接在上面两块板子上，10针的对应电路图的左边，7针的对应电路图的右边。注意，要对应好LED位置，多出来的排针用于电源之间的连接。

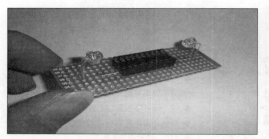

05 在剩下的一块板子上焊接20脚的IC插座，然后把黄、绿两个高亮草帽LED的顶部弯曲成90°，分别摆放在两端位置，黄、绿两个LED灯的顺序根据个人喜好摆放。

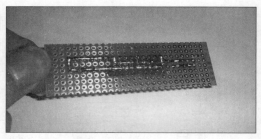

06 在背面焊接上光敏电阻的10kΩ贴片上拉电阻和两个高亮LED的1kΩ限流电阻，焊接完成后如图所示。

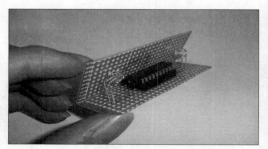

07 把左边部分的板子引出的排针对应好单片机的左边引脚位置，一一对应，注意板子背面朝外，大约弯曲成60°，然后用焊锡焊接固定好。

08 再把另一边的板子也按照上一步骤焊接上，也要注意排针对应好单片机的引脚位置，并且把光敏电阻从左边板子穿插进电路板内部，把光敏电阻的两端分别连接在单片机P1.0口和电源负极，这部分完成后如图所示。于是，一个由洞洞板组成的小型"金字塔"就制作完成了。

09 用一条大约1m长的两排排线把电源正、负极引出来。你也可以多加两条排线把单片机的两个数据口引出来，方便程序的更新，由于我之前已经调试好了程序，因此在这里没有把数据线引出来。

10 接上电源，用手电筒在较暗的地方不断靠近光敏电阻，看看LED的花式显示结果是否如自己编写的程序一致。

11 调试好程序后，就可以把它放进一个空玻璃瓶子里了，在底面板子的两端边上粘贴上双面胶，然后用镊子轻轻放进瓶子内部，在适合的位置上粘上去固定好，作品就可以宣布完成了。电子爱好者也要加强环保意识，尽量利用废弃的物品来完成我们的电子制作，减少垃圾量，做到以废变新，这是一个不错的主意吧！而且LED发出的光在玻璃瓶的内壁折射又反射，显示出来的效果会比想象中要好多了！

12 插上电源，把"魔法瓶"放进较暗的地方，立即会显示出更加灿烂的炫彩闪耀效果，你一定会喜欢的。

4.2 程序部分说明

本作品最主要的部分是利用STC单片机内部的A/D转换功能，读取光敏电阻的阻值变化，进而控制LED的流动花式。STC12C2052AD内部置有8位AD转换功能，读取到的数为0~255的数值，然后把读到的数值分为几个范围区间，每个区间分别显示不同的LED流动花式。这里要注意的是，编写不同范围程序时，不能直接写成如"if(40<m<=60)"，m为读取的数值。这样写程序，编译会通过，但是不会实现相应的功能，正确的写法应该为"if((m>40)&&(m<=60)) "。STC单片机的A/D转换程序可以参照STC12C2052AD的数据手册或者从本书下载平台（见目录）下载。还要注意，单片机是利用了内部的晶体振荡器，下载时要选上"内部晶振"。

我编写的LED流动花式程序就是上面提到的由亮到暗而变化的不同花式，具体如何编写，你可以参看一下我写的程序。当然你如果不喜欢我的花式，也可以自己编写出不同的花式或者再多分几个区间，让显示的花式种类更多，这些都由读者自己决定吧。

有兴趣的读者赶快制作一个摆放在客厅装饰一下吧，展示你的"魔力"。最后祝大家制作愉快！

5 感温彩虹杯垫

有一位波兰爱好者制作了一款感温LED杯垫，如图5.1所示。这款杯垫可以感知杯中的饮料温度，并根据温度驱动板上的LED，发出暖色或冷色的光芒。这个设计创意得到了很多电子爱好者的关注。但是笔者个人认为，原版的设计存在一些可以改进的地方。比如，由于温度测定不需要精确，温度传感器不必使用独立芯片，用片内二极管测温即可。另外，原设计中的LED采用并联结构，不能够独立控制颜色，尚有改进余地，于是我设计了这一款改进型的感温彩虹杯垫。

图5.1 波兰爱好者制作的感温杯垫

5.1 元器件选择

为尽可能减少元器件数量，我使用一片ATTINY24单片机，同时完成温度测量以及LED的控制。为了减少LED驱动所需元器件以及简化布线，LED采用了ST505042。这款LED内置有ST313控制器，可以用串行双极性信号直接驱动，并可直接串联，减小了PCB绘制的难度。此外，由于这款控制器是采用恒流驱动方式，所以不会有闪烁的问题，同时也可以在3～5V的任一电压下工作良好，不会出现因为电阻限流发生电压改变时出现的偏色问题。因此，无论是干电池、锂电池，还是5V或3.3V电源，都可以使电路良好工作。

5.2 设计原理

这个制作的电路结构比较简单，电路原理图如图5.2所示，PCB如图5.3所示。设计时，为避免电源反接导致电路烧毁，在电源路径上串联了1个肖特基二极管。之后，使用去耦电容来滤除电源上的干扰。

电路使用单片机内部的PN结测温，通过软件即可读到温度值。单片机使用一个I/O口连接到两个阻值相同的分压电阻，这样当I/O口输出电平时，两个电阻的中点电平为高/低电平，而当I/O口转为高阻状态时，电阻中点电平即可输出$1/2V_{CC}$，由此可以生成驱动LED所需的双极性信号。

LED内置的ST313控制器使用1.2MHz以下的信号来传输信息，用$1/2V_{CC}$后接低电平表示逻辑0，用$1/2V_{CC}$后接高电平表示逻辑1，以此来表达每个LED所需的18bit颜色信号。当数据线闲置60μs以上时，ST313将移位寄存器中的数据锁存至LED的电流控制器中，以改变LED的颜色。由于我们的连线距离很短，所以不用考虑电磁干扰对于数据正确性的影响。但当长距离传输时，由于有$1/2V_{CC}$的存在，可能会导致LED颜色出现混乱，需要采取措施减少干扰的影响。将LED串行连接，在第1个LED上接入单片机信号，就可以根据单片机输出的电平信号单独控制任何一个LED的RGB颜色了。

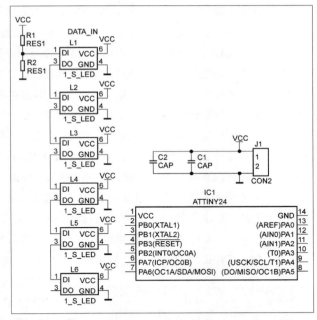

图5.2 彩虹杯垫电路原理图

5.3　编程调试

为了对单片机进行编程，一般使用ISP（在线编程）功能进行程序下载。可是这一功能通常需要6条线，至少也需要除电源线外的4条线。这对于自行制作的单面电路板布线是有一定难度的，而且会部分破坏电路的美观。一种解决方式是使用单片机烧写座进行编程，这种方法的缺点是烧写座价格不菲，而且芯片焊接后较难再次编程。

我采用的解决方案是使用AVR的单线调试功能（debugWIRE）实现程序修改。DebugWIRE是使用单线双向接口的片上调试系统，除电源线外，仅需要1条线就可以实现程序的修改和调试。但是为开启debugWIRE功能，仍然需要焊接飞线来修改芯片的熔丝位。设置熔丝位完成后，即可撤除飞线，仅使用复位线这1条线来控制芯片的程序。这种方式唯一的要求是需要一个原厂的调试工具，如AVR Dragon或MKII。之后就可以在AVR Studio中直接仿真程序，并按需要插入断点，实时查看各变量的值，以调试程序的正确性。

需要注意的是，每次断点的使用都将减少Flash的寿命，所以最好不要用同一块芯片调试过多的程序，但调试完直接使用是没有什么问题的。正常结束调试后，芯片不会在上电时执行程序，在调试运行时拔掉调试线，即可让程序正常运行。使用debugWIRE时，复位线上不要有其他元器件。不过，debugWIRE会略微增加休眠功耗，故对功耗要求高的应用最后要将其关闭。

5.4　温度标定

使用单片机测定温度时，需要考虑传感器的误差。由于单片机测温是使用片上二极管测温，所以误差比较大。在不经标定的情况下，可能只有±10℃的精度，所以需要使用标定方法来提高精度。对于电子测量来说，我们是用电信号来表达另一个物理量，也就是用电压来表示温度，并用ADC来转换为数字量。

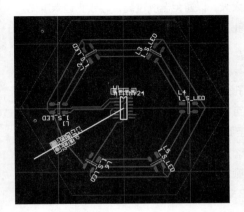

图5.3 彩虹杯垫PCB图

因此，我们需要电压与温度的函数关系，才能够用电压值来反推温度值。显然，我们需要知道单片机测量到的真实温度。我们可以用一个较高精度的温度计来获得温度值，市售的玻璃水银温度计、指针温度计或远程温度计均可，也可使用万用表附赠的热电偶，或者是经过激光标定的传感器，比如DS18B20。如果Geek精神够足，使用冰水混合物等非主流方法亦可，可行性请咨询物理老师。

得知温度后，接下来就是建立电压与温度的函数关系。由于我们最终要由ADC转换为数字量，所以数字量输出和温度的函数关系也是等价的。理想的情况下，我们要取到尽可能多的温度点，使任何一个输出值都被覆盖到，使用查找表即可用输出值反推温度值。但是，这么多温度点的覆盖往往是不现实的，我们只能采集有限个数据点，并拟合出函数曲线。一般来说，函数的次数要低于采样的数据点数，可以使用最小二乘法来拟合曲线。如果只需要结果，Excel就能做到这一点。另外，如果想知道穿过所有点曲线的形状，可以尝试使用拉格朗日插值法来获得函数。一般工程上，采用等距离采集多个数据点，然后分段直线拟合就能得到比较不错的效果。

这个制作由于对精度要求不高，而且追求简单，我们假设数字量输出和温度的函数关系是线性的，而且每1℃的变化对应数字输出量变化1。我们只需要1个点就能确定函数的位置。当然，这一点处于待测区间之中会使精度高一些。在这种情况下，只要把待测点的输出值和标定点的输出值求差，并把这个差加到标定点的真实温度值上，就可以求到待测点的真实温度值。虽然精度仍然不高，但对于这个制作绰绰有余。

另外，传感器测定出的温度值可能会有少许的抖动，这会导致系统在临界温度上在两种模式间来回切换。所以，在温度的判定上，我采用了滞回算法，即在温度上升到40℃时切换到高温模式，而下降到35℃才能切换回普通模式。低温也应用类似算法。这样，系统不会被传感器的抖动所干扰，工作较为稳定。

5.5 制作方法

为组装整个杯垫，需要将PCB裁为六边形，并裁取一块与之形状一致的有机玻璃板，可以在确定切割线后用钢尺辅助，以钩刀划开。之后，在有机玻璃板中央钻孔，但要注意钻头速度不能太快，进刀量不要太大，以避免温度过高，导致孔边缘熔化。在有机玻璃板中央钻孔。如果有机玻璃板上出现了划伤，可以用热风枪加热损伤部分，有机玻璃的小划痕会在高温下消失。之后在PCB上打上热熔胶，将有机玻璃板粘接在PCB上。最后将导热胶从有机玻璃板开孔处注入，将开口的上表面和单片机连接成一体。这样单片机就可以测量到杯垫表面的温度了。制作出来的实物如图5.4所示。至此，将杯垫连接上电源，整个杯垫就会点亮，发出彩色的光芒，如图5.5所示，并可以根据杯垫上饮料的温度，变换出不同的颜色了。

本制作所需PCB文件及程序可到本书目录页所示的下载平台下载。

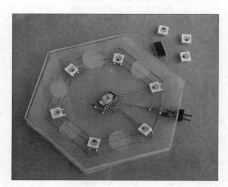

图5.4 制作出的杯垫实物

图5.5 发光效果

文：伍浩荣

6 能"变形"的两用游戏机 ——摇摇骰子和打地鼠游戏

一看这题图，你可能会觉得毫无新意，没有什么特别的东西。其实这是一个游戏机，可以用来玩两个游戏，一个是摇摇骰子，另一个是打地鼠，且看下面详解。

题图所示的是摇摇骰子游戏，顾名思义就是只要摇动它，上面的LED就可以随机产生不同的点数（1~6点），它和实际的骰子一样也是要摇动的，但是把它制作成了电子骰子就别有趣味了。

下图所示是打地鼠游戏，把摇摇骰子上下的两个部分拆下来重新组装就可以做成类似我们小时候玩的游戏机了，什么？变形金刚？留意到下面的4个按键了吗？上面部分的4个角上的LED会随机亮起一个，你需要做的就是在它熄灭之前按下相应的按键，而且这个游戏还有不同关数，后面的显示会越来越快，你要绷紧神经来应付这突如其来的滥炸！哈哈，有趣吧？

开心之余，让我们来看看制作过程和原理介绍。

6.1 电路原理

所需元器件列表：

◆ 20脚STC11F02单片机1个
　（可以换其他STC的20脚单片机）
◆ 20脚芯片插座
◆ 红色LED7个
◆ 1kΩ贴片电阻7个
◆ 水银开关1个
◆ 小型的微动开关4个
◆ 7cm×9cm的洞洞板1块
　（用于裁板，有其他合适的也可以）
◆ 圆孔插座若干
◆ 排针若干
◆ 3V纽扣电池2个
◆ 热熔胶若干
◆ 漆包线若干
◆ 排线若干
◆ 绝缘胶布

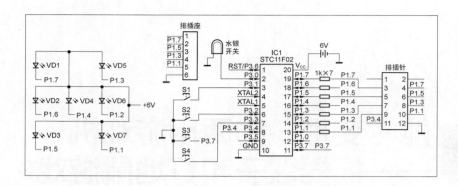

01 把7cm×9cm的洞洞板用裁刀裁出如图所示的大约4cm×4cm的两块正方形，大小合适即可，不要过大，以恰好能放置7个LED为好。

02 在其中的一块正方形洞洞板上如图所示摆放好7个LED，在背面焊接固定好并减去引脚。

03 如图所示，在背面用焊锡连接好LED的正极，并且在负极位置焊接好贴片电阻，即图中中间黑色部分，贴片电阻大小刚好能摆放在两块洞洞板的焊盘上，焊接时先固定焊接好一端，再焊接另一端。并且在4个角部分焊接上4个两针的圆孔插座，然后用漆包线把贴片电阻的负极端连接到7个圆孔的插座底部，用以导通上下两块板子之间的电流，留下的一个圆孔用来连接水银开关。为了防止漆包线磨损导致的短路，还需要在和焊锡接触的地方用绝缘胶布隔离一下。

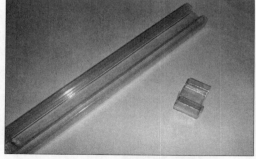

04 用来固定电池的部分，本人发挥了废物利用的本领，用装40脚单片机的塑料壳裁出合适部分，大小刚刚能装入两个纽扣电池，能节省下来就用着吧，当然，你还可以想出其他的办法来设计这一部分。

05 装入纽扣电池后，用红黑两条排线引出电源的正负极，并且把水银开关的一端接在纽扣电池的负极上，引出水银开关的另一引脚，然后用胶布包好固定。

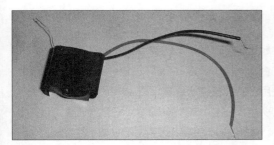

06 用黑色胶布包好，保护好水银开关，引出所需的线。

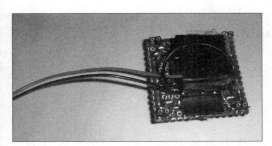

07 将若干圆孔插座用热熔胶固定在之前板子的下端，注意排插座一端的插孔要朝外放置，然后再用漆包线把4个角对应的LED负极端连接在排插座另一端的中间4个引脚上，这是为第二个游戏所需的4个LED而备的，并且把负极接在排插座的其中一端上，这是为切换第二个游戏而准备的。然后把电池部分用热熔胶固定在上面，完成后就如图所示。注意水银开关要倒立摆放，正面摆放的时候水银开关处于不接触状态。

08 如图所示，把两部分插上就可以触发打地鼠游戏了，看相应的4个LED哪一个亮就按下相应的按键吧！玩久了还可以提高反应力呢。

09 用另外的一块正方形洞洞板按图所示在相应的位置上焊接好4个按键、芯片插座和在4个角对应焊接4个两针的圆孔插座。按照原理图把圆孔的底部连接在相应的单片机P1组位置上。然后在一端焊接上若干个倾斜120°的排针，这是用来"变形"为第二个游戏用的，当把这部分插入之前提到的排插座中时就可以启动打地鼠游戏了。完成后如图所示。注意还要在背面用漆包线把P1组口的高4位部分（即P1.4～P1.7口）按顺序连接在排针的相应部分，这是用来控制打地鼠游戏的LED。还要把一针连接在P3.4口。装上下载好程序的单片机就可以宣布完工了。

10 当然，当你玩腻了打地鼠游戏的时候，还可以把上下部分如图所示用排针叠高起来，变形为一个立方体，不断摇动它，就会随机产生不同的点数！怎样？有趣吧？

6.2 程序部分说明

读者们可能会疑惑，究竟是什么原因使它摇动起来就可以显示不同的点数呢？答案是之前的水银开关，我们知道一般的按键处理需要进行消抖，否则一按下按键就会抖动好多次，也就是说单片机识别不了你按下了多少次按键，摇摇骰子就是使用了不消抖这个原理来产生不同的随机数。先建立一个装6个数据的数组，也就是用来显示1～6点形状时相应的单片机I/O值，编程的时候直接判断连接水银开关的I/O口是否变成低电平（也就是P3.4=0），如果为低电平就使代表数组的组值加1，组值有0～5这6个数据，所以加的数值不能超过5，因此要进行取余处理，这部分的程序比较简单，主要部分如下：

```
if(key==0)//判断水银开关是否接触,让其不断相加产生随机数
  {
    n++;//接触一下,加一次
    n=n%6;//进行取余处理,使数值限制在5内
    P1=table[n];//显示出数组代表的点数
  }
```

这样，当不断摇动骰子的时候，水银开关会不断地接触导通，然后不断地相加，这样就可以随机显示出不同的点数了。

这是摇摇骰子产生随机数的原理，但是打地鼠游戏是如何产生随机数呢？它是使用了C语言中的rand()函数，rand()函数会产生一系列的随机数，我们要做的就是使其限制在4以内。

例如：num=(char)(rand()%10) 就可以产生10以内的随机数。注意，在调用rand()函数时我们还要在程序开头加上一个包含rand()函数的头文件，包含rand()函数的头文件为：#include<stdlib.h>，然后再取余，使数值限制在4以内，最后显示在控制4个LED的数组上。还有的就是启动一个定时器用来判断按键是否在规定的时间内按下，然后还要扫描出所显示的LED值是否等于相应按键的键值，再记录下按中的次数。当按中的次数达到规定的次数时，就改变定时器的值，使4个LED加快显示，这样可以形成不同的难度，而且游戏运行得越快越好玩呢，到时候可不要上瘾哦。还要注意单片机使用的是内部振荡器，下载时需要选"内部振荡"。

以上就是这个会"变形"的游戏机的制作和原理，在看腻了单片机的一般制作后，相信这个多用的、有趣的单片机游戏制作会使你产生强烈的兴趣，赶快来动手制作这个让人耳目一新的作品吧！相关程序请在本书下载平台（见目录）下载。

文：席卫平

7 玩转16×16 LED点阵屏

本节向大家介绍一款用ATmega48单片机控制16×16 LED点阵屏显示汉字，并可做出多种动画特效的实验小系统，让你尽显编程技巧，尽情玩转16×16点阵这一汉字显示最小单位。

7.1 原理说明

7.1.1 计算机显示汉字的基本原理

计算机显示屏上的汉字实际上是由一组有序排列的像素构成的。如果有笔画的像素不亮，而其周围的像素都是亮的，你就能看到一个黑色笔画的汉字。能够清楚地显示一个汉字的最小像素数是16×16=256，这是DOS时代就定下的规矩。现在的Windows有了矢量字体，大大丰富了汉字的显示，能在屏幕上不失真地显示汉字书法的美。

现在回到16×16 LED点阵屏，我们的任务是在这块方寸之地显示一个汉字，而且要能上下、左右地滚动，首先要解决的问题就是如何存放这256个汉字笔画像素的信息。

当初DOS绝不是随便定下16×16，即16行与16列的标准的。在计算机世界里，8位（bit）组成一字节（Byte），而双字节则构成一个字。于是办法有了，用两个字节共16位来代表一行的信息，16行共32 Byte，用某位是0还是1来控制点亮还是熄灭对应位置的像素，就能在16×16 LED屏上显示汉字，存放汉字笔画信息的问题解决了。

下一个要解决的问题是如何得到一个汉字的点阵信息。图7.1所示是中国象棋中的帅字，我们将一个汉字的显示区域划分成4个8×8的子区，即A区、B区、C区、D区。显而易见，可以用一字节代表一个子区中一行的信息，32 Byte就能表示4个子区。获取点阵信息的方法也就随之产生了，我们只要按照某种顺序，依次将这些信息存入一个容量为32的数组就可以了。存取的顺序可以有多种，比如A、B、C、D或A、C、B、D等，存取顺序的不同，没有大的区别，只是影响将来的编程思路。以图7.1为例，我们按横向每行（区的顺序是A、B、C、D）的顺序取得的数据如下（C语言的表示方式）：

```
0x0F,0xF0,0x30,0x0C,0x44,0x22,0x44,0x22,
     A    B    A    B    A    B    A    B
0x95,0xFD,0x95,0x25,0x95,0x25,0x95,0x25,
```

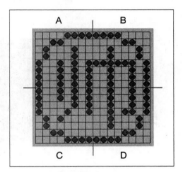

图7.1 汉字的点阵信息

```
   A    B    A    B    A    B    A    B
0x95,0x25,0x95,0x25,0x85,0x25,0x89,0x2D,
   C    D    C    D    C    D    C    D
0x50,0x22,0x40,0x22,0x30,0x0C,0x0F,0xF0
   C    D    C    D    C    D    C    D
```

7.1.2 系统原理

从图7.2中可以看出，单片机ATmega48的3个端口
几乎全部用上。端口D和端口B分别控制纵向左（A区和C
区）、右（B区和D区）两组8×8点阵模块的列寻址。端
口C则通过一个74HC154译码器将4位地址值转换成15个
行控制信号。在硬件设计上，这15个控制信号也被分成两
组，分别控制横向的上（A区和B区）、下（C区和D区）
两组8×8点阵模块的行寻址。

4个8×8 LED模块与单片机端口的寻址关系如图7.3
所示。做软件设计必须搞清这些关系。

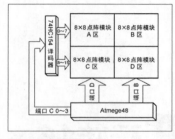

图7.2 系统原理图

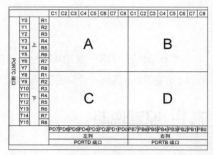

图7.3 4个8×8 LED模块与单片机端口的寻址关系

7.2 硬件介绍

7.2.1 单片机主控板

图7.4所示是麦克鼠工作室推出的AVR单片机最小系统，因为引脚定义完全一致，所以可换插
ATmega48/88/168/328系列单片机和ATmega8单片机。这块板子的电路图见图7.5。

该板子的一个设计特点是"资源全开放"，因为ATmega48系列单片机具有引脚功能复用的
特点，即所有的B端口、D端口和C端口的6个引脚通过插针全部对外开放，使用者负责定义每个引
脚的工作模式和状态。例如，在你的程序中使用了串口功能，D端口的PD0和PD1两个引脚就不能
用作I/O。同理，如果系统使用了外部晶体振荡器，则PB7和PB6也不能用作他用。从图7.4可以看
出，端口B和D都将8个引脚通过排针引了出来。而端口C的设计有些独特，不但将引脚引出，还增
加了一排VCC插针和一排GND插针，这主要是为方便接插伺服电机和众多传感器而设计的。大家知
道，伺服电机3根引线的排列顺序是信号、VCC、GND，很多传感器也是如此排列3根引脚，而且端口C的引脚从0至5又具有ADC的第二功能。如此一来，需要接插伺服电机和传感器时就方便多了。板子上还提供专门的位置将串口引出。而外部晶体

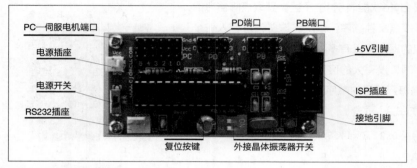

图7.4 AVR单片机最小系统

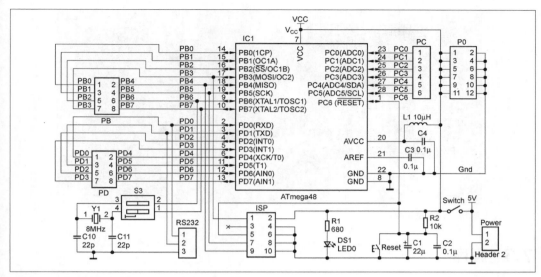

图7.5 AVR单片机最小系统电路图

振荡器则通过开关控制其是否接入系统。当然，改变系统振荡源时不要忘记相关标志位的设置。ISP下载部分则是标准的10针插座，可接插多种下载器。

7.2.2 16×16点阵屏模块

这块板子上的主要元器件是4个8×8 LED模块和一个74HC154地址译码器，如图7.6所示。本文不准备详述点阵模块这种发光元器件的基本原理，爱好者们可以从网上找到很多相关文章，并参照本文前面的说明自行设计搭建。需要强调的是，要搞清模块的引脚排列，不同厂家的产品并不完全相同。另外，要搞清模块是共阴极的还是共阳极的，这主要决定着地址译码器的选择。

本文中用到的这块板子使用的是共阳极模块，就是当某列的引脚为高电平、而某行的引脚为低电平时，处于该行与该列交叉点的LED被点亮。74HC154译码器的输出为低电平有效，因此，当单片机端口B和D的某个引脚输出高电平即1时，此时74HC154译码器的某个引脚有效（输出低电平），则处于交叉点的LED被点亮。

7.2.3 系统搭建

系统的搭建方法非常简单，如图7.7所示。使用两根8线排缆将单片机主控板的D端口和B端口分别与16×16点阵屏的对应端口插接，用一组4线杜邦头的跳线将单片机主控板C端口的0~3 与16×16点阵屏模块的4位地址线接插，另用一根电源引线通过单片机主控板C端口任意一组VCC、GND插针引出接入16×16点阵屏模块，即可完成系统搭建。

图7.6 16×16点阵屏模块

图7.7 系统的搭建方法

7.3 程序

所谓程序就是数据+算法。首先设计一个有效的数据结构，再根据硬件电路的寻址方式，有序地将数据送达正确的点位（算法），我们要求的图案就显示出来了。

笔者选取了几个例子与爱好者朋友分享，抛砖引玉，相信朋友们会设计出更丰富多彩的程序。

一个汉字垂直向上移动例程序

```c
#include <iom48v.h>
#include <macros.h>
#include <eeprom.h>
#pragma data:eeprom
//中国象棋中的帅字点阵,存储在EEPROM中
char table[] = {
0x0F,0xF0,0x30,0x0C,0x44,0x22,0x44,0x22,
0x95,0xFD,0x95,0x25,0x95,0x25,0x95,0x25,
0x95,0x25,0x95,0x25,0x85,0x25,0x89,0x2D,
0x50,0x22,0x40,0x22,0x30,0x0C,0x0F,0xF0
};
#pragma data:data
//一个粗略的延时子程
void delay_1ms(void)
{
  unsigned int i;
  for (i = 1;i < 1000;i++) ;
}
//端口初始化函数
void port_init(void)
{
  PORTB = 0x00;
  DDRB  = 0xFF;
  PORTC = 0x00;
  DDRC  = 0x0F;
  PORTD = 0x00;
  DDRD  = 0xFF;
}
void main(void)
{
  char i,K,L;
  char B_port[32];
  port_init(); //数据准备
  for (i = 0;i <32;i++)
{//从EEPROM 读出数据,初始化数组B_port。
    EEPROM_READ(i, B_port[i]);
}
K = 0;//初始化计数变量K
while(1)//无限循环
{
```

```
for(L=0;L<10;L++)//滚屏速度控制
{
for(i=0;i<16;i++)//点阵屏刷新
{
    PORTD=B_port[i*2];//送端口D
    PORTB=B_port[i*2+1];//送端口B
    PORTC= i;//行寻址
    delay_1ms();
  }
}
//将数组中的数据都顺序向前移动一排
for (i = 0;i < 29;i+=2)
{
```

```
    B_port[i] = B_port[i+2];
    B_port[i+1] = B_port[i+3];
}
//从EEPROM中取出两个字节,填充到数组最后
两个单元中
EEPROM_READ(K, B_port[30]);
K++;
EEPROM_READ(K, B_port[31]);
K++;
if (K >= 32)   //行更新计数
K = 0;
}
}
```

7.3.1 数据准备

从本文前述关于16×16点阵汉字信息的提取,结合实例中的硬件寻址方式,大家不难想象,只要将这32字节顺序存入一个数组,然后每两个字节为一组送往D端口和B端口形成列地址,再通过C端口给出行地址,对应行的LED将被选中,位于D、B端口字节中高电位的LED被点亮,其他的不亮,该行的点阵就形成了。如此操作16次,将32字节依次送出,一帧（16×16点阵）的图案就显示出来了。我们只要以小于1ms的时间间隔循环做这组动作,一个汉字（或图案）就能稳定地显示在点阵屏上。

7.3.2 文字上下滚动

让汉字在16×16点阵屏上、下滚动（垂直移动）是最为简单的动作。

向右水平移动汉字例程序

```
#include <iom48v.h>
#include <macros.h>
//中国象棋中的帅字点阵,以数组形式存储在RAM中
char table[] = {
 0x0F,0xF0,0x30,0x0C,0x44,0x22,0x44
 ,0x22,
 0x95,0xFD,0x95,0x25,0x95,0x25,0x95
 ,0x25,
```

```
0x95,0x25,0x95,0x25,0x85,0x25,0x89
,0x2D,
0x50,0x22,0x40,0x22,0x30,0x0C,0x0F
,0xF0};
//工作数组
char A_array[16][4];
//一个粗略的延时子程
void delay_1ms(void)
{
```

```
  unsigned int i;
  for (i = 1;i < 1000;i++) ;
}
//端口初始化函数
void port_init(void)
{
  PORTB = 0x00;
  DDRB  = 0xFF;
  PORTC = 0x00;
  DDRC  = 0x0F;
  PORTD = 0x00;
  DDRD  = 0xFF;
}
//数据准备函数
void A_arr_prepare(void)
{
  char i,j;
  for (i = 0;i < 16;i++)
  {
    j = i * 2;
    A_array[i][3] = table[j];
    A_array[i][2] = table[j+1];
    A_array[i][1] = 0;
    A_array[i][0] = 0;
  }
}
void main(void)
{
  char i,L;
  char m0,m1,m2,m3;
  //用于存储移出位的变量
  port_init();
  //数据准备
  A_arr_prepare();
  while(1)
  {
    for(L=0;L < 10;L++)//滚屏速度控制
```

```
    {
      for(i=0;i<16;i++)//点阵屏刷新
      {
        PORTD = A_array[i][1];
        PORTB = A_array[i][0];
        PORTC = i;
        delay_1ms();
      }
    }
//整屏数据右移一列
for (i = 0;i < 16;i++)
{
  if (A_array[i][0] & 0x01 == 1)
  //保留移出位
  m0 = 0x80;   //如果是1,保留在高位
  else
  m0 = 0;
  if (A_array[i][1] & 0x01 == 1)
  m1 = 0x80;
  else
  m1 = 0;
  if (A_array[i][2] & 0x01 == 1)
  m2 = 0x80;
  else
  m2 = 0;
  if (A_array[i][3] & 0x01 == 1)
  m3 = 0x80;
  else
  m3 = 0;
  A_array[i][3]=A_array[i]
  [3]>>1;// 字节右移一位
  A_array[i][3]=A_array[i][3] |
  m0;
  //将前一字节的高位移入
  A_array[i][2]=A_array[i][2]>>1;
  A_array[i][2]=A_array[i][2] |
  m3;
```

```
A_array[i][1]=A_array[i][1]>>1;        m1;
A_array[i][1]=A_array[i][1] |           }
m2;                                     }
A_array[i][0]=A_array[i][0]>>1;     }
A_array[i][0]=A_array[i][0] |
```

文字向上滚动时的流程图如图7.8所示，其实现程序在ICC 7平台调试通过。这个小例程使用EEPROM存储汉字点阵信息，主要是作为练习，爱好者也可以使用RAM中的数组省去EEPROM的读动作。

7.3.3 文字左右移动

左右移动（水平横向移动）稍微复杂一些，因为要进行数据位的循环移动。在下面的例子中，我们使用一个二维数组A_array[16][4]，目的是在汉字水平移动时有一个字的空格，当然你也可以试着只留半个空格或不留空格。此例程没有使用EEPROM，而是在RAM中建立一个存放点阵数据的数组table[ ]。在数据准备阶段，将数组table[ ]中的数据导入数组A_array[16][4]的后两列，即A_array[16][3]和A_array[16][2]。显示完一帧后，再将这16组4字节向右移位，实现整帧的右移。数组A_array[16][4]的移动动作顺序如图7.9所示，该例程的流程图如图7.10所示。

7.4 拓展练习

本节仅对16×16点阵屏做一浅显介绍，相信单片机爱好者可以借助这个小平台玩出许多花样，例如对角移动、中心开花、中心会聚、对称分开或合拢，以及多字连续移动等。文中例程序是用C语言写的，也可以使用BASIC语言，里面的一些函数可以改成汇编语言的，将会显著提高效率。现在，很多爱好者玩起了Arduino，同样可以驱动这个16×16点阵屏，只是由于Arduino端口开放得不全，所以要加锁存器，并分步传送数据，程序会稍微复杂些，但基本思路是相似的。

7.5 汉字字模信息处理软件

为配合16×16点阵屏实验，麦克鼠工作室开发了一款汉字像素提取小工具Font_Op，如图7.11所示，它的使用方法非常简单。

首先，该工具界面的左侧为一16×16灰色小方格代表的像素点阵，使用者用鼠标单击任意方格，方格会变成红色实心圆图案，表示

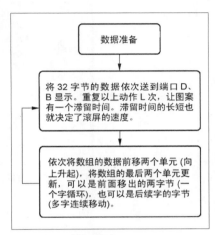

图7.8 文字向上滚动的流程图

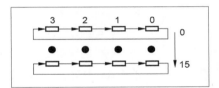

图7.9 数组A_array[16][4]的移动动作顺序

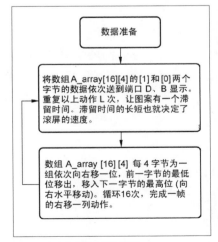

图7.10 文字向右移动的流程图

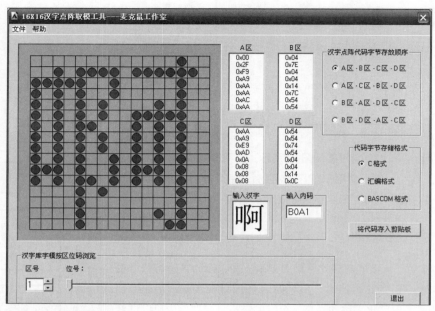

图7.11 汉字像素提取小工具Font_Op

被选中。再单击一次，又变回灰色方格，表示没有选中，如此操作，使用者便可以自己画出图案。

当然，最常用的方法还是在"输入汉字"区里输入一个汉字，然后按Tab键，该汉字的像素图案就会自动显示在上述16×16方格点阵中，同时"输入内码"区中会出现该汉字的内码。如果知道内码，可直接输入，然后按Tab键，也可得到汉字的点阵。

也可选择"区号"，然后拉动"位号"滑杆，浏览字库中的字模。

选好的字模被自动分成A、B、C、D等4个区，共32字节，用16进制显示。你可以选择16进制的格式，共有C、BASIC和汇编3种语言所用的格式。

最后单击"将代码存入剪贴板"按钮，程序会按照你选择的"汉字点阵代码字节存放顺序"将数据存入剪贴板。然后转换到你的开发工作界面，利用粘贴功能，以上数据就会全部贴入你的源程序中。

有了这个小工具，选择汉字点阵的工作会变得非常轻松自如。除此之外，你还可以自创图案，使你的点阵屏变得更加有声有色。

示例程序可在本书下载平台（见目录）下载。

文：董庆源

8 基于51单片机的简易LED屏控制板

如今LED显示屏已经随处可见了，显示的效果也是各式各样。有兴趣的朋友一定从网上了解了关于LED屏的制作和控制方法，它一般都是通过内置控制卡来实现控制，这些控制卡大部分以单片机（一般不是51单片机）为主控芯片，也有更高级的以ARM为主控芯片。主机（计算机）通过通信控制线将显示内容和显示效果设定到控制卡内，然后以脱机运行的形式，让控制卡在脱离主机的情况下独立控制LED屏进行显示。

作为电子爱好者，我也想制作自己的LED屏控制卡，但是必须说明的是：要制作出功能很完备的LED屏控制卡不是一件容易的事。由于51单片机片内资源和运行速度均有限，所以用它来实现较好的控制效果有很多制约。但是很多电子爱好者都是从51单片机开始入手学习的，对51单片机的内部电路及结构较为熟悉，所以要是能用51单片机实现对小面积通用LED屏的控制，制作出一块简单实用的基于51单片机的LED屏控制板，那也是一件值得尝试的事情。

带着这个想法，我制作了一块基于51单片机的、具有红外遥控功能的LED屏简易控制板，说它简易是因为在控制效果上没有追求很多花样，而是直接用遥控器切换显示的内容，可以显示不同的文字，如果不用红外遥控功能，也可以用几个按钮开关取代红外遥控功能进行切换，只需要极少的器件。通过这个制作，我对通用LED屏有了较深的了解，对LED屏单元板的电路构成和控制方法有了全面的认识。特别说明一点，我测绘的是一种最常见的室内单红色板，其他类型的单元板电路会略有不同。通过这个制作，理解通用LED屏的线路原理和控制方法才是这一电子制作试验的目的。

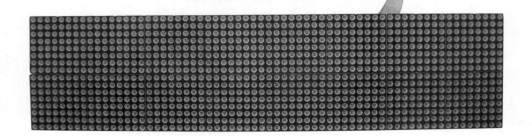

首先对LED屏的分类做简单说明。按照显示颜色，LED屏可分为单红色、单绿色、红绿双基色、全彩色等类型，最常见的是单红色和红绿双基色两种屏。按照安装的位置，LED屏可分为室内、半户外（门头）、室外3种类型。按照发光点的直径，LED屏可分为$\Phi 3.0$mm、$\Phi 3.75$mm、$\Phi 5.0$mm等规格，最常用的是$\Phi 3.75$mm和$\Phi 5.0$mm这两种规格。按照发光点的间距，LED屏可分为P6、P8、P10、P12等规格。按照单元板上的接口，LED屏可分为08接口、12接口等，最常见的就是这两种，08接口主要用于室内屏，12接口主要用于半户外屏。按照控制方式，LED屏的控制卡可分为异步卡和同步卡。一般场合用异步卡，同步卡主要用于全彩屏的控制。控制卡接口按照通信方式可分为RS-232接口、RS-485接口、RJ-45网络接口、GSM无线网络接口等。最经济实用的是RS-232接口卡，随着控制需求的提升，RJ-45网络接口卡现在也逐渐多了起来。

我制作的LED屏单元板如图8.1、图8.2所示，该单元板长64点，高16点，点径3.75mm，点距4.75mm，控制信号接口类型是08接口，使能端为高电平有效，有些厂家的板子使能端是低电平有效，这个需要由电路决定。

LED屏单元板的电路原理图较大，读者朋友可以在本书目录页所示的下载平台下载电路原理图作为参考。

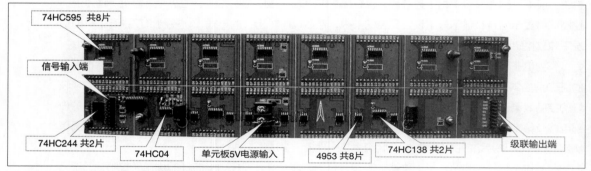

图8.1 64×16室内单红色LED屏单元板背面视图

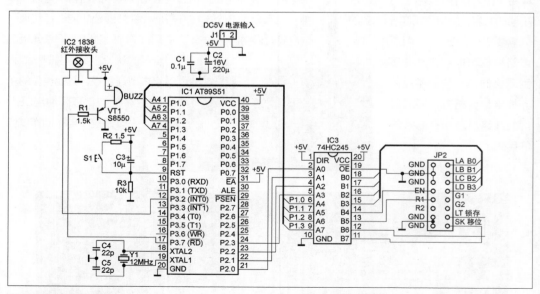

图8.2 控制板电路原理图

8.1　芯片功能说明

74HC244：8同相3态缓冲器/线驱动器，用于信号功率放大，共2片。有的屏上使用74HC245，二者功能一样，区别在于74HC244是单向的(数据传送)，74HC245是双向的。

74HC138：3-8译码器，用于行选择，共2片，可控制16行。

74HC595：8位移位寄存器，用于接收锁存8位显示数据，再去控制相应的列是否发光，共8片，每片控制8列，共可控制64列。

74HC04：6反相器，用于对相关信号进行电平倒相。

4953：行电源控制CMOS芯片，内部是2个CMOS管，输入端受74HC138控制，每片可控制2行，共8片，可控制16行。

芯片的具体功能、引脚分布和连接要求，读者朋友可以到网上查阅相关资料，这里只是简单扼要地说明它们的名称和基本功能。

下面咱们进入制作主题吧，这次制作的控制板电路如图8.2所示。

8.2　电路说明

1. 1838红外接收头最左侧引脚是数据脚，这里接到单片机的P3.2引脚（外部中断0引脚），采用外部中断方式进行红外信号的解码。

2. 用P3.7引脚控制蜂鸣器，如果接收到红外遥控器信号并解码成功，则鸣响一次作为接收提示。

3. 电路图右侧的JP2接口就是室内屏常用的08接口，它的引脚排列如图8.3所示。引脚功能说明如下。

（1）5个GND引脚都是接电源负极。

（2）EN：使能端，接单片机P1.0引脚，经过屏上信号放大芯片74HC244后，最终控制的是74HC138的E3端，E3使能端是高电平有效，各个厂家的屏在EN信号传递上经过的路径不一样，所以有的屏是EN为高电平和E3为高电平可以显示，有的是EN为低电平和E3为高电平可以显示，在实际使用中可以根据情况而定。

（3）R1：64×16红色条屏单元板红色二极管串行数据引脚，接单片机P1.1引脚。

（4）R2：64×32单元板下半屏红色二极管串行数据引脚，因为这里用的是64×16的半屏，所以该引脚悬空未接。

（5）LA：用于控制屏上74HC138的译码输入脚A0，接单片机P2.0引脚。

（6）LB：用于控制屏上74HC138的译码输入脚A1，接单片机P2.1引脚。

（7）LC：用于控制屏上74HC138的译码输入脚A2，接单片机P2.2引脚。

（8）LD：用于控制屏上74HC138的使能端E2，接单片机P2.3引脚。

（9）G1、G2：用于双色屏上绿色发光二极管的串行数据引脚，这里控制的是单红色屏，所以两个引脚均悬空未接。

图8.3　08接口引脚排列

（10）LT：用于控制屏上74HC595的锁存时钟引脚STcp，接单片机P1.2引脚。

（11）SK：用于控制屏上74HC595的数据移位时钟引脚SHcp，接单片机P1.3引脚。

通过以上说明，大家可以发现，如果要控制双色的64×32的单元板，就必须再加一块74HC245，然后还要再占用一些的单片机引脚，如果再加上各种控制效果所需求的外扩芯片，51单片机的局限性就会显露出来，所以现在市面上卖的LED屏控制卡大部分不用51单片机作为控制芯片。

制作所需的所有元器件如图8.4所示。

8.3 元器件说明

1. 电路板左侧是电源和AT89系列单片机最小系统，这样可以省去这部分连线，右侧是试验区，可以根据需求进行自由连线。

2. 单片机就用AT89S51，经济实用。信号放大驱动芯片用的74HC245。红外接收头用的带金属外壳的1838，对比0038型，它的稳定性更好。

3. 其他的是常用的电阻、电容等器件，就不用多做介绍了。

8.4 焊接制作

1. 根据电路图制作好PCB后，先在PCB上进行单片机电源和最小系统部分的焊接。

2. 再把红外接收头、74HC245、JP2排线接口等焊接固定，对照原理图把它们一一连接好。

3. 完成以上工作后，再用万用表蜂鸣挡做一个通电前的防短路检测就可以了。

最终焊好的板子如图8.5所示。

8.5 程序调试

1. 根据要求绘制程序流程图。在了解原理图的基础上，对相应的引脚进行功能分配，明确程序的主体框架，主程序流程图如图8.6所示。

2. 编写调试各个子程序段实现相应功能。其中红外接收解码程序段要与遥控器相对应，我用的是基于DT9122D芯片制作的单片机实验箱所配套的红外遥控器，发射的是NEC格式的红外编码。

图8.4 元器件安装前照片

图8.5 制作完成后的控制板实物图

如果读者朋友用的不是这个类型的遥控器，请参照资料对程序做相应修改。

3. 点阵汉字数据转换。网上有很多软件都可以实现转换，只要将转换好的数据加到程序中即可显示自己想要的字幕。

具体源程序可到本书下载平台（见目录）下载，我习惯用汇编语言编程，习惯用C编程的读者朋友可以参考这个程序做修改。最终完成的显示效果如图8.7~图8.9所示。

8.6 制作问题汇总

1. 晶体用的是12MHz的，红外遥控解码程序段中的延时子程序都是基于这个主频而编写的，如果想控制较大面积的LED屏，可以更换成24MHz的晶体，但要将程序中红外接收的延时程序段做一些修改。

2. 控制板的电源负极GND，一定要与LED屏的GND端相连，否则LED屏无法显示。

3. 使能端EN的电平要根据板子来决定，如果设置错误会使得亮度极低，若出现这种情况，可以将程序中的使能端电平反相来解决。

4. 对于64×16双色单元板，需要再加一块74HC245作为信号放大，然后再用一个单片机引脚作为G1的数据控制线，就可实现对双色板的控制。

5. 对于长×高（64×32）的单色或双色单元板，输入接口的R1、R2、G1、G2分别作为上、下两个64×16半板的红、绿数据引脚，如果要控制这样的板子，需要增加相应的驱动芯片和占用单片机引脚。

6. 要控制1块以上的单元板，只需要将第1块的输出接到下一块的输入即可，但要注意51单片机的扫描速度，级联太多会产生明显的频闪，影响视觉效果。

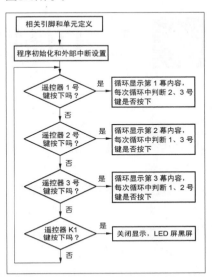

图8.6 主程序流程图

图8.7 第1幕显示内容

图8.8 第2幕显示内容

图8.9 第3幕显示内容

9 LED便携指示牌

前段日子，我去了次银行，忽然发觉银行指示牌的功能不错。LED指示牌不仅在银行使用广泛，很多公共场所也会使用，如KTV、停车场、商场等。这使我想起了自己也曾制作过一个类似的作品。当时想到的它的一个用处是，在自己摆摊时，方便显示自己贩卖商品的信息。几天后又想到一个它的用处，就是朋友过生日时显示祝福的话语。接下来，我就为大家展示我制作的LED点阵屏，这次制作并没有制成成品，仅仅通过跳线连接各个已经焊接完成的部件来实现预计的目标。

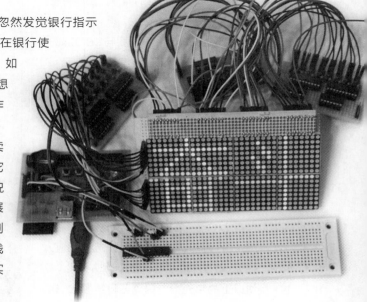

9.1 主要部件

LED便携指示牌电路的主要部分由ATmega8单片机、SD卡和自制的3块驱动板组成。ATmega8单片机的电源使用LM1117-3.3电压转换芯片，把USB的5V电源转换为3.3V。SD卡的插槽使用以前实验板上焊接的，不然重复焊接，浪费资源嘛。3块驱动小板是专门为驱动LED而焊接的，每片驱动板有4片数字逻辑芯片，分别为2片74HC164和2片74HC573，并增加16个三极管及16个限流电阻。

74HC164是8位边沿触发式移位寄存器，串行输入数据，然后并行输出。数据通过两个输入端之一串行输入，任一输入端可以用作高电平使能端，控制另一输入端的数据输入。两个输入端或者连接在一起，或者把不用的输入端接高电平，一定不要悬空。

74HC573包含8路D型透明锁存器，每个锁存器具有独立的D型输入，以及适用于面向总线应用的三态输出。所有锁存器共用一个锁存使能（LE）端和一个输出使能（OE）端。当LE为高时，数据从D输入到锁存器。在此条件下，锁存器进入透明模式，也就是说，锁存器的输出状态将会随着对应的D每次输入的变化而改变。当LE为低时，锁存器将存储D输入上的信息一段时间，直到LE的下降沿来临。当OE为低时，8个锁存器的内容可被正常输出；当OE为高时，输出进入高阻态。OE端的操作不会影响锁存器的状态。74HC573与74HC563的逻辑功能相同，但输出为反相；74HC573与74HC373的逻辑功能也相同，但引脚布局不同。

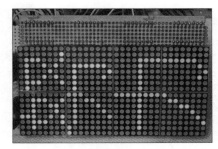

图9.1 纵向显示

单片机我选择了AVR的ATmega8型号，因为自己比较熟悉。存储器使用了16MB的SD卡（SD卡可能是我每次制作的必备存储工具了）。

最后是这次最主要、最贵的器件——8×8 LED点阵屏。

指示牌使用了8片8×8 LED点阵屏，组成了16×32的点阵大小。它可以显示两个16×16的汉字，效果如图9.1所示，让汉字既可横向显示，又可纵向显示。当然，它还可以方便地扩展，组成更长的LED屏幕。

这次制作的LED屏的接口仅仅使用3条连接线：数据线、时钟线和锁存线。那么，怎样实现3线控制LED的显示内容呢？关键是使用了锁存芯片74HC573和串口转并口芯片74HC164。

LED的行、列线的驱动，可通过锁存芯片74HC573来实现。但是我担心它的电流会使屏幕偏暗，所以使用了三极管来放大电流，然后又使用了100Ω的电阻来限制LED列电流，防止电流过大，烧毁发光二极管。

为什么要使用74HC164串口转并口芯片呢？因为如果仅仅单独使用74HC573，那么驱动这个屏幕就需要48个引脚。要是LED屏幕制作成更长的、更大的，那岂不是需要更多的I/O口？于是，我用串口转并口芯片74HC164来解决引脚不够的问题，只要用数据线和移位时钟线，就可以控制几十甚至几百个I/O口来传送数据了。

由于我使用了以前实验板上焊接的SD卡插槽，本电路中的单片机插在了面包板上。面包板共使用了9条面包线，其中，面包板下面的2条面包线为电源线，为单片机提供3.3V的电源；面包板上方左边的3条面包线为LED点阵屏幕的控制线，用于控制LED的画面显示；面包板上方右边的4条面包线为SD卡的控制线，用于实现SD卡数据的读取（见题图）。

9.2 驱动方法

虽然单片机只要3个I/O口就能驱动LED指示牌、传输数据，但也别忘了，LED指示牌还需要2条电源线用于供电。这样，屏幕一共需要5条线才能工作。那么，如何驱动它显示呢？指示牌常使用动态扫描的方法驱动显示，因此单片机要不停地给74HC164输入数据，使屏幕的刷屏速度（注意，这里指的是整幅画面的刷新速度）达到100Hz，这才能让我们的肉眼看不出闪烁。

我们可以通过ATmega8单片机的定时器设置好中断时间，中断程序里发送每行的显示内容，并导通相应行的电源。例如，第一行要显示内容，那么中断程序先发送第一行4个字节的32点信息，然后发送2字节（16位）大小的控制位。它能指定16行中的某一行导通电源，从原理图可以看出，为0的那行电源将会导通。具体的实现方法请参考本制作的源程序。

由于数字逻辑芯片的驱动电流较小，所以每个行列的驱动引脚都增加了三极管来提升它的驱动能力。整个LED驱动板的电流方向为：电源VCC→单个行三极管→LED→多个列三极管→电源地，屏幕显示画面是一行一行地显示内容的。驱动板的两侧分别焊接了5个插针，用于对更多LED内容的支持。这5个插针对应本节开头所说的电源、地、数据、时钟、锁存。不过要注意了，行驱动板和列驱动板电路原理图还是有区别的。当要连接更多的LED点阵时，只需要焊接更多的列驱动板，再相应修改程序即可。图9.2所示为焊接好的驱动板，图9.3所示为焊接完成的点阵屏。

图9.2 焊接好的驱动板

9.3 字库的制作及使用

本次制作汉字的显示还是使用了软字库的方法，即没有用专门的字库芯片来实现汉字的编码与解码。后面的《自定义提醒闹钟》中也是用的同样的方法。具体介绍方法可参考那篇文章，这里不再赘述。

图9.3 焊接完成的点阵屏

9.4 电路原理图

电路分为控制电路和驱动电路。控制电路使用AVR的ATmega8单片机，使用SPI接口读取SD卡内的文本、字库数据，并通过单片机PC0~PC2引脚，把数据传输到驱动板。为了方便程序下载，可以焊接ISP下载口。控制电路的原理图如图9.4所示。

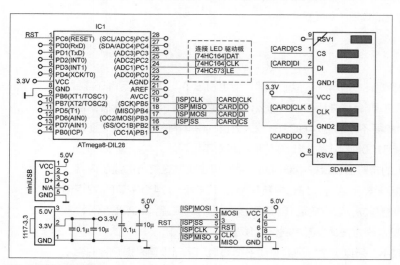

图9.4 控制电路原理图

在驱动电路中，行驱动把LED点阵模块上的每个行都分别连接在一起，然后再通过8550三极管驱动，这是因为LED行需要很大的电流来支持高达32个LED同时亮起来。三极管的基极和74HC573锁存芯片的Q脚连接，通过74HC573的Q脚来控制三极管。最后将74HC164串转并芯片的Q脚和74HC573锁存芯片的D脚相连接，让74HC164来负责传送数据。至于列驱动，LED的每列也通过8550三极管驱动，这是为了增加每列LED的亮度。三极管再和每个74HC573锁存芯片的Q脚连接，也把74HC164串转并芯片的Q脚和74HC573锁存芯片的D脚相连接，原因和行驱动一致。驱动电路原理图见图9.5。

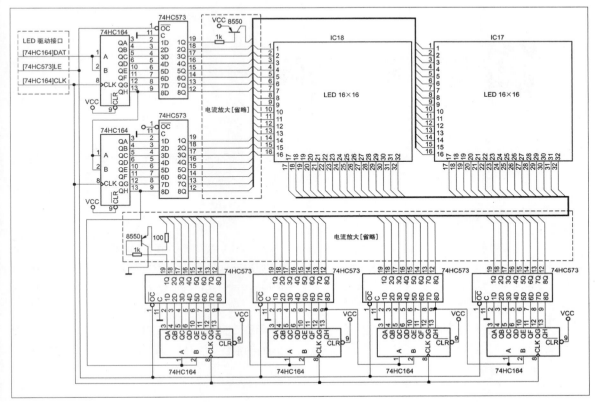

图9.5 驱动电路原理图

9.5 程序要点

　　首先确认SD卡格式化为FAT文件系统。程序读取SD卡内的TXT文件到FAT表的相应位置，并记录它的簇地址。接着查找中文字库在FAT表中的位置，也记录下它的簇地址。有了这两项文件地址后，就可以找到并读取TXT文件中2字节的汉字编码了。通过查找字库内相应点阵数据的偏移地址，程序就能读取相应的32字节的数据内容了，并把数据载入ATmega8单片机的RAM中。最后，ATmega8不断自动刷新屏幕，并滚动显示TXT文件内的内容（注意，由于时间精力关系，我在这个制作中没有编写相对应的英文字库，所以需要读者朋友自行添加英文字库，程序也要做相应的修改。当然变通的方法是直接使用汉字库中的英文字符和数字字符）。程序使用WINAVR-20050214编译。

　　本制作的程序和相关视频文件可以到本书下载平台（见目录）下载，有什么不完善的地方，大家可以自行修改。

10 DIY表情矩阵

本制作的目的是做一个8×8的显示矩阵，可以用来显示表情或者字符。DIY出来后，把它装在工作的座位旁边，按下按键就能够显示不同的表情。

10.1 显示原理

要控制LED阵列的话，大多数电子爱好者会选择使用MAX7219，每片MAX7219可以控制一个8×8的单色矩阵，直接向芯片里输入阵列编码就可以稳定显示了，程序也比较简单。另外，也可以使用两片74HC595锁存器进行行扫描显示，通过代码控制，将行数据输入锁存器，这样两片锁存器就可以控制一个8×8的阵列了。

在这个实验里，我没有使用外围的芯片，直接用89C51单片机来控制LED矩阵（89C51有32个数据引脚）。显示的原理也是行扫描，由于扫描时间很快，眼睛分辨不出来，所以阵列还是静止地显示着某个图形。

10.2 硬件准备

进行单片机应用实验，首先需要有一台单片机开发板和面包板。开发板的作用是调试程序，然

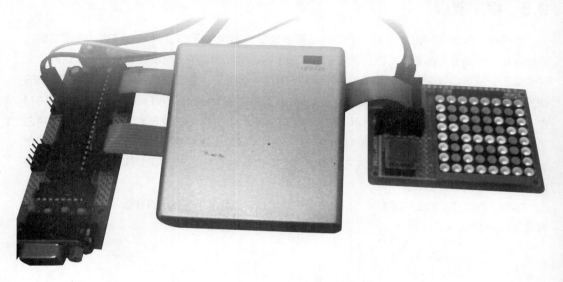

后将调试好的程序烧入芯片。面包板可以代替PCB，用导线连接电路进行实物模拟。如果你选择的单片机支持ISP烧录，并且有ISP烧录条件的话，就可以使用计算机上的仿真软件来进行程序的烧写。ISP烧录条件是指备有USB转串口的转换线或者计算机具有串口，并且你的单片机系统支持ISP烧录。

图10.1 制作所需元器件

进行单片机制作的时候不可避免地会遇到对编程语言的选择，所有的单片机都支持使用汇编语言开发。除了汇编语言，单片机还可支持其他高级语言。但用汇编语言写的代码可以最大程度对程序的运行效率、内存组织进行控制，缺点就是开发时间较长，而且经验不足的话还容易遇到各种问题。如果为了入门学习或进行快速开发，选择高级语言比较好。本次制作选用C语言编程。

在开发板上进行程序调试的时候，每次修改程序后都需要重新烧录。每个单片机都有一个烧录次数上限，一般可通过查询单片机官方资料获得。通常的单片机都支持成百上千次的烧录，足够进行几十项实验和调试了。有的开发板还可以从单片机将烧入的程序读出，如果你的芯片不支持加密或者使用已经被破解的加密方法，开发板可以从单片机上把程序读出来。你可以通过读别人的程序获得思路和灵感，但是读出来的程序都是用汇编语言写的。

还需要说明的是，本实验使用的单片机为STC89C52，支持ISP烧录，并且我购买的最小系统也提供了串口烧录的条件。因为我的计算机没有串口，所以只能选择使用开发板进行烧录。

表10.1 制作电路所需元器件

8×8 LED阵列	1个
STC89C52RC单片机	1片
51最小系统板	1个
7cm×5cm洞洞板	1片
（上面分布了24行18列焊盘，间距为0.245cm）	
点触开关	1个
（一定要买带盖子的，手感好要好很多）	
FC插头	4个
FC线，实际制作了9cm和11cm的FC线	各1条
200Ω排阻与电池盒	各1枚
1.2V电池	4枚
排针3Pin，其中2Pin是电源接口，1Pin是控制（接开关）接口	
40Ω电阻1个（设计之初是没有此电阻的，但在调试过程中发现电源需要降压，否则低电平不够低，不亮的点会产生漏光）	

制作所需元器件见表10.1和图10.1，此外还需要准备其他工具，包括计算机、电烙铁、焊锡、松香、万用表、镊子、导线等。用于调试和烧录程序的单片机开发板（兼烧录器）以及杜邦线（彩色排线），如图10.2所示。

我再说明一下我买的LED矩阵和仿真实验里的阵列的区别。我买的是一个24脚的阵列，没有说明书。用万用表测量后得知，实际只有16个脚起作用，16个脚和仿真实验里的对应关系如图10.3所示。接下来还需要制作FC线，把排线对着压脚穿进去，然后用老虎钳夹紧即可。这个线在老式的计算机里很常见，是用于连接主板和硬盘光驱的线，40个插口的叫作IDE线。不会做的话，先拿一条IDE线对比一下就明白了。本实验里使用的是10个插口的线，如图10.4所示，其中有2个插口空着没用，对应仿真图里连接阵列的两组排线。

10.3 制作过程

（1）在计算机上安装电路设计仿真软件Proteus及编程调试软件Keil C51。编好程序代码并调试通过，然后设计出仿真实验原理图，如图10.5所示。用仿真软件进行仿真主要是为了在焊接硬件前测试电路和程序是否可行，这样可以节约实验成本和时间。

（2）把元器件都摆到板子上，进行合理布局和规划，以达到最美观的效果，如图10.6所示。

（3）完成布局之后，用导线把它们都焊起来。本实验里焊接用的是线径0.1mm的维修线。使用维修线焊接的优点是，需要焊接的端点只用烙铁一烫就可以把漆皮烫掉进行焊接，维修线就当作剥了线端的导线使用。不过使用维修线当作导线连接也有个很大的问题：元器件布局，会导致出现很多交叉的线。维修线的漆皮非常容易被烫掉，而且是透明的，被烫掉漆皮的位置肉眼看不出。如果在导线交叉的位置有漆皮被烫掉了，一不小心就会让两条线短路。使用带皮的导线（比如从网线里拆出的导线）或者直接使用FC排线来焊接会更容易，以免像我这样，在此步骤上花费了大量时间来排查短路情况。焊接完成的背面走线如图10.7所示。其实如果我在布局的时候考虑周全一点，把两个FC插头放到LED阵列右边，布线的情况就会好很多了。但是我在焊连接线前，已先把元器件都焊在板子上了，没法拆下来，所以只能硬着头皮焊了。不过，这也算得上是一次难得的经历。

（4）将焊好的板子通过导线连接到开发板上，烧录程序并调试，如图10.8所示。如果你在开发板上进行调试，推荐购买彩色的杜邦线来连接。因为它的色码顺序和色环电阻、电感的排列顺序是一样的，会给调试过程带来直观的帮助。

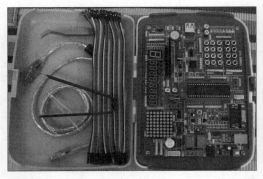

图10.2 单片机开发板

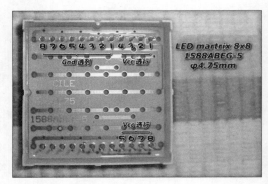

图10.3 LED阵列引脚

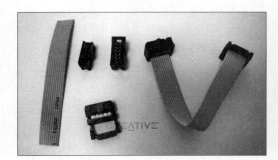

图10.4 制作FC线

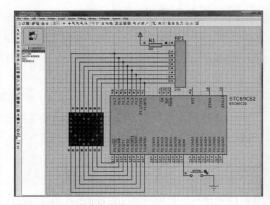

图10.5 Proteus仿真电路图

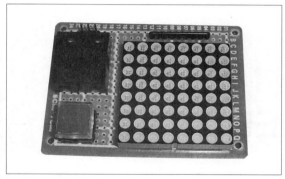

图10.6 在洞洞板上进行布局

图10.7 焊接完成的背面走线图

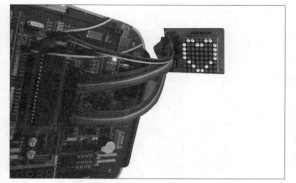

图10.8 连接开发板进行调试

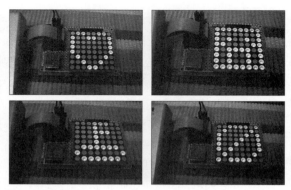

图10.9 表情演示图

　　程序烧录后会自动执行，表情显示出来了，如图10.8所示。调试后，我发现电源上要串一个40Ω的电阻进行降压，图10.8中右下角的一个电阻就是起到降压作用的电阻。

10.4　写在最后

　　最后，把单片机从开发板上拿下来，插在51最小系统上，通电演示如图10.9所示。

　　文章中所涉及的源程序、Proteus仿真实验及编译好的HEX文件，可以到本书下载平台（见目录）下载。我后来还对程序稍做修改，增加了表情间切换时候的动画效果。

　　本实验采用的是典型的简易电子产品制作原型的开发步骤：原理图仿真、选择元器件、装配材料、焊接PCB、烧录程序、调试完成。整个产品比较简单，制作起来不容易失败，可以作为单片机爱好者入门学习的练习作品。

文：伍浩荣

11 开源的5色LED音乐频谱显示仪

我们用计算机的音乐播放器播放音乐时，不少人喜欢看显示屏上随音乐而跳动的竖条，一跳一跳的，动态十足，很酷。我正好最近有时间，看到有好的制作就想自己动手，于是就做出了本文要介绍的这个5色LED音乐频谱显示仪。

当然，这个制作我不是首创的，有很多人都有成功的作品，但大多是不开源的，初学者想要学习一下其中的原理不太容易。因为我对这个制作比较感兴趣，于是自己研究了一下，靠自己的点滴知识

图11.1 在洞洞板上做好的LED显示屏

终于琢磨出来了，特在本文中向大家开源，供大家学习。

如图11.1所示，它从正面看仅是一个LED显示屏，从左到右分别由黄、红、绿、蓝和粉红这5种颜色组成的5条光柱，电路的控制部分在后面的一层洞洞板上，用铜柱子把前后两层洞洞板固定起来，这样整体上看起来就干净利落，而且也能让这个音乐频谱显示仪直接立起来，方便观看。控制电路主要采用单片机来实现控制，单片机的程序中还加入了自动增益功能，能根据音量的大小而改变光柱的高度，从而不会出现满屏或者不亮的情况。

先来看看电路图吧，如图11.2所示。制作所需元器件见表11.1。

下面进行图文详解，"懒惰者"可以直接

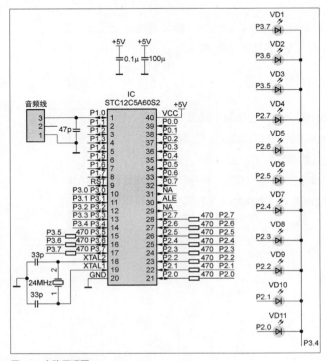

图11.2 电路原理图

看图，跳过文字的说明，因为图片已经能说明一切了。

首先，我们要在12cm×18cm的洞洞板上焊接LED。要先量度好板子，合理分配每个LED的焊接位置，每一列的光柱为11个，总共有5列，经过分配后就可以先插接上LED，如图11.3所示。每个LED的间隔为洞洞板的5个洞，我们也可以根据各自选用的洞洞板平均分配焊接位置。将LED在洞洞板背面用焊锡固定好，引脚不要剪去，到后面还有用。要注意的是，焊接LED时，最好用一只手指扶住LED的草帽位置，然后再上锡固定，这样就可以避免焊接出来的LED东倒西歪了。

5种LED从左到右的颜色，我分别选择的是黄、红、绿、蓝和粉红。只要你觉得好看，怎么排列及如何选择灯色都行。焊接好所有LED后，不要急着进行下一个步骤，先用3V的纽扣电池逐个测试，看每个LED是否能亮起，免得到制作完成后才发现有的LED不亮，那可就麻烦了。这里提醒一下，引脚焊接时间过长会损害LED，焊接时一定要注意。

图11.4所示为焊接好所有LED的背面的情况，注意LED的引脚不要弄歪了，同时注意焊接点不要出现虚焊的情况，检测完毕后再进入下一步！

接下来，把LED的负极端（较短的一根引脚）逐个向下弯曲，如图11.5所示，形成"手拉手"的状态，这种方法是我在国外的网站上学到的，我目前还未找到比这种方法更好的处理方法，"拿来主义"，在这里借用一下。

要确保每一种颜色的LED的负极端都接触在一起，而且要注意弯曲的时候要尽量压低负极的引脚高度。完成这一步骤后的情况如图11.6所示。

接下来处理LED的正极端（较长的引脚），按照同样做法把LED的正极端弯向右边，同时也要确保每一行的正极端接触在一起，如图11.7所示。特别要注意，正极弯曲的时候不要接触到之前的负极。由于正极端引脚较长，可以让正极弯曲后的高度高一些，正极和负极形成一定的高度差。还可以将绝缘胶带缠在每个交叉点上，一方面可以防止正负极误触，另一方面可以保证同级的连接。

如图11.8所示，分别把正、负极的接触点都用焊锡焊接上，并且把多出的一部分引脚修剪掉。完成这一步，音乐频谱显示仪的显示部分就完成了。

表11.1 制作所需元器件

元器件	数量
STC12C5A 60S2 单片机	1块
12cm×18cm洞洞板	2块
黄、红、绿、蓝、粉红等草帽LED	各11个（可根据个人爱好而选择颜色）
3.5mm音频插头	1个
一分二音频线	1个
24MHz晶体振荡器	1个
33pF电容	2个
40脚单片机插座	1个
470Ω贴片电阻	11个
排插	若干
铜柱	4个
并排8针的杜邦线	2条

图11.3 插接好的LED

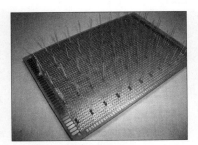

图11.4 焊接好所有LED的背面

图11.5 LED的负极端采用"手拉手"的方式连接

图11.6 LED的负极端全部"拉手"完毕

图11.7 正极与负极引脚"拉手"方向呈90°

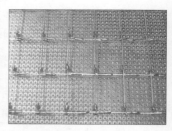

图11.8 把每个同极触点用焊锡焊接上

接下来，焊接控制电路部分。按照电路图，控制电路并不复杂。先在另一块12cm×18cm的洞洞板下方焊接好单片机的IC插座和晶体振荡器，焊接好后如图11.9所示。注意，IC插座是倒着焊接的，还有，晶体振荡器选用的是24MHz的，不要选错了。然后，在IC插座的背面焊接上470Ω的贴片限流电阻，如图11.10所示。如果没有贴片电阻，也可以选择直插电阻。

接着，分别在如图11.11所示的位置上焊接上两排8针的排针，同时还要在电源正、负极之间焊接上0.1μF的滤波电容，用以滤掉电源的高频信号干扰，参照STC单片机的数据手册，还需在AD采集端口和地线之间接上一个小于50pF的电容，我选用的是47pF的电容。

接下来，打开一个3.5mm的音频插头（见图11.12），在内部用排线分别引出地线和左、右声道任意一个声道线。选用合适长度的排线即可，最好选用内部是铜线的，减少干扰。

把两条排线分别接上单片机的AD采集端口（我选用的是P1.0口）和地线，为了不使排线摆动时弄断接触部分，还要把两根排线用线捆绑固定住，如图11.13所示。

接下来，把两条8针的杜邦线的一端剪去，在每一根排线的一端剥去熟料部分，使其露出铜芯，按照电路图，用焊锡把每根线分别接上LED显示部分的正极和负极，然后，对应好位置后，把杜邦插座插到先前焊接好的排针上面，焊接完成后如图11.14所示。

图11.9 焊接好IC插座和晶体振荡器

图11.10 焊接贴片电阻

图11.11 按所示位置焊接排针和电容

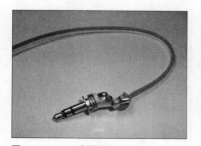

图11.12 3.5mm音频插头

图11.13 焊接并固定排线

图11.14 连接杜邦线

在IC插座上插上下载好程序的单片机后，选用合适高度的铜柱子，通过两块洞洞板4个角上的洞把它们固定起来，这样不仅可以保护内部的控制电路部分，而且显示屏还可以立起来，方便随时更改摆放位置。完成后如图11.15所示。

把一分二的音频线分别插上音箱的音频线和音乐频谱显示仪的音频线，另一端插在计算机或者其他播放设备上面，如图11.16所示。

从原理上讲，完成上面的制作步骤，这个作品就可以工作了。但是经过一段时间的使用，我发现音乐频谱的显示会出现不稳定的情况，比如，在还没有插上播放设备时，频谱也会有所显示。后来经过一番探究，发现原来是电源输出不稳定造成的，之前的0.1μF的电容已经把电源的高频信号滤掉，但是电源还有低频的干扰信号，还应在电源正、负极之间加上一个100μF左右的电容，我加上这个电容后就再没有出现之前的情况了。考虑到方便程序更新的问题，我还把单片机的下载引脚都引了出来，以方便程序更新、调试，如图11.17所示。

这样，再将作品接入计算机端，播放音乐，5色LED音乐频谱显示仪就可以稳定地随着音乐的播放而"跳跃"了。

接下来，我再给大家介绍一下这个制作的关键——单片机编程部分。

程序的核心就是采集信号处理部分，这部分运用的是FFT算法处理读得的AD数据，也就是离散傅里叶变换的快速算法。本人由于大学时期高数没有学好，只能不断搜索资料大概了解了一点相关知识，具体的FFT算法参照了网上现成的程序，然后把从音频信号中读得的AD值经过FFT公式处理，取出频率幅度值，把得到的值量化为LED亮起的相应个数，使LED显示出来。这就是整个算法的主要运用，我应该说是站在前人的肩膀上完成的。

"曾经有一本高数放在我面前，我没有好好珍惜，没有把它学好，等到后来我后悔莫及"，所以，想学好电子技术的朋友们一定要把高数学好啊，不然处理相关问题就会遇到瓶颈！

当然，采集信号处理部分的理论讲解会涉及一大堆的概念，在此不一一分析了，大家有兴趣可以上网搜索资料，也可以在本书下载平台（见目录）下载源程序代码进行研究。

数据的采集运用了STC12C5A60S2的内部自带的AD读取功能，根据数据手册，可以设置为12位或者8位的AD，考虑到读取速度和实际情况，设置为8位数据就够了。单片机的AD读取程序在数据手册有了现成的模块程序，只要注意把读取端口设置为高阻态模式，如"P1M0=0x00;P1M1=0x01;"，就可以把P1.0口设置为高阻态模式了。

由于51单片机处理这些大量数据的运算过程稍慢，因此对于LED扫描显示部分，我用了一个定时器去处理，每隔3ms扫描一个光柱，这就是运用了传说中的视觉暂留原理，大家应该都会了吧？

图11.15 安装完成

图11.16 插好音频线

图11.17 添加低频滤波电容并引出单片机下载引脚

这样就可以实时显示相应的LED了。

原本程序编写要点的介绍到这里就结束了，但是在最初实际使用中，我发现输出声音过小会没有显示，声音过大了就满屏显示。这里涉及一个自动增益处理的问题，也就是说，最好具有能自动根据声音的大小而调节显示幅度的功能。于是，我又编写了如下增益部分的程序。

程序

```
for(i=0; i<64;i++)//自动增益程序
  {
    FftReal[BRTable[i]] = STC_ADC()<<keep;//使显示保持在一定范围内
    FftImage[i] = 0;
  }
keepnum=FftReal[2]/32;//提取等级数
if((7<keepnum)&&(keepnum<=8)) {keep=1;}
else if((4<keepnum)&&(keepnum<=6)) {keep=2;}
else if((2<keepnum)&&(keepnum<=4)) {keep=3;}
else {keep=5;}
```

"<<keep"是什么意思呢？原本对数据进行放大是在读得的数据后面再乘以某个数就可以了，但是乘法的运算会减慢单片机的运算速度，在各大电子论坛网友的讨论中，我了解到，对数据进行左移可以代替乘法的运算，如0x01<<1，就是0x01乘以2，也就是2的一次方；0x01<<2，就是0x01乘以4，也就是2的二次方。因此，下述程序中的keep就是数据放大的2的多少次方，这样用左移就可以提高单片机的运行速度了。至于keep的值取多少合适，这要在实际的外部播放环境下进行选择，经过多次数值修改，觉得合适就可以了。要注意的是，FftReal的数据类型为int型，不能是char型。

"keepnum=FftReal[2]/32；"这个语句的意思是提取一个AD值，用来判断此时声音的大小，因为是8位AD数据，因此除以32就可以得到8个等级数，然后对其进行实际的补偿就可以了。可以根据实际情况更改keep值的大小，使LED显示幅度限制在一定范围内。

因此，综合起来看，这个制作无论是硬件还是软件都不算难，但采集速度很快，因此要注意选用24MHz的晶体振荡器。

把制作好的5色音乐频谱显示仪摆放在书桌上或者客厅里，5种颜色在随"音"而动时，一定会吸引很多人的目光。

祝大家制作愉快！

文：贝振权

12 88MD酷炫音乐显示器

一次偶然的机会，我在网上淘到十多块二手的8×8的红绿双色点阵屏，但这是一次低价格带来的冲动消费。这些点阵屏买来一直搁着，慢慢地，就沦为我小仓库中的"压箱货"了。拿它们做点什么呢？广告显示屏？没创意，而且我也没这个需求。小的数字时钟？涂鸦板？感觉目前对我都用处不大。于是我想，能否在点阵屏的基础上加上简单外围电路？回忆一下，感觉小时候家里用的音响功放上那一个个随音符跳动小灯比较迷人，于是我查阅了一下它的原理，发现用单片机来实现这一过程也非难事，便开始了制作。

12.1 磨刀不误砍柴工

在开始制作前，咱们还是来谈谈这个音乐显示器具体的原理吧。

说是音乐显示器，其实更确切地说，应该是声音信号频谱显示器。声音信号的3大特性分别是响度、音调、音色。响度是声音的波形振幅（就是我们所说的音量），当我们采集声音信号时所得到的是波形的幅值；音调是声音的频率，频率越高，音调越高；音色是声音波形的类型，跟我的这个制作没有特别多的联系，在此不做深入介绍。当我们通过单片机AD模块采集由数码播放机（如PC声卡、MP3播放器）输出端的模拟电压信号时，将其转化成一串数字信号，然后通过FFT（快速傅里叶变换）运算，就可以得出声音信号的频率分布关系，这就是我们常说的频谱图。

我通过一台虚拟示波器采集了一首歌某个时刻的声音信号，通过模块自带的线性频谱显示功能，得到如图12.1所示的频谱图。图12.1中的横轴是这组音频信号中的频率分布，纵轴是由傅里叶变换后换算成不同频率的正弦信号后的幅值。

在实际工程实践中，频谱图在机械故障诊断系统中用于回答故障的部位、类型、程度等问题，是分析振动参数的主要工具，仅需观察相关的被检测设备的声音振动情况，根据历史数据作比对，就能找到某个问题产生的原因所在。说到这里，我想起以前做过一个轴系扭振试验台，在线监测轴系轴的扭转振动噪声，分析噪声，实时预测轴系运行状态，在必要时更换轴，避免损失，也就是说频谱分析是有着良好的实践作用的。这有点像有些老修车师傅，只要让发动机转两下，他们就能听

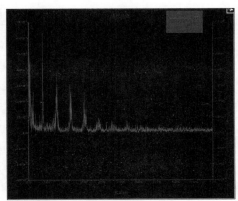

图12.1 用模拟示波器采集的声音频谱图

出是哪里出问题了。虽然他们可能不懂FFT，不懂频域分析，但他们的大脑中存了一张巨大的数据表，能够迅速搜索出问题的原因。

在这个制作中，其实就是需要将一个音频信号进行FFT变换，得到那张频谱图，然后用我们的点阵屏上的LED来显示音频信号的频率分布与幅值的关系，横轴上的LED用于显示几个频率段，而纵轴的LED则用于显示该频段信号幅值。

12.2 硬件设计篇

有了前面的铺垫，我们大概了解了音乐显示器的原理，接下来是构建其硬件基础了。首先还是来看看我淘到的点阵屏（如图12.2所示）吧，其型号为LDM-2388SRGA，它是8×8红绿双色Φ5mm点阵屏。

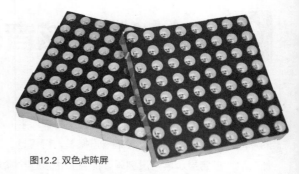

图12.2 双色点阵屏

在对单片机进行选型前，我们需要分析一下这个系统的功能需求：（1）2路模拟信号采集（ADC），用于采集音频信号，将其转化成一串数字信号；（2）24个及以上的通用输出/输入端口（I/O），用于直接连接点阵屏的LED，驱动其显示；（3）稍大点的RAM空间和ROM空间，因为进行FFT变换会消耗大量的RAM，便于缓存数据帧，同时也有必要选取大一些的ROM，为多种动画的酷炫效果升级提供坚实的硬件基础；（4）较高的执行指令和运算速率。

于是，我一览我学习过的芯片，刚开始想选一片32位的，如STM32F103，但思前想后，感觉用32位的芯片去完成此制作还是有些大材小用，于是选择了一片STC系列的1T单片机12C5A60S2，它有60KB的Flash（现在的ROM大都被闪存芯片替代了），1280Byte的SRAM（根据一些网友的制作经验，取64个点做变换，已经足够了），10位精度（绰绰有余了），同时还带2路PWM，为此我在设计中还添加了一个全彩呼吸灯，用来指示动画切换后的状态。图12.3所示是我最后定稿的电路图，图12.4是其PCB效果图，制作所需元器件清单见表12.1。

12.3 软件调试篇

在完成整体的硬件架构后，开始对音乐显示器的软件部分进行构想。首先对整个小系统的软件框架做了分析，如图12.5所示。这个系统需要使用单片机，免不了要对单片机硬件模块进行初始化操作。初始化分以下几个部分。

◆ I/O状态的初始化：由于使用单片机I/O直接驱动LED点阵，所以为了保证点阵屏的亮度和驱动能力，将单片机的I/O设置为强推挽输出，PxM1=0x00，PxM0=0xff。

◆ ADC初始化：在这里只涉及对ADC_CONTR（ADC控制寄存器）这个寄存器初始化，设置开启电源，转换速度设为70个时钟周期/次。

表12.1 制作所需元器件清单

名称	型号/规格	数量
C1	100μF	1
C2	30pF	1
C3	30pF	1
C4	0.1μF	1
C5	0.1μF	1
D1	LDM2388SRGA	1
D2	LED5050RGB	1
R1	20kΩ	1
R2	10kΩ	1
R3	1kΩ	1
S1	贴片轻触开关	1
USB1	mini5脚	1
USB2	mini5脚	1
IC1	STC12C5A60S2_LQFP44	1
B1	32.768MHz	1

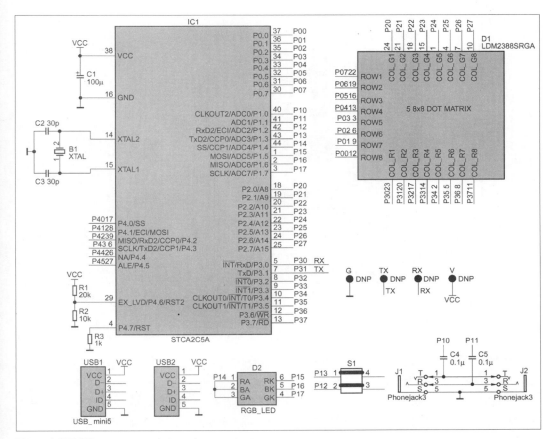

图12.3 电路原理图

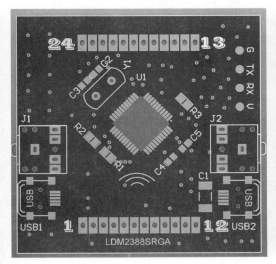
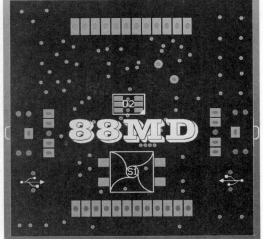

图12.4 PCB效果图

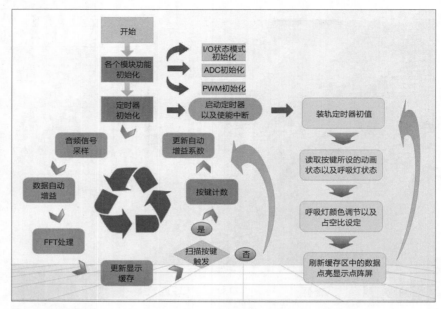

图12.5 系统原理框图

◆ **PWM初始化**：主要设置CMOD（PCA模式寄存器）以及CCAPM1（PCA模块1模式寄存器），同时对相应的定时计数器清零。

在完成对单片机的初始化后，接下了就得设计程序算法了。从图12.5中可以看出，程序主要分作两大块，一块是主循环里的数据处理，还有一块是中断服务函数中的LED刷新操作。

主循环中，通过ADC采集65个当前音频数据（由于做FFT变换时需要有个上次参考值，所以多添加一个数，用于替代参考值），为了获得立体声的频谱，左、右声道分别采集两个数据，求和做均值运算；接下来就要对数据进行增益计算。由于我们播放音乐时会调节播放音量的大小，即会改变波形的幅值，这样一来会使纵轴的显示在非合适的音量下出现空屏或者满屏的现象，所以我们需要实时对采集来的数据进行软件上的增益调节，即根据上次采集的音量大小计算所得的增益系数，再对本次采集数据进行适当缩小或放大。

完成上述任务后，需要进行本设计的最重点的FFT算法编程了。我找了几位网友分享的算法实例，将其移植过来，用时只要对好相关参数，就能直接得出结果，进而得出上述64个频段的纵轴值。这个值就是下一步用来显示纵轴LED闪烁的参考值，为后面实现多种动画显示效果做铺垫。

接下来就是一些细节和收尾的工作了。为了方便对显示动画效果和彩灯颜色的切换，我设计了一个按键来触发，同时为了保持对增益进行自动调节，所以需要每一次采集运算数据后，计算一次增益系数。由于我们要求的精度不是很高，可以将某个频段作为观察点，设置几个阈值，在不同的阈值范围内，使用不同的增益系数。

在文章的标题中，大家看到"酷炫"二字，为了对得起这个称呼，我设计了多种动画显示，如图12.6所示。

这里就动画编程做一点说明。快闪双色16频段，即前8频段用绿色点阵显示，后8频段用红色点阵显示，通过前面的数据处理，可以获得64个频段的值。由于本制作中纵轴上只能显示8个点，通常音乐频谱的动态性较好的区间分布在前半段频段区，所以为了使显示的动画能够饱满并且动态性

图12.6 显示效果

较好，舍弃了64个频段后面的32个，只取前32个点。实际显示时采取间隔一个频段显示的方式，得到最终的16个点用于显示，由于FFT变换后得到的值的范围为0~255，所以需要对其进行比例换算。接下来再对显示的缓冲区进行刷新，然后在中断服务函数中显示刷新，用于更新显示的缓存。此时就能看见LED随着音乐开始闪烁了。

12.4 结语

至此，这个制作的介绍告一段落，在此感谢各位网友分享的相关资料，我也将所有的设计文件在本书下载平台（见目录）中分享给大家。一次又一次的DIY旅程让我明白，DIY最大的乐趣是将我们的创意转化为设计，分享一次奇妙的体验。

13 ELEJ-CDC1 创意数字时钟

13.1 ELEJ-CDC1简介

　　ELEJ-CDC1是一款创意型数字时钟（即Creative Digital Clock）。之所以说它是创意制作，其实就是使用常规的数码管和常见元器件，实现通常时钟具备的功能的同时，还通过硬件改进和软件设置，巧妙实现通常时钟不具备的功能——人性化用户体验。

　　时钟太常见了，是生活中极其普通的物品之一，我们只需瞧一下钟，就能说出时间，而且我们也把这看成是很自然的事情。功能完善的时钟可以计时间（Clock）和日期（Calendar），即年、月、星期、日、时、分和秒的实时参数。时钟有很多种，按照不同的分类标准可以分为不同的类型，按照模拟量、数字量分为模拟时钟和数字时钟，这里主要分析一下数字时钟。

　　数字时钟可以由模块化的时钟电路实现，可以由数字门电路+时钟发生电路实现，也可以由控制器（单片机）+定时器实现，还可以由控制器+RTC芯片实现，似乎没有其他方法了。你可能会说从网上下载一个时钟软件不也是嘛，哈哈，告诉你吧，其实这样的软件用的时钟信号是你计算机主板上的RTC芯片时钟或者集成在某个大规模集成电路内部的RTC模块提供的。

　　RTC即为实时时钟，它是可提供时间（通常也提供日期）的时钟器件。RTC通常包含一个可长期供电的电池，即使在没有电源供电的情况下也可以保持时间的跟踪。

　　有很多著名厂商和很多著名的RTC芯片，玩单片机的应该没有不知道DS1302、DS12887和PCF8523等芯片的；RTC著名厂商有很多，比如Maxim（美信）、NXP（恩智浦）、Intersil（英特矽尔）等。笔者曾经使用过美信的DS3231作智能电表的时钟计量，调过英特矽尔的ISL12022M、DS3231和ISL12022M，它们都集成了晶体振荡器，精度极高，且外围电路十分简单，基本不需要外围元器件，其实DS3231和ISL12022M的功能也很相似、性能也差不多。恩智浦的RTC芯片有很多款，比如本文要介绍的ELEJ-CDC1，使用的是PCF8523。PCF8523性能很不错，使用I^2C总线与控制器连接，且是高速I^2C总线（Fm+），可以达到1MHz，在某些实时性要求极高的系统中非常适用。常见的PCF8523有SO8和

TSSOP14封装，TSSOP14引脚间距较小，引脚排列很密，不容易焊接，大家可以选择SO8封装的，容易焊接。

制作实时时钟非常有趣，可以同时学会很多与界面显示相关的技术、控制器接口技术、数字处理技术和按键功能实现技术等，对于各种智能家用电器的显示界面设计有参考意义，例如冰箱、洗衣机、电磁炉等的显示界面。关于实时数字显示器件的选择，可以是LED、数码管、点阵屏、LCD等，实际学习可以逐个调试掌握、真正搞懂，然后独立开发基于控制器的项目就不成问题了。（不骗你，真的！）

现在，我们就一起开始制作吧！

13.2　ELEJ-CDC1硬件原理

ELEJ-CDC1由6个模块电路构成：电源电路、控制器电路、RTC电路、数码管电路、蜂鸣器电路和按键电路，其中电源电路、数码管电路、蜂鸣器电路和按键电路与后面的ELEJ-IDBC1智能数字电池充电器中的电路设计方法和电路原理一样，只是数码管的排列有所不同，而且数码管选用的是1位的8段式数码管。

下面主要介绍控制器电路、RTC电路和特殊处理的数码管电路。

为了大家制作方便，这个制作仍然使用STC的51控制器，ELEJ-CDC1使用的控制器型号为STC15F204EA，用DIP-20封装，电路连接如图13.1所示。STC15F204EA内部高精度R/C时钟，常温下温漂5‰，时钟频率5～35MHz可选，这样我们就无须再外置晶体振荡器了。控制器实际焊接在"洞洞板"上，如图13.2所示。

图13.2 控制器实物图

RTC芯片用NXP的PCF8523时钟芯片，PCF8523电路图如图13.3所示。

图13.3中电阻R11、R16和R17是上拉电阻，因为PCF8523的INT2、INT1/CLKOUT引脚都是开漏输出，所以必须上拉，此外，SDA和SCL也必须上拉。仔细看看图13.3，你会发现在+5V电源和PCF8523的VDD之间接了VD5、R15和C6，有什么用，不接可以吗？很多时钟芯片都不接的呀！说说原因吧：仔细阅读PCF8523数据手册的典型应用一节，你会发现它提供的典型应用电路连接有R15和C6，它俩的作用是限制VDD的压摆率，如果VDD下降得过快，就不能确保内部电路可靠切换到备用电池供电；二极管VD5的作用是防止电源反接烧坏PCF8523TS，PCF8523TS不便

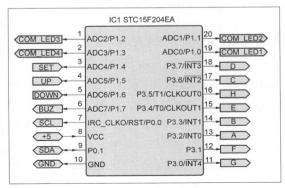

图13.1 控制器电路

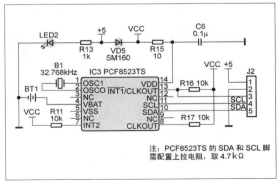

图13.3 PCF8523电路图

宜啊，烧的是钱呢！

注：电压转换速率（Slew Rate），简写为SR，简称压摆率，其定义是在1μs或者1ns的时间里电压升高的幅度，直观上讲就是方波电压由波谷升到波峰所需时间，单位通常有V/s、V/ms、V/μs和V/ns四种。电压转换速率用示波器就可以测量。

我使用的PCF8523是TSSOP14封装的，由于芯片引脚很密，所以我腐蚀了一块转接板，实物如图13.4所示。注意：在制作中你可以使用SO8封装的PCF8523，无转接板也可以焊接。

焊接上芯片，通电蓝色LED点亮，如图13.5所示。

数码管电路如图13.6所示。其实仔细看看原理图，和通常使用的电路没有任何区别，其实就是驱动电路的设计。

与通常使用不同的是数码管的放置方式。如何实现显示功

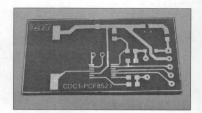

图13.4 PCF8523腐蚀板

图13.5 PCF8523腐蚀板焊接实物

能，下面详细说明一下。

对于动态扫描显示技术，每本书、每份资料都会说"动态显示是多个数码管交替显示，利用视觉暂留现象，使人看到多个数码管同时显示。在编程时，需要输出段选和位选信号，位选信号选中其中一个数码管，然后输出段码，使该数码管显示所需要的内容，延时一段时间后，再选中另一个数码管，再输出对应的段码，高速交替。"如果你是初学者，肯定感到有点迷惑！

那我就用图来说明一下吧！动态扫描最根本的原理如图13.7所示。

4个数码管轮流显示一遍为一个周期T，即4个显示t_{on}之和，且由于每个显示时间一样，也即$T=4×t_{on}$，在软件实现手段上，我用的是定时器中断，这样便于main函数处理多个任务。使用的数码管为共阳极的，所以t_{on}时间数码管的位引脚为低电平（以数码管DS1为例：当LED_COM1=0时，三极管导通，DS1选通，此时如果有段码

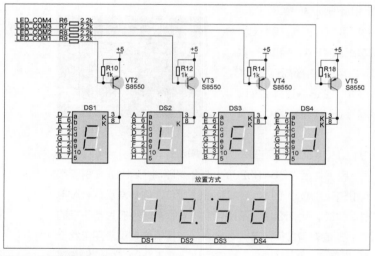

图13.6 数码管电路图

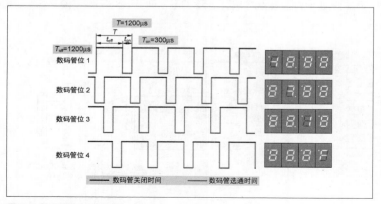

图13.7 数码管动态扫描原理

数据加到A~H引脚，则DS1显示），即数码管显示，数码管会按照300μs的时间轮流循环显示，即：数码管1→数码管2→数码管3→数码管4→数码管1……无限循环往复，由于"数码管1→数码管2→数码管3→数码管4"仅需要1200μs，即扫描频率为833Hz，我们眼睛是分辨不出它们是在逐个显示的，我们可以看到的是每个数码管都完整显示。如果，你想仔细看看所谓的"扫描"是啥，你可以把T选得大一些，对应的$t_{on}=T/4$也大些，那样你就会看到数码管逐个显示，显示的界面会让你感觉很不舒服（一个接一个地闪烁显示）。

总结一下：我们调试数码管，说白了就是调试T（根据实际调试数据，$t_{on}\approx1$ms时，显示效果也很不错。当然，T越小越好，扫描的速度足够快，给人的印象就是一组稳定的显示数据，不会有闪烁感），此外还要注意以下两个问题。

（1）所谓的"消隐"问题，当你更新显示的"段"的时候，显示的位置还是在前一时间的"位"上；然后你再更新"位"，这就出现移动的效果了。解决方法：显示下一位时先让数码管熄灭；在位的数码显示前，先关闭一下数码管，这样方可消除拖尾现象。

（2）驱动要足够，例如，我在使用数码管时均使用三极管驱动，尽管STC控制器I/O口可以配置为推挽输出，但是为了便于硬件移植，即51控制器通用，还是加了驱动，在实际制作调试时，你也可以选择用STC控制器直接驱动。

ELEJ-CDC1创意数字时钟数码管实物如图13.8所示，焊接面如图13.9所示。

图13.8 ELEJ-CDC1数码管实物

13.3 软件设计思路

这里我直接用文字叙述：在没有任何人为"干预"ELEJ-CDC1的情况下，ELEJ-CDC1从用户接通电源起，工作步骤（也就是软件执行过程）为控制器初始化、某些系统参数初始化→配置PCF8523、获取RTC数据（通过I²C接口读取）→处理RTC数据，处理结果暂时存储在控制器缓存中→通过定时器中断技术使控制器缓存中的RTC数据显示在数码管上→再读取新的RTC数据，处理数据，实时显示……就这样只要用户不断电，ELEJ-CDC1就会"不知疲倦"地重复实时显示RTC的实时数据。

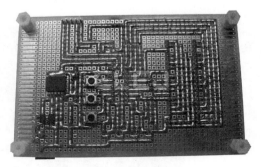

图13.9 ELEJ-CDC1整机焊接面实物图

然而，RTC芯片内部的数据在上电时，一般不会是当前的时间，怎么办呢？大家都知道要重新校准时间。其实，从PCF8523角度来看，就是重新向PCF8523内部时钟寄存器内写入数据，覆盖掉原始的不是当前时间的数据，然后PCF8523就从新的时间数据开始计时（时钟源就是那个32768Hz的晶体振荡器）。这样，自然就需要一个校时程序，而且这个校时程序块不是一直运行，只有用户需要时才启动，所以就需要一个开关。开关？你可能会惊讶：软件里面哪里有开关呢？此时，如果你仔细想一想数字电路，是不是想起了0和1，就是啊，这个开关就用一个bit变量实现，比如，变量为1时启动校时程序块，为0时运行时钟。记住一点，校时程序块和正常走时，程序块在同一时间绝不可能同时运行！

至于闹钟，也很简单，每读取一次RTC数据显示，程序就判断一次此时的时间和用户设定的闹钟时间是否一样，如果一样，那就"闹"吧！闹多久？程序开发者自行设置，如果开发者愿意，甚至可以让用户自行配置；如果你既是开发者又是用户，那我就不说啥了，随你的心情，随意配置吧！

读到这里，你是不是感觉ELEJ-CDC1总体脉络很清晰了呢！如果真的用心说是，那就好，你肯定可以独立调试ELEJ-CDC1了，而且，你还可以学习很多工程设计调试的方法。再说得犀利些：如果你仅仅是为了做一个ELEJ-CDC1，完全或者基本没有什么浓厚兴趣驱使你，你可能在调试时非常痛苦，甚至不能让ELEJ-CDC1正常运行。比如，你在调试ELEJ-CDC1时，你会彻彻底底地明白什么是数码管动态显示，为什么动态显示要用定时器中断，为什么不直接用延时扫描的方法，数码管不同界面切换方法，I²C驱动如何写（后续我会仔细说），甚至蜂鸣器振荡频率如何选择……总之，我们喜欢电，我们可以在兴趣中提高能力和扎实掌握解决实际工程问题的方法。哇！说多了，不过这样的兴趣就是动力，可以很随意地步行很远去二手电子市场。

看几张数码管的界面图片吧！如图13.10~图13.15所示。

好吧，这个版本的ELEJ-CDC1制作就介绍到这里吧，其实如果想再加其他功能，真的有点难，因为4KB ROM空间的STC15F204EA放不下了，我就遇到此尴尬，不然ELEJ-CDC1最后一位本来打算用作"℃"显示的数码管就不会没用上，我的代码中，数码管段码就没有全部放在code内，否则连闹钟功能也没了。反正我们以后会让ELEJ-CDC1升级的！

图13.10 "AL：--"界面

图13.11 "AL：on"界面

图13.12 "12Hr"和"24Hr"界面

上午6：20　　　　下午6：20　　　　18：20

图13.13 时间显示界面

图13.14 日期显示界面

图13.15 星期显示界面

文：伍浩荣

14 小时钟，大智慧
——超简约创意桌面时钟

大家总是对迷你型的制作充满了兴趣，初学者也总是喜欢仿制一些迷你型的制作，而在这篇文章里面，我希望通过一个制作让大家学会更多的制作，而不仅仅是模仿，所谓"授之以鱼不如授之以渔"。下面我会详细介绍如何制作一款超简约的创意桌面时钟以及相关的程序设计，并借此分享我目前为止积累的制作经验。

图14.1所示是我设计、制作的采用白色PCB的超简约创意桌面时钟，名字叫Mini-Clock。这款时钟采用独特的数码管制作，它的PCB和数码管大小一样，因此从正面看它就是一个数码管。数码管上、下各有5个方格LED色块，我将其设计成代表秒数的走动，每10s形成一个不同的走动模式。中间数字为绿色LED段码，外观为白色，上、下LED方格为红色，配合白色的PCB设计，整体来看十分美观。

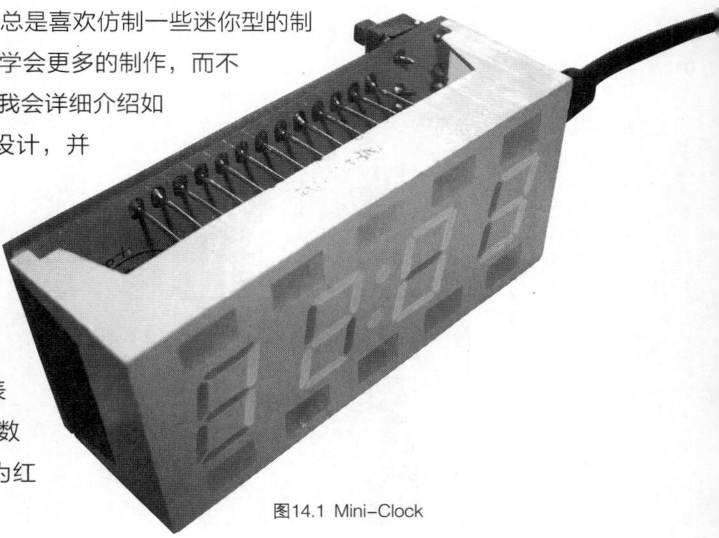

图14.1 Mini-Clock

14.1 可实现功能

该时钟"时"和"秒"会自动切换显示，显示模式不再单调。它具有整点和半点的报时功能，整点报时，上、下方格全亮，然后闪烁提醒，蜂鸣器长鸣一声；半点时，方格亮一下，蜂鸣器短鸣一次，以示区分时间段，还可以设置关闭蜂鸣器鸣叫，以免影响到睡眠。它可以设置每天自动校准时间，正数代表要快多少秒，负数代表要慢多少秒，最大化减少时间的误差。长按上面的按键就可以设置时间值，被设置的相应时间为闪烁状态，长按下面的按键数字可以进行连加。

程序方面运用了大量的分时处理思路，笔者认为很有学习价值。下面我们先来看看制作过程，之后再详细讲解一下程序的实现。

14.2 电路制作

图14.2所示是此款桌面时钟的电路图，电路很简单。图14.3所示是我们需要事先准备好的元器件，具体元器件清单见表14.1。

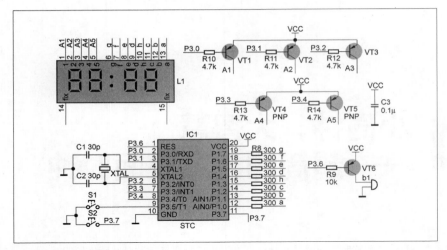

图14.2 桌面时钟的电路图

图14.3 所需元器件

表14.1 元器件清单

白底特色数码管	1个
白色PCB电路板	1片
STC11F02E单片机	1片
12MHz晶体振荡器	1个
30pF贴片电容	2个
微动开关	2个
300Ω贴片电阻	8个
4.7kΩ贴片电阻	5个
10kΩ贴片电阻	1个
9012贴片三极管	6个
有源蜂鸣器	1个
迷你USB插座	1个

我已经做好PCB，但是焊接的顺序也要讲究一下。好了，准备好元器件，开始各种焊接工作，动手！

首先在PCB背面焊接贴片元器件。我们先来焊接数码管的限流电阻，把300Ω的贴片电阻逐个焊接在上面。先在焊盘一端粘上焊锡，然后用镊子固定好一边，再把另一边用焊锡固定好。

再用同样的方法把6个贴片三极管焊接到PCB上面，并且把基极电阻和晶体振荡器电路的30pF电容也焊接在上面。

焊接完背面的贴片元器件，下一步就要注意了，我们要先焊接晶体振荡器，否则就会影响下面的焊接，注意焊接晶体振荡器的时候要和板子隔一点距离，这样就会减少外部对晶体振荡器电路的干扰。焊接完成后如图14.4所示。

接下来要焊接的是迷你USB插口，先用焊锡在PCB对应位置涂上焊锡，然后固定好迷你USB插口，再用烙铁头把焊锡融化固定在封装上面。之后用剪线钳把晶体振荡器的引脚剪去，如图14.5所示。

图14.4 焊接好部分元器件的PCB

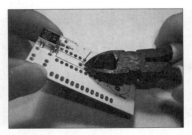

图14.5 焊接USB插口并剪去晶体振荡器的引脚

图14.6 焊接单片机和滤波贴片电容

剪去晶体振荡器引脚之后就可以焊接单片机了，注意单片机的位置不要搞反了，单片机上面的半圆对应PCB封装上面的半圆，之后把有源蜂鸣器跟0.1μF的滤波贴片电容也焊接在上面（见图14.6）。

再把两个微动开关焊接到上面，如图14.7所示。检查所有的元器件有没有缺漏，之后我们再把数码管焊接上去，否则一旦焊接了数码管，再发现元器件少了就麻烦了，所以一定要检查完毕才能进行下一个步骤。

最后把数码管对应焊接在PCB上面，数码管下面的两个引脚是固定用的，没有连接电路。这样，整个制作就完成了（见图14.8）。

接入迷你USB线来供电（见图14.9），电压输出为5V，初始化时间是12点钟，就会听到蜂鸣器长鸣一声，数码管上、下方格闪烁起来，用以提醒整点到来。

图14.10显示的是Mini-Clock的夜晚效果，图上显示的是"时"和"分"的状态。图14.11所示是切换到"秒"显示的界面。

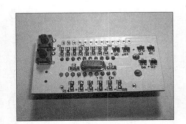

图14.7 焊接微动开关和数码管

图14.8 焊接完成的创意时钟

图14.9 接入迷你USB线来供电

图14.10 Mini-Clock的夜晚显示效果

图14.11 切换到秒之后的Mini-Clock

14.3 程序设计思路

当然，我希望大家制作出这个有趣的小时钟的同时，也要了解一下程序里面的大智慧，学会了编程的技巧，实现其他制作就能随心所欲了。这个制作的核心程序就是分时系统的处理，也就是我们常说的状态机处理。Mini-Clock的程序中运用了两个定时器作分时系统的处理，分别处理按键的扫描和数码管的显示。什么？你还在用delay(20)的这种处理模式？我建议你先放下学校的教科书，认真想想状态机的思路。

好吧，我来讲解一下定时器如何扫描数码管以及如何实现时钟的长按、短按、闪烁、调时连加、切换显示和自动校准时间吧。

14.3.1 数码管的扫描

我用的数码管总共有5个公共端口，首先我们设定一个数组，代表扫描5个数码管的控制端口。

```
uchar comtable[]={0xfe,0xfd,0xfb,0xf7,0xef};//5个公共端控制数组
```

再定义一个数组用以代表0~9的显示数字。

```
uchar table1[]={0x88,0xf9,0x4c,0x68,0x39,0x2a,0x0a,0xf8,0x08,0x28};//显示码列表
```

我们已经在主函数或者其他定时器中断中取得如下所示要显示数据的程序段。

```
numtable[0]=table1[hour/10];//时的十位数
numtable[1]=table1[hour%10];//时的个位数
numtable[2]=0x00;//控制上下方格
numtable[3]=table1[min/10];//分的十位数
numtable[4]=table1[min%10];//分的个位数
```

然后在定时器进行以下操作。

```
void timer1() interrupt 3
{
 TH1=(65536-3000)/256;//设置多久扫描一个端口，可自行设置
 TL1=(65536-3000)%256;
 P3=0x1f;//扫描前先把5个控制端口关闭，防止扫描出鬼影
 P1=numtable[comnum];//先输入要显示的数字
 P3=comtable[comnum];//再打开控制端口
 comnum++;
 if(comnum>4)comnum=0;//循环在5次内
}
```

有了以上语句，就可以分时扫描数码管了，再也不是教科书里面的死循环般的等待了。这样做还有一个好处，就是我们有时需要单独控制某个点，比如数码管中间的时钟点，或者这个数码管上、下的色块，只需要进行"与"运算就可以了，比如这样处理。

numtable[0]=table1[hour/10] & h1;

要运用"与"还是"或"，这就需要根据自己的程序而定了，同样，我们看到的时钟中间两点

是半秒闪烁一次的，我们只需要在定时器计算0.5s到来的时候，设置一个标志，同样用"与"或者"或"去处理数码管的闪烁点，就可以实现这个功能了。

再举一个例子，当时间小于10点的时候，前面的一位数码管是要处理掉的，这时用同样的办法"与"上0xFF，就可以不显示第一位的数码管了，这样看就更加直观了！大家学会了吗？我程序里面的"时分"和"秒"的切换显示也是这个原理。上、下色块每秒流动一次和整点报时的全部闪烁的程序实现也是这个原理。这样做就可以按照我们的意愿任意控制数码管的每一段了！

14.3.2 按键的读取

读取按键的核心程序是参考网络上流行的一段程序修改而成的，现在把它修改为适用在51单片机中。当然，整个思路也可以运用到任意单片机上面，同时可以处理其他制作的按键读取。

先假设按键连接的I/O口是P3.0，核心程序如下。

```
void KeyRead()
{
 uchar ReadData =P3;
 Trg=ReadData&(ReadData^Cont);
 Cont=ReadData;
}
```

很明显，没有按下按键的时候，3个值都为0。

来看看按下按键时值如何变化。

P3组的值为0xFE，ReadData读取并且取反就变为0x01了。

第一次按下按键，Cont的值为0，这样：

Trg=0x01 &(0x01^0x00)=0x01，Cont=ReadData=0x01。

再看看长按按键时的值。

P3组的值依然为0xFE，ReadData的值还是0x01。

长按按键的时候，Cont是上次的值0x01，那么：

Trg=0x01 & (0x01^0x01) = 0x00，

Cont = 0x01。

对比上面两段程序，我们看出区别了吧？哈哈，我们提取最主要的区别，总结如下。

短按：Trg=0x01，

长按：Cont=0x01。

看到这里，大家应该明白了吧。但是，这只是读取的值，按键的消抖过程还是要的。我们还是运用上面扫描数码管的思路，同样在定时器中断里面进行按键的消抖处理，具体语句我就不写了。我的处理方案是设置一个80ms的定时器中断，然后把按键的读取函数放进这个中断里进行扫描就可以了，不需要任何其他的操作，很简单吧！

再看看我的程序里面是如何处理读取到的按键的。我设置的是长按按键进入设置时间模式，因为这样做可以防止误触操作。

```
if(Cont & Key1)//长按按键,进入设置时间模式
```

```
{
  timecount++;//计算按住多久才进入
  if(timecount>32)//大概2.5s的时候触发
  {
    timecount=0;//清零
    setnum=1;//进入时的设置
    ET0=0;//
    TR0=0;//暂停定时器
  }
}
```

timecount是计算长按多久的数值，大家修改数值就可以设置长按多久进入菜单了，记得进入菜单前要把数值清零，下次再进入菜单就不受影响了。

再看看短按调整时间的程序。

```
if(Trg & Key2)//短按设置秒的"加"
{
  sec++;//秒加1
  if(sec>59) sec=0;//防止溢出
}
```

学会了短按调整时间，我们再来看看如何实现我们最关心的长按数字连加的功能吧，其实只要学透了短按调整时间的原理，长按处理就不难了。

```
if(Cont & Key2)//长按连加
{
  pluscount++;//连加计数值
  if(pluscount>30)//计算多久进入
  {
    pluscount=29;//下次继续进入
    sec++;//秒连加
    if(sec>59)//防止溢出
    {
      sec=0;
    }
  }
}
```

pluscount是连加计数值，也就是按多久才会连加，数值可根据实际情况而定。我们看关键的一个操作：pluscount=29。进入后立即设置计算数值为29（也就是比设定的长按计算值少），这样的作用是循环一周就可以再次进入函数，也就是sec可以再加一次了。千万要注意这点，否则你的程序还是要等一段时间才加一次的，也就是说达不到连加的效果。

按照上面的思路，设置蜂鸣器开关的程序也就不难了，大家可以试着写一下，或者参考笔者的程序。

14.3.3 实现自动校准时间

自动校准时间是根据我们平常观察统计误差得知的，比如我们知道时钟每天走快了或者走慢了多少秒，然后就在某个时间点设置校准过来。因为DIY的作品可能受好多方面的影响，在时间精度上往往不是特别理想，只能最大化地减少误差，所以在这个制作里我设置了自动校准功能。

设置的范围是−20～20s，负数代表要减多少秒，正数代表要加多少秒。自动校准菜单也是要长按第二个按键才能进入的，设置好后，我们就可以在某个时间点进行校准了，我设置的是在凌晨1点00分30秒开始校准，这段时间是睡眠时间，这样就可以达到神不知鬼不觉的效果了。

如果时钟走动慢了，校准时直接多加几秒就可以了。如果时钟走快了，我们设置时就要注意了，我们要在凌晨1点00分30秒的校准处设置一个标志，用来确认一天只能校准一次。我的设置方法是，标志进入一次就取反：cal_time=~cal_time，然后进行下一步操作：sec=sec+cal_sec，其中cal_sec是要校准的数值。

程序里面还有整点、半点报时功能，这些没什么新意，我在这里就不细写了。

我们常听说，能用单片机做出一个电子钟,那你基本上已经掌握单片机80％的知识了，其实不然，以前我们在学校学的处理按键读取、数码管的扫描都用了死循环的模式，如果用这种方式设计时钟是不能真正掌握80％的单片机知识的，因为效率太低了。真正实现一款时钟的功能要包括调节时钟的闪烁、长按、短按以及连加等功能，这才算做出一件产品，否则就是不合格的。所以，我们要学会跳出固定思维的圈子，用分时系统的思想去处理各种问题，这也是很多成熟产品程序跟学校教科书程序的最大不同。

这些都是本人经过多年的单片机调试以及通过项目体会出来的，在此分享给大家，我真心希望大家也能学到更多、学得更好。而且，作为电子爱好者，我们也只有这样才能成长起来。

文：伍浩荣

15 简易时钟Smile Clock

本文向大家介绍一款会笑的电子时钟（见图15.1），它采用4个数码管显示时和分，以中间点区分；机身中间是蜂鸣器，在半点到时会短促鸣叫1下，在整点到时会长鸣1下，以声音区分时间；机身左右为按钮，分别用来调小时和分钟；机身下面的8个LED围成半圆，看，是否像在"微笑"呢？这就是这个作品名字——SmileClock的由来，其设计灵感来源于电影《蝙蝠侠》中的角色"小丑"。

欣赏完这么有趣的时钟，接下来就跟着我一起动手制作吧！

15.1 硬件部分

首先你需要准备以下材料。

STC89C52RC单片机1个、40脚的IC座1个、12MHz晶体1个、30pF瓷片电容2个、4位共阳极数码管1个、5cm×7cm的万用板2块（也就是传说中的洞洞板）、弯成90°的排针1条、8个LED（可根据不同的爱好选用不同的颜色）、1个有源蜂鸣器（就是一通电就吵个不停的那种）、2个微动按钮（选用较大的，方便调时间，而且手感较好）、5个9012三极管（4个用来驱动数码管，1个用来驱动蜂鸣器）、1kΩ电阻5个、470Ω电阻8个、170Ω电阻8个、排线若干条。

接下来，我们要用电烙铁、锡线等工具来搞一番工程，跃跃欲试了吧？电路如图15.2所示，包括晶体振荡器、数码管段位限流、数码管共阳极驱动、蜂鸣器驱动、流水灯和按键等部分。

下面，我就为大家演示实际焊接制作的过程。来吧，动手！

图15.1　会笑的电子时钟

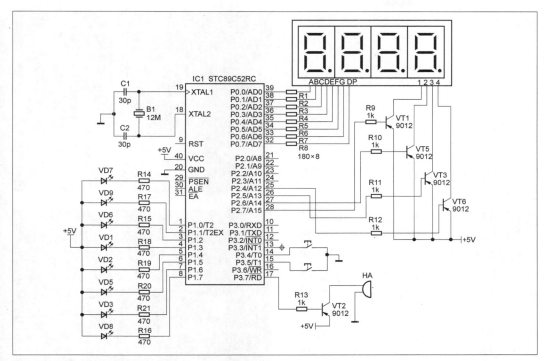

图15.2 会笑的电子时钟电路图

1 用万用板先焊接晶体振荡器部分，然后焊接数码管驱动部分，完成后如图所示。

2 焊接其余的各个部分，注意P2组口排列顺序是相反的，实际焊接效果如图所示，把电阻排成不同的形状，各自围着中间，看上去三极管像蚂蚁，电阻像虫子，如果放上单片机就像一条大蜈蚣了。昆虫大战？！

3 然后在背面焊上锡，并且把元器件引脚剪掉。

4 焊接完了一块万用板，是否有一点成就感呢？哈哈，别着急，先喝一口水，我们继续第2块万用板的焊接。

这个部分也很简单，按图所示焊接上各个部分就OK了！要注意的是LED的正极最好焊接在半圆的外边，以方便后面的排线，蜂鸣器可不区分正、负极。注意检查微动开关的导通，可以用万用表测量一下。关键部分的4位数码管使用之前要用万用表测量，然后记下每一个引脚所代表的段位！

5 两块板完成了，接下来是把两块板连接起来，把2条8针90°的排针用钳子弯曲成大概120°。

6 如图所示焊接上排针，一条接在P1组口，并和流水灯限流电阻接上，另一条焊接在另一边，用于两块板的导通。

7 最后把两块万用板连接成60°角，以方便正面观看。

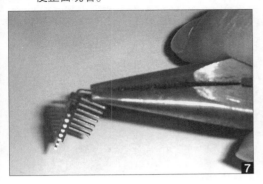

8 按照电路图把剩下未完成的部分焊接上，如果没有空间的话就用排线连接，排线最好选用不同的颜色，然后各自的部分用一种颜色，这样焊接就没那么容易出错了。附图为排线连接部分。

9 如果可以，还可以用白色杜邦插座焊接在正、负极（也可以改成USB母头），用于方便地接上电源。这样，插上下载了程序的单片机，再插上电源，闹钟就可以工作了！哈哈，有趣吧！

10 夜晚效果如图所示。

15.2 软件部分

编程部分难度不大，在时间部分处理好每个数码管的进位关系就可以。流水灯是来回摆动的，可以用数组装入每个灯亮的编码，然后用中断使其每秒流动一次。报时部分分别判断整点与半点的到来，如果要设置在某段时间段内报时就要另外设置一个标志，标志要跟小时保持一致。还要注意的是三极管9012是PNP型，基极为低电平时才导通，在编程的时候要特别注意，只要认真一步一步地编写下去，把出现的现象改过来，程序也自然出来了。然后在Keil软件里生成hex或者bin文件，再下载到单片机里面就可以工作了，祝大家成功！

文：董庆源

16 单片机电子钟

16.1 设计方案

前一段时间我带学生进行毕业设计，有个学生想做一个电子钟，问我怎么做，我告诉他得有一点专业性，否则不能称其为毕业设计。经过1个月的酝酿，我们确定了如下方案和最终目标。

（1）整体功能达到市售电子日历效果，显示内容包括年、月、日、星期、时、分、秒、室温。

（2）实时时钟芯片有两种：DS12C887、DS1302。学习和使用过程中可进行选择。

（3）数码管控制采用MAX7219专用扫描驱动芯片。

（4）电路板上留有PS/2键盘接口，用于调节当前时间、数码管显示亮度、闹铃时间。这一点和普通电子日历有明显区别，毕竟我们做的是一个有点专业要求的电子钟。

（5）电路板上安装有继电器，可作为简单的时间控制或温度控制装置。

（6）设计出原理图和PCB图，找厂家制出PCB，编程实现预期效果。

下面对整个电子钟的设计和制作过程做一个图示说明，希望对想做这方面设计的朋友有所帮助。

图16.1 AT89S51侧面ISP插针设置图

16.2　主要元器件选用

16.2.1　单片机

就用AT89S51吧，太方便了，只要在侧面留有ISP插针接口，外接编程器就可以方便地在线改写调试程序了。ISP编程插针设置如图16.1所示。

16.2.2　实时时钟芯片

实时时钟芯片有DS12C887、DS1302两种，前者内部自带锂电池，后者要外接后备电池，二者的实物对比如图16.2所示。DS12C887的最大特点是有15种频率可编程方波输出功能，在某些情况下可作为简易的方波发生器，电路板上也设有输出拉环和插针，便于不同场合的连接需求，如图16.1中的标示。

图16.2　DS1302和DS12C887

16.2.3　PS/2接口

PS/2接口就是计算机主机后面的键盘或鼠标接口，实物如图16.3所示，共有6个引脚，实际只用4个，分别是电源正、电源负、数据脚、时钟脚，各插孔功能标识见图16.4。

图16.3　PS/2接口

图16.4　PS/2插孔功能分布

16.2.4　MAX7219

很方便的一款专用数码管驱动芯片，与单片机之间采用三线连接，串行传送数据，就是对电源要求高一些，在紧靠它的地方加上两个电容就能使其稳定工作，实物见图16.5。

图16.5　MAX7219

16.2.5　温度传感器

DS18B20是最佳选择，体积小巧，与单片机连接简单，数据处理方便，实物如图16.6所示。

16.3　原理图设计

经过试验板搭接和综合考虑，各器件与单片机各引脚的连接关系如下。

（1）AT89S51的P1.5、P1.6、P1.7用于ISP编程，不作他用。

（2）DS1302的第7脚（SCLK）、第6脚（I/O）、第5脚（RST）分别接AT89S51的P1.0、P1.1、P1.2。

（3）MAX7219的第1脚（DIN）、第12脚（CS）、第13脚（SCL）分别接AT89S51的P2.0、P2.1、P2.2。

（4）DS12C887的第4脚（AD0）至第11脚（AD7）接AT89S51的

图16.6　DS18B20实物

P0.0～P0.7、第13脚（/CS）接P2.7、第14脚（AS）接ALE、第15脚（R/W）接P3.6、第17脚（DS）接P3.7、第19脚（IRQ）接P3.3。

（5）LED、继电器、DS18B20分别占用P3.0、P1.4、P1.3。

设计原理图如图16.7所示。

16.4 PCB设计

这里PCB设计没有按照传统的设计顺序，即由原理图到网络表再到PCB，主要是因为有的元器件没有现成的封装，相比之下对于这个不太复杂的电路，手工布线更为灵活。经过半个多月的纯手工设计，最终的PCB图如图16.8所示。

16.5 焊接制作及编程调试

将PCB图发给电路板厂家，经过半个月的等待，终于等到了成品电路板，黑色的阻焊层与白色的字符层，更显得对比分明，尤其是对着电路板长时间进行目测检查，没有视觉疲劳感，之前的绿色电路板观察时间长了会感觉眼花。空PCB如图16.9所示。作者在电路板上作了很多引脚功能和连接标注，对编程调试很有帮助。

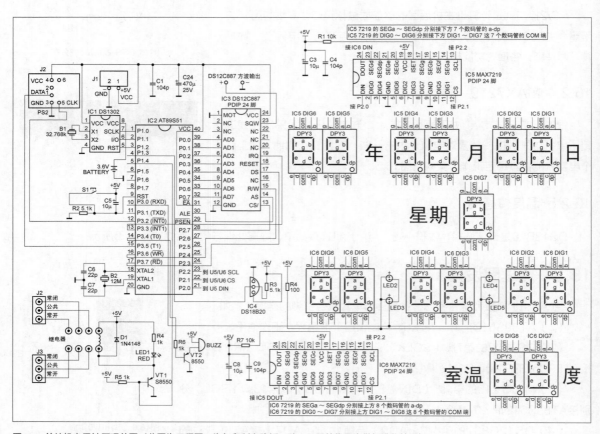

图16.7 单片机电子钟原理总图（此图为工程图，为与印制电路板一致，元器件代号未做标准化处理）

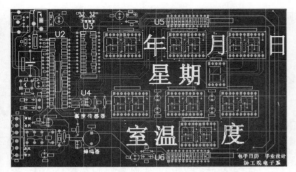

图16.8 单片机电子钟PCB图

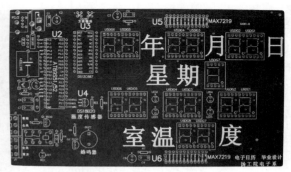

图16.9 单片机电子钟空PCB照片

购齐所有元器件，焊接好电路板，最终焊接完成的电子钟实物如图16.10所示。

到这里就可以进入编程调试阶段了，这个时钟程序的编写主要包括以下4个主要部分。

16.5.1 PS/2键盘通信

PS/2接口6个引脚中4个引脚是有效的，两个用于供电，只有2个引脚可以用来传输数据。PS/2通信协议是一种双向同步串行通信协议。通信的两端通过Clock（时钟脚）同步，并通过Data（数据脚）交换数据。任何一方如果想抑制另外一方通信时，只需要把Clock（时钟脚）拉到低电平。每一数据帧包含11～12个位，具体含义如表16.1所列。更多的PS/2说明可以参考网上的应用介绍。

PS/2接口与单片机的连接如原理图16.7所示，由于PS/2键盘要向单片机发送数据时，总是先将第5脚时钟线拉低，这样就可以将PS/2接口的第5脚与单片机的外中断输入引脚相连，一旦PS/2要向单片机发送数据，单片机就可以以外中断的方式优先响应PS/2键盘的输入请求，开始接收数据，接收完毕后，PS/2键盘将时钟线恢复为高电平。

由表16.1可知，单片机以外中断方式接收PS/2键盘数据时，每接收一帧数据就要中断11次，接收完成后，只要对其中8位有效数据进行比较或查表，就可以知道哪个按键被按下。例如，把小键盘区的数字键通码进行排序制表，根据查表的次数就可知道是哪个数字按键被按下。这就是PS/2键盘编程的思路。单片机成功接收了PS/2键盘数据，确定是哪个按键被按后，就可转到相应的程序段执

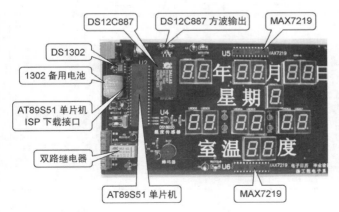

图16.10 单片机电子钟实物

表16.1 PS/2数据帧格式说明

1个起始位	总是逻辑0
8个数据位	低位在前
1个奇偶校验位	奇校验
1个停止位	总是逻辑1
1个应答位	仅用在主机对设备的通信中

行指定的功能，如设定时间，设定亮度、设定闹铃等。

16.5.2 DS12C887的设置和读写

DS12C887内部共有128个寄存器，前14个为时钟控制寄存器，剩下114个供编程者自由使用。14个时钟控制寄存器中的前10个用于存储时钟参数，后4个用于控制DS12C887的各功能组件工作状态。在DS12C887的第13脚片选端（CS）与P2.7相连接情况下，14个时钟控制寄存器地址及具体功能说明如表16.2所示。

在本文所示电路连接情况下，DS12C887就相当于是单片机的一个外部并行扩展RAM，数据读写采用MOVX指令直接一次性读出或写入，很是方便。在程序初始根据要求对相关功能寄存器进行设定，然后在每次循环当中读出当前各时间寄存器的数据，经单片机处理后分别送到两片MAX7219的指定位置显示即可，具体可参考源程序。

16.5.3 MAX7219的初始化和数据写入

MAX7219是一款专用数码管驱动芯片，内部设有动态扫描电路，它以串行通信方式接收到单片机的显示数据后，对指定位置的数码管显示内容进行更新，为单片机节省了宝贵的软、硬件资源。MAX7219的一个显著特点是可以通过设定亮度控制寄存器的数值来控制所接数码管的显示亮度。MAX7219内部有14个寄存器，用于控制数码管显示的内容和状态，各寄存器功能如表16.3所示。

表16.2　DS12C887时钟控制寄存器功能说明

地址	功能说明
7F00H	秒存储单元
7F01H	秒闹钟存储单元
7F02H	分存储单元
7F03H	分闹钟存储单元
7F04H	时存储单元
7F05H	时闹钟存储单元
7F06H	星期存储单元
7F07H	日期存储单元
7F08H	月份存储单元
7F09H	年份存储单元
7F0AH	控制芯片是否立即进行更新、晶体振荡器是否起振、可编程方波参数设置
7F0BH	各个位用于控制芯片更新是否禁止、周期/闹钟/更新结束3种中断允许设置、可编程方波输出、数据存取格式（二进制/BCD）、时制设置、夏令时允许标志
7F0CH	该寄存器只读，低4位无用，高4位由高到低分别是中断请求标志位、周期中断标志、闹钟中断标志、更新结束中断标志。
7F0DH	该寄存器只读，低7位无用，最高位VRT如为0表示内置电池能量耗尽

表16.3　MAX7219寄存器功能说明

编号	功能说明
0	空操作地址
1~8	第1~8个数码管显示地址
9	译码方式控制寄存器，为0FFH表示使用内部BCD译码器，为00H表示不使用
A	亮度调节控制寄存器，分16级，参数范围：00H~0FH
B	扫描位数控制寄存器，根据所接数码管数量确定，参数范围：00H~07H（1~8个）
C	显示开关控制寄存器，为1所有数码管正常显示，为0关闭所有数码管
D	显示器检测控制寄存器，为1所接数码管的各段全部点亮，用于检测是否有损坏，再送入0，恢复正常显示内容

MAX7219的初始化就是对后5个寄存器进行设置，由于检测只需在电路板焊接好进行一次就可以，所以程序初始主要是写入译码方式、显示亮度、扫描位数、显示开关4个控制寄存器相应数值。到这里就可以发现通过PS/2键盘设定数码管显示亮度，就是识别按键后对MAX7219的亮度控制寄存器重新写入新数值。

MAX7219每个寄存器的写入分两步，第一步先写入寄存器地址；第二步再写入寄存器数据，具体的写入语句见源程序。这里简要介绍一下MAX7219级联状态下数据写入思路，这个电路板上用到两片MAX7219（IC5、IC6），由原理图16.7可见IC6的输入端（DIN）接到IC5的输出端（DOUT），这样就称IC6为后级，IC5为前级，写入子程序段执行一次就把地址和数据先送到后级的IC6，再执行一次才送到IC5，以此类推，如果3片MAX7219级联，写入子程序就要执行3次才能分别将数据送到相应的MAX7219。

16.5.4 DS18B20数据读取和处理

DS18B20内部结构和工作原理就不介绍了。单片机对读取到的温度数据进行适当处理，就是将读出的二进制数据转换成BCD码，再将转换到的BCD码高低位分离，送到MAX7219的相应位置显示即可。

将编好的程序写入单片机，一个原汁原味的单片机电子钟就制作好了，夜间的运行效果如图16.11所示。

16.6　制作调试问题汇总

（1）试验板搭接是必需的，否则无法确定原理线路正确性。

（2）DS12C887有一个上电稳定时间，在程序初始进行几十毫秒的延时即可，否则会读出不正确的数据，因为这个问题编程时多花了2天时间。PS/2键盘设定好亮度后，将亮度参数保存到DS12C887的7F0EH单元，重新上电后应能读出上次设定的亮度参数，但每次

图16.11 单片机电子钟夜间运行效果

读出的均为0，百思不解，上网搜索也无结果，反复试验思考，终于发现DS12C887的用户RAM区上电需要一个稳定时间，否则读出的数据始终是0。

（3）MAX7219对供电电压稳定性要求较高，大、小两个滤波电容要紧靠芯片布置，参数设置要恰当。在试验板搭接阶段经常发现MAX7219显示会错乱，查找各类网页资料，就是要设置滤波电容，但试验板上没有紧靠芯片设置，而且采用的是飞线，一直到制成PCB后，这个问题才得到解决。

（4）MAX7219的质量问题。网购是现在获取电子元器件的主要途径，但我发现特便宜的MAX7219质量无法保证，所以大家网购电子元器件时，要注意这个问题。

（5）网上的参考资料要多对比，才能确定其正确性。

16.7 待改进之处

（1）可在板上合适的位置增加几个独立按键，日常使用更方便调节。

（2）显示内容可增加农历和湿度。

（3）可以用光敏电阻配合串行A/D转换芯片（如TLC549）实现显示亮度的自动调节，以适应环境光线的变化，这样就更加具有专业性了。

文：李海秋

17 无电源仍可走时的时钟

17.1 芯片简介

乍一看题目，读者可能会纳闷，这是什么奇怪的东西，不用电源还可以工作？其实笔者只是在这里卖了个关子，说的是不用外加电源也可以正常走时，并不是说整个电路工作时不需要供电。也就是说不使用时这个时钟不需要供电，在你加上电源之后就可以显示时间，并且仍然是正确的。就好像有些手机关闭之后又取下电池，等你下次开机的时候它又能显示正确的时间。其实这些手机里面都是有后备电池的，就是时钟那一小块电路有后备电池供着电的。要是后备电池没有了电，取下电池后问题就来了，这也是为什么有些用久了的手机取下电池再装上，时间就

图17.1 实物图

不对了的缘故。但是本文说的这个时钟不需要外加后备电池，那它是怎么做到这一点的呢？请听我慢慢道来。

先了解一下"主角"的基本特性吧，DS12887是Dallas半导体公司推出的实时时钟芯片，在芯片内部集成了石英晶体、锂电池和其他支持电路，在没有外部供电的情况下，可以正确走时10年；可以计数时、分、秒、年、月、日和星期等信息，而且闰年补偿到2100年有效；内部的闹钟寄存器用来保存闹钟时间，当实时时间等于闹钟时间时，在DS12887的IRQ引脚输出低电平，微控制器可以利用此信号作为闹钟信号来处理。笔者用万用板焊接了电路，实物图见图17.1。下面将介绍如何使用DS12887制作这个时钟。

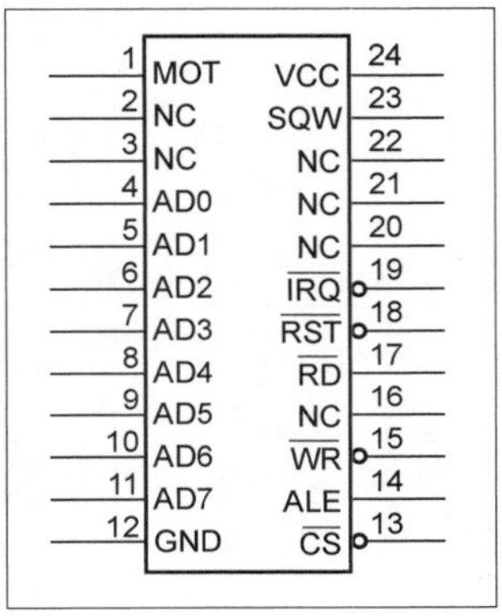

17.2 芯片引脚

了解了"主角"的基本特性，再来看看它的引脚。一个芯片的引脚可以看作跟外界"交流"的通道，了解了引脚的用法就可以知道如何跟单片机相连。芯片引脚如图17.2所示，其中部分引脚命名与官方的数据手册有所不同，原数据手册上使用的是Motorala总

```
 1  MOT    VCC  24
 2  NC     SQW  23
 3  NC     NC   22
 4  AD0    NC   21
 5  AD1    NC   20
 6  AD2    IRQ  19
 7  AD3    RST  18
 8  AD4    RD   17
 9  AD5    NC   16
10  AD6    WR   15
11  AD7    ALE  14
12  GND    CS   13
```

图17.2 DS12887的引脚

线时序的命名方式，这里为了方便理解，采用Intel总线时序的命名方式，因为文章所使用的51单片机即为Intel时序。这两种总线时序最初分别是用在Motorala和Intel两家公司生产的芯片中，有兴趣的朋友可以在DS12887的数据手册上找到更详细的信息。

引脚MOT为总线方式选择，DS12887可以有两种时序：当MOT接VCC时选择Motorala总线时序；当MOT接地或悬空时选择Intel总线时序。本文用AT89S52作为控制器，AT89S52作为一种典型的51单片机，理所当然使用的是Intel总线时序。

AD0~AD7是地址、数据复用线，跟标准的51单片机的P0口类似，在一个读写周期里的前后两个时间段分别作为地址线或数据线。它可以直接连接到AT89S52的P0口。

ALE为地址锁存信号，因为DS12887数据地址线采用分时复用的形式，所以需要ALE作地址锁存信号。在一个读写周期里AD0~AD7引脚上首先出现的信号表示地址，通过ALE的下降沿将该信号锁存到DS12887的地址寄存器，稍后AD0~AD7引脚上出现的信号则表示写入或读出DS12887的数据。ALE可以直接连接至AT89S52的ALE引脚。

RD、WR是读写控制信号引脚，分别连接AT89S52的RD（P3.7）、WR（P3.6）引脚。

CS为片选信号，为低电平时选中芯片，可以跟AT89S52的P2.7脚相连，这样就可以形成DS12887的读写基地址：0x0000。

IRQ引脚为中断输出信号，当DS12887产生中断时，在IRQ引脚输出有效低电平，该引脚为漏极开路输出，在外部需要加上拉电阻。

复位功能在本设计中不使用，RST可以直接接高电平。

17.3　片内资源

看完了外面，进到里面看看。DS12887内部有10字节的时钟（时、分、秒）、闹钟（时、分、秒）和日历（年、月、日、星期）寄存器和4个控制寄存器以及114字节的通用RAM。地址分配如表17.1所示。

在本设计中只使用了前面14字节的时钟、闹钟、日历和控制寄存器，其余的114字节的RAM并未使用。采用了如图17.3所示的电路图后，片内的14字节的地址分配就是0x0000~0x000D，在程序中可以像访问外部RAM一样方便地读取和写入数据至这些地址。

0x0000~0x0009是时钟、闹钟和日历寄存器，保留了时间信息等相关内容，单片机可以通过读取这些内容将时间信息显示出来。

寄存器A的BIT6~BIT5控制DS12887内部晶体振荡器的关断。

寄存器B控制各种中断的使能，在本文中需要将闹钟使能位（BIT5）打开，BIT2决定输出的时钟数据是十六进制或是BCD码，BIT1决定时间采用的格式：24小时制或12小时制。

寄存器C保存了中断标志位，若在使用多种中断的情况下，微控制器可以通过读取该寄存器辨别产生了何种中断，从而进入相应的处理程序。而在本设计中，只使用了闹钟中断，当在/IRQ引脚输出低电平时，就可以判断产生了闹钟时间到的中断。但是仍需要通过读取该寄存器以

表17.1　片内地址分配

地址	寄存器
0	秒
1	闹钟秒
2	分
3	闹钟分
4	时
5	闹钟时
6	星期
7	日期
8	月份
9	年
10	控制寄存器A
11	控制寄存器B
12	控制寄存器C
13	控制寄存器D
14~127	用户RAM

清除中断标志，以免程序重复处理。

寄存器D是与器件是否有效相关的寄存器，本电路无须处理该寄存器。

17.4 硬件电路

电路使用4位一体共阴极数码管显示时钟、闹钟和日历信息，数码管采用CD4511作硬件译码，74LS06作动态选择和驱动电路。电路图如图17.3所示。

CD4511是一种用于数码管显示的译码芯片，在芯片输入引脚（D~A）输入4位二进制数值，在输出端（a~g）则译码输出共阴极数码管所需要显示的数值，例如，在CD4511的D~A这4个引脚输入"0101"（十进制的"5"，D为最高有效位数据），则在输出端的a~g输出"1011011"。而且CD4511有个很有用的"消隐"功能，即当输入端D~A的值大于9时，输出端a~g呈现高阻态，从而数码管表现为7段灯都会灭掉。

74LS06包含6个非门电路，本文只需要其中4路即可。在输入端置"1"，对应的输出端则为"0"，选中其中一个数码管。比如在AT89S52的P1.4输入"1"，则74LS06的4A引脚为"1"，在其对应的输出脚4Y输出就为"0"，从而选中与s1相连的DS1数码管。在焊接电路板时，可以将CD4511和74LS06这两个芯片放在数码管下方，这样整个电路板就会小巧一些。

因为数码管只有4位，而且必须用其中的两位显示一项时间信息，所以每次只可以显示两项时间

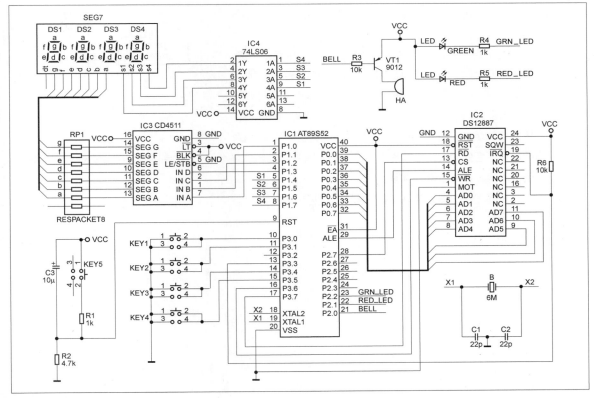

图17.3 电路图

信息，例如，DS1、DS2分别显示月份的十位、个位，DS3、DS4分别显示日期的十位、个位。但要显示的时间信息要多得多，所以采用"分时复用"的方法轮流显示时和分、月和日、年和星期，在时间分配上笔者使用了下述方案：在每一分钟中，0~9s、20~39s、50~59s的时间里显示时钟的时和分，在10~19s内显示月和日，在40~49s内显示年和星期，而时钟的秒数则不作显示处理。因为星期的最大数值为7（表示星期天），可以只在个位显示，星期分配的十位可以作"消隐"处理。设定的闹钟信息不是需要经常查看的，所以不做上述的分时显示，而是通过按下KEY4键查看。

电路图中的4个按键功能分配如下。KEY1：数值加1键；KEY2：数值减1键；KEY3：调节项目选择，当该键按下可以选择不同的调节项目，依次为时钟的时、时钟的分、月份、日期、年、星期、闹钟的时和闹钟的分；KEY4：选择显示时间（包括时、分、月、日、年和星期）或闹钟。

红色的LED闪亮表示数码管当前显示的是闹钟的时和分，绿色的LED闪亮表示当前显示的是时钟的时和分；而红色的LED闪亮和蜂鸣器发出声音，则表示闹钟所定的时间到来，发出警报提醒；当两个LED都不闪亮时表示显示的为日历信息，即月、日、年和星期，可以通过DS3是否显示数据区分出显示的是月、日还是年、星期。

17.5 软件设计

笔者使用的编译环境为Keil编译软件，采用C51编程语言。

整个程序由几个模块构成，文件mmi.c中包括一些人机交互处理的函数，比如读取按键、在数码管上显示时间信息、LED和蜂鸣器的发声处理等；文件ds12887.c中包括读写和初始化DS12887的函数；文件my52.c中包含延时函数；在文件main.c中则调用这些模块中的函数进行综合处理，主函数的程序流程图如图17.4所示。各个xxx.h文件中则是相应的xxx.c文件中的函数声明、全局变量声明等。

全部程序工程文件见本书下载平台（见目录）。

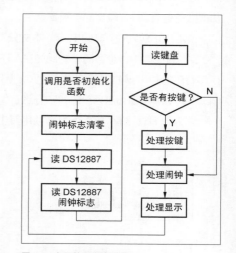

图17.4 主函数程序流程图

文：杜灿鸿

18 用贴片LED制作的旋转屏数字钟

流水灯的另类玩法是LED旋转屏，可只采用一排贴片LED，令其高速旋转，利用视觉暂留效应，形成高分辨率的点阵屏，能显示字符、汉字，甚至图案，而且图案看起来还有悬浮于空中的透明效果，非常炫目（见图18.1）。再加上单片机控制，这又可成为一款独特的数字钟。

采用AT89S52单片机配合少量外围元器件制作的这个LED旋转屏，包括LED流水灯、同步光电门、红外接收、电源管理4大部分。强烈建议使用AVR单片机（如ATmega8）代替AT89S52进行制作，具体缘由见下文。在这里先把整机硬件电路图贴出来，如图18.2所示。

18.1 设计思路

18.1.1 流水灯LED数目的确定

电路核心是一排流水灯，一般由LED构成，LED的个数取决于要显示点阵的分辨率，如果只要显示ASCII码，可以只用5个LED，因为任何一个ASCII码均可以只用5×8的点阵来显示。如果还要显示任意中文，同理，至少需要一个12×16的点阵，这意味着至少需要12个LED。以此类推，点阵的垂直分辨率越高，所需的LED数目就越多。受I/O口等因素的限制，手工制作的LED旋转屏一般不会超过24个LED，不过通过高速旋转，能够产生高达24×300的等效点阵的效果哦！

由此可见，如果希望电路越简单越好，但又希望点阵屏中英文均能显示，采用12个LED是最佳选择，采用16个LED也不错，这样恰好占用2组I/O口。12个LED通过旋转能形成分辨率超过12像素×100像素的点阵，显示ASCII码时5×8点阵，只使用其中VD1～VD8的LED；显示汉字用12×16点阵，所有LED全部使用，如图18.3所示。

18.1.2 初步确定分辨率和LED的选型

旋转屏的分辨率将决定显示内容的多少，分辨率越高，可显示字符数越多，而且字符精细、好看。分辨率

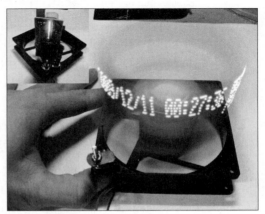

图18.1 旋转屏数字钟

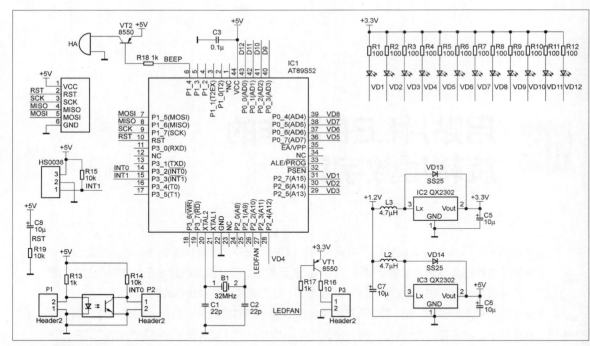

图18.2 整机硬件电路图

的大小在很大程度上取决于LED的选择，LED的大小和电性能都会影响分辨率，如果LED选择不当，会使旋转屏的效果大打折扣。

首先说明，如果旋转屏的分辨率为200像素，即12像素×200像素（如无特殊说明，水平分辨率指旋转后的等效点阵的水平点数，垂直分辨率均默认为12，下同）。即1排12个LED的流水灯，随着电机转动一周，能形成200个闪亮的点。我们不妨认为，通过旋转，屏上等效有12×200个LED，如同一个12×200的普通点阵屏卷曲成一圈形成的。

先说LED的体积大小对分辨率的影响。本制作的旋转屏，LED转一圈所形成的圆半径约4cm，周长约25cm。如果用普通Φ2.5mm的LED，这一圈至多只能填充100(250/2.5)个LED，分辨率最高也就是12像素×100像素，要提高填充数目，只能采用体积更小的LED。另外，LED的体积越小，所形成的发光点也就越小，这样形成的图案的线条就更加精细好看。所以，强烈建议采用贴片LED进行制作，较直插LED能够大大增加分辨率。

图18.3 0805贴片电阻和 0603贴片LED

当然，如果工艺限制无法采用贴片LED进行制作，用直插件也无妨，尽量采用小体积的LED，即使如此，要获得200像素的分辨率，估计整个装置差不多会跟小型电饭煲一样大，呵呵。

LED的电性能也制约分辨率。按照分辨率为200像素估计，每个等效LED的亮度相当于用0.5%（1/200）的占空比电流驱动一个静止不动的LED所发出的亮度，这会有两个问题。

（1）分辨率太高时，显示屏的亮度下降，这是驱动每个等效LED的占空比下降引起的必然后果。由于单片机电流驱动能力和LED所能承受的电流限制，一般不超过20mA，0.5%占空比下，

LED的平均电流只有0.1mA，肯定会引起亮度下降。

（2）LED余辉的影响。LED电流后，撤掉电流，LED不是马上熄灭，而是经过一段时间慢慢熄灭，这就是LED的余辉现象，驱动电流峰值越大，余辉越严重。受余辉影响，分辨率太高时，LED来不及熄灭，相邻的点无法分辨，就限制了分辨率的无限提高。

以上2个问题直接决定了旋转LED屏的最高分辨率，它们跟旋转半径是没有关系的，就算把装置做得跟电风扇一样大，也无济于事。

业余情况下难以了解所用LED的余辉时间，采用贴片的LED能够较好地解决这个问题，贴片LED体积小，发光点集中，只要微小的电流，就能够让它发光，并引起视觉冲击。

综合LED体积和电性能对分辨率的影响，笔者采用了0603封装的贴片LED（据说是市场上最小的），并选择红色LED，理由是眼睛对红色敏感，看起来更亮。最终证明这样做是正确的，实际分辨率可以达到300像素。如图18.2所示，12个0603的红色LED，每个LED串联一个75Ω的0805限流电阻，0603贴片LED的尺寸是1.6mm×0.8mm。

18.1.3 同步处理

这里先简单说明旋转速度的选择和其对显示效果的影响。由于视觉暂留效应，快速切换的图片看起来就像"动画"，动画效果与每秒的图片数（即帧数）有关。对一般人来说，10帧/秒就能感觉出动画效果，但闪烁严重；30帧/秒就能看到无闪烁的动画，但不够流畅；达到50帧/秒时，肉眼感觉就非常流畅，与实际无异。

LED旋转屏中，每转一圈，相当于完整显示了"一帧"的图案，电机转速相当于帧数，因此，电机转速最好设置在40r/s左右，也就是2400r/min，采用计算机的散热风扇很容易达到这个要求，笔者用的正是主机的散热风扇。但转速不能太大，帧数太大会大大增加MCU负担，在40帧/秒时，显示效果上已经看不到闪烁，字符变化也能流畅。

所谓同步设计，就是要让旋转屏每一帧显示的内容都在相同的位置，这时空间上看到的就是连续稳定的图案。电机转速一般不会大范围波动，让每一帧的显示起点相同，即使每一帧图案处于相同位置，便可实现同步显示。

在电路中放置传感器，当LED旋转到某一个固定位置时传感器触发，从第一列开始把一整屏的信息完整显示出来，此时电机仍然未转完一圈，程序上等待，直到下一个触发信号出现时再显示第二帧，这样做就保证了每一帧都从相同的起点开始显示，图案自然稳定。只要电机转速稳定，图案就稳定，并且与电机的转速无关，转速快，字符就变大；转速慢，字符就缩小，但图案始终保持稳定。

比较流行的做法是采用霍尔传感器，在LED板子上放一个霍尔传感器，在电机的外壳上放一个小磁铁，当霍尔传感器转到磁铁上方时，便产生了一个触发信号。不过本次制作没有采用这种方法，而是使用了光电开关，对应图18.2中的IC1，把光电门安装在电路板上，在电机边上合适的位置放置一个挡光片，当光电门转动至挡光片所在的位置时，便产生一个触发脉冲，由此也可以做同步检测，结构见图18.4。

图18.4 用光电门做同步检测

18.1.4 统筹全局

要DIY旋转LED屏，还要解决最后一个麻烦的问题——供电问题。单片机、

LED等电路必须安装在高速旋转的电动机上面，无法采用电线进行供电，使系统供电变得极为麻烦。

解决方法一：制作两个环形电刷，固定在电机的转轴上面，外部电源的正负极分别与它们接触，这样就能实现外部供电，这是比较理想的方案，不过制作就很麻烦了，取决于你的工艺水平。

解决方法二：在电路板上面做一个感应线圈，电机上放一块强磁铁，电机转动时通过电磁感应来获取电能，这种方法争议较大，估计线圈会很夸张。

解决方法三：电池内置法，本次制作采用了这种方法。电池放在电路上面，在电机作用下随着电路板共同转动，自然就解决供电问题。这种办法制作难度低，只要把电池固定好，调节旋转屏平衡就OK，容易DIY。当然电池寿命是个大问题。

为了尽量降低电机的负荷，本次制作只采用了1节1.2V的镍氢电池进行供电，或许采用1节3.7V的锂电池更好。1节镍氢电池只能提供1.2V的工作电压，51单片机要5V的电源，LED至少需要2V的驱动电压，因此一定要进行升压，笔者采用了一款便宜的升压芯片QX2302，它能将0.8V以上的电压提升到5V。该芯片非常适合将一节镍氢电池的电压升高到合适的范围，而且市场价格也不贵，零购价格在1元/个以下。这里选择2片芯片，一片将1.2V提升到3.3V为LED供电，一片将1.2V提升到5.0V为MCU及其外围供电。

在这个LED旋转屏中，1.2V升压到5V给AT89S52供电，另外还独立设置了一路升压到3.3V给LED供电，这样做目的是降低LED驱动的功耗，延长电池寿命。具体电路见图18.2右下方。如果采用AVR单片机，比如ATmega8L，最低工作电压为2.7V，则可以统一采用3.3V供电，并且AVR单片机的功耗比51单片机更低，这样就能进一步降低功耗，延长电池寿命，这就是采用AVR单片机进行制作的最大优势。当然，采用锂电池+ATmega8L，无须升压，直接供电，更方便。

LED旋转屏显示时是无法使用按键对单片机进行控制的，需要控制功能时，只能采用遥控，无线遥控效果不错，但红外遥控会简单很多，而且可以采用市场上容易买到的成品遥控器，而省去制作控制器的麻烦，读者可以根据自己的需要进行选择。本次制作采用了红外遥控，接收端采用一体化的红外接收头HS0038捕捉空间的红外信号，占用单片机的外部中断1进行红外解码。

另外，我还在板子上面放了一个蜂鸣器，用VT2控制，并放置了ISP下载端口，方便软件调试。本电路无须复位，但复位RC不可无，R19和C8构成复位RC电路，省略可能造成系统不稳定，甚至不工作。

图18.2中还有一个VT1，VT1可用来控制一个LED（不是构成旋转屏的那些），这个LED可以照射到电机上面的光电器件，可以通过光电器件的信号来实现这样的功能："遥控关机——单片机捕捉到信号、解码——通过VT1点亮LED——电机上的光电器件检测到光信号——通过外部电路切断电机供电——旋转屏停转——单片机休眠"。开机也可以有同样的过程，这样这个旋转屏功能就更加完善。

18.2　硬件制作

18.2.1　制作电路

由于电路板高速旋转，除了要做好平衡，还要尽量地缩小电路板的体积和减轻重量，这样装置比较小，也容易进行高速旋转。制作电路时，除了少数直插件外，其余全部采用贴片工艺进行制作，为了减小电路板体积，使用双面PCB进行布线，图18.5、图18.6是笔者绘制的PCB图，供参考。

PCB正面放置AT89S52、12个LED等，背面主要放置晶体振荡器、升压电路，整个电路板尺寸为64mm ×30mm，读者可以根据这个布局自行画PCB，建议画PCB前先确定整机的装配结构，可以参考图18.7。手工制作双面PCB需要一定的经验，将Top Layer镜像打印，然后和Bottom Layer对齐，把裁好尺寸、打磨好的双面覆铜板放在两层纸中间，确保对齐后进行热转印。

图18.5 TOP层PCB

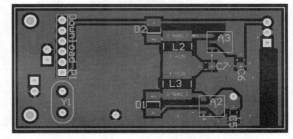

图18.6 BOTTOM层PCB

18.2.2 装配结构

确定圆柱形旋转屏的整机结构大致如图18.7所示。

找一个合适的计算机主机散热器的风扇，一般是12V、0.75A的，也有0.15A的，这里最好选0.75A的大功率散热风扇，因为电机负荷比较大，小功率风扇可能带不动，然后把风扇的扇叶剪掉（舍不得剪也可以保留，耗电稍大而已），剩下转子和支架，然后按照图18.7的结构进行"叠罗汉"。找一块大小合适的硬木板，长度等于旋转屏直径，宽度等于电路板的宽度，按照图18.7把电路板固定在木板上面，至少用2根1cm长的自攻螺丝进行固定，否则高速旋转时电路板可能甩飞，安装时注意光电门的位置。

然后把木板用强力胶粘在电机上面，这个环节很重要，黏合强度一定要足够高，经验证，用热熔胶大面积黏合，效果还可以，用AB胶也不错。

然后把电池座、平衡片固定在木板上面，安装电池座时，一定要连同电池放在里面，这样才能调节平衡，平衡片可以用覆铜板，这个环节最重要的是平衡，不断调节电池座的位置和平衡片，一定要调到最佳平衡状态，这需要耐心和运气。

挡光片的安装比较容易，不过位置要调好，恰好能把光电门的光"切断"，又不能碰到光电门。红外接收头本来是焊接在电路板上面的，后来调试发现，接收头高速旋转会使接收到的信号误码率较高，于是把接收头移到旋转中心，问题有所改善。装配好的整机如图18.8所示。

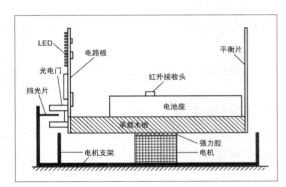

图18.7 装配结构图

18.3 注入灵魂——编写软件

整机装配好后，上电调试，写一个流水灯的程序并烧写到单片机，如果12个LED确

图18.8 装配好的整机图

实能"流水"，那恭喜你，硬件制作大体成功了！如果出现问题，检查升压电路是否输出3.3V和5.0V，检查单片机的复位引脚是不是低电平等。本制作的程序采用C51进行编写，不建议采用汇编语言编写，因为这个系统比较庞大，用C语言更容易开发。

软件编写的基本思想如流程图18.9所示。软件中要注意几个比较重要的函数的编写，一个是实现字符显示的函数，也是最重要的函数，编程上与点阵接近，不过相对容易一些。要显示的汉字的编码可通过汉字取模软件获取。

另一个是红外遥控解码函数。红外遥控的解码，关键在于了解红外遥控信号的规律，本制作采用KD-29遥控器。

在旋转屏上实现了字符显示后，我利用单片机内部定时器编写了一个数字钟，这样一来单片机任务有点多，即使使用了22.1184MHz的晶体振荡器，仍然感觉单片机速度不够，显示

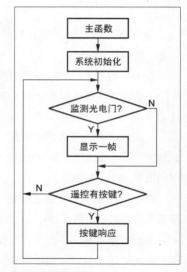

图18.9 编程思路

字符时有抖动现象，这是由于中断函数内部指令稍多，导致延时函数延时不准引起的。

后来我用定时器来产生精密延时，效果好了一些，不过仍然有微微抖动，如果用AVR单片机，由于AVR单片机的速度比51单片机快10倍，这个问题就能很好地解决了，这也是推荐使用ATmega8进行制作的原因。

这样的一个旋转屏也可以用来显示图案，但因为垂直分辨率不够多，显示普通小图标就可以了，因此用它来显示静音符号，还有开闹钟的符号。显示图标时有一个小窍门，就是用文字来索引图标，在字库生成软件中，都可以自定义字模，我们把图案用某个用不到的汉字来表示，显示的时候，只要显示这个汉字，它对应的图案就显示出来了，十分方便。软件问题智者见智，仁者见仁，读者也可以自行设计软件系统。本制作元器件清单见表18.1。

表18.1 元器件清单

型号	封装	数量
AT89S52	QFP贴片封装	1
红色LED	0603贴片封装	12
电阻75Ω	0805贴片封装	12
电阻10kΩ	0805贴片封装	4
电阻1kΩ	0805贴片封装	1
QX2302升压芯片	SOT-89贴片封装	3.3V和5.0V各1片
4.7~10×H功率电感	贴片	2
SS25肖特基二极管	贴片	2
10μF钽电容	1210贴片封装	3
0.1μF陶瓷电容	0805贴片封装	3
22pF陶瓷电容	0805贴片封装	2
晶振22.1184MHz	直插	1
5V蜂鸣器	直插	1
HS0038红外接收头	直插	1
KD-29红外遥控器		1
光电门	直插	1
S8550	sot-23贴片	2
开关	直插	1
5号电池座	1位	1
镍氢电池	5号	1
电脑主机风扇	12V/0.75A	1
排针、双面覆铜板		若干

显示时、分、秒、星期，中英文均能显示

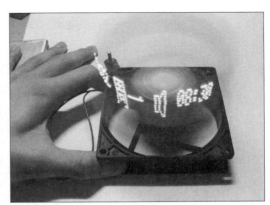

闹钟时间08：30，喇叭图标表示闹钟"开"

图18.10 效果图

18.4 结语

　　这个LED旋转屏的DIY就交流到这里，硬件需要不断提高动手能力才能做得更精致，软件要经历无数调试过程才能达到最终要求，DIY过程是艰辛的，但是收获了成果时的那份喜悦只有经历过才知道。最后再贴两张效果图（见图18.10）。

19　硬盘时钟

如今，家里有台式计算机的朋友，谁的手里没有几个换下来的废旧硬盘？除了将这些硬盘作废品处理外，你还能用它们做些什么呢？

记得一年前某一天，我在网上看视频时，无意中看到一段国外电子爱好者用硬盘改做时钟的视频，我立即被这创意奇特、构思巧妙的DIY作品打动了。呵呵，废弃的硬盘，居然在神通广大的电子DIY爱好者手中变成了一只超酷时尚的LED时钟。

尽管从视频中看到的硬盘时钟噪声大，而且只能在很暗的环境下看到发光的时针，我还是下决心自己也要做一个这样的时钟。

19.1　收集资料弄清原理

决定动手开始制作时，我搜遍了国内的各网站，却没有一点这方面的资料，只好借助英文翻译软件，在国外网站上找到零星相关资料。

这神奇而伟大的创意最早出现在加拿大人Alan Parekh的网站，在他的网页里首次介绍了如何将一个废旧的硬盘制作成时钟：在硬盘的盘片上开一条细缝，在盘片下安装两种颜色的LED，在单片机的控制下，利用人类的视觉暂留原理，产生3色光条，以此分别表示时钟的时、分、秒。

另一个美国人让这个创意有所突破。他开创性地用高亮度的RGB三色LED柔性灯条作光源，不但使显示的亮度明显增加，还能产生更加绚丽多彩的动态图案。遗憾的是，他的作品并非是真正意义上的时钟，时针太宽而且居然是逆时针方向旋转。

刚看到国外的硬盘时钟的视频时，我感到很好奇，待仔细思考弄明白原理后，我又感叹地称奇了。

一条高速旋转的细缝为何能产生出若干光条甚至整个多彩圆盘呢？

首先，这得益于人类视觉的一个特性："视觉暂留"现象。眼睛看到一幅图像，而待图像消失后，视觉仍能继续保留其影像0.1～0.4s。电影、电视及动画都是利用了这个原理。

其次，这还需要单片机控制LED的发光闪现与旋转的细缝同步协调。也就是每当开细缝的圆盘转到特定的位置，就让LED闪现特定颜色的光，这样，就会让我们的眼睛感觉到那个位置有一光条出现。由于有"视觉暂留"现象，只要我们在几处特定的位置让LED闪现光，就会让我们的眼睛产生有几个光条的错觉。与此继续推广，产生一个多彩圆盘的道理也就不难理解了。

还需要弄明白的是，为什么3色的LED能产生全彩颜色的光？这是根据三基色原理，如图19.1所示，从红、绿、蓝3种颜色的LED光的不同组合，还能产生新的4种颜色的光：

红色+绿色=黄色；

绿色+蓝色=青色；

红色+蓝色=品红；

红色+绿色+蓝色=白色。

19.2 整体设想

手上有了一些资料，同时我也明白了显示原理，接着就对我的作品作粗略的规划，提出了一些原则和要求。

图19.1 三基色原理图

（1）结构上，尽量将全部部件集成在硬盘的盘体上，用计算机板卡上的挡板作硬盘时钟的后撑，使作品整体风格一致，让DIY的味更浓。控制主板及LED驱动和电机驱动需两组电源（5V和12V），采用专用的电源适配器供电。因主轴电机为无刷无传感器直流电机，驱动电路制作较麻烦，就用硬盘原有的电路板作驱动。作品完成后的全貌见图19.2。

（2）在技术、技巧上力求解决好噪声问题、发光亮度问题以及指针指示问题。将时钟表盘的颜色从全黑改为发光的颜色，并在时钟盘面增加时钟刻度显示。

（3）电路及元器件构成主要考虑以下几方面。

主控芯片采用51单片机AT89S52。

发光LED采用高亮度RGB柔性光条（见图19.3），本身自带有背胶便于安装。LED光条的工作电压为12V，需要驱动电路，用ULN2003作驱动方便可靠。为了方便调时和显示更多信息，同时考虑到不能影响主屏的视觉中心的要求，采用带锁存功能并能显示数字和字符的mini型LED显示屏HPDL1414，见图19.4。

对时钟芯片的选择，一是要保证停机状态下能正常走时，二是希望对芯片读写时不受频繁中断的影响，故采用并口方式的时钟芯片DS12C887，见图19.5。

设置3个按键用于调时：一个"设置"键、一个"加法"键、一个"减法"键。用一个双色LED作为电源指示及调时状态指示。

（4）运行分3种状态：开机、调时和走时。

图19.2 完成后的整体效果

图19.3 RGB LED柔性光条

图19.4 用于显示信息的mini型LED显示屏　　　图19.5 时钟芯片　　　　　　　　　图19.6 选用的就是这个硬盘

开机后，显屏分别全屏显示7种颜色，然后转变为动态显示彩条。当定格在12个条时，逐渐减少颜色，最后转变为时钟状态。而相应的LED动态显示出"DIY POV LED HDD CLOCK"等字符串。

调时状态则由LED显示调整项目，并用一个LED的闪亮表示这一状态。

走时状态下，红色光条代表时针，绿色光条代表分针，蓝色光条代表秒针，用黄色作表盘底色，并且用12个白色光条表示时间刻度。

19.3　制作加工

（1）硬盘的选用：可以这样说，对硬盘的合理选择，是时钟制作成功的前提和关键。为了找到合适的硬盘制作时钟，满足制作要求，我拆的硬盘数量已经是两位数了。什么样的硬盘才算合适呢？

首先摆在面前的问题就是硬盘常转的问题，大多数硬盘接上电源后运转不到一分钟就会停下。还有一些本来是常转的，待打开盘体，拆下读写头后，却又变成转一会就不转了。当初，为解决这一问题，我曾采取过给硬盘的IDE接口的复位端反复送复位信号的办法来解决，但这往往不能保证旋转均匀一致。后来发现实际上还是有能常转的硬盘的，只是在最初试验过程中，将主轴电机上的盘片完全取下来了，如果安上至少一张盘片，有不少硬盘是能保证常转的。

其次是噪声问题，在选用时尽量选择噪声小的，早期的硬盘大多达不到要求，而后期的硬盘盘体有不少是噪声小的，但又觉得转速过快，51单片机不好控制。于是我只好采取了折中的办法，用较早期能让硬盘主轴电机常转的硬盘电路板驱动后期噪声小的硬盘盘体，这样，不仅有利于51单片机的编程控制，而且也进一步减小了噪声。

最后是盘片下面的空间的深浅问题，我选用的是较深的那种硬盘，以便于下一步LED的安装。笔者所用的硬盘见图19.6。

（2）盘片的开口加工：用合适的工具打开硬盘盖，见图19.7，拆除硬盘内的音圈电机及其他多余部件，并将拆下的一张盘片进行开口加工，见图19.8。在对盘片进行加工时，为保证盘片外观不受损伤，我采取的方法是用多层纸包着盘片夹在虎钳上作业，加工时要特别注意眼睛的安全。

（3）为使盘片下的LED发光显得更亮，需在盘片的下方贴一张白色纸片作衬底，见图19.9。

（4）LED的安装：LED是采用的柔性光条，背面本身自带有粘胶的，粘贴起来很方便，只是由于盘片下端空间的周边并非是一个完整的圆形，有一条很宽的缺口，需用一块铁皮将这圆形补充完整，以保证LED光条在盘片下形成均匀、完整的发光圈，见图19.10。

（5）光电传感器的安装：在硬盘盘体的左上角正好有一适合安装（槽形）光电传感器的地方，并在此钻孔作为传感器连接线和LED连接线的出口，见图19.11和图19.12。

图19.7 "内六角"螺丝刀

图19.8 开好口的盘片及加工工具

（6）电路板制作：因电路并不复杂，直接在万用板安装、焊接元器件和走线。万用板形状是由硬盘盘体本身的结构特点决定的，见图19.13。

图19.9 用双面胶纸将纸环粘到盘体上

图19.10 加工好的铁片

19.4 电路原理

电路原理图见图19.14，主要元器件资料如下。

19.4.1 ULN2003

ULN2003是高耐压、大电流达林顿阵列，由7个硅NPN 达林顿管组成。该电路的特点如下。

ULN2003的每一对达林顿管都串联一个2.7kΩ的基极电阻,在5V 的工作电压下它能与TTL和CMOS电路直接相连，可以直接处理原先需要标准逻辑缓冲器来处理的数据。

ULN2003工作电压高，工作电流大，灌电流可达500mA，并且能够在关态时承受50V 的电压，输出还可以在高负载电流并行运行。引脚定义见图19.15。

19.4.2 HPDL1414

这种mini型LED不仅能显示数字，还能显示字符，早期多用于仪器仪表上，大小只与一枚1元硬币相当。HPDL1414自带ASCII字库，并用锁存方式显示字符。

图19.11 这个位置适合安装光电传感器

图19.12 安装好的光电传感器

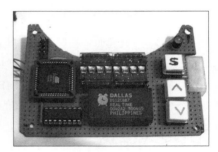

图19.13 电路板正面

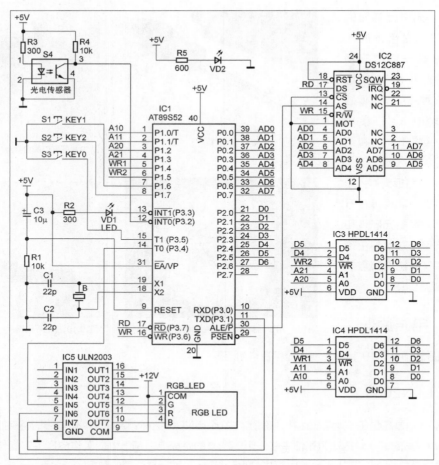

图19.14 电原理图

具体资料可查阅原厂PDF文档。

19.4.3 DS12C887

时钟芯片DS12C887与DS12887是完全通用的，就
不特别介绍了。

19.5 程序调试

硬盘时钟看似神奇，其实工作原理很简单，实质上
就是用单片机控制LED的频闪。因此在软件的编程上并
没有什么特别的地方，关键的是对一些时间值的准确把
握，和如何解决短时高密度的中断之间的冲突问题。

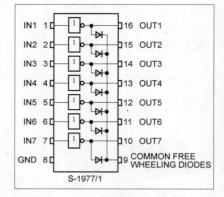

图19.15 ULN2003引脚定义

对于前一问题，我采取了先简后繁，一步一步向前推进方法。比如先找到盘片旋转一周的时间
值，再来确定旋转一周的1/60的时间就方便多了。这里绝对不是简单地用60一除了之。

对后一问题，在编程上，在时间段上，尽量将各中断分散开来，并减少中断处理函数运行时间。

完整的C51源程序可到本书下载平台（见目录）下载。

19.6 制作后记

经过十多天的努力，硬盘时钟终于完工，与前面介绍的几个国外作品相比较，在几个方面作了创新。

（1）采用便宜、易找到的AT89S52作主控芯片。

（2）将开机画面与时钟显示有机结合，开创性地增添mini型LED作为辅助显示，保证显示屏视觉上的主导地位。

（3）时钟整个屏面一改过去的全黑局面，并增添了时间刻度，方便辨识，保证在室内正常光线的环境下正常使用，使硬盘时钟真正向实用性迈进，其效果远远超出我的想象，见图19.16。

下一步，我打算将硬盘时钟在下面几个方面作进一步改进。

（1）可给硬盘时钟加盖透明的有机板，以减少噪声和避免灰尘侵入。

（2）增加红外热释电传感器，自动控制硬盘时钟的开和关，减少电能消耗。

（3）将9个高亮度LED改成12个高亮度LED作光源，在增大亮度的同时，还可作为时间的刻度。使表盘的表现更加简洁、醒目。

（4）为能更加方便随意控制主轴电机转速，让硬盘时钟更紧凑，为主轴电机另做驱动器。

图19.16 硬盘时钟的各种工作状态

文：阮永松

20 音乐频谱时钟

因为比较喜欢DIY，所以我经常关注各种DIY信息，一些有趣的电子制作项目深深地吸引了我，杜洋的DM21炫彩音乐显示器和数码之家hit00版主的WAV播放器就是其中最让我感兴趣的两个。我想，能不能把它们集成到一起呢？于是自己DIY一个音乐频谱时钟的想法由此而生，可一直也没机会付诸实施。后来我一想，干脆就把这个当成了我毕业设计的题目。

从系统方案的确定、元器件的采购、焊接、程序编写（当然不是全部，部分程序摘自网络）、调试，经过半个多月的奋斗，我的音乐频谱时钟终于可以跟大家见面了。这个时钟显示的效果图如图20.1、图20.2所示。

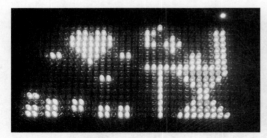

图20.1 时钟显示效果

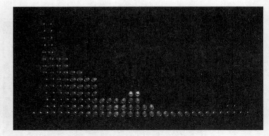

图20.2 频谱显示效果

知其然还要知其所以然，我们DIY不应该只注重成果，整个过程中我们学到的东西才是最重要的。看完了效果，我们来了解一下这个制作的内部构造，大家互相学习、交流。

下面我按各功能模块逐一给大家介绍一下这个制作的电路原理吧。

20.1 电源部分

电源电路如图20.3所示。

电源模块采用了一支很常见的7805稳压芯片，再加一大一小两个电容进行滤波，输入端直接买了个9V/1A的电源适配器，方便省事。7805额定输出电流1A，对于这样的小

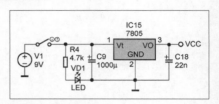

图20.3 电源部分的电路

系统来说，已经完全够用了。实际使用下来，7805发热不太大，无须加装散热片。为了使用方便，我在7805的输入端加装了一个开关和一个红色LED，分别作为系统电源开关和指示灯。

20.2 时钟、温度部分

这部分电路如图20.4所示。单片机采用的是STC89C52RC，考虑到成本和功能性问题，时钟部分我没有单独买时钟芯片，直接使用内部定时器中断作为时钟源，这直接导致的结果就是时钟误差稍大。经测试，每24小时误差在1分钟左右，作为一个功能性的DIY作品，就饶了它吧。温度传感器采用的也是常用的DS18B20，相信大家都很熟悉。3个功能按键分别是时钟（闹铃）小时调整、时钟（闹铃）分钟调整和时钟/闹铃切换。

为了跟"频谱"切题，时钟、温度的显示没有采用传统的数字表示，而是分别把时钟的小时、分钟的十位和个位分别用点来表示，每两列表示一位，每行表示一点，左下角是时钟，右上角是温度。是不是有点晕乎呢？其实只要你看了实物就会觉得很简单，文字的确不是很好表达。时钟没有单独设置"秒"的显示，为了增强显示效果，我特地在右下角设置了沙漏下落效果，每一秒下落一行。

20.3 频谱分析部分

电路如图20.5所示。这部分制作的原理跟前面的"开源的5色LED音乐频谱"是一样的，都是把音频信号经AD采样，用快速傅里叶变换求出频点的幅

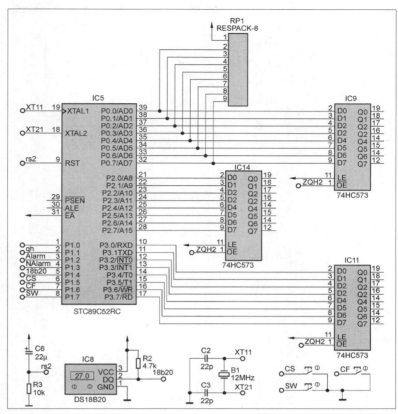

图20.4 时钟、温度部分的电路

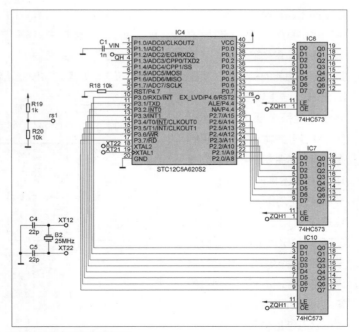

图20.5 频谱分析部分的电路

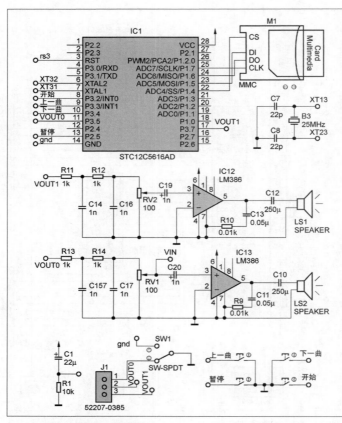

图20.6 WAV音乐播放部分的电路

值，再根据幅值大小来驱动相应的LED。只不过我设计的是每次采128个点，最后十六分频而已。单片机采用的是STC12C5A60S2，已经在信号输入端加了47pF的电容滤波，但还是发现有噪声。可能是使用的是洞洞板，还有就是走线过长的缘故。我试着加大了电容再次滤波，但直接导致低频响应变差，鉴于噪声不是很严重，最后只好作罢，将就一下了。

20.4　WAV音乐播放部分

电路如图20.6所示。这部分应该是整个系统里面最复杂的了，WAV音乐播放部分是在数码之家论坛hit00版主的"WAV播放器"的基础上修改而来的。单片机选用的是STC12C5616AD，虽然该单片机自带有SPI接口，在一定程度上已经简化了程序，但SD卡文件的操作确实有难度。原来的程序里带有语音，受到单片机存储空间的限制，语音质量太差，没有"暂停"及"上一曲"功能。我去掉了语音，增加了暂停及上一曲功能。其中暂停功能的实现花了我不少时间，本来想当暂停的时候就让单片机进入死循环，开始的时候再跳出来，结果试了以后发现完全不是那么回事。单片机PWM信号的输出本来就用的是中断，单片机进不进入死循环，中断还是一样的工作。要不就让它在暂停的时候掉电或是待机什么的呢？好吧，查STC12C5616AD的手册。一看手册我笑了，PCON电源控制寄存器不正是我想找的吗，单片机进入掉电模式，单片机状态维持当前值，问题解决。功放部分采用了LM386

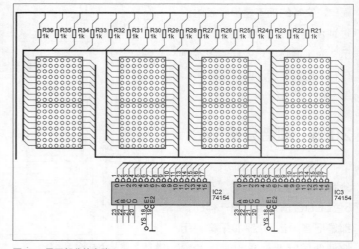

图20.7 显示部分的电路

功放芯片，直接引用了网上LM386的典型应用电路。

20.5　显示部分

　　电路如图20.7所示。为了能有好的显示效果，显示部分用的是32×16的高亮度聚光蓝色LED组成的点阵屏，1kΩ电阻限流。全过程手工焊接，可能我焊得慢，整整焊了一晚上。焊接状态与电路细节如图20.8、图20.9所示。

　　由于时钟部分跟频谱分析部分共用点阵屏，所以必须考虑两路信号的隔离分时显示。还有就是32列LED的列驱动问题。信号的隔离分时显示我用的是74HC573锁存器，通过控制OE端口将需要显示的信号线路的74HC573选通，而将另外一组信号通过74HC573的高阻态实现隔离。LED的列驱动选用的是74HC154（4线−16线译码器），只需一组I/O口就可实现32列LED的列驱动了。

　　到此，整个系统的介绍就完了，在这里特别感谢数码之家论坛的hit00版主在制作过程中给予的大力帮助。图20.10就是这个实物作品的全家福。

　　为了尽量减少干扰和连线，整个板子电源全是用焊锡走的线。信号线采用杜邦线和插针连接，方便调试。

　　虽然制作时觉得挺累，但当看到自己做的东西"跑"起来那一刻，就什么都值了，我相信每一个DIY爱好者都会有这种感觉吧，也许这就是DIY的乐趣。

图20.8 焊接状态

图20.9 电路细节

图20.10 完成的电路板实物

21 能"变频"显示的电子钟台灯

我其实想过要制作一个功能强大的台灯，比如加上常用的温度检测、时间显示、日期显示、闹钟等功能，其实有这个想法也不是偶然的，当时正是杜洋老师大力推广他的3208时钟的时候，看到3208时我就想，把台灯跟这个时钟结合起来不是更完美了？一机多用，还可以节省不少成本。但感觉圆形点阵不是很美观，大家仿制的也都是圆形的，再用圆形的也没什么个性。因为液晶屏都是方形的点阵，我就采用方形点阵屏，美观大方，与众不同。

好了，接下来就是实现想法的时候！

21.1 电子钟的功能

我们先来看看这个时钟都有什么能耐。

◆ 24像素×7像素LED点阵显示（单色）

◆ 日期、时间、星期显示

◆ 温度（0~60℃）

◆ 闹铃（20组，可独立设置开关）

◆ LED台灯（99级亮度调整，自动亮度记忆）

◆ 走时补偿，自动较准（按天较正，范围±25s）

◆ 整点报时（可设定开或关）

◆ 整机声音开关设定

◆ 整屏信息切换显示

◆ 4按键操控，也可无线操控

◆ 后备可充电电池，断电依然走时

◆ 6~9V电源供电

它也就这么多能耐了，怎么样，是不是感觉比台灯功能要全面多了？目的只有一个，继续向人性化迈进。你可能会问，这个是不是很复杂啊，我能完成吗？不用担心，再复杂的东西也都是由一个个简单的东西组成的，只要各个击破就可以完成一个复杂的制作。但是你会不会看着这些功能很面熟？不错，这个时钟功能上跟杜洋老师制作的3208大体相似，但还是有些不同的。为了提起大家的兴趣，我特意在这里单独来讲这个时钟的独特之处。

21.2 个性的才是品牌的

前面已经提到，这款时钟使用的是方形点阵屏，因为圆形点阵屏构成的笔画看起来连贯性不够好，点跟点之间是相切的，而方形点阵屏就不一样了，连贯性很好，很美观。只有美观我可不满意，于是我就给它整合了LED台灯功能，让它更有魅力。我教它用更聪明的办法处理事情，扫描显示屏的时候不会一列接一列地扫描，不管是否有数据显示，也不管显示多少数据；它只会在需要显示的地方显示，不需要就直接跳过不去扫描了。而且这种方法对驱动功率不足引起的各点亮度不均匀有很好的疗效，这个具体会在后面详细讲解。最后我还给它加上撒手锏，在它的背后左右分别装上一个蓝色的LED，工作时LED渐明渐暗，好像会呼吸一样。

21.3 硬件装备5大件

终于把全部功能特点讲述完毕，接下来到了我们了解硬件装备的时候！我们按其功能先后来看，首先就是点阵屏，选用6×7的点阵模块，共4块拼成24×7分辨率的点阵屏。你也可以用其他方法组成24×7的屏，只要达到目的就可以。点阵屏要注意尽量挑选亮度高、电流小的，亮度低了效果不好。选好屏之后，接下来就要考虑屏的驱动方式，为了节省口袋中的零花钱，我们采用动态扫描的方式，这样不仅可以在硬件装备上节省我们不少的投资，电路结构上也会变得更简单。可能你对"动态扫描"不太了解，有一头的问号，没关系，带着问号耐心往下看吧，后面我会为你详细道来。

由于单片机的I/O口资源是比较宝贵的，虽然动态扫描可以节省不少I/O口，但还远远不够，所以我们还要加上串入并出的芯片来进行扩展I/O口，常用的芯片型号有74HC164和74HC595，我选择74HC164进行列驱动。但测试后发现它的电流不够，显示亮度偏低，为了节省三极管，简化电路结构，最后选用74ACT164，它的电流足够大，而且经过我的特殊扫描处理后，亮度问题迎刃而解。这样，经过74ACT164一扩展，我们就可以只用2个I/O口对24列数据进行列扫描。

接着是日期、时间、星期显示功能，我们有两种方法可以解决：一是用单片机进行这部分数据的运算处理；二是用专用芯片进行协助处理，相当于单片机把这部分工作外包，在需要的时候直接拿结果，而不用自己操心去处理。前者虽然可以让电路简单，但是会额外增加单片机的程序，最大的缺点是走时不准确，也不容易做到断电依然走时；用专用芯片就不一样了，作为一个独立的部件，走时准确，不受其他部分干扰。综合这些优缺点，我们选用DS1302专用芯片来处理，走时准确、断电依然走时的功能是很重要的。

同样，温度测量的实现办法也有好多种，比如可以用热敏电阻、二极管或三极管、专用芯片等，都可以用来检测温度。热敏电阻、二极管或三极管虽然可以检测温度，但需要配合电路，进行模数转换，再经单片机运算处理才可得到温度值。而专用芯片DS18B20就省去了很多麻烦，传感器、模数转换、运算处理等都集于一体，而且精度、准确度都很高，单片机在需要的时候直接去读结果就行。

至于闹铃功能就好办了，我们可以选择一款自带EEPROM的单片机，把闹铃设定数据都存在里面，掉电也不用怕丢失数据。或者如果选择的单片机不带EEPROM，DS1302内部还集成了31个RAM，也可以用来存储闹铃数据，只要DS1302不掉电就不会丢失数据。我们再来看看台灯功能，独立的台灯在台灯制作中已经介绍得很详细，现在只是将它跟时钟结合在一起就可以了，但是为了延长大功率LED的使用寿命，我们这次给它的驱动电路进行一下升级，搭个简单的恒流电路来更好地控制LED的工作电流，使其电流更稳定。

最后，核心出场，你是否已经猜到是什么？当然是统管整个电路的经理人——单片机是也。关于单片机的选择，各有所好，所谓"萝卜白菜，各有所爱"。只要符合要求，你自己喜欢都可以。这里我选用的是性价比很高的Atmel公司的ATmega8L，它内置了很多常用的硬件资源，比如上面提到的EEPROM，真是价格便宜量又足！而且它还可以很方便地在电路上用下载线下载编译好的程序，而不用将芯片拔下来放到编程器上下载程序，下载完后再插到电路上那么麻烦，这对调试程序是非常方便的。

OK，几个大件我们都已确定，现在可以将电路设计出来，完整的电路原理图如图21.1所示。

21.4　硬件电路原理

图21.1是整个电路的设计图，左上角的model就是把4块6×7的方形点阵块的7条行线并接在一起组成的显示模块，共24列，由3片74ACT164进行列驱动。HA1是无源蜂鸣器，用于整机的声音提示。VT2、VT3、R11、R12组成LED台灯的恒流电路。这个恒流电路其实很简单，它们是一环套一环的，我们一步一步来推导。

首先，LED是直接由VT2来控制的，而VT2的基极又受制于VT3，如果VT3导通则VT2截止，VT2的集电极和发射极之间没有电流通过，这样LED就不能点亮，反之则可以点亮。我们再向后推一步，VT3是受R12控制的，VT3的基极电压即为R12两端电压，该电压大于0.7V时，VT3就导通，反之则截止。R12两端的电压和通过R12的电流成正比，而通过R12的电流即通过VT2发射极的电流。聪明的你是否发现，绕来绕去最后又回到了VT2？不错，整个电路组成了一个反馈回路，互相牵制着。是不是拐来拐去看得有点眼花了？呵呵，不要急，慢慢看，分析电路这可是电子爱好者的基本功，相信你一定可以分析清楚。我们发现，当VT2发射极电流变大，R12两端电压就增加，到超过0.7V，VT3就导通，VT2截止，VT2的发射极电流想大也大不了；反之，如果VT2发射极电流变小，R12两端电压也减小，小于0.7V，VT3就截止，VT2就导通，VT2的发射极电流想变小也不行，所以VT2的发射极电流会稳定在某个值。你是不是已经想到了，对，由于VT3的导通、截止的基极电压界限是0.7V，所以R12两端电压会稳定在0.7V。根据LED的功率先计算它的正常工作电流大小，这也就是要控制的VT2发射极电流，VT2的发射极电流控制到多少又要看R12的取值，根据公式$I = 0.7/R12$就可以得到R12的值了。提醒一下，计算好R12的阻值还不要忘记计算R12的功率哦。关于LED的相关计算，大家可以去查阅，这里不再重复。左下角的IC6与周围元器件组成+5V稳压电路，给整机供电。由于LED台灯有了恒流电路的控制，不用担心工作电压不稳定，所以LED台灯的电源没有经过稳压，直接用接入电压驱动，这样也可以让接入电压的范围增大。右上角为DS1302、DS18B20与单片机直接相连，接口电路很简单。P3为下载线接口，P6为预留的无线模块接口。轻触按键S1～S4为了兼容无线模块的电平，还是以下拉的方式接入。差点忘了，VD1、VD2就是撒手锏，蓝色的"呼吸"灯，夜间看起来很炫，由一个I/O口控制，其实它们的"呼吸"效果也是用PWM来实现的。扯了这么多终于算是把硬件大致讲完了，不知你是否已经明白，面对这么一大片文字我肯定会头晕的，不清楚没关系，多看几遍就好了，一回生，二回熟。

21.5 硬件电路制作

我们看看元器件清单，如表21.1所示。

这个时钟电路看起来比台灯电路复杂多了，不知你是否已经学会用计算机设计PCB板，如果已经学会，你大可以利用这次制作的机会练练手，温习一下。否则，还像LED台灯那样，用万用板来焊接仿制，可能得耐心花上几天工夫。如果有兴趣愿意这样做，那倒是好事，就怕你花了几天苦功夫焊好的板子，到时候会出现各种意外的错误，头都大了。更有甚者，把板子往角落里一扔，不玩了，那我就汗颜啦。所以，如果决定用万用板来仿制，就要做好心理准备，而且要耐心、细心。动手之前按照表21.1准备好材料。好了，接下来就是你动手的时候！祝你一次成功。

21.6 点阵LED屏扫描原理

漫长的几天等待，你的硬件是否已经准备好了？OK，很有效率。如图21.2所示，看看我焊的，我就没这么有耐心，画了块PCB做出来的。硬件准备好了，我们是不是要进入软件部分？你真聪明。不过在写软件之前我们得弄清楚扫描显示的原理及处理方法，不然写软件就会无从下手。重点来了，到底什么是扫描显示呢？说到底就是利用了人的视觉暂留效应实现的，即在光线消失的一定时间内，人的眼睛会感觉光线还存在着，这个时间一般为1/24s或者更久。或者你可以这么想，人

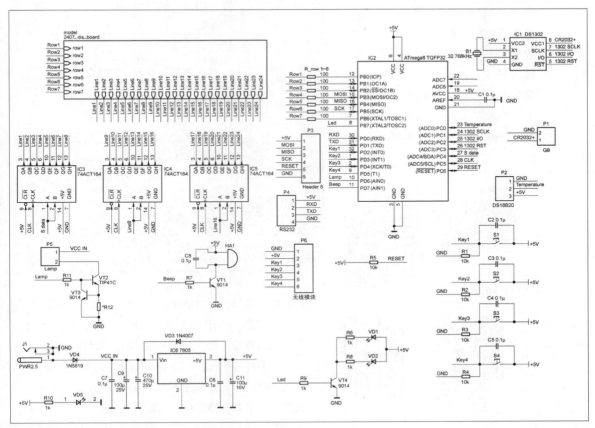

图21.1 电路原理图

的眼睛反应很迟钝，它会把1/24s时间内看到的景象当作一幅景象来处理。举个简单的例子，晚上你拿着手电筒照着墙上，会看到是一个光斑，但是如果你快速左右挥动的话，你就会看到照在墙上的光变成一条条的线，其实这就是一种方式的扫描。虽然在任意一刻，手电筒照在墙上的光都是一个光斑，但呈现在眼前的是线。文字写多了我都烦，所谓百"文"不如一见，我想，用以下的图来对显示屏的原理进行解说，应该会更容易理解，我们来边看图边认识吧。

首先，我们来了解一下点阵屏的内部结构，本文所用到的6×7的点阵模块结构如图21.3所示，就是由一个个的发光二极管组合而成，将这些发光二极管按行、列的方式焊接在一起，大家注意仔细看它的焊接方式，焊接完后，最后再封装成一个模块。了解了内部的结构后，如果你很感兴趣又不怕麻烦，我们也可以用LED自己动手制作显

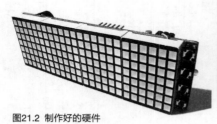

图21.2 制作好的硬件

图21.3 点阵模块结构

表21.1 采购清单

标号	品名	规格	数量
C1～C8	瓷片电容	0.1μF/16V	8
C9	电解电容	100μF/25V	1
C10	电解电容	470μF/25V	1
C11	电解电容	100μF/16V	1
HA1	无源蜂鸣器	5V	1
J1	电源插座	视电源接口而定	1
P1	纽扣电池	CR2032	1
P2	温度检测芯片	DS18B20	1
P3	ISP下载线排母	6Pin，2.54mm间距	1
P4	串口排母	4Pin，2.54mm间距	1
P5	发光二极管	1W 白色	1
P6	无线接收模块排母	6Pin，2.54mm间距	1
R1～R5	电阻	10kΩ，1/4W	5
R6～R11	电阻	1kΩ，1/4W	6
R_row1～R_row7	电阻	100Ω，1/4W	7
*R12	电阻	大小功率视计算而定	1
S1、S2、S3、S4	微动开关	5mm×5mm×6mm	4
IC1	时钟芯片	DS1302	1
IC2	单片机	ATmega8	1
IC3～IC5	串入并出芯片	74ACT164	3
IC6	电源稳压芯片	LM7805	1
VD1、VD2	发光二极管	Φ3mm 蓝色	2
VD3	二极管	1N4007	1
VD4	低压降二极管	1N5819	1
VD5	发光二极管	Φ3mm 红色	1
VT1、VT3、VT4	三极管	9014	3
VT2	三极管	TIP41C	1
B1	晶体振荡器	32.768kHz	1
万用板	洞洞板	视情况而定	1
电源	电源适配器	9V/1A	1
接收模块	无线接收模块	PT2272，不带锁定	1
遥控器	无线发射器	跟无线接收模块配套	1

示模块，这样灵活性更大。现在我们要让这个显示模块显示如图21.3所示的"H"字符，由于模块内部已经将发光二极管按行列方式焊接在一起，我们要一下子显示"H"字符是不行的。那用什么方法才能让它显示呢？也许聪明的你会立马想到，那我们能不能分步骤来显示出来呢？答案是肯定的。如果你还能根据前面我所讲的一堆文字想到分步骤显示的方法，那你为什么不跳过这

段直接去读下段呢？不要紧张，其实分步骤显示原理很简单，即刚才讲的扫描显示，利用人眼的视觉暂留效应，在比较短的时间内每次显示一部分内容，最后由于眼睛的迟钝反应，感觉这些内容就是一次显示出来的。还有疑问？带着疑问继续看图吧。

　　如图21.4所示，箭头代表电流的流向，灰色的方块代表亮起的点。总共6帧图，即显示"H"字符的整个过程图解。"H"字符共5列数据，加上字符后的空格共6列数据，我们就把它分成6个步骤来显示，从左至右一列一列地显示，每次只亮起一列数据，每幅图表示每一次显示的状态。请注意，它每次只显示一列数据。前面已经讲过，我们人眼的视觉暂留效应时间一般是1/24s或者更久，如果是只显示这个"H"字符，那只要保证6列数据都显示完一次的总时间在1/24s内，我们就会感觉这6次显示的画面是一次显示出来的画面。但这个时钟的屏是24列显示的，同样的道理，只要保证在1/24s内显示完这24列数据就可以让我们感觉是一次显示出了整个画面，我们把显示完一次这24列数据叫作"刷新一次"。换个说法，就是一秒内能将整屏数据刷新24遍以上。就像电视机的显示一样，1s刷新24遍以上，我们才不会感觉画面有闪烁。是不是有点头昏脑涨呢？不用急，闭上眼睛仔细体会一下整个扫描过程，但千万不要睡着，我们还要接着往下思考呢。

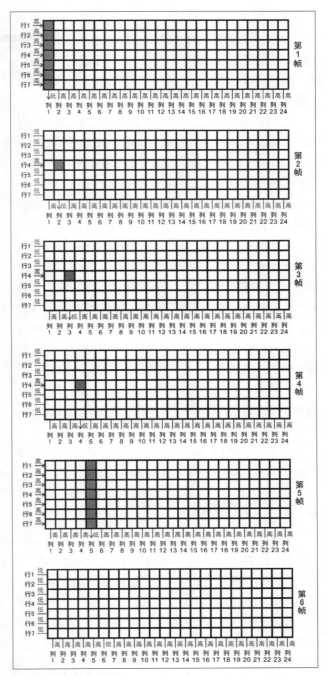

图21.4 点阵LED扫描过程

21.7　程序流程

　　我已经绞尽脑汁用各种通俗的方法来描述这个时钟的显示和工作原理，能不能理解得看你的造化，希望到此时你已经理解。整理整理思路，我们进入下个步骤。还是那句话，保持良好的习惯，在准备动手写程序之前不要忘记流程图，根据对显示原理的了解，我们先用流程图的方式把这一过程表达出来，写程序时就会轻松得多。流程图如图21.5所示。

图21.5只是一个抽象的流程图，具体到每块功能处理又会有很多流程。框架搭好后，再向里面添砖就比较容易，具体每块功能的流程就交给你自己去解决。在写程序之前你最好能将所有流程都整理出来，待思路清晰后再动手。否则，你可能会陷入程序的迷宫中辨不清方向，迷迷糊糊，人世间还有什么事情比这更痛苦呢？

在程序中，按键的处理是最为复杂的，你得很花一些工夫在里面，主要在按键操作之后菜单的进出和显示的配合部分，处理不好很可能会出现画面定格、整机无反应的现象，像是死机了，其实是已经进入了某个死循环。

闹铃的判断方法是在每次分钟值更新后将各组闹铃设定的分钟值与之比较，如有相同，则继续与相同的这路闹铃的小时值比较，如又有相同，则响闹一分钟，反之则不响闹。整点报时的实现方法比较容易一些，只需要判断小时的数据是否更新，如有更新则进行整点报时即可。

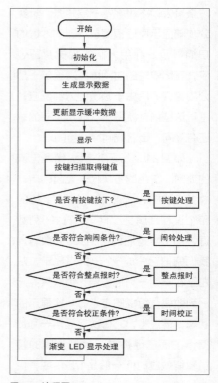

图21.5 流程图

好了，现在行动起来，按照流程图与之前的分析理解，开始动手写程序吧！我写的源程序可以在本书下载平台（见目录）上找到。

21.8 调试秘籍

制作这个时钟你是否会感觉我进行得一切顺利？如果是的话，那肯定是你的错觉。每个制作过程中都多少会出现各种问题，这些并不可怕，重要的是遇到这些问题，我们动力十足，有一颗持之以恒的心去解决它，不知你是否拥有这种耐性呢？在这个时钟制作中，我遇到过一些问题，其中记忆比较深刻的有几个，在这里跟大家分享一下，希望能对你有所帮助。

和你一样，当制作好硬件时，我便兴冲冲地拿着它连接好计算机，开始写屏幕测试程序，可问题接踵而至，马上打击了我的兴致。最不想出现的问题居然出现——屏幕显示有问题。只能显示前8列数据，后面的都不能显示。这是硬件问题还是软件问题呢？谁才是真正的幕后黑手？为了揭秘事情的真相，我修改屏幕测试程序为单一竖条流动循环显示，发现8列以后的数据虽然不能显示，但竖条的流动时间还是花了那么多，并不是8列流动完就再从第一列开始，这说明软件应该没有问题。排除了软件，那会不会是硬件问题呢？"8"在数字电路中是一个很特殊的数字，资料总会有"8"或者它的倍数。74ACT164是一个串入并出的芯片，输出并行的8位数据，那会不会是第一块芯片的数据没有传送到下一块芯片呢？带着这个疑问我将74ACT164都加焊了一遍，再测试还是不行，我又用示波器测试了第2块74ACT164的串行输入脚，终于有重大发现，输入脚当接收到"0"数据时，低电平不到位，只是稍微凹了一下，导致"0"数据不能正常传送。接着我顺藤摸瓜，幕后黑手终于浮出水面，原来是74ACT164在回路中的内阻有点大，导致该列LED的电流流通时这个内阻分到了一半以上的电压，强行地将低电平拉高而引起不正常。能想到的硬件解决办法是增加限流电阻值以减少74ACT164的分压值，可这样做，显示亮度会大大降低，显示效果不理想。硬件方面没辙了，那能不能从软件方面着手解决这个问题呢？当然可以，不然我还如何继续写完这篇文章，如何向大家交代？不知你是否已经想到解决的方法，不妨先听我说。其实做法很简单，既然是因为LED的电流引起电平不正常，那就从根本治理，在每次74ACT164的数据移位前先关闭LED的显示，移位之后重新开启，从关闭到重新开启LED显示这段时间极短，对显示的影响是微不足道的。

话虽如此，可由于LED显示屏材料和74ACT164的驱动电流问题，显示屏的亮度还是让我不能接受，而且由于驱动电流不足，显示亮度随每列亮起的点数不同而不同。这个问题困扰了我好一段时间，电路已经确定，想更换材料来解决问题不太现实，思路还是锁定在软件上。万能的软件，遇到问题总可以靠它来解决，这种可以节省出午餐费用的方法也总能得到我的青睐，这一次又是软件解决了问题。这是某天中午我对着它发呆时突然想到的方法，传统的扫描方法是，逐列地扫描显示，每扫描一列给予固定的显示时间，不管该列是否有点亮起、亮起的点数有多少。这样的显示刷新频率是固定的，而且很浪费资源，当某列没有点亮起的时候，为什么还要浪费这个固定的显示时间呢，在这一刻整个屏幕是处于无显示状态的，那我为何不直接跳过？节省这些时间就提高了显示的刷新频率，也间接地提高了显示亮度，真可谓是两全其美。虽然是两全其美，可这怎么就能够满足贪心的我，还要继续琢磨。这一琢磨又发现，每列用固定的显示时间并不科学。每列亮起的点数不同亮度也不同，因为每列共7个点，这样就有7种不同的显示亮度，亮起的点数越多，亮度越低，那我为何不在亮起点数少的时候减少显示时间，亮起点数多的时候增加其显示时间，对应7种显示亮度给出7种显示时间呢？这样一折腾，又来了个两全其美。亮度继续提升而且均匀，刷新频率又有所增加，完全响应口号"不闪的才是健康"。不知是否有朋友想到这样的方法，但我真的很佩服自己能想到这个方法，我称这个方法为"时间扫描法"。把刷新一次的时间看作一个整体，分成24×7份，传统的扫描方法需要24×7份时间，而经过我优化后的方法需要的时间理论上接近亮起的点数，屏幕上有多少个点亮起就需要多少份时间，当只有一个点显示时就只需要一份时间，刷新频率远比传统的显示方法高，是一个动态的刷新频率，套用流行的新名词叫作"变频"显示。

可别高兴得太早，显示的问题是解决了，可摆在床头使用一段时间后，我发现走时总是会有误差，隔三岔五的要调整一次时间，这可不是什么愉快的事儿。细心的你可能已经发现，图21.5所示的程序流程图里有个时间校正功能，到现在压根儿还没讲是咋实现的呢。到这里终于暴露出来，我还是老老实实地招了吧。时钟难免会出现走时不准的现象，对硬件上的处理调校比较麻烦，从软件上下功夫进行走时的调校是一个不错的方法，灵活性大且容易调整。实现原理比较简单，在菜单中先设定为不校正，以较准确的钟表或电视时间为标准，让时钟走时一天，观察其秒值的误差是多少。如果有误差则在系统菜单中设定相对应的校正值。在程序编写时设置一个固定的时间每天进行校正一次，比如晚上1点。到了晚上1点，它就会按照设定的校正值进行加或减的校正，校正的时候会看到秒值突然变化。写程序时你可千万别一定等到晚上1点去验证这个一天才有一次的景观，可以调整时间接近1点，也可以在程序中将校正时间改变。随时都可以进行验证。所谓"师父领进门，修行在个人"，方法教给了你，具体的运用还得靠自己。

21.9 发挥创意 锦上添花

不知上述经历对你是否有帮助，你的时钟已经工作了吗？程序是否已经调试完毕？如果还在调试中，不要着急，继续加油！如果已经成功制作，那么恭喜你！苦心人，终不负，你可以端着咖啡坐在椅子上静静地欣赏着它。

但是你觉得它很完美了吗？如果到这里就已经很满足，表示你还没有让脑子动起来，充分发挥你的想象力，让它更具有个性色彩吧！我的电子钟虽然早已摆上床头，孜孜不倦地工作数日，但时间久了，我总会有点不满意。对于这个时钟，我已经有了许多新的改进想法，但现在还没有去实现。做完这个时钟后，发现原来很多朋友都喜欢大的点阵屏，实在是对我的爱好汗颜，但是大的方形点阵屏很少见，如果找不到，自己用方形LED制作一个这样的屏也未尝不可，玩在其中，乐在其中。倘若你是一个贪睡的人，你还可以给这个时钟加上贪睡功能。倘若你是一个重视视觉感受的人，你可以试着增加显示的方式，比如上下翻屏、流动显示等。倘若你是一个喜欢人性化的人，你不妨在闹铃功能里加上台灯控制功能，给予3种控制状态：开灯、关灯、保持，用两组闹铃就可设置一个开关灯循环，你更可以在每组闹铃里增加亮度值设置。想想，每天晚上6点天快黑下来的时候，它自动渐渐亮起，到晚上10点你快休息的时候，它又自动将亮度渐渐减低作夜灯照明，清晨7点，你睁开惺忪的眼睛看到第一缕阳光的时候，它又会自动渐渐灭掉。想到这些是多么惬意，它任劳任怨地永远为你服务，而你却不用担心薪水支付问题。原来闹铃不只是可以做闹铃功能，那你有没有想过显示屏也可以当作台灯来照明呢？用超高亮的白光LED自制点阵屏，当需要点亮台灯的时候就全屏点亮，这样不失为一种精简电路而节约出早餐费用的好方法。

这些想法都只是围绕生活的，其他方面有没有呢？贪心的我总是异想天开地想让它拥有尽可能多的功能而变成超强的电子制作，电子爱好者们做一些实验的时候经常会用到显示屏来进行调试，这么好的一个点阵屏不用简直是浪费，可以给它增加一个通用显示屏功能，当切换到该功能时，屏幕作为一个通用的显示屏来使用，主控芯片内置数字、字母及符号字库，通过串口通信。也可进一步用些方法进行拼屏显示，每个屏手动设置一个编号作为自己的地址，而且可以直接用上位机发送数据进行显示，这样它摇身一变又成为一个串口调试显示屏了。如果继续拿它做文章，你还可以将它变成能够自己下载显示内容的广告牌。

当然，这些想法可能因为一些原因而不能同时实现，萝卜白菜，各有所爱，如果你对这些想法感兴趣，不妨一试，希望你能做得比我更好，到时不要忘记和我分享喜悦哦！

文：叶士良

22 8×32 LED点阵电子钟

　　笔者曾做过一个万年历数字钟外加温度显示，当时用了18个数码管，虽然显示的内容比较多（显示年、月、日、星期、时、分、秒、温度），但是采用的是只有0.56英寸且是共阴极的数码管，稍远一点就看不清显示的内容，用更大尺寸的数码管做电子钟带来了新的问题，大尺寸数码管是由2个或是2个以上的LED组成一段，需要更高电压的电源供应器，而且数码管无法显示汉字。

　　要显示汉字，一般就会选择LCD或者LED点阵。LCD价格比较贵，且驱动比较复杂，LED点阵就是不错的选择。现在一些超市、店铺，甚至红绿灯、大型广告牌等都有LED点阵的身影。显示图像或字体都可以，要改变显示的内容，换个程序就行了，可玩性很强，而且LED很亮，功耗又小，晚上可以当小夜灯使用。

　　要能比较完整地显示一个汉字，16×16的LED点阵基本符合要求了，但本制作的主要目的是显示时间，汉字只是其中的点缀，而且点阵屏越大，驱动线路越复杂。本着够用、能简单就简单的原则，我最终选择8×32 LED点阵制作电子钟。

　　市场上有现成的点阵屏卖，规格有5×7、6×7、8×8、16×16等。其实做8×32的LED点阵屏，用4个8×8的点阵屏来做是个不错的选择。不过笔者选择自己用LED来制作这个点阵屏，光焊接这个屏就花了几天时间，一旦其中有一两个LED焊坏，维护起来相当吃力，大家看看点阵屏的焊接图就能了解了。

　　再来说说驱动电路。首先是确定单片机，51系列的资料比较多，加上之前做的万年历有一些子程序可以直接调用，考虑到调试程序，且要驱动点阵，程序应该不会少，就选择了AT89S52，留下载线接口方便调试，8KB的Flash应该够用。AT89S52有32个I/O口，用I/O口直接驱动点阵就行不通了。51系列的速度在单片机世界里是属于比较慢的，为了加快扫描速度，不至于让人感觉到闪烁，为此我决定用4个74HC164来外扩驱动，用AT89S52的一组口来位选点阵的8行，4个74HC164分别控制32列。4个74HC164的CLOCK接在一起由AT89S52的一个口驱动，而它们的数据位则分别由AT89S52的4个口控制，这样4个74HC164就可以同时被送入数据，加快扫描速度。另外准备4个按键（用来设定时间)，一个万年历芯片、一个24C01（用来存放闹钟时间）、一个红外接收头、一个蜂鸣器，再加2个LED指示灯。

　　整理后的电路原理图如图22.1所示，印制电路板图如图22.2所示。

　　我找厂商定制了该电路的PCB，见图22.3。在该PCB上焊接好元器件驱动电路实物，如图22.4所示。

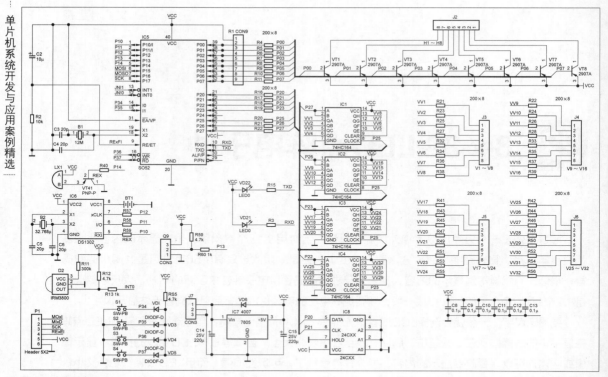

图22.1 电路原理图

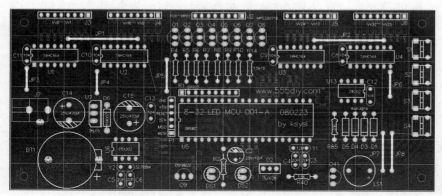

图22.2 印制电路板图

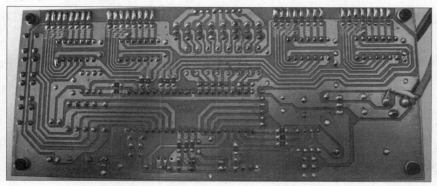

图22.3 定做的PCB

我花了几天才焊好的LED屏的元器件面，一共有256个LED，见图22.5。

LED焊接面见图22.6，如果有几个坏的话维护就累了，所以这里需要细心焊接，注意LED方向的一致性。

最后将两块板组装起来，如图22.7所示。驱动的排线也要细心焊接，焊错的话就会显示乱码了。

从网上下载的软件做的字库老是不符合要求，就只能自己做字库了，自制的字库如图22.8所示。

至此，LED点阵就可以工作了。不过LED比较刺眼，包上一层硫酸纸就会清楚一点，显示效果见图22.9。

图22.4 焊接元器件后的电路实物

图22.5 用256个LED焊成的屏

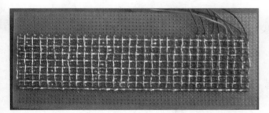

图22.6 LED屏的焊接面

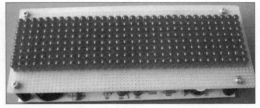

图22.7 将两块板组装起来

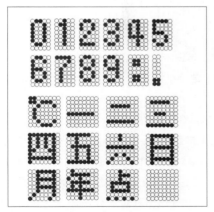

图22.8 笔者自己做的字库

图22.9 显示效果

文：卫小鲁

23 用PCF8563制作的计算机校时日历钟

23.1 特点

（1）控制器使用廉价的单片机STC90C52RC。

（2）时间源使用性能好、价格低、接线简单的RTC集成电路PCF8563。

（3）采用LCD1602液晶屏显示数据。

（4）采用DS18B20温度传感器检测温度。

（5）与简单的上位机程序配合，通过计算机校正时间。

（6）可以精准校正时间源的频率，误差很小。

图23.1 计算机校时日历钟

数字时钟种类很多，虽然它的作用就是——显示时间，但是具体实现起来，方法却多种多样。通过制作电子时钟，我们可以学到很多东西，所以大家也喜欢制作它。图23.1所示是本次制作的电子时钟。

23.2 电路原理

电路原理图如图23.2所示，硬件接线比较简单。字符液晶屏LCD1602通过插针和排针座与电路板连接，MAX232和9孔D形串口插座J2用于STC单片机的程序下载以及和计算机通信，实现与计算机上时间的同步。IC3是实时时钟电路PCF8563，它的电源串接有二极管VD2，总电源接通时，通过它给PCF8563供电。断电过程中，后备电池GB通过R5以很小的电流（0.25μA）维持PCF8563继续工作，同时，二极管可防止BAT向其他电路供电，以免电池很快耗尽。电阻R6、R7是I²C总线的上拉电阻，单片机通过程序模拟I²C的动作，通过P1.6、P1.7读写PCF8563。C13是时钟电路的振荡电容，通过它可以微调振荡频率。JP2是用于校正的跳线块，调校时接通，配合程序使PCF8563的引脚连接10kΩ上拉电阻R9，通过编程使该引脚输出32768Hz的振荡频率，以便外接频率计调校快慢。IC4是测温芯片DS18B20，读写是通过单片机的P1.5引脚控制。电源使用的是5V/2A的开关型墙插电源，适用交流电压范围宽，发热低，也省掉了稳压集成电路，只要加一个滤波电容C1和一个旁路电容C2即可。RP1可用于液晶显示屏的对比度调节。液晶1602的数据线有8线和4线两种接法，前者要多接4根线，但程序稍微简单，速度也快一点；后者虽然接线简单，但

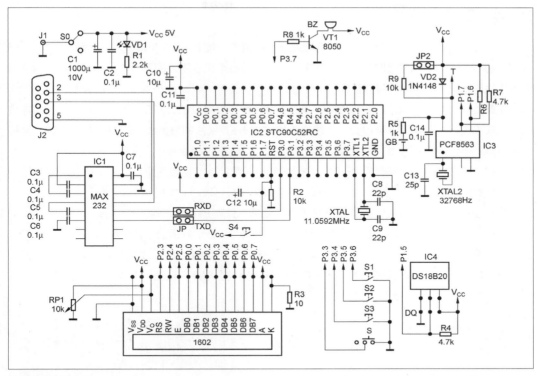

图23.2 电路原理图

23.3 电路材料和元器件

带电源座、串口座和USB插座预留孔的万用板1块，尺寸10cm×10cm；

LCD1602字符液晶屏模块1个，颜色不限；

STC90C52RC单片机1个，配40针插座；

MAX232集成电路1个，配16针插座；

PCF8563集成电路1个，配8针插座；

11.0592MHz晶体和32768Hz晶体各1个；

直脚排针座1条，用来连接液晶模块；

40线直排针1条，用于给液晶屏模块焊引脚以及跳线等；

5mm孔径同轴电源插座1个；

小型自锁开关1个，用作电源开关；

微型轻触按钮4个，用作时间调校以及单片机人工复位；

小型拨动开关1个，用于设定闹钟；

9孔D形插座1个；

5V/2A墙插式开关电源1个；

其他阻容元器件按照电路图中的要求购买，直插件或贴片件均可以使用。

编程比较复杂。本制作使用8线接法：液晶屏的数据线DB0~DB7对应接到MCU的P0.0~P0.7引脚，液晶屏的控制线RS、RW、E分别接到P2.3、P2.4、P2.5。控制按键S1、S2、S3互相配合用来人工校对时钟，S1用来改变校对项目，S2用来调整对应项目数据，S3用来确认新设定值。如果单独使用S3则是启动单片机的串口通信，准备接收来自计算机的时、分、秒数值，并用它设置PCF8563，使它和北京时间同步运行。开关S的作用是控制闹钟，它若断开，则闹钟功能有效；它若接地，则闹钟功能禁止，但设置的闹钟时间仍然有效。

23.4　安装制作

首先安装电源插座、串口插座，然后按照它们的位置定位安装电源和MAX232插座，再定位安装LCD插座、单片机插座和PCF8563插座。最后安装每个插座周边的元器件，焊接连线。尽管洞洞板接线比较自由，也要尽量做到安全、合理、方便、美观。焊好元器件的电路板背面如图23.3所示。实际接线也可按照自己的安排布局，就近选择，也可以修改现有原理图的引脚连接，但程序就得作相应修改，总的功能不会改变。本图使用的LCD1602液晶的数据线采用8线接法，其实4线接法也可以。不过改变接法后，液晶屏的驱动程序和初始化要作相应修改，我在程序中将两种方法都列了出来，可以根据需要开启其中一种，注释掉另一种程序。初学者注意：LCD1602使用4线接法时，多余的4个引脚不可作液晶屏的控制线，但可以用作程序控制的输出线。

全部接线完成后，仔细检查确认连接无误，就可以先不插芯片，输入5V电压，检查IC插座上的电压是否正常，如有问题就进行检查处理，直到正常为止。然后插上单片机和MAX232，接好串口电缆，编一个最简单的程序，使用STC的新版下载软件，尝试能否正常下载，直接用串口最好，如果计算机没有串口，可以使用USB转串口线，总之要确保程序可以正常下载。完工后的板子如图23.4所示。

23.5　编程要点

23.5.1 LCD1602的驱动程序

编写LCD1602的驱动程序时，需注意程序开始要包含一个intrins.h头文件，在C编程时就可以使用_nop_( )空操作功能，以便得到1μs左右的延时。另外，现在生产销售的LCD1602比起前些年的产品有所改进，使用更加方便，例如，以前液晶屏的初始化首先需要强制写入0x38共3次，每5ms一次，现在只需要写1次甚至不写入也可以。

图23.3　PCB背面走线

如果发现使用正确的驱动程序后液晶屏还是不能显示，在排除了硬件接线问题后，着重检查以下3个方面：

（1）调节可调电阻 RP1，增大对比度；

（2）检查硬件连接是按照 4 线接法还是 8 线接法，与程序设计是否一致，不一致就不能显示；

（3）少数情况中，有些液晶屏模块的读忙指令会因无法读出而陷入死循环，可以把读忙改为"RS=0；RW=1；"，再延时 20μs。

本文所附的驱动函数全部经过验证和改进，包括对于不能读忙的液晶屏模块也能正确显示。

LCD1602允许使用自己定义的8个符号，存放在具有8字节的专用存储器GCRAM中。为了利用

图23.4　元器件布局

这个资源，程序中使用了自编的一、二、三、四、五、六、日以及表示摄氏度的符号"℃"（图示中四使用草书字体表示），如图23.5所示。

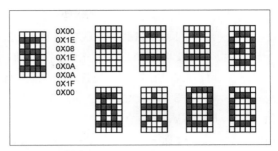

首先画出一个5×8点阵方格，在上边画出点阵字形，我们以"五"为例介绍，显示点为1，不显示点为0。从上到下，显示点可用8个十六进制编码表示，因为水平方向只有5位，故高3位以0补全，所以"五"的表示编码是：0x00，0x1E，0x08，0x1E，0x0A，0x0A，0x1F，0x00。依此类推，按照点阵图写出8个符号的十六进制编码，构成一个存放在ROM中的8行8列的二维数组。

图23.5 自编的显示字符

设置GCRAM起始地址为0，开机后先把以上数组存入GCRAM中，以后用给LCD1602写数据的方法就可以把自编的符号显示出来了，具体操作见源程序，源程序可从本书下载平台（见目录）下载。

23.5.2 PCF8563的驱动程序

PCF8563是一款使用I²C总线控制的实时时钟芯片，和常用的DS1302一样，也是8脚的小集成电路，接线简单，但通信方式就不一样了。读写完全按照I²C时序要求进行，它的写入地址是0xA2，读出地址是0xA3。它内部有16个寄存器，寄存器0和1号分别用来控制它的工作，寄存器2~15号用来读写具体时间、日期、闹钟及倒计数等。通过编程还可以引出时钟脉冲，加上它的时钟频率可通过振荡电容（C13）微调，这样就能够调整出比较准确的时间。它的驱动是以正确的预置1值写入以上寄存器，特别是对于新器件，必须把秒、分、时、日、月、年以及需要的报警时间等逐一写入寄存器0x02~0x0C，然后给寄存器0x00发出启动信号（第5位置0），它就开始工作了。因为有后备电池，它停电也会继续走时。需要注意的是，在上述预置值寄存器中存入的是BCD码，关于它的具体编程，请参照源程序。

23.5.3 DS18B20的程序部分

DS18B20是单线总线器件，它以脉冲宽度判断0和1，因此对延时时间要求比较严格，不可随意增减。对它编程就是根据它的控制指令，写出51的模拟时序，然后执行必要的操作。具体的驱动已在源程序中列出。启动温度转换到读出温度数值是需要时间的，对于12位分辨率的转换时间达750ms，因此需要设计在启动转换后1s再进行读数，读出的数值除了进行正负判断外，还要乘以分辨率系数0.0625，得到十进制的显示值。

23.6 总体编程

总体编程还是按照前台、后台方式进行。后台在启动后进入一系列初始化，然后进入主循环。主循环就是以查询方式了解S1、S2、S3和S的状态以及是否从串口接收到数据，如发现有按键被按下，进行简单延时消抖就进入按键处理。如果已经从串口接收到时间数据，就把这些数据转换为BCD码存入PCF8563寄存器，实现和计算机的时间数据同步。

按键S3的处理中包括3种情况。

（1）在S1被按动（次数不限）后按动S3，不改变PCF8563寄存器。

（2）在S1、S2被按动后按动S3，这时需要把S2设定出的新值写入PCF8563，实现人工设置，主要用于年、月、日和闹钟时间等数值的设置。

（3）S1、S2未被按动，直接按下S3，这时启动单片机的串口中断，准备接收来自计算机的时间数据。

前台程序包括串口接收中断和T2定时器中断。单片机的串口中断用来接收电脑发送过来的时间数据，格式是"hh:mm'ss"，hh、mm、ss分别是时、分、秒的十位和个位字符码，连同冒号和引号一共有8个字节，每接收1个字节就触发1次接收中断，把收到的数据存入接收数组receiv[8]中，收到8个字节就置位接收完毕标志，等待主循环去查询此标志，然后处理。这就是串口中断的任务。

T2是单片机的一个16位定时器，它具备自动重载功能。使用它的中断处理执行两个任务：一是如果S1不被按下，就定时刷新液晶屏LCD1602的显示，S1被按下说明在调校时间，这时不按时钟刷新而按设定值刷新液晶屏，以免显示混乱。二是设定时间测温，按照每5s一次向DS18B20发出测温请求，在接下来的1s回收测温数据并加以处理。为此，主程序初始化时就设定T2工作于自动重载模式，按照40ms中断一次，设定TH2和TL2。中断时就不必管它设置值的加载了，由它自己处理，但是中断标志TF2是不能自动清除的，一定要编程清除。另外设置中断次数计数，以达到计秒的目的。

23.7 调试校准

23.7.1 PCF8563的校准

前面说过，可以通过修正振荡电容的方法使得PCF8563达到准确的时钟振荡频率。在理想情况下，石英晶体振荡器以32768.0Hz的频率振荡，经过内部电路进行15次2分频就得到1Hz，也就是秒信号。实际上，如果振荡频率有少许误差，分频结果不是准确的1Hz，走时就不准确。这时我们可以通过调整振荡电容来微调振荡频率，电容减小则振荡频率升高。把频率调整到32768.0Hz，这样时钟就比较准确了。由于计时是个累积的过程，32768.0Hz石英晶体可能会有误差而导致时钟频率不准，但是要发现明显的偏差（如几秒）还是需要较长时间的，因此最方便的办法是利用频率计校准时钟频率。PCF8563可以通过写入寄存器0x0D来引出或不引振荡频率：把它的最高位FE设置为1，就可在PCF8563的7脚（CLOCKOUT）引出时钟频率，把它的低2位FD1和FD0分别设置为00、01、10和11就可以选择引出的频率是32768Hz、1024Hz、32Hz或1Hz，把它们都设置为0就输出32768Hz。不过该引脚是开漏输出，为了用仪器测量频率，应在电路原理图中加入10kΩ的上拉电阻R9。具体方法是：通过手工设置使得PCF8563走起来，特别对于第一次工作，要全面设置一遍。先取振荡电容为较小数值（如22pF），然后将频率计接好电源，开机预热稳定后，选低频挡，闸门时间取10s，把测试夹分别夹在地线和PCF8563的7脚（有外引插针）上，如图23.6所示。经过一段时间（10min以上）的稳定，看频率计显示。实测结果为32.7684kHz，时钟频率高了。取下测试夹，单片机断电，并联一个5.6pF电容，测试结果为32.7681kHz，虽有所降低，但还是高一点。再断电，把振荡电容更换为8.2pF，稳定后测试结果为32.7680kHz，如果能在半小时以上保持稳定,时钟频率就调好了,如图23.7所示。经过这样调校的PCF8563,日误差可以做到1s以内,按照规格书,达到一年正负5min的偏差没有问题。但是在没有频率计的条件下,只好用比对标准时间的办法来调整了,这样很浪费时间。

图23.6 测试PCF8563的7脚输出频率

图23.7 频率计的测试结果

23.7.2 与计算机同步校准

如果是人工设置PCF8563,要把它调节到与北京时间一致,这是有点难度的。计算机上的时间借助于互联网实时更新,还是很准确的。既然有串口可以从计算机下载程序,那正好利用它从计算机取得时、分、秒等时间数据来设置单片机的PCF8563,岂不方便多了?按照单片机的串口方式1,使用9600波特传输率,从计算机接收8个字节的数据仅仅80位,不到10ms就可传送完毕,因此是可行的。为此,我们可通过现成的"标准时间校准器"小软件(可到网上下载)先把计算机时间校正到标准时间,然后通过自编的小程序RTC-DOWN把当前计算机时间从串口发送到单片机就可以了。该程序的运行界面如图23.8所示,上面有两个文本框,分别显示计算机当前的时、分、秒和日、月、年,有两个按钮,EXIT是退出,SET是设置。使用前先不按S1和S2,只按下S3,液晶上左角显示R,如图23.9所示。说明已经打开了串口接收,用鼠标单击"SET",计算机时间就下载到PCF8563寄存器中,R消失,单片机时间和计算机时间同步完成(当然还是有差值的,但比手动调节方便许多)。

图23.8 程序界面

图23.9 时间设置

手动设置方法很简单,就是按S1选测试项目:月-日-年-闹时-闹分-星期几-时-分-秒,在对应位置以闪动光标提示。对应每一个项目用S2设置数值,然后按S3闪动光标消失,将设置值写入PCF8563,并以新值走时。如不需设置就继续按S1往前走,直到秒设置以后闪动光标消失,显示走时就行了,否则继续按S1重选项目。

文：卫小鲁

24 无字库12864液晶模块应用实例——小小日历钟

24.1 特点

让我们利用ＴＥＡ５７６７的无字库小液晶模块SO12864FPD-12CSBE的驱动方法，来制作一个小小日历钟吧，见图24.1。本文只是抛砖引玉，大家可以在此基础上进一步发挥，做出小巧又有个性的日历钟来。

这款液晶日历钟的制作有什么特点呢？

（1）电路简单，使用元器件少，容易制作，核心就是单片机ATmega8L和日历钟电路DS1302。

（2）全部使用低压元器件，3V电压就可以工作。

（3）使用自编的小字模和图形界面使得显示具有特色：在文字界面可以清晰地读出当前的日期和时间，而且加入一个小动画使显示更加生动，在图形界面使用模拟刻度和指针动态指示当前时间，两个界面用按键切换。

图24.1 做好的小小日历钟

（4）电源制作在独立的小电路板上，调试程序时插入使用USB供电的3.3V稳压电源，完毕后可以取下，插上开关，使用电池供电。

（5）不用背光时耗电很小（全机约3mA），可以使用一个纽扣电池CR2032供电。

日历钟安装在一块50mm×50mm小万用板上，外形见图24.1。

24.2 电路原理

电原理图见图24.2。液晶屏型号如前述，单片机就是AVR的ATmega8L-8PU（以下简称M8），可以在低电压下工作，M8的PD口控制液晶屏，主要就是控制串行写入显示数据。DS1302是常用的日历-时钟芯片，32768Hz晶体B是它的振荡源。在它内部有10个命令寄存器用来存储日期、时间的数值并控制芯片工作，M8通过PB0、PB1、PB2控制DS1302的RST、SCLK、I/O；RST为高时才能读写DS1302，读写都是让数据在I/O上串行传送，在SCLK上升沿写入1位地址或数据，写入地址后在SCLK下降沿读出数据。读写都是从最低位开始，受SCLK时钟同步。接通电源后它必须通过单片机程序启动计时，此后只要有电源或者备用电源存在，它就能一直工作下去，和单片机是否工作无关。连接在M8的PC口的4个轻触按键，S1、S2、S3用于调校时间，功能分别为确认修改、移动光标、修改数值；S4用于界面切换。电源包括两部分：纽扣电池CR2032通过二极管VD1连接到1302的VCC1作为后备电源，以便在关机时也能使DS1302继续工作，另一路可通过开关S5给液晶屏、M8、DS1302的VCC2供电，在调试时为了避免消耗电池，接入了另一

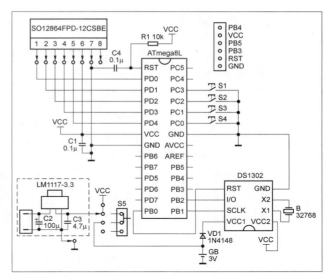

图24.2 电路原理

个5V转3.3V的小稳压板，用微型USB接口从外部取得5V电源。调试好后，取下稳压板，在插孔上插上小拨动开关S5，就可以使用纽扣电池了。注意二极管VD1不可省略，因为按照DS1302的说明书，VCC2高于VCC1时由VCC2供电，VCC2低于VCC1时由VCC1供电，在用电池时，由于有二极管，VCC2比VCC1高，电池正常供电；关断电池时，VCC2为0，二极管作为后备电源，符合要求，保证电路正常工作。

24.3 硬件制作

这个日历钟电路简单，所需元器件很少。集成电路使用双列直插插座，液晶屏焊上90°插针排，和焊在万用板上的90°排针插座插接。6线编程口、电源部分插座使用了圆孔2.54mm间距IC插座条。电池使用纽扣电池CR2032。采用一块5cm见方的万用板安装全部元器件。首先截取一段90°排针座，焊在电路板背面上方中央，作为液晶屏插座，M8的IC插座也要装在电路板背面，为此把它的引脚往外弯折，按照液晶屏插座引脚对应的位置定位IC插座，先焊上RC复位元件以及一些相关连线，然后把M8插座引脚直接焊在电路板焊盘上。DS1302插座依据M8插座定位，和32768Hz晶体一起焊在电路板反面。这种非常规安装虽然不尽合理，但有效利用了万用板的安装面积（否则液晶屏占用的一块不便利用），而且可使液晶屏和M8、M8和DS1302之间的连线变得非常简单，直接用焊锡连通即可。在电路板正面，还要安装轻触按键、电池窠、编程插孔排、电源块插孔。两面元器件布置见图24.3和图24.4。另用一小块万用板焊上微型USB插座、滤波电容、低压稳压器LM1117-3.3以及和时钟板电源插孔对应的IC插针。

焊接液晶屏的90°插针排时，可把它先插入已经焊在电路板上的排针座，再焊接液晶屏上的镀金焊盘，注意保持液晶屏和电路板的平行，所以插针不能在液晶屏上插到底。

因为LCD的背光对于区区200mAh容量的纽扣电池来说，50mA的电流显得耗电太大，所以我就没有安装背光电源接线，如果需要，安装最好接到外部电源上而不要使用纽扣电池。

24.4 编程

电路虽然简单，但是要让不带字库的LCD、DS1302在M8的统一领导下有条不紊地工作，所以具体编程必须解决以下问题。

（1）让时钟走动起来，而且可以通过按键设定或修改当前数据。

（2）让液晶屏显示时钟芯片当前提供的信息：年、月、日、时、分、秒，两个显示界面按时刷新。

（3）制作字模和图形界面编程。

以上第1点，就是用M8控制1302。我们可以按照它的时序要求编列一些函数，另外在程序中建立一个数组DateTime[7]用来存放从DS1302读出的年、月、日、时、分、秒，作为数据刷新依据；第2点，主要是在LCD上显示这个数组当前的数据（要注意DS1302存放日期时间的格式是BCD码，所以存取之前必须先进行数制转换）。数据刷新实际上就是查询DS1302当前"秒"是否等于上次查询结果，如不等于则已经过去1秒，在数组记下新秒，刷新显示"秒"，当然是1秒刷新一次；而且当秒更新为0时要更新"分"……以此类推。第3点使用畔畔字模制作字模，其中编制了8×8小数字、12×16数字、16×16汉字几种字模用于不同的显示位置，另外有个小鸡啄米的动画，可以在16点阵字模工具中用鼠标单击，分别画出小鸡低头和小鸡抬头两个图案，在秒刷新时交替显示即可。用字模软件制作好所需的字模后，把所有常量字模数组定义放在头文件miniClock.h中，这些数组全部放在Flash区。

图形界面的模拟指示针、刻度的制作也不困难，只要事先规划出水平刻度长度，在起点和终点坐标画出水平线；垂直刻度则按照刻度位置画出短垂直线，指示针则是在刻度上方或下方画垂直线。它的位置要计算好，根据时间数据刷新而改变。

标题"小小日历钟"是个汉字串，用一个汉字串显示函数void show_string1616（uchar x, uchar y, uchar *string, uchar string_lenth）；参数是显示起始列、页、字串指针、字串长度，同时要事先定义一个以上指针所指的字串数组，此数组的元素是待显示的字模在字模数组中的位置。

以上源文件具体代码可参见本书下载平台（见目录）的相关文件，欢迎大家根据自己的水平加以改进。使用的编程工具是AVRStudio4.13和WinAVR20070525，它们都是开源软件。

整个程序流程见图24.5，左边是主流程，右边是年、日、月、时、分、秒更新流程。

主程序循环是设置一个用于软件计数的静态变量:const unsigned int delta=0;在主循环while

图24.3 万用板正面布局

图24.4 万用板背面布局

（1）{}中，当delta未达到设定值（如3800）时，它每次递增，达到设定值后再执行查键、键处理，如果秒数值改变就刷新日历钟的显示。

24.5 调试

硬件焊好后，反复检查无误，不插M8、DS1302和LCD，锂电池，插上稳压小板，接通USB电源，测试M8插座、DS1302插座、编程口和LCD的VCC电源应为正常3.3V，拆下稳压板断电，插上锂电池，DS1302插座8脚应为2.4V，插上开关S5并接通，所有VCC应为3V，至此电源没有问题了。拔掉S5，插上M8、液晶屏和DS1302，插上稳压板和USB电源，如果你从未使用过这种LCD，不妨自己先编制一些小的验证程序（例如启动、初始化M8和液晶屏后，用不同的参数运行清屏函数）观察液晶显示是否如同预期，如果没有反应就要再次检查程序中对M8引脚定义是否和你的实

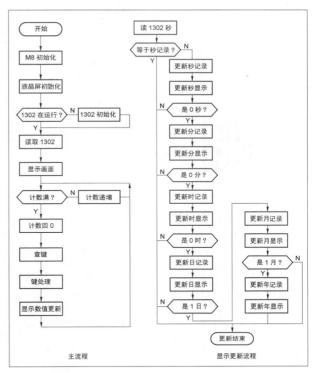

图24.5 程序流程

际硬件接线一致，这个小液晶屏和别的一些液晶屏不同，不需要硬件调整对比度，不会因对比度调节不当而不显示（除非你修改了默认值）。这一关先过了再往下走。往M8下载程序，如果一切正常，画面会立即出来。不过现在的日期、时间不对，按动S2，在最下面一行日期时间的分隔符上会呈现竖线光标，连续按S2，光标会循环右移，在光标停下的位置按动S1，在上面就会出现设定值，反复按动会循环递增，就这样逐一调节日期和时间，如图24.6所示。最后按下S3，新的时间就存入DS1302了，并能按秒刷新。现在插上电池，一切就好了。如图24.7所示，可见时、分已经改为新的设定值。可以去掉稳压板，虽然液晶屏熄灭，可是DS1302还在闷声不响地运行，如果你插上开关S5再接通，液晶屏又亮了。为了节省电池消耗，不要老是开着它。如同老式怀表，看表前才按开盖子。

图24.6 调节日期和时间

图24.7 调节完成

文：张彬杰

25 自定义提醒闹钟

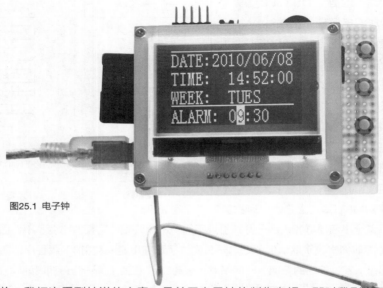

图25.1 电子钟

　　几年前，我初次看到杜洋的文章，是关于电子钟的制作专辑，那时我刚学习单片机，仅仅会写几段汇编代码。后来的几个月，我也学写了一个电子钟程序，不过做得非常简陋，也没使用什么时钟芯片，仅仅通过单片机的定时器来累计计时，功能上实现了时、分、秒的显示以及简单的闹钟功能。不过，我还真是怀念以前学习单片机的美好时光，也很高兴那时自己能专心学习单片机。几年过去了，我也做了一款像样的电子钟（见图25.1），在下面的内容里，我会和大家分享制作它的过程。

25.1 零件清单

　　零件清单（见表25.1）所列是制作这款电子钟的基本元器件，实物如图25.2所示，一些边角料不再列出。从表25.1中大家可以看出，整体的成本不超过80元。如果液晶屏在网上购买的话，建议以关键字ST7565搜索，这样才能搜索到ST7565控制器的128×64液晶屏。至于其他零件比较常用，在一般电子市场里都能购买到。

25.2 电路原理

　　如图25.3所示，微控制器（MCU）我选择了AVR单片机ATmega8，因为我对它比较熟悉。

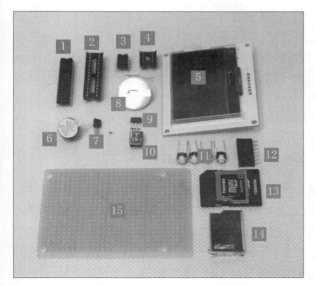

图25.2 零件全家福

表25.1 材料清单

序号	名称	数量	价格小计(元)
1	ATmega8单片机	1	15
2	28Pin单片机插座	1	0.5
3	DS1302时钟芯片	1	3
4	8Pin时钟插座	1	0.5
5	128×64液晶屏	1	28
6	蜂鸣器	1	1
7	8050三极管	1	0.2
8	3.0V纽扣电池	1	5
9	AMS1117-3.3电压转换芯片	1	1
10	USB插座	1	0.5
11	微动按钮	4	2
12	液晶插座	1	0.5
13	16M13 SD卡	1	10
14	SD卡插座	1	2
15	万用板	1	5
价格合计: 74.2元			

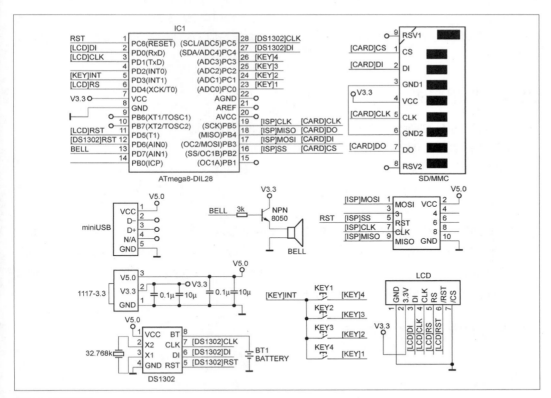

图25.3 电路原理图

它的程序存储器大小为8KB，数据RAM大小为1KB，工作电源电压范围为2.7~5.5V，最大工作温度为+85℃，最小工作温度为−40℃。时钟芯片选择DS1302，DS1302是美国DALLAS公司推出的一种高性能、低功耗、带RAM的实时时钟电路，它可以对年、月、日、星期、时、分、秒进行计时，具有闰年补偿功能，工作电压为2.5～5.5V。它采用三线接口与MCU进行同步通信。SD卡使用SPI模式和单片机的SPI接口连接，进行数据交换。SD卡相当于容量很大的SPI接口的Flash，在制作过程中，也可以替换成大容量的Flash芯片。128×64液晶屏仅仅需要4根线和单片机连接。由于使用的控制器是ST7565，它不带中文、英文字库，因此需要自己建立字库。但这种液晶屏价格便宜，外观也很小巧。我购买的这款液晶屏，背光是橘黄色的，到了晚上会发出迷人的光泽。

25.3   工作原理

在制作之前，我先介绍一下它的工作原理。控制芯片使用的是AVR的ATmega8单片机，简称M8，大家也可以使用熟悉的51单片机。程序通过读取SD卡内的TXT文件，显示每天需要提醒的内容。因此，大家可以通过计算机，方便地修改提醒的内容，如节日、生日、纪念日等，不必再为了修改液晶屏上的提醒内容而特意修改程序，仅仅通过编辑TXT文件即可。SD卡通过SPI接口和单片机进行数据交换。液晶屏使用的是串口128像素×64像素的黑白液晶屏，控制器是ST7565，它和单片机连接也仅仅需要4个I/O口。时钟芯片使用的是DS1302，大家对它应该不陌生吧？时钟芯片通过3个I/O口和单片机连接，电源使用USB接口的5V电源，经过AMS1117-3.3电源稳压芯片转换成3.3V电压，供给单片机、液晶屏和SD卡使用，大家也可以使用3.3V的电源直接供电。这款电子钟通过两个按钮实现时间和闹钟的设置。当时钟正常运行时，第2个按钮可以单独开启闹钟或关闭闹钟。

25.4   使用方法

（1）在计算机的Windows系统下把SD卡格式化成FAT格式。

（2）先复制字体到SD卡内，这样才能在液晶屏上显示中文。

（3）在根目录下新建"提醒.txt"文本文件。

（4）在文件内写入一行内容，如：****-02-13"明天是情人节"。这样每年的2月13号，电子钟就会提醒你明天是情人节了。

大家会发现，这款电子钟没有农历的显示，如果要显示农历怎么办呢？如果朋友的生日是按农历来算的怎么办呢？其实也挺简单的，通过在文件中写入公历和农历的对应时间关系即可。如：2010-02-13"农历2009-12-30"。注意：*号是通配符，表示任意的意思。例如：2010-**-**"虎年"，表示2010年的任意日期，都会显示虎年。

25.5   字库的制作及使用

这是本次制作的知识要点之一。GB2312是中国国家标准简体中文字符集，共收录6763个汉字，其中一级汉字3755个，二级汉字3008个；同时收录了包括拉丁字母、希腊字母、日文平假名及片假名、西里尔字母在内的682个字符。GB2312的出现，基本满足了汉字的计算机处理需要。GB2312中对所收汉字进行了"分区"处理，每区含有94个汉字／符号。这种表示方式也称为区位码。

01~09区为特殊符号。

16~55区为一级汉字，按拼音排序。

56~87区为二级汉字，按部首／笔画排序。

10~15区及88~94区则未有编码。

举例来说，"啊"字是GB2312之中的第一个汉字，它的区位码就是1601。

在计算机上的TXT文本文件中，每个汉字及符号以两字节来表示。第一个字节称为"高位字节"，第二个字节称为"低位字节"。为了和原有的ASCII码兼容，"高位字节"使用了0xA1~0xF7（把01~87区的区号加上0xA0），"低位字节"使用了0xA1~0xFE（把01~94加上0xA0）。由于一级汉字从16区起始，汉字区的"高位字节"的范围是0xB0~0xF7，"低位字节"的范围是0xA1~0xFE，占用的码位是72×94=6768。其中，有5个空位是D7FA~D7FE。例如，"啊"字在文件中会以两个字节"0xB0（第一个字节）0xA1（第二个字节）"存储。

那么如何定位字库中的点阵数据呢？文件编码的区码范围是从0xA1（十六进制）开始，对应区位码中区码的第一区，第二个字节为汉字的位码，范围也是从0xA1（十六进制）开始，对应某区中的第一个位码。就是说，将汉字编码减去0xA0A0就得到该汉字的区位码。例如，汉字"啊"的机内码是十六进制的"0xB0A1"，其中前两位"0xB0"表示编码的区码，后两位"0xA1"表示编码的位码。所以"啊"的区位码为0xB0A1－0xA0A0=0x1001，将区码和位码分别转换为十进制16和01，得到汉字"啊"位于第16区的第1个字的位置，那么点阵数据在文件中的位置为第"32×[（16-1）×94+（1-1）]=45120"以后的32字节。这就是"啊"的显示点阵需要的字节数据了。其中，32为16×16点阵的取模字节数，表示32字节大小。单片机通过取这连续的32字节，送到LCD的相应位置，就能正确显示汉字、图形符号了。

最后，使用字库生成工具，就能生成自己需要的字库了。这样的工具软件在网上有许多，请自行选择。我使用未注册的"汉字取模字库生成"小工具，使用次数有一定的限制，但偶尔用于生成字库还是够用的。由于这款液晶显示数据是以1列（8个点）为一个地址单位的，而不是以1行（8个点）或点地址为单位的，取模时需使用纵向（列）取模方式取模，这样方便后期程序的编写。当然也可以直接选择"@宋体"这类字体。通过工具预览后，你会发现，这种字体旋转了90°。单击"生成字库"，在弹出的菜单中输入的路径和文件名。按"确认"后就会生成需要的字库了，注意扩展名为.dot。程序读取经过旋转后的32字节字体数据，即点阵列数据，就能显示一个汉字了。

存储整个字库数据是个难点，GB2312汉字库有200多字节的大小，单片机的Flash可没有足够的空间用来保存它。那么怎么办呢？其实，方法也挺多的。有一种实用、简单、方便的方法就是外接Flash存储芯片。如SST25VF020、AT45DB161等，它们都采用串行接口，可以节省许多I/O，读取速度也够快，但增加了制作成本。还有一种方法，字库可以直接放在SD卡内，但程序会复杂很多。同时，显示字体的速度也没外接Flash快。不过最后我还是选择了第2种方法，以后的小制作中再试试第1种方法。

为了让计算机和单片机互相交换数据容易些，需要把SD卡格式化成FAT格式，然后单片机解读SD卡FAT文件系统，在此基础上再读取txt文件，最后调用相应的字库数据在液晶屏上显示。具体如何实现，请读者朋友自行分析源代码。源代码可到本书下载平台（见目录）下载。

25.6 制作步骤

1 按图在洞洞板上安插好各个元器件，并插上已经烧录好程序的芯片。

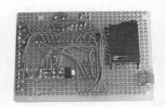

2 根据电路原理图，依次连接导线。

3 将各个组件准备好了后，就可以组装起来。

DIY的过程不仅仅是制作过程，还是一个让作品更美好的过程，为此，我又开始了这个自定义提醒闹钟的美化过程。

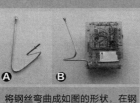

A **B** **C** **D**

将钢丝弯曲成如图的形状，在钢丝上拧上螺丝，在万用板上也拧上螺丝。用内六角扳手、普通扳手拧紧螺丝。

4 最后插上USB电源，就可正常工作了。

25.7 编程说明

当我烧录完程序后，迫不及待地要运行这个电路了。把电子钟插上电源后，程序会先初始化硬件（液晶屏、SD卡和时钟芯片）。之后会读取单片机EEPROM里的闹钟信息，没有的话会新建初始化内容，并写入EEPROM。最后，液晶屏就会分4行显示时间、日期、星期和闹钟。当有提醒信息时，闹钟时间和提醒的内容会交替闪烁。在程序的循环体内，程序会定时读取SD卡内的TXT文件，如果TXT文件内定义的日期和时钟芯片的日期一致，那么单片机会读取文本文件内对应的显示内容，并在液晶屏的第4行显示。如果没有相等的日期，单片机会显示默认的字符串"MADEBYZBJ"，大家可以改成自己定义的字符串。

电子钟的右侧有4个按钮，但是本次制作只使用了上面2个按钮，另外2个按钮功能未用。这4个按钮的一端都连到了单片机的中断引脚，并把这个中断引脚设置为上拉，在程序中等待下降沿中断。按钮的另一端和单片机的4个普通I/O连接，这4个I/O设置为低电平。当按钮按下时，就会引发下降沿中断，此时程序修改中断，引为低电平，并把4个普通I/O口上拉，再分别读取4个引脚的电平状态。如果，某个引脚读到低电平，就可以判断对应的这个按钮被按下了。最后，等待按钮的释放，不断循环此过程。

当时钟在运行状态时，按第1个按钮，将会进入时钟设置状态，再次按下第1个按钮，就会进入下一个设置选项，以此类推，直到退出最后一个选项（注意闹钟关闭状态，不会进入闹钟设置选项），这样电子钟就会退出设置状态，再次进入运行状态了。电子钟在设置状态下，设置的项目会反显，可以通过按第2个按钮，改变设置的数值。

时钟在运行状态下，按下第2个按钮，闹钟将会开启或关闭，这取决于原来的状态。在液晶屏上会显示相应的闹钟状态信息。闹钟数据虽然保存在M8单片机的EEPROM中，但不会直接使用。当单片机上电运行时，会自动载入RAM中使用，这样是为了延长EEPROM的使用寿命。但当RAM中的闹钟数据改变时，修改的数据才会同步更新，写入EEPROM。程序会比较RAM中的闹钟时间和时钟芯片的时钟是否一致，当两者一致时，闹钟就会"嘀嘀"地叫了。至于鸣叫多久，大家可以根据自己的需要修改程序中的设置。

26 年误差小于1分钟的电子钟

26.1 简介

以实时时钟发生芯片为时间基准，通过单片机读取时间信息并显示出来的电子钟的方案与实际电路，在刊物上已经有过不少介绍。在这些电路中，实时时钟芯片大都选用DS1302或PCF8563等型号，这些芯片都采用了外接晶体和晶体振荡器匹配电容来构成振荡电路，晶体和晶体振荡器匹配电容的精度决定了实时时钟芯片的计时精度，它们的谐振频率和容值不可避免地要受到环境温度的影响，再加上晶体和电容自身的质量因素，上述类型的实时时钟芯片的计时精度有些不尽如人意，月误差达到了分钟级，年误差则可想而知。穷则思变，芯片设计厂家针对上述影响计时精度的因素，开发出了新一代的实时时钟芯片DS3231，它采用内置晶体和带温度补偿的晶体振荡电路，从而消除了晶体自身质量因素和环境温度对计时的影响，提高了计时精度，在0～40℃温度范围内，计时精度为年误差≤±1min，号称业内计时精度最高的实时时钟芯片。笔者采用此芯片与单片机配合，设计制作了一款高精度的电子钟，电子钟的实物照片如图26.1所示，此电子钟有如下特点。

（1）计时精度高，在0～40℃温度范围内，计时精度为年误差≤±1min，避免了经常校时给使用带来的不便。

（2）电子钟可以显示年、月、日、星期、时间、温度全部信息，实际屏幕显示效果如图26.2所示。

（3）提供有效期到2100年的闰年补偿。

（4）停电时实时时钟芯片自动切换到后备电池供电，保证计时的连续性，时间信息不会丢失。

（5）带测温功能，可以实时检测并显示环境温度，测温范围为0～99.9℃。

（6）有闹钟功能，闹钟铃音采用固体录音芯片产生，所以可以随时更换，更可以录入亲人的话语当作提示音，避免了长时间用一种闹钟铃音的枯燥乏味。

图26.1 电子钟实物照片

图26.2 屏幕显示效果

26.2 核心元器件介绍

电子钟的电原理图如图26.3所示。在原理图中，IC1为单片机，IC3为实时时钟芯片，IC4为固体录音模块，3个芯片的型号选取是笔者查阅了大量的技术资料，通过对比分析综合考虑后才最终"定型（号）"的。下面对它们的特点进行逐一的介绍。

26.2.1 高精度实时时钟芯片——DS3231

DS3231是美信-达拉斯半导体出品的低成本、高精度I^2C通信的实时时钟（RTC）芯片，芯片内集成了晶体和温补晶体振荡器（TCXO）。集成的晶体和温补晶体振荡器提高了器件的长期精度，并减少了外围元器件数量。图26.4是其内部电路组成方框图，通过方框图，我们来分析其实现高精度计时的原理。

从图26.4我们可以看出，DS3231内部主要包括9个模块，这其中晶体振荡器电路与电容阵列、控制逻辑与驱动电路、温度传感器3个部分构成温补晶体振荡器（TCXO）。控制逻辑与驱动电路读取片上温度传感器的测温输出值，根据温度值使用查表法确定晶体所需的负载电容，通过调节晶体的负载电容，校准晶体振荡器的振荡频率，使晶体振荡器的振荡频率不受环境温度的影响，最终达到提高计时精度的目的。器件每隔64s进行一次温度测量并校准晶体振荡器的振荡频率，后备电池供电时同样是每隔64s进行一次温度测量并校准晶体振荡器的振荡频率。

DS3231的其他电气特性可参阅其技术文档，可从美信公司的网站下载，还可以在美信公司的网站上申请样片。

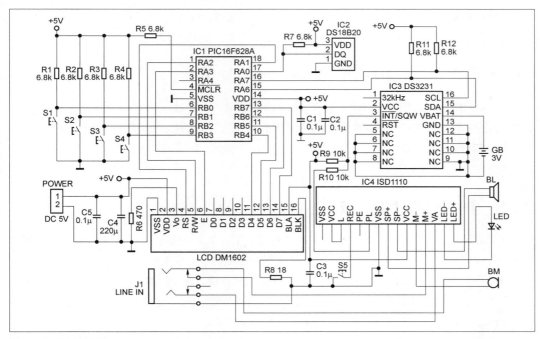

图26.3 电子钟电原理图

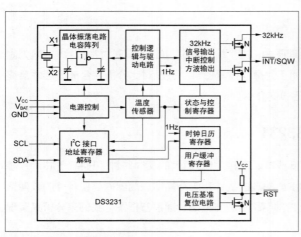

图26.4 DS3231内部电路方框图

表26.1 PIC16F84A与PIC16F628A的对比

	PIC16F84A	PIC16F628A
程序存储器	1KB	2KB
SRAM	68字节	224字节
EEPROM	64字节	128字节
I/O端口	13个	16个
比较器	无	2个
定时器	1个	3个
CCP、PWM模块	无	1个
USART/SCI模块	无	1个
内部振荡器	无	4MHz与48kHz
价格	10元左右	7元左右

26.2.2 "小身材，大智慧"的单片机——PIC16F628A

PIC16F628A是微芯公司出品的18引脚系列单片机的一种，它的同门兄弟PIC16F84A大家可能都比较熟悉，同样都是18引脚的单片机，PIC16F628A的功能得到了很大的加强。通过表26.1的对比，我们可以很清楚地看出，PIC16F628A的存储器容量、I/O端口数量、内部功能模块的丰富程度等都远高于PIC16F84A。PIC16F628A的内部振荡器方便了产品的设计，在对时钟精度要求不是很高的情况下，完全可以采用内部振荡器，从而减少外围元器件数量，降低产品成本；在本电子钟的设计中就采用了芯片内部振荡器。PIC16F628A完全可以替换PIC16F84A，不仅前者的功能更强大，而且其价格也具有优势，不愧为"小身材，大智慧"的单片机。

26.2.3 "能说会唱"的固体录音模块——ISD1110

固体录音模块ISD1110是中青世纪科技公司采用美国ISD公司单片语音处理大规模集成电路，经过二次开发后生产的录音模块。其实物照片如图26.5所示。它可以录、放音十万次，最长录音时间20s；存储的语音可断电保持100年；可以直接话筒录音，直接推动8～16Ω扬声器放音；有多种放音控制方式可供选择，为使用带来了便利。

26.3 其他元器件的选取

在原理图中，电阻R8为1W的，其他电阻均选择1/8W小体积电阻；LCD为1602型液晶显示屏；S1、S2、S3、S5为按钮开关，S4为琴键式自锁开关；后备电池为计算机主板上常用的CR2032型锂电池；扬声器为8Ω/0.5W；话筒为驻极体话筒，连接时要与语音模块上的正负极对应；J1为3.5mm立体声耳机插座；LED为直径3mm的发光二极管，直接焊在语音模块上；整机供电采用5V的外接电源，电源能够提供300mA以上的电流就可以了。

为了便于读者自制本电子钟，笔者为其设计了PCB，如图26.6所示。此PCB为单面布线，方便读者用热转印法制作电路板，PCB的顶层丝印层（元器件位置图）如图26.7所示，读者可参照此图

图26.5 ISD1110模块实物照片

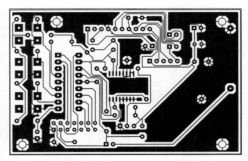

图26.6 电子钟的PCB

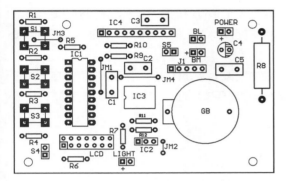

图26.7 元器件位置图

片进行组装，在图片上JM1、JM2、JM3、JM4为跳线。

26.4 使用简介

首先介绍一下各个按钮的定义，S1：进入时间调整/调整项目选择/退出调整；S2：调整值增加/进入闹钟设置；S3：调整值降低/止闹；S4：闹钟功能开启/关闭；S5：录音按钮。

26.4.1 时间调整

按住S1不放，持续3s以上，当年显示的最高位（千位）出现闪烁的光标后松开S1，这时按动S2（增加）或S3（降低）对年份值进行调整；年份值调整完之后，按动一下S1，这时月的最高位（十位）出现闪烁的光标，此时按动S2或S3对月份值进行调整；之后的日期、星期、小时、分钟的调整方法与上面年份、月份的调整步骤相同。本电子钟不对秒进行调整，当进入时间调整状态后，秒自动清零，这样便于整点对时。当分钟调整完毕后，按动一下S1，此时在秒显示的后面会出现闪烁的光标，提示用户即将退出时间调整状态，这时再次按动S1一下，电子钟将转入正常的计时状态。

26.4.2 闹钟设置

在进行闹钟设置之前要确定S4已经被按下，即开启了闹钟功能（液晶屏上显示AL字符，如图26.2所示），否则无法进入闹钟设置状态。

按住S2不放，持续3s以上，当液晶屏上显示AL SET字符时，如图26.8所示，表示已进入闹钟设置状态，这时可松开S2；此时在小时的最高位

图26.8 闹钟设置状态的屏显

（十位）出现闪烁的光标，按动S2或S3对小时值进行调整；小时值调整完之后，按动一下S1，这时分钟的最高位（十位）出现闪烁的光标，此时按动S2或S3对分钟值进行调整；当分钟调整完毕后，按动一下S1，此时在分钟显示的后面会出现闪烁的光标，提示用户即将退出闹钟设置状态，这时再次按动S1一下，电子钟将转入正常的计时状态。

当预设的闹钟时间到来时，扬声器会循环发出闹钟铃音，直到按动一下S3方可止闹。如果想关闭闹钟功能，将S4按起（断开）即可，此时液晶屏上显示的AL字符消失，表示闹钟功能关闭。

在时间调整和闹钟设置时，按住S2或S3不放，调整值会连续增加或连续降低。

26.4.3 录制闹钟铃音

话筒录音：当J1没有插入插头时，J1的触点接通，话筒通过J1的触点接入IC4，这时按下S5，IC4上的录音指示发光二极管点亮，此时对着话筒讲话即可录入想要的语音提示。注意时间要控制在20s之内，录音完毕松开S5即可。

线路录音：用两头都是3.5mm立体声耳机插头的音频线连接计算机的音频输出端和本电子钟的J1插座，将计算机的音量调至适中，通过播放软件播放想要选用的闹钟铃音，同时按下S5进行录音，录音完毕松开S5即可。

文：杨黎民

27 能显示农历和节气的 12864液晶万年历时钟

　　我手里有2块12864液晶屏，带中文汉字库（ST7920）驱动，一直想用它DIY个什么东西出来，今天坐在家里，看到我的书桌，突然来了灵感，干脆做一个带万年历的时钟，一来作为个性书桌的装饰品，二来非常实用。

27.1 设计思路

　　说干就干，我先设计了外观是倒V字形的，其次在功能设计上，这个万年历一定要与众不同，要有自己的特色。首先最基本的功能是年、月、日、时、分、秒、星期、温度显示。这些功能倒都很容易，DS1302再加上一只DS18B20就能实现。我想了想，又在网上查阅了其他一些DIY爱好者的时钟制作，最后决定在4个方面进行突破：一是网上的万年历时钟很少有带农历的，因为农历计算很复杂，所以我这个时钟一定要具备农历功能；二是要有二十四节气和生肖显示功能；三是我这个时钟要有播放音乐功能；四是在时钟上加上家人朋友的重要节日提示，如生日、纪念日等。这样我的时钟就会非常个性化（见图27.1）。

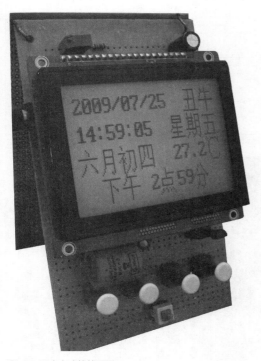

图27.1 固定完成的效果图

27.2 硬件设计

　　接着就开始设计电路，电路见图27.2，12864液晶屏使用标准并行通信接口，新手朋友一定要注意，12864液晶屏一定要在第3脚V0到第18脚VOUT之间焊接一个5~10 kΩ的电位器，它是用来调节液晶背光的。我刚开始忘记焊这个电位器，结果液晶屏无显示，弄了半天才发现这个原因。时钟芯片DS1302采用标准电路。温度测试选用数字传感器DS18B20。为了使播放的音乐声音洪亮，我放弃选用无源蜂鸣器，采用电动扬声器，在一个废弃的儿童玩具上拆下一个16Ω的小扬声器。由于采用了扬声器，若用一只三极管驱动会出现驱动困难，为了使电路简单，不采用专用功放电路，我使用了2只NPN的三极管S8050组成达林顿管来驱动扬声器。整个电源用一个5V手机充电器的开关电源代替。

27.3 动手焊接

下面就开始动手了，我是先硬后软，先把硬件部分做好。翻开我的电子元器件柜，找到一块洞洞板，根据我手中液晶屏的尺寸裁剪成80mm×130mm的2块板，一块作前面板，一块作后面的支撑板（见图27.3）。时钟芯片DS1302家中有现货。其他一些主要元器件，如按钮、开关、电阻、

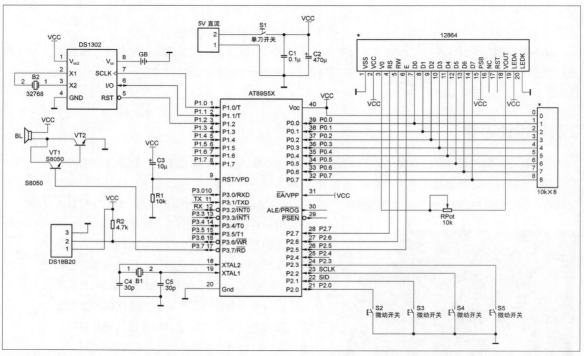

图27.2 电路图

电容，找齐花了不到1小时，焊接完成。我用热熔胶把扬声器固定在支撑板上，然后找到2段铁丝，在2个洞洞板顶部左右各钻一个孔，用铁丝穿过，固定焊好的效果见图27.1。图27.4为我选用的128×64液晶显示屏的正反面图。

27.4 软件设计

为了提高软件设计效率，我先搜索了一下网上的时钟程序，最后选用了网

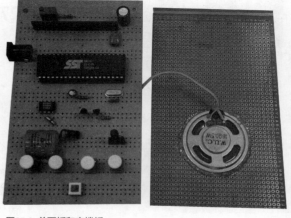

图27.3 前面板和支撑板

图27.4 128×64液晶显示屏

上很流行的杜洋的时钟程序。我仔细阅读并试验这个程序，发现有很多不足的地方：（1）没有农历、节气显示；（2）不能对秒进行调整，这样误差很大；（3）温度没有负温度显示功能；（4）界面比较死板。因此决定以他的程序为基础进行修改，添加上我的4个功能。

27.5 公历转换农历

公历与农历是我国目前并存的两种历法，各有其固有的规律，农历与月球的运行相对应，其影响因素多，它的大小月和闰月与天体运行有关，计算十分复杂，且每年都不一致，因此要用单片机实现公历与农历的转换用查表法是最方便实用的办法。

计算公历日对应的农历日期的方法是先计算出公历日离当年元旦的天数，然后查表取得当年的春节日期，计算出春节离元旦的天数，二者相减即可算出公历日离春节的天数，以后只要根据大小月和闰月信息减一月天数，调整一月农历月份，即可推算出公历日所对应的农历日期，如公历日不到春节日期，农历年要比公历年小一年，农历大小月取前一年的信息，农历月从12月向前推算。

本文介绍的公历转换农历C语言程序实现从1901年到2099年的公历到农历转换，如果到2099年后则要添加农历表，但我相信199年对我们现代人已经足够了。在功能函数入口输入BCD公历数据函数，出口直接输出BCD农历数据。农历显示按照人为习惯都是用大写显示，比如："1号"应该显示为"初一"；"21"应该显示为"廿一"；"12月"应该显示为"腊月"等。

27.6 二十四节气和生肖

二十四节气是我国劳动人民创造的辉煌文化，它能反映季节的变化，指导农事活动，影响着千家万户的衣食住行。有人认为二十四节气从属农历，其实，它是根据阳历划定的。即根据太阳在黄道上的位置，把一年划分为24个彼此相等的段落。也就是把黄道分成24个等份，每等份各占黄经15°。由于太阳通过每等份所需的时间几乎相等，二十四节气的公历日期每年大致相同：上半年在6日、21日前后，下半年在8日、23日前后。

二十四节气没有固定规律，也需要存表。如1901年的节气见表27.1。

表27.1第一行数据为每月节气对应公历日期，15减去每月第一个节气、每月第二个节气减去15得第二行，这样每月两个节气对应数据都小于16，每月用一字节存放，高位存放第一个节气数据，低位存放第二个节气的数据，根据以上规律便可编写出节气表，最后通过表计算出每月节气。

生肖计算相对就简单多了。12生肖按以下顺序排列：

0鼠 1牛 2虎 3兔 4龙 5蛇 6马 7羊 8猴 9鸡 10狗 11猪

用当前年数减去1900，然后除以12取余，余数就代表属相数。

例1. 1982年

（1982-1900）/12=余10

即1982年生的人的属相为狗。

例2. 2009年

（2009-1900）/12=余1

即2009年生的人属相为牛。

表27.1　1901年的节气

1月	2月	3月	4月	5月	6月	7月	8月	9月	10月	11月	12月
6,21	4,19	6,21	5,21	6,22	6,22	8,23	8,24	8,24	8,24	8,23	8,22
9,6	11,4	9,6	10,6	9,7	9,7	7,8	7,9	7,9	7,9	7,8	7,15

27.7　调试结果

软件设计、修改是比较麻烦的事情，前后通过3天调试，再修改，我终于制作完成了我的精致的智能家庭宝贝——12864液晶万年历时钟。其设置和工作界面见图27.5～图27.8，友好的开机界面，具备年、月、日、时、分、秒、农历、节气、生肖、温度显示功能，年、月、日、时、分、秒、农历都可以调整，具备整点报时功能。歌曲播放整机存储了一首我最喜爱的《天空之城》，播放声音清晰洪亮。使用这么简单的元器件，能达到如此音质，我已很满意了。歌曲可根据喜爱更换，只要你的单片机有剩余容量，也可以添加多首歌曲。其次就是家人重要节日显示功能，把家人的生日、结婚纪念等重要节日时间添加进软件，特别重要的日期会提前2天提示，程序里已经基本包含了公历节日和农历节日信息，如果同一天有多个节日或重要事项，会在第四排间隔2s交替显示，这样很实用，就再也不会忘记重要的日子了。

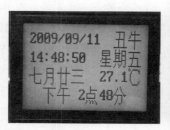

图27.5 时段显示

图27.6 生日显示

图27.7 时间调整

图27.8 节日显示

文：张文挺

28 单片机控制的OLED简易电子表原型

早在4年前，我刚开始学单片机的时候，就想着要用51单片机加上0.96英寸的OLED DIY一个电子表，但是可惜当时水平有限，没能实现。现在我早已玩转了STM32，准备向ARM9进发，突然想到了当年的想法，终于亲手实现了它。

28.1 整体设计

毕竟是要实现当年的想法，所以整体还是选择了常见的STC单片机作为主控，以及当时选定的0.96英寸OLED作为屏幕。一般STC都会选择搭配DS1302 RTC芯片用来计时，那么也一起加上。按键方面，为了操作方便，我没有使用普通的微动开关，那种太硬了，戴在手上按起来不方便。我选择了一种拨轮开关（见图28.1），它上面有一个摇柄，可以上下推动，也可以按下去。一个开关可以同时实现上下选择和确定选择，这在MP3上比较常见，网上价格也不贵，大约三毛钱一个。另外，考虑到OLED比较费电，使用纽扣电池作为电源并不妥，于是我采用了可充电的锂聚合物电池作为主电源，另加了一块TP4056作为充电管理IC。

28.2 电路原理

28.2.1 主控电路

主控电路中最主要的部分就是STC15L2K60S2的单片机（见图28.2），我选择了SOP28封装的版本，比较小，制作手表比较合适。这是一款基于51内核的单片机，最高主频35MHz，具有60KB的ROM和2KB的RAM，虽然配置并

图 28.1 一种常见的拨轮开关

不强大，但是做个手表还是绰绰有余的。型号中带L的为低电压版本，采用3.3V供电。其实这个系列的单片机应该是前几年初学者非常常用的，我当时学习的也是STC单片机。不过近几年随着国外开源硬件的发展，Arduino系的东西大有取代原来STC单片机国内DIY初学者入门必备地位的势头。当然相比Arduino，STC也是有它的优势的：第一就是便宜，一片STC只要5～8元就可以购得；第二是它的电路十分简单，最新的STC15系列，一片芯片就可以组成最小系统，和Arduino Mini一样，装上面包板直接可以用，不必连接外部复位或者晶体振荡器之类的东西；第三就是它的内部高

精准RC振荡器可以调节频率，可以等我们把程序写完了再来调节频率，找到功耗和性能的平衡点；第四，它的社区支持并不差，Arduino有许多现成的程序可以利用，STC也一样，在国内有很多讨论51单片机的论坛，里面的程序都可以借鉴。因为数据量不大，手表对刷新率也没有很高的要求，我这个设计没有用到硬件的SPI，通过I/O口模拟SPI与OLED和DS1302通信。

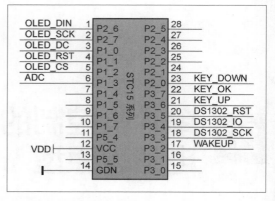

图28.2 STC15L2K60S2 单片机

28.2.2 屏幕及其外围电路

我使用了Univision出品的一款OLED屏幕（见图28.3），型号UG-2864HMBEG01，尺寸为0.96英寸，分辨率为128像素×64像素，白色单色，支持I^2C、3线SPI、4线SPI、I80和68K五种接口协议，可以说全兼容，同时内置了电荷泵，提供OLED驱动所需的高压，给电路设计提供了极大的方便。OLED显示技术具有自发光的特性，采用非常薄的有机材料涂层和玻璃基板，当有电流通过时，这些有机材料就会发光，而且OLED显示屏幕可视角度大，对比度非常高，做得好的话，可以做到正无限比为1。其实这种屏幕在MP3上十分常见。但是OLED屏幕也并非没有缺点，长时间显示同样的静止图案会造成烧屏，所以实际上并不是很适合用来做手表，而且用OLED做手表的话，确实费电了一些。我觉得理想的方案还是用一块反射式的STN屏幕。

28.2.3 RTC（实时时钟）电路

DS1302这款芯片其实相信大家都应该比较了解了，是一款高性能、低功耗、带RAM的实时时钟电路，它可以对年、月、周、日、时、分、秒进行计时，具有闰年补偿功能，工作电压为2.5～5.5V，采用三线接口与CPU进行同步通信，并可采用突发方式一次传送多个字节的时钟信号或RAM数据。DS1302内部有一个31×8bit的用于临时性存放数据的RAM寄存器（见图28.4）。我这里没有连接备用电池，直接把主供电连上了LDO的输出。值得一提的是，DS1302使用的是BCD（全称为Binary-Coded Decimal）编码，是一种二进制的数字编码形式，用二进制编码的十进制代码。这种编码形式利用了4个位元来存储一个十进制的数码，使二进制和十进制之间的转换得以快捷进行。但是实际上在单片机里面，BCD还给我们带来了一点小麻烦，单片机能处理的是二进制码，而不是BCD码，所以要进行一下转换。

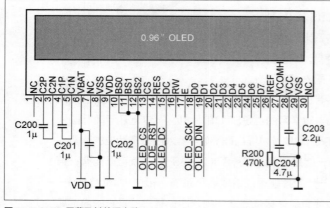

图 28.3 OLED 屏幕及其外围电路

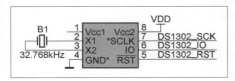

图 28.4 RTC（实时时钟）电路

28.2.4 供电电路

供电方面采用了一片ME6219 LDO（低压差线性稳压器），见图28.5，它的压降仅为0.2V，可以满足锂电池供电的需要，像一般常用的AMS1117，它的压降达到了1V，也就是当锂电池电压为3.7V时，AMS1117最多只能输出2.7V的电压，完全起不到稳压的作用。同时，锂电池要考虑的问题就是电量检测，一方面提醒使用者充电，另一方面也要保护锂电池，电量过低就强制关机，以免过放对锂电池造成损伤。单片机的供电电压是3.3V，而电池的电压则是3.5～4.2V，是高于单片机电源电压的，因此就必须设计一个分压电路，分压之后再接入单片机的ADC进行测量。分压电路是始终连接在电池上的，如果电池电量全消耗在这个分压上，那也太冤枉了。所以我选择了两个1MΩ的电阻来分压（见图28.6），也就是2MΩ的阻值，根据欧姆定律可知，在3.7V标准电压下的电流仅为2μA，符合要求。但是这样又会出现一个问题，ADC也不是理想电表，存在一个输入阻抗的问题，我没有研究过STC的输入阻抗，但是明显不可能会远高于1MΩ，这样就必须加一个电容来减少输入阻抗过低对分压的影响。

28.2.5 充电电路

充电电路使用了常见的TP4056作为充电管理IC（见图28.7），TP4056是一款完整的单节锂离子电池恒流/恒压线性充电器，底部带有散热片的SOP8封装与较少的外部元器件数目使得

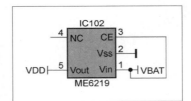

图 28.5 ME6219 低压差线性稳压器

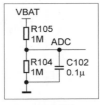

图 28.6 分压电路

TP4056成为便携式应用的理想选择。TP4056适用于USB电源和适配器电源，其输入电压范围为4～8V，充电电流最大1000mA。它的充电电流是通过一个外部电阻来调节的。其实TP4056的外部电路设计还是挺简单的，但是我还是单独使用了一块现成的充电板，因为主洞洞板上放不下了，最终也导致整个作品非常厚，也算是一点遗憾吧。

其实现在大多数的高级点的移动设备都会选择专门的PMIC（电源管理集成电路），它们通常提供了多路DC-DC和LDO输出，满足不同设备的供电需求，内置锂电池充电管理功能，部分还内置了库仑计，可以更精确地测定电池电量，并进行功耗控制。这类PMIC通常提供了I²C接口，主处理器可以通过I²C和PMIC进行通信，获取电量、电流之类的数据，并且可以直接通过软件来调整电压之类的参数，十分强大。不过像51这种设计就用不上那种东西啦，那种一般都是给Cortex-A级别的处理器用的。

28.3 硬件制作

因为用到的元器件并不复杂，连接也不是很多，所以我选用了洞洞板+飞线的形式，虽然这样比较麻烦，但是可

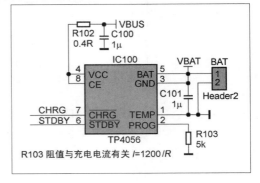

图 28.7 充电电路

以省下打样的钱，不过对"手艺"有一定的要求。工具方面，一把好用的电烙铁，一把美工刀，以及一把热熔胶枪就够了，都是比较常规的工具。材料方面，请准备原理图里面出现的各种元器件、一卷焊锡丝、一卷漆包线、一块洞洞板，以及你的热情和耐心。

首先，把洞洞板裁成需要的大小，然后在上面合适的位置用美工刀割出SOP28的焊盘（见图28.8），因为SOP28的引脚间距为1.27mm，而洞洞板的洞间距为2.54mm，因此把每个洞的焊盘割成两半就可以焊接SOP28的芯片了。割的时候不一定要在正中间，但是一定要割干净，最好空出一条，避免短路之类的事情发生。

割完焊盘就可以焊接主MCU了，这个没有什么值得注意的，不要让引脚短路就可以了（见图28.9）。如果短路了，用把好点的电烙铁，加点助焊剂（或者带助焊剂的焊锡丝也可以），电烙铁可以把多余的焊锡吸起来，然后用海绵擦掉电烙铁头上的锡就好了。

图28.8 割出SOP28的焊盘

图28.9 焊上单片机

然后，处理和MCU连接最多的屏幕部分。虽然采用了四线制SPI通信，但是这个OLED内部电荷泵需要几个外部的电容，相对还是比较麻烦的。屏幕的引脚间距仅为0.8mm，比较考验"焊功"（见图28.10）。建议漆包线在焊接之前先镀好锡，会方便很多。屏幕部分完成之后，看起来就是一团糟的样子（见图28.11）。

图28.10 处理屏幕与单片机的连接

图28.11 连接好的样子

STC单片机使用串口下载，准备好串口的接口也是必不可少的。如果使用插针，担心会刺到手（其实是我多虑了，不会发生这种事情），于是我选择了排孔，并且是没有出头的设计，这样可以说是对本来就不充裕的电路板空间的巨大浪费，但是凸出来实在太难看，于是我还是这样做了，如图28.12所示。

这个接口只要"飞"上VCC、TXD、RXD和GND这4个引脚就够了，不过我这里先只连接了VBAT，也就是锂电池电源。下一步是焊接LDO，在LDO焊接完成之后，就可以开始调试OLED驱动了（见图28.13），顺便检查之前的连接是否可靠。

图28.12 用于串口下载的排孔

图28.13 焊接LDO

事实上，这个OLED困扰了我大半个小时，一直没有显示，检查连接也似乎没什么问题，也没有虚焊，后来仔细看了Datasheet才发现我犯了一个十分低级的错误，OLED的VCC并非逻辑电源输入，而是屏幕驱动电压输入，应该接上12V外部电源，在使用内部电荷泵升压的时候应该在外部对地连接一个电容。解决问题后，显示正常了（见图28.14）。

下面就是用同样的方法处理DS1302，也就不多说了。我使用了一条铁丝架在拨轮开关上加强固定，再顺便焊上锂电池充电板。因为该电路的功耗很低，所以不需要使用很粗的漆包线，用最细的来连接电路完全不成问题，充电板直接和锂电池连接就好，如图28.15所示。

图28.14 OLED驱动正常了

图28.15 充电板和控制板接到一起

在最终打胶并把充电板装上去之前，一定要确保所有硬件部分都已调试正常了，因为打胶基本上是不可逆的，等打完胶再发现有什么错误就太迟了。还有记得一定要设计一个断电的方法，因为STC单片机必须要断电一下才能进入ISP模式。我使用了一个跳线来解决这个问题。于是，就有了图28.16、图28.17所示的成品了。

图28.16 制作好的LOED手表正面   图28.17 背面是锂电池

个人感觉这个做完的"手表"还是厚了一点，屏幕也有点小，如果以后有机会再改进。

28.4 软件编写

因为目前就只打算实现时钟显示这一单一功能，所以代码设计十分简单。首先就是要解决各个部件的驱动。

28.4.1 屏幕驱动

屏幕的分辨率为128像素×64像素。因为是单色的，所以一个1bit就可以表示一个像素，一个字节中有8个像素，所以整个屏幕显示内容所要占用的内存空间为1KB（128×64/8），可以放进STC的RAM，所以我就在RAM里面建立了一个屏幕缓冲区，所有绘图操作都在缓冲区里面进行，这样可以大幅减少和屏幕的通信，加快绘图速度。怎么理解呢？比如要点亮屏幕上的一个像素，但是像素是以8个为单位存在一个字节里面的，要操作里面某一位，只能先把这个字节读出来，修改后再写回去，也就是读改写。注意，单片机和屏幕的通信速度并不快，一直这样读改写速度会非常慢。可以计算一下，这样操作一个像素就要传输两个字节的数据，一共8192个像素，就要传输16384字节的数据，也就是16KB，而如果先在缓冲区内画完，再传输，只要传输1024字节就足够了，速度自然就快了。

另外还有一点，一般绘图要清空屏幕，不然后来的东西会和先前的叠在一起，就看不清楚了。清空的代价就是闪烁，屏幕会先变全黑再显示出需要的东西，如果使用了缓冲的设计，就不会有这种问题。

28.4.2 DS1302驱动

DS1302的驱动程序在网上很常见，也不困难，我就简单说一下BCD码和二进制数值的互转吧。BCD码简单理解就是在十进制数前面加个0x，然后就变成十六进制了。举个例子，35的BCD编码就是0x35，而二进制数值却应该是0x23。在C语言中，写程序的时候写十进制或者十六进制都没有关系，程序里面写35，编译器会自动认为就是0x23。如果把BCD码用在程序里面，就会出现问题，主要是加减法的问题。还是之前的35，如果加上5，应该是40，这点用二进制码表示是没有问题的，但如果是用BCD码呢？BCD码0x35加上BCD码0x05应该变成BCD码0x45，但是在程序里面写0x35+0x05结果是0x3A，3A在BCD码中是没有意义的，应该直接进位才对。不过BCD

码其实转换起来并不困难，因为BCD码4bit对应一个十进制数，一个字节对应两个十进制数。在DS1302驱动中，只涉及1字节的转换，所以程序就十分简单，以下是简单的BCD码转二进制数值的方法。

```
BIN = (BCD/16)×10+(BCD%16);
```

除以16和取模16就是获得1个字节中前4bit和后4bit，比如0x35，分别返回3和5，然后第一位乘以10，加上第二位就是最终需要的结果了。

28.4.3 主程序设计

我的主程序设计十分简单，先读取时间，比较和上次读取到的时间是否有变化，如果有就显示在屏幕上，然后检测按键是否被按下，如果被按下，则启动修改时间的函数。

28.5 后记

制作这个东西加起来需要的时间没有超过24小时，主要的时间还是花费在飞线上了，或许这样飞线的难度有点太高了，并不适合大家仿制。不过采用飞线制作主要还是为了一种心情，今天想到了，第二天就能把它做出来，这是打样PCB做不到的。

文：段卫军

29 带显示屏的GPS 无线同步校时母钟

这个母钟的主要特点是：增加了显示部分；为了缩小体积，选定了2款型号的GPS模块。

29.1 显示模块的选择

我在选择使用什么来显示时，也煞费苦心。为了使显示的信息尽量直观、明了，设置尽量方便，首先考虑使用点阵型液晶屏，这样可以显示汉字信息。测试了几款液晶屏，虽然显示没什么问题，但总觉得差点什么，直到有一天我看到OLED显示屏的显示效果后，立即就让我产生了"舍它其谁"的念头。

OLED，即有机发光二极管（Organic Light-Emitting Diode），又称为有机电激光显示（Organic Electroluminesence Display, OELD），其显示技术与传统的LCD显示方式不同，不需要背光灯，具备轻薄、省电等特性。从2003年开始，这种显示屏在一些小型数码产品中广泛使用。最终我找到一款单蓝色的128像素×32像素分辨率的OLED屏（见图29.1），我使用的这个1.11英寸的OLED屏内部绑定的是PT6866驱动芯片，其驱动指令和SSD1305兼容，但其外围电路不同，如图29.2所示。

31个引脚定义如表29.1所示。

OLED屏一般需要外接驱动高压，本制作使用的这个屏需要7.5～12V的直流高压，电流在10mA以内，并使用了PT1301做DC-DC变换，电压输出在9V左右，具体元器件参数选择可以参

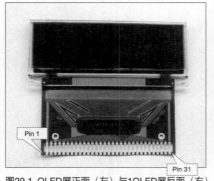

图29.1 OLED屏正面（左）与1OLED屏反面（右）

表29.1 OLED屏引脚定义

引脚	标号	说明
1、31	N.C.	空脚
6	VDD	电源正 3.3V
2、30	VSS	电源地
3、29	SEGG	接电源地
4	BVR	亮度电流参考
10	CCL	时钟源选择，接电源正
26	CL	外部时钟源，悬空
11	M/S	主从选择
25、27	DOF/FR	悬空
7	I/S	驱动方式选择：串口方式：7、8、9脚接电源地，并口方式：7、9脚接电源地，8脚接电源正
8	P/S	
9	CMPU	
23	RES	复位
24	CS1	片选
20	E	读写控制
21	R/W	读写数据
22	RS	数据、命令控制
12～19	D7～D0	并行数据输入。在串行通信时D7当SDA，D6当SCK使用

表29.2 显示驱动电路元器件列表

元件标号	封装	型号	数量	备注
R1	0805	20Ω	1	
R2	0805	0.5Ω	1	
R3	0805	33kΩ	1	
R4	0805	1kΩ	1	
R5	0805	4.7kΩ	1	
R6	0805	100kΩ	1	
C1		33μF	1	贴片钽电容10V
C2、C4	0805	0.1μF	2	
C3	1206	4.7μF	1	
C5	1206	10μF	1	16V
VD1	1206	IN4148	1	
VT1	SOT23	SI2302	1	MOS管
L1		3.3μH	1	电感
IC1		UG2832	1	OLED
IC2		PT1301	1	
J1		8芯	1	1mm间距

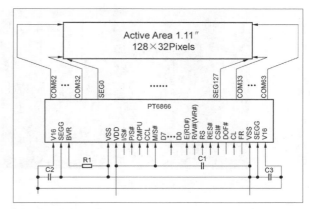

图29.2 PT6866驱动电路

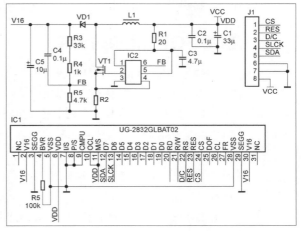

图29.3 显示驱动及供电电路

考PT1301的数据手册进行计算。在驱动方式上，为了使电路连接简单，我使用了串行数据驱动，最终电路如图29.3所示，最终设计出的PCB见图29.4。制作该电路所需的元器件明细见表29.2。

看OLED屏的实物图我们会发现，其连接方式是那种比较娇气的柔性PCB焊接方式，每个焊脚之间的间距是1mm。在焊接时要非常注意，先将屏反面的双面不干胶保护纸揭去，对准PCB上的焊盘后小心地贴上去固定，再仔细快速地焊接，以免损坏焊脚而

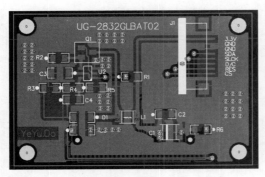

图29.4 显示驱动及供电电路PCB

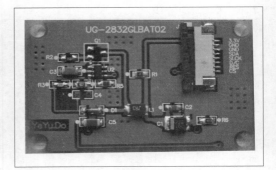

图29.5 焊接完成的显示驱动及供电电路板

报废。为了防止在调试过程中因为外力造成引脚连接断裂，使用一种柔软透明的硅胶将引脚进行了加固，效果不错（见图29.5）。

29.2 GPS模块的选择

在综合价格、体积、性能等因素后，GPS模块选择为丽台的LR9808或者天宝的Lassen SQ/IQ GPS模块，因为此 PCB的设计可以兼容二者，任选其一焊上去即可，通信速率固定在9600波特。

LR9808是Leadtek（丽台）公司推出的一款功能强大、性能卓越的OEM模块。使用的是SIRF II 7451芯片，具有结构小巧、性能优良等特点，低功耗12通道并行接收。接口采用串行TTL电平，数据格式可支持标准的NMEA-0183，不需电平转换即可与MCU直接连接。该模块的外部有金属屏蔽盖保护，在嘈杂环境下可保证最佳性能。外形尺寸为24mm×20mm×5mm，功耗为215mW，供电电压为3.3V。

LR9808的引脚排列如图29.6所示，各引脚的功能如表29.3所示。

Lassen SQ/IQ是美国Trimble（天宝）公司生产的商用GPS模块，接口采用串行TTL电平，数据格式可支持标准的NMEA-0183，该模块的外部也有金属屏蔽盖保护，内置有天线短路检测和保护电路。模块外形尺寸为26mm×26mm×6mm，功耗仅为120 mW，供电电压为3.3V。

IQ在性能上比SQ要好，最大的区别是：IQ是并行12通道，SQ是并行8通道。如果拆开就会发现，它们使用的芯片是不一样的，见图29.7。

图29.6 LR9808的引脚排列

表29.3 LR9808的引脚功能

引脚	标号	功能描述
1	VSTBY	RTC和SRAM备用电源
2	GND	电源地
3	VCC	电源正，3.3V
4	TXDA	TTL串行数据发送
5	RXDA	TTL串行数据接收
6	ANTPWR	天线电源输入，可以接电源正
7	1PPS	秒脉冲输出
8	REST	复位，低有效

表29.4 SQ/IQ的引脚功能

引脚	标号	功能描述
1	TXDA	串口A发送，3.3 V TTL
2	GND	电源地
3	RXDA	串口A接收，3.3 V TTL
4	PPS	秒脉冲
5	TXDB	串口B发送，3.3 V TTL
6	RXDB	串口B接收，3.3 V TTL
7	VCC	电源正，3.3V
8	VBAT	RTC备用电源

IQ模块

SQ模块

图29.7 美国Trimble商用GPS模块

图29.8 SQ和IQ的引脚排列相同

SQ和IQ的外部尺寸、引脚排列都是一样的，可以完全兼容（见图29.8）。各引脚的功能如表29.4所示。

29.3 控制电路规划设计

控制电路系统规划如下。

（1）因为使用128×32 OLED显示屏来显示，考虑到一些汉字的点阵信息需要占用不少空间，MCU选择AVR的ATmega32L，为了保证MCU和GPS模块串口通信的准确、可靠，使用外部11.0592MHz晶体振荡器。

（2）OLED使用时间长了会有光衰的现象，为了尽量延长OLED屏的使用寿命，在程序菜单里可以对显示亮度进行16级调整，同时增加3组自动开关显示时段设置。比如可以这样设置：07点开显示—08点关显示、11点开显示—14点关显示、17点开显示—23点关显示。

（3）正常状态下，屏幕用大数字显示所设置时区的时间信息，右边用小字符显示同步卫星数量、时区、是否同步、发射次数等信息。

（4）程序菜单里可以对同步发送间隔进行设置，范围为1～99min。

（5）程序菜单里可对24时区进行设置。

（6）安排4个按键，方便设置、操作。

设计的控制电路原理如图29.9所示，制作这个电路所需的元器件见表29.5。

29.4 整体安装、调试

在绘制PCB的过程中，我也为这款母钟找了一个小的铝合金外壳（见图29.10），

表29.5 控制电路元器件列表

元件标号	封装	型号	数量	备注
R1	0805	10Ω	1	
C1、C3		100μF	2	16V电解电容
C2、C4、C6、C5、C9	0805	0.1μF	5	16V
C7、C8	0805	22pF	2	
VD1	1206	IN4148	1	
F1	1812	500mA	1	自恢复保险
B1	49U	11.0592MHz	1	晶振
IC1	QFP44	ATmega32L	1	
IC2		LR9808	1	丽台GPS模块
IC3		CC1101	1	模块
IC4		Lassen SQ/IQ	1	天宝GPS模块
IC5	TO252	LD33	1	3.3V
BT1		CR1220	1	3V备用锂电池
S1、S2、S3、S4	6×6		4	轻触按键
J2		3.5mm	1	电源插座
J3		8芯插座	1	1mm间距贴片
J4		2mm插座	1	5芯

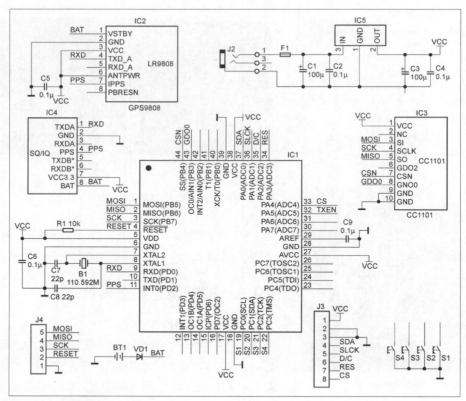

图29.9 控制电路原理图

图29.10 我找到的铝合金外壳

仔细量好尺寸后，确定PCB的结构、外形尺寸，以保证最终制作好的成品PCB刚好能插入外壳的导槽内。

在绘制好的PCB上（见图29.11），左边放置4个操作按键，右边放置一个外接电源插座。使用游标卡尺仔细测量好开孔尺寸后，通过ArtCAM Pro软件（见图29.12）生产刀路，导入MACH3控制雕刻机在铝板上铣

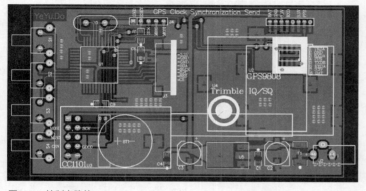

图29.11 控制电路的PCB

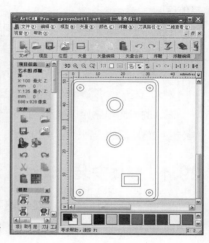

图29.12 使用ArtCAM Pro软件生成刀路

出外壳两边的侧盖板以及侧盖板上的按键孔和天线、电源插孔（见图29.13）。

同时还要使用雕刻机在面板上铣出一个方孔，以便安装OLED屏（见图29.14）。将焊接好驱动的OLED显示屏测试无误后（见图29.15），对准铣好的方孔安装在前面板上，使用透明的硅胶将它固定好（见图29.16）。

接下来，将主电路板焊接好后就可以组装起来了（见图29.17）。OLED显示屏驱动板和主板之间通过8芯的柔性FPC排线连接，拆卸、安装比较灵活、方便，连好排线后，将外壳和面板安装起来（见图29.18）就大功告成，可以通电测试了。组装好后的实际效果见图29.19。

图29.13 用雕刻机在铝板上铣出外壳需要的孔

图29.14 用雕刻机在面板上铣出一个方孔

图29.15 测试焊接好驱动的OLED显示屏

图29.16 将OLED显示屏对准方孔装上

29.5 制作注意事项

（1）该母钟供电是直流稳压5V，不要超过5.5V，外接电源插座是3.5mm规格，电源极性是内正外负。

（2）GPS外接有源天线接口选择内镙内针的SMA规格，供电电压为3～5V。因为该母钟采用金属外壳，能屏蔽所有的

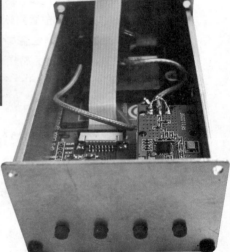

图29.18 将外壳和面板安装起来

（a）图中的GPS模块是丽台的LR9808

（b）图中的模块是天宝的Lassen SQ

图29.17 将系统各部分组装起来

无线射频信号，所以CC1101模块也采用外接天线。为了和GPS天线接口区分，防止插错，CC1101模块的433MHz外接天线选择的是内螺内孔的SMA规格。笔者选择的是一种吸盘式螺旋天线，电缆长度为3m，见图29.20。

（3）OLED显示屏比较娇气，在安装、焊接的过程一定要轻拿轻放，快速焊接，以免损坏。

图29.19 组装好后的实际效果

29.6 子母钟同步测试

将母钟放在窗边，GPS有源外接天线放在窗户边或者窗外，若条件允许，尽量让天线所在位置的可视天空多一些，这样可以大大加快GPS模块的定位速度。经实际测试，有时1min就可以与卫星同步了，有时可能需要20min才能与卫星同步，这与所在地当时天空的卫星所处的位置以及天线放置的环境都有很大关系，不过这对子母钟的工作没有什么影响。CC1101的外接天线可以随便放置，放置离地面高些，效果会好点。图29.21、图29.22是2个LED子钟和一个母钟在同步和未同步时的实物照片。

图29.20 吸盘式螺旋天线

29.7 系统编程总结及改进

大家可以在今后自己的时钟制作中加入CC1101接收模块，使之成为一款跟随母钟同步校时的子钟。笔者也制作了一大一小两款LED点阵显示的子钟，测试效果非常不错，在小区楼房密集的环境中，实际同步距离可达150m，达到了设计目标。说简单点，子钟只是在普通时钟的基础上增加了一个CC1101模块，程序上做了一点简单处理而已。没有同步信号时，其显示和手动调节功能等与一般的时钟大同小异，这里不再赘述。最后，我重点总结、归纳一下母钟的GPS数据接收、CC1101同步数据发送，以及子钟CC1101同步数据接收模块的程序编制要点和改进思路，方便大家参考制作。

图29.21 未同步状态

图29.22 同步状态

29.7.1 母钟程序编制要点

（1）GPS时间数据接收处理部分。GPS时间数据采用串口中断接收，中断可以保证对数据的及时接收处理，避免发生缓冲区溢出而丢失数据包。串口中断每触发一次，就可以从UDR寄存器接收一字节数据。串口中断的处理程序比较简单，其大概逻辑可以到本书下载平台（见目录）下载本文附件阅读。

（2）1PPS脉冲信号处理部分。对于1PPS脉冲信号，采用INT0中断进行处理。当此中断触发时，意味着时间的整秒时刻到达。此中断的处理逻辑比较简单，就是将由$GPRMC数据包中解析出的日期时间调整到下一个整秒，这样调整过后的时间更为精确。

例如：由最近一次$GPRMC数据包解析出的时间是2011/07/03 11:10:00.520，当INT0中断触发时，将此时间调整到2011/07/03 11:10:01.000。

（3）CC1101时间同步数据发送部分。从理论上来说，最佳的发送时刻为1PPS脉冲触发整秒中断之后，也就是在INT0中断处理程序中，但为了避免中断处理占用CPU时间过长而影响系统其他部分（例如显示）的正常运行，把同步数据的发送相关代码放在母钟的主函数main中。

为了让时间尽可能准确，程序中对发送同步包的时刻进行控制，确保同步包的发送时刻位于最近一次的1PPS脉冲触发中断后的某个时间范围之内（例如50ms），这样子钟、母钟的时间误差就能始终处于一个较小的可控范围之内（例如：50ms+CC1101传输延迟），为未来进一步进行补偿校正以提高时间精度提供了可能。

CC1101发送数据包采用的是变长格式，而且带CRC校验字节，主要的数据包发送函数可以到本书下载平台（见目录）下载本文附件阅读。

29.7.2 子钟程序编制要点

子钟程序重点是CC1100时间同步数据接收部分。CC1100时间同步数据的接收也采用中断方式实现，由CC1100接收模块的GDO引脚提供中断源，实际采用了INT0中断，这种方式确保了在第一时间就能接收和处理同步数据。接收数据包的函数可以到本书下载平台（见目录）下载本文附件阅读。

29.7.3 程序方面可能的改进

（1）可靠性。经过长达几个月的测试，在实际工作中，CC1101在长期的工作中可能会存在偶尔死机的现象，今后可以考虑采取如下方法改进。

母钟：定期对CC1100进行复位，以提高系统长期工作的可靠性。

子钟：定期或超过一定时间没有接收到母钟的同步数据后，对CC1100接收模块进行复位。

（2）时间精度。母钟：通过定时器精确测量发送时刻和1PPS脉冲触发中断时刻的间隔，并将此间隔作为同步包中的毫秒字段进行传送（目前未使用毫秒字段）。

子钟：对CC1100传输延迟进行计算、估计，然后对时间予以补偿，以进一步减小时间误差。

（3）扩展信息。在母钟上接入温度、湿度、风力、风向、雨水等传感器，可以很简单地将其功能进行扩展，将子母钟系统打造成一个小小的无线气象站。

30 用51单片机驱动彩屏

TFT-LCD（Thin Film Transistor-Liquid Crystal Display）即真彩液晶显示器，也称为薄膜晶体管液晶显示器，即我们俗称的"彩屏"。TFT-LCD 与无源TN-LCD、STN-LCD的简单矩阵不同，它在液晶显示屏的每一个像素上都设置有一个薄膜晶体管（TFT），可有效地克服非选通时的串扰，使显示液晶屏的静态特性与扫描线数无关，因此大大提高了图像质量。

TFT-LCD的用途非常广泛，可用于一切需要高品质显示的场合，如液晶电视机、手机、医疗仪器等。

TFT-LCD可依显示屏的尺寸大小分类，这里我们使用2.4英寸的TFT-LCD进行学习、实验，它具有320像素×240像素的分辨率、16位真彩显示，驱动控制器为ILI9325，采用16位的并口与单片机通信，TFT-LCD的信号连线如表30.1所示。

TFT-LCD有一个用字母G1和S1表示开始的位置，我们可以称它为物理起始地址，图30.1为其示意图。每一行用3个S表示一个点，所以每一行是从S1到S720。每一列用一个G表示一个点，所以每一列是G1~G320。

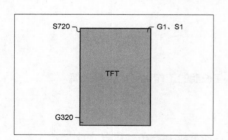

图30.1 TFT-LCD中G1和S1开始的位置示意图

驱动TFT-LCD时，每个点用2个字节表示颜色，按设定的方向刷新320×240个点，就可以显示一张图片，如图30.2所示。

目前大部分的小尺寸TFT-LCD使用ILI9325作为控制器，ILI9325自带显存，液晶模块的16位数据线与显示的对应关系为565方式，即数据线低5位负责驱动蓝色像素，数据线高5位负责驱动红色像素，中间的6位数据线负责驱动绿色像素，如图30.3所示。数值越大，表示该颜色越深。

30.1 ILI9325的几个重要控制命令

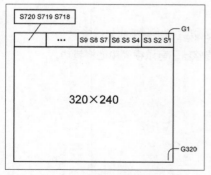

图30.2 320×240个点可以显示一张图片

ILI9325的控制寄存器及控制命令很多，限于篇幅，我们不可能一一介绍，有兴趣的读者可以看一下ILI9325的Datasheet。这里我

表30 .1 TFT-LCD的信号连线

CS	TFTLCD 片选信号
WR	向 TFTLCD 写入数据
RD	从 TFTLCD 读取数据
D[15:0]	16位双向数据线
RST	复位信号
RS	命令/数据选择（0：读写命令，1：读写数据）

们只介绍ILI9325的几个重要控制寄存器及控制命令。

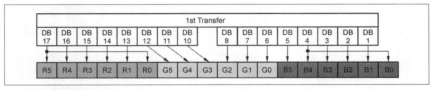

图30.3 16位数据与显存对应关系图

★ R0寄存器：这个寄存器的命令，有两个功能，如果对它写，则最低位为OSC，用于开启或关闭晶体振荡器。而如果对它读，则返回的是控制器的型号。这个命令最大的功能就是通过读它可以得到控制器的型号，而代码在知道了控制器的型号之后，可以针对不同型号的控制器，进行不同的

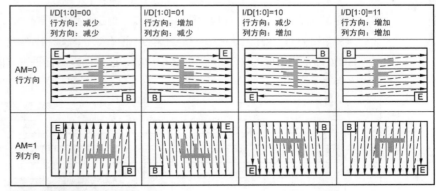

图30.4 GRAM显示方向设置图

初始化。因为ILI93xx系列的初始化都比较类似，我们完全可以用一个代码兼容好几个控制器。

★ R1寄存器：驱动器控制输出1命令。

SS：源驱动器选择输出的方向。当SS=0时，输出方向是从S1到S720；当SS=1时，输出方向是从S720到S1。

★ R3寄存器：入口模式命令。我们需要重点关注下面的几个位。

AM：控制GRAM更新方向。当AM=0时，地址以行方向（水平方向）更新。当AM=1时，地址以列方向（垂直方向）更新。

I/D[1:0]：控制扫描方式。

当更新了一个数据之后，根据这两个位的设置来控制显存GRAM地址计数器自动增加或减少1，其关系如图30.4所示。

ORG：当一个窗口（需要进行显示的屏幕的某一区域称为窗口）的地址区域确定以后，根据上面I/D的设置来移动原始地址。当高速写窗口地址域时，这个功能将被使能。当ORG=0时，原始地址不移动，通过指定GRAM地址来进行写操作。在进行读操作时，要保证ORG=0。当ORG=1时，原始地址通过I/D的设置进行相应的移动。此时，R20H、R21H的原始地址只能设置为0x0000。

BGR：交换写数据中的红（R）和蓝(B)值。当BGR=0时，根据RGB顺序写像素点的数据。当BGR=1时，交换RGB数据为BGR数据，写入GRAM。

TRI：当TRI=1时，在8位数据模式下，以 8bit×3传输，也就是传输3个字节到TFT-LCD。当TRI=0时，以16位数据模式传输。

DFI：设置TFT-LCD内部传输数据的模式。这要和TRI联合起来使用。

通过这几个位的设置，我们就可以控制屏幕的显示方向了。图30.5所示的是16位数据传送与显存对应关系图，图30.6所示的是8位数据传送与显存对应关系图。

★ R4寄存器：调整大小控制命令。

RSZ[1:0]：设置调整参数。当设置了RSZ后，ILI9325将会根据RSZ设置的参数来调整显示区域大小，这个时候水平和垂直方向的区域都会改变，RSZ的设置效果如表30.2所示。

RCH[1:0]：当调整图像大小时，设置水平余下的像素点的个数。实际上就是拿当前的图像的水平像素个数和缩小后水平像素个数取模，原因是图像不可能正好能被缩小成1/2，或者1/4，比如图像的水平像素个数是15个，如果需要缩小为1/2，但是15除以2是有余数的，余数为1，RCH[1:0]这个时候就设置为1，实际上就是保证原始图像水平减去几个像素正好能被RSZ除尽。

RCV[1:0]:同上面的RCH的原理是一样的，这是用来保证垂直方向上减去几个像素正好能被RSZ除尽的。

表30.2　RSZ的设置效果

RSZ[1:0]	缩放效果
00	不缩放(1倍)
01	1/2倍
10	禁止设置
11	1/4倍

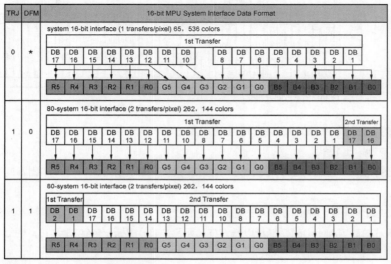

图30.5　16位数据传送与显存对应关系图

★ R7寄存器：显示控制命令。

CL：用来控制显示8位彩色还是26万色。为CL= 0时，显示26万色；当CL=1时，显示8位彩色。

D1、D0、BASEE：这3个位用来控制显示开关与否。当全部设置为1时，开启显示；全部为0时，关闭显示。我们一般通过该命令的设置来开启或关闭显示器，以降低功耗。

★ R32、R33寄存器：设置 GRAM 的行地址和列地址命令。R32 用于设置列地址（X坐标，0~239），R33用于设置行地址（Y坐标，0~319）。当我们要在某个指定点写入一个颜色的时候，先通过这两个命令设置到新的点，然后写入颜色值就可以了。

★ R34寄存器：写

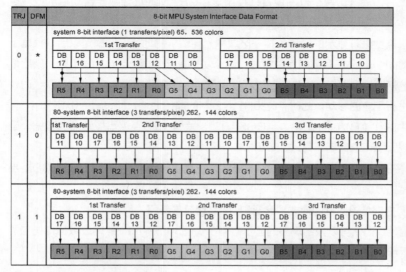

图30.6　8位数据传送与显存对应关系图

数据到GRAM命令，当写入了这个命令之后，地址计数器才会自动增加和减少。该命令是我们介绍的这几个控制命令中唯一的单操作命令，只需要写入数值就可，而其他的控制命令都要先写入命令编号，然后写入操作数。

★ R60寄存器：驱动器控制输出2命令。

GS：源驱动器选择输出的方向。当GS=0时，输出方向是从G1到G320；当GS=1时，输出方向是从G320到G1。

坐标的扫描由SS和GS确定，对应R1和R60的命令，如图30.7所示。

★ R80~R83寄存器：行列GRAM地址位置设置。这几个命令用于设定显示区域的大小，整个屏的大小为240像素×320像素，但是有时候只需要在其中的一部分区域（窗口）写入数据，如果用先写坐标，后写数据这样的方式来实现，则速度大打折扣。此时我们就可以通过这几个命令，在其中开辟一个区域，然后不停地传送数据，地址计数器就会根据 R3 的设置自动增加、减少，这样就不需要频繁地写地址了，大大提高了刷新的速度。常用的几个命令如表30.3所示。

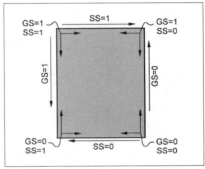

图30.7 坐标的扫描由SS和GS确定

30.2 TFT-LCD显示的相关设置步骤

TFT-LCD显示需要的相关设置步骤如下：

（1）设置单片机与TFT-LCD模块相连接的I/O口线。

（2）初始化TFT-LCD模块。通过向TFT-LCD写入一系列的设置，来启动TFT-LCD的显示，为后续显示字符和数字做准备。

（3）通过函数将字符和数字显示到TFT-LCD模块上，使其显示字符和各种颜色的图案。

图30.8所示的是51单片机与某TFT-LCD模块的连接电路图，注意，选购TFT-LCD模块时必须了解该模块是5V电压供电的还是3.3V电压供电的。有的TFT-LCD模块上带有3.3V的稳压器及5.5V-3.3V信号电平转换电路，那么我们可以直接用5V供电，当然也可直接使用5V工作的单片机对其驱动。如果你购买的TFT-LCD模块无上述电路，那么必须使用3.3V的低压工作单片机对其驱动，当然工作电压也必须是3.3V。

表30.3 ILI9325常用命令表

编号	指令	各位描述																命令	
	HEX	D15	D14	D13	D12	D11	D10	D9	D8	D7	D6	D5	D4	D3	D2	D1	D0		
R0	0x00	1	*	*	*	*	*	*	*	*	*	*	*	*	*	*	*	OSC	打开晶体振荡器/读取控制器型号
		1	0	0	1	0	0	1	0	0	0	1	0	0	0	0	0		
R3	0x03	TRI	DFM	0	BGR	0	0	HWM	0	ORG	0	I/D1	I/D0	AM	0	0	0		入口模式
R7	0x07	0	0	PTDE1	PTDE0	0	0	0	BASEE	0	0	GON	DTE	CL	0	D1	D0		显示控制
R32	0x20	0	0	0	0	0	0	0	0	AD7	AD6	AD5	AD4	AD3	AD2	AD1	AD0		行地址（X）设置
R33	0x21	0	0	0	0	0	0	0	AD16	AD15	AD14	AD13	AD12	AD11	AD10	AD9	AD8		列地址（Y）设置
R34	0x22	NC	NC	NC	NC	NC	NC	NC	NC	NC	NC	NC	NC	NC	NC	NC	NC		写数据到GRAM
R80	0x50	0	0	0	0	0	0	0	0	HSA7	HSA6	HSA5	HSA4	HSA3	HSA2	HSA1	HSA0		行起始地址（X）设置
R81	0x51	0	0	0	0	0	0	0	0	HEA7	HEA6	HEA5	HEA4	HEA3	HEA2	HEA1	HEA0		行结束地址（X）设置
R82	0x52	0	0	0	0	0	0	0	VSA8	VSA7	VSA6	VSA5	VSA4	VSA3	VSA2	VSA1	VSA0		列起始地址（Y）设置
R83	0x53	0	0	0	0	0	0	0	VEA8	VEA7	VEA6	VEA5	VEA4	VEA3	VEA2	VEA1	VEA0		列结束地址（Y）设置

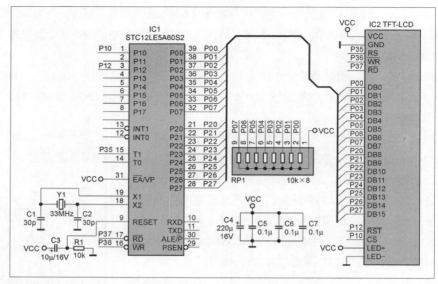

图30.8 51单片机与TFT-LCD模块的连接电路图

30.3 TFT-LCD模块显示的软件设计

与其他液晶模块的驱动设计相仿，为了实现对TFT-LCD模块的高效控制，必须按照模块设计方式，建立起相关的子程序。

对TFT-LCD模块的驱动是首先进行初始化，然后进行有关的读写操作，使其显示出我们需要的内容。

这里笔者提供了两个测试程序（test_TFT1及test_TFT2），由于篇幅较大，读者可到本书下载平台（见目录）下载。

第一个测试程序测试了清屏及颜色显示、彩条显示、汉字及ASCII码及字符串显示，如图30.9所示。

图30.9 第一个测试程序的运行效果

第二个测试程序测试了彩色图片的显示，这里我们测试了120像素×120像素的图片，如图30.10所示。

如果需要显示彩色图片，还必须对图片取模。笔者使用的是Image2Lcd软件，如图30.11所示。由于STC12LE5A60S2单片机的存储器容量最大为60KB，还不够存储一幅320像素×240像素的彩色图片，因此，笔者将图片的分辨率降为120像素×120像素，实际在屏上扫描了4幅120像素×120像素的图片。

完整程序的篇幅很大，下面我们只介绍一下ILI9325的初始化设置函数。

图30.10 第二个测试程序的运行效果

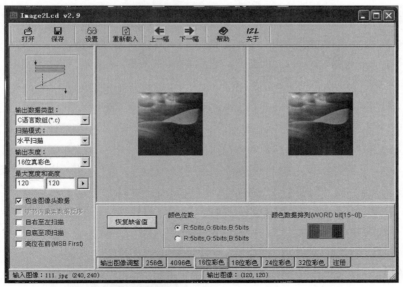

图30.11 使用Image2Lcd软件对图片取模

ILI9325的初始化设置函数

```
void ILI9325_Initial(void)        //ILI9325初始化代码
{
delayms(50);//延时50ms等待电源稳定
LCD_REST=1;//复位线保持高电平5ms
delayms(5);
LCD_REST=0;//拉低复位线5ms进行复位
delayms(5);
LCD_REST=1;//恢复复位线高电平
LCD_CS=1;//片选控制线恢复高电平
LCD_RD=1;//读取控制线恢复高电平
LCD_WR=1;//写入控制线恢复高电平
delayms(5);//延时5ms

//************ Start Initial Sequence **********//
Write_Com_Data(0x0001, 0x0100); //指向01寄存器,设定屏幕扫描方式:
//SS=0, 输出的移动方向是从S1到S720;SS=1, 输出的移动方向是从S720到S1
Write_Com_Data(0x0002, 0x0700); //指向02寄存器,屏幕驱动波形控制:
//B/C=1、EOR=1:行倒置;B/C=0:帧/场倒置
Write_Com_Data(0x0003, 0x1030); //指向03寄存器,设定屏幕进入模式:
//AM=0,地址在水平方向自动加1;I/D[1:0] = 11,水平垂直方向均增加;
//BGR=1,采用BGR格式
```

```
Write_Com_Data(0x0004, 0x0000); //指向04寄存器,比例缩放设置:不缩放
Write_Com_Data(0x0008, 0x0207); //指向08寄存器,设置后边沿和前沿
Write_Com_Data(0x0009, 0x0000); //指向09寄存器,设置非显示区
//时间间隔ISC[3:0]
Write_Com_Data(0x000A, 0x0000); //指向0A寄存器,帧标志的功能
Write_Com_Data(0x000C, 0x0000); //指向0C,RGB显示接口控制1
Write_Com_Data(0x000D, 0x0000); //指向0D,帧标志的位置
Write_Com_Data(0x000F, 0x0000); //指向0F,RGB显示接口控制2

//*************Power On sequence ****************//
Write_Com_Data(0x0010, 0x0000); //指向10寄存器,功率控制1
Write_Com_Data(0x0011, 0x0007); //指向11寄存器,功率控制2
Write_Com_Data(0x0012, 0x0000); //指向12寄存器,功率控制3
Write_Com_Data(0x0013, 0x0000); //指向13寄存器,功率控制4
Write_Com_Data(0x0007, 0x0001);
delayms(200); // Dis-charge capacitor power voltage
Write_Com_Data(0x0010, 0x1290); //指向10寄存器,功率控制1
Write_Com_Data(0x0011, 0x0227); //指向11寄存器,功率控制2

Write_Com_Data(0x0012, 0x001D); //指向12寄存器,功率控制3
Write_Com_Data(0x0013, 0x1500); //指向13寄存器,功率控制4
Write_Com_Data(0x0029, 0x0018); //电力控制7
Write_Com_Data(0x002B, 0x000D); //帧速率和色彩控制

Write_Com_Data(0x0020, 0x0000); // GRAM 行地址
Write_Com_Data(0x0021, 0x0000); // GRAM 列地址

// ----------- Adjust the Gamma Curve ----------//
Write_Com_Data(0x0030, 0x0000); //GRAM控制
Write_Com_Data(0x0031, 0x0404); //GRAM控制
Write_Com_Data(0x0032, 0x0003); //GRAM控制
Write_Com_Data(0x0035, 0x0405); //GRAM控制
Write_Com_Data(0x0036, 0x0808); //GRAM控制
Write_Com_Data(0x0037, 0x0407); //GRAM控制
Write_Com_Data(0x0038, 0x0303); //GRAM控制
Write_Com_Data(0x0039, 0x0707); //GRAM控制
Write_Com_Data(0x003C, 0x0504); //GRAM控制
```

```
Write_Com_Data(0x003D, 0x0808); //GRAM控制


//---------------- Set GRAM area ---------------//
Write_Com_Data(0x0050, 0x0000); //GRAM行起始位置地址
Write_Com_Data(0x0051, 0x00EF); //GRAM行终止位置地址
Write_Com_Data(0x0052, 0x0000); //GRAM列起始位置地址
Write_Com_Data(0x0053, 0x013F); //GRAM列终止位置地址
Write_Com_Data(0x0060, 0xA700); //门扫描设置,GS=1:
//从G320扫描到G1,320线
Write_Com_Data(0x0061, 0x0001); //门扫描控制

Write_Com_Data(0x006A, 0x0000); //门扫描控制


//------------- Partial Display Control ---------//
Write_Com_Data(0x0080, 0x0000); //局部影像1的显示位置
Write_Com_Data(0x0081, 0x0000); //局部影像1的GRAM开始/结束地址
Write_Com_Data(0x0082, 0x0000); //局部影像1的GRAM开始/结束地址
Write_Com_Data(0x0083, 0x0000); //局部影像2的显示位置
Write_Com_Data(0x0084, 0x0000); //局部影像2的GRAM开始/结束地址
Write_Com_Data(0x0085, 0x0000); //局部影像2的GRAM开始/结束地址


//------------- Panel Control -------------------//
Write_Com_Data(0x0090, 0x0010); //平板接口控制1
Write_Com_Data(0x0092, 0x0000); //平板接口控制2
Write_Com_Data(0x0007, 0x0133); //显示控制1(显示开)
}
```

文：周兴华

用51单片机驱动触摸彩屏

大家知道，现在触摸屏主要有电容式与电阻式两种感应方式。电容式触摸屏（简称电容屏）的灵敏度高、手感好，但价格也比较高；电阻式触摸屏（简称电阻屏）的灵敏度及手感稍差一些，但价格便宜，使用也很可靠。我们的实验使用的就是电阻屏。

31.1　低电压输入/输出触摸屏控制器ADS7846简介

ADS7846是一款4线式阻性触摸屏控制电路，工作电压为2.2~5.25V，支持1.5~5.25V低压 I/O 接口。它通过标准SPI协议和CPU通信，操作简单，精度高。

ADS7846内部包含了一个2.5V的基准电路，该基准电路可以应用在备选输入测量、电池监测和温度测量功能中。在掉电模式下，基准电路关闭，以降低功耗。当在 0~6V的范围内监测电池电压时，如果电源供电低于 2.7V，内部基准电路仍可工作。电源电压在2.7V 时，功耗的典型值为0.75mW（关闭内部基准电路），转换速率为125kHz。

ADS7846是电池供电系统，为PDA、触摸屏手机和其他便携式设备的理想选择。图31.1为ADS7846内部结构组成框图。ADS7846 有TSSOP16、QFN16 和 VFBGA48 等封装形式，可在﹣40~+85℃温度范围内工作，图31.2所示为其引脚封装，表31.1为引脚功能描述。

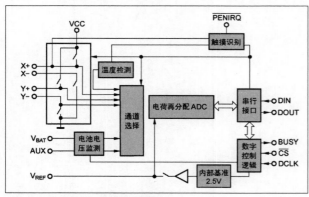

图31.1 ADS7846内部结构组成框图

31.2　ADS7846工作原理

ADS7846是一个典型的逐次逼近型AD转换器，其结构是基于电荷再分配的比例电容阵列结构，这种结构本身具有采样保持功能，其转换器是采用0.5μm CMOS工艺制造的。

ADS7846的基本工作原理结构如图31.3所示。ADS7846工作时需要外部时钟来提供转换

表31.1 ADS7846引脚功能描述

TSSOP PIN	VFBGA PIN	QFN PIN	引脚名	功能描述
1	B1 and C1	5	V_{CC}	电源引脚
2	D1	6	X+	X+位置输入端
3	E1	7	Y+	Y+位置输入端
4	G2	8	X-	X-位置输入端
5	G3	9	Y-	Y-位置输入端
6	G4 and G5	10	GND	地引脚
7	G6	11	VBAT	电源检测输入端
8	E7	12	AUX	备选输入端
9	D7	13	VREF	基准电压输入/输出
10	C7	14	IOVDD	数字I/O端口供电电源
11	B7	15	$\overline{PENIRQ}$	笔中断
12	A6	16	DOUT	串行数据输出端，当CS为高时为高阻状态
13	A5	1	BUSY	忙时信号输出，当CS为高时为高阻状态
14	A4	2	DIN	串行数据输入端，当CS为低时，数据在DCLK上升沿锁存
15	A3	3	$\overline{CS}$	片选信号输入
16	A2	4	DCLK	时钟输入端口

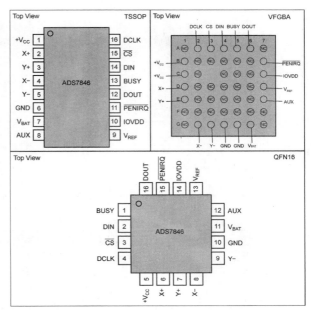

图31.2 ADS7846引脚封装

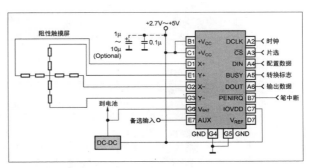

图31.3 ADS7846的基本工作原理结构

时钟和串口时钟，内部基准2.5V可以被外部的低阻抗电压源驱动，基准电压范围为1V ~+V_{CC}，基准电压值决定了AD转换器的输入范围。

模拟输入（X坐标、Y坐标、Z坐标、备选输入、电池电压和芯片温度）通过一个通道选择，作为输入信号提供给转换器。内部的低阻驱动开关使得ADS7846可以为电阻式触摸屏的外部器件提供驱动电压。

图31.4为ADS7846模拟输入通道选择、差分输入ADC、差分输入基准的示意图。表31.2设置为单端模式、模拟输入模式；表31.3设置为差动模式、模拟输入模式。通过数字串行接口输入引脚 DIN控制，当比较器进入采样和保持模式时，+IN 与−IN 间的电压差值将被存储在内部的电容阵列上，模拟输入电流取决于转换器的转换率，当内部电容阵列（25pF）被完全充电后，将不再有模拟输入电流。

通过采用差动输入和差动基准电压的模式，ADS7846可以消除触摸屏驱动开关的导通电阻带来的误差。

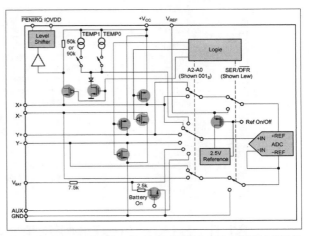

图31.4 ADS7846模拟输入通道选择、差分输入ADC、差分输入基准的示意图

表31.2　ADS7846设置为单端模式、模拟输入模式

A2	A1	A0	电池检测	备选输入	温度测量	Y-	X+	Y+	坐标测量	驱动电压
0	0	0			+IN (TEMP0)					不加
0	0	1						+IN	Y坐标	Y+、Y-
0	1	0	+IN							不加
0	1	1						+IN	Z1坐标	Y+、X-
1	0	0					+IN		Z2坐标	Y+、X-
1	0	1						+IN	X坐标	X+、X-
1	1	0		+IN						不加
1	1	1			+IN (TEMP1)					不加

表31.3　ADS7846设置为差动模式、模拟输入模式

A2	A1	A0	Y-	X+	Y+	坐标测量	驱动电压（+REF，-REF）
0	0	1			+IN	Y坐标	Y+、Y-
0	1	1			+IN	Z1坐标	Y+、X-
1	0	0	+IN			Z2坐标	Y+、X-
1	0	1			+IN	X坐标	X+、X-

表31.4　控制字的顺序及各个控制位

Bit 7(MSB)	Bit 6	Bit 5	Bit 4	Bit 3	Bit 2	Bit 1	Bit 0 (LSB)
S		A2	A1	A0	MODE	SER/DFR	PD1	PD0

表31.5　控制字的功能

控制位	作用描述
S	起始位：控制字的最高位，必须为高，表明控制字的开始。ADS7846如果没有检测到起始位，将忽略DIN上的信号
A2~A0	模拟输入通道选择位：同SER/DFR一起，设定ADS7846的测量模式、驱动开关和基准输入（见表31.1、表31.2）
MODE	转换精度选择位：用来设定AD转换器的分辨率，此位为低，数模转换将有 12 位的分辨率，此位为高，数模转换则有8位的分辨率
SER/DFR	参考电压模式选择位：用来设定参考电压模式为单端模式或者差动模式。差动模式也称为比例转换模式，用于X 坐标、Y 坐标和触摸压力的测量，可以达到最佳的性能。在差动模式下，参考电压来自于驱动开关，其大小与驱动电压相差无几。在单端模式下，参考电压为VREF与地之间的电压。如果X 坐标、Y 坐标和触摸压力的测量采用单端模式，则必须使用外部基准电压，同时ADS7846 的电源电压也由外部基准电压提供。在单端模式下，必须保证AD转换器的输入信号的电压不能超过内部基准电压2.5V，特别是电源电压高于 2.7V时
PD1~PD0	省电模式选择：AD转换器和内部基准电路可以通过这两位来设定为工作或者停止，因此可以降低ADS7846 的功耗，还可以让内部基准电压在转换前稳定到最终的电压值（见表31.6）。如果内部基准电路被关闭，要保证有足够的启动时间来启动内部基准电路。AD转换器不需要启动时间，可以瞬间启动。此外，随着 BUSY置为高，内部基准电路的工作模式将被锁存，需要对ADS7846写额外的控制位来关闭内部基准电路

31.3　ADS7846的控制字

从DIN引脚串行输入的控制字的各位的作用如表31.4、表31.5所示，控制字用来设定ADS7846的转换开始位、模拟输入选择、ADC 分辨率、参考电压模式和省电模式。

31.4　笔中断接触输出

在PD0=0的掉电模式下，如果触摸屏被触摸，PENIRQ将变为低电平，对CPU将意味着一个中断信号的产生。此外，在X坐标、Y坐标和Z坐标的测量过程中，PENIRQ输出将被禁止，一直为低。如果ADS7846的控制位中PD0=1，PENIRQ输出功能将被禁止，触摸屏的接触将不会被探测到。为了重新启用接触探测功能，需要重新写控制位 PD0=0。

在CPU给ADS7846发送控制位时，建议CPU屏蔽掉PENIRQ 的中断功能，这是为了防止引起误操作。

当触摸屏被按下（即有触摸事件发生）时，则ADS7846向CPU发中断请求，CPU接到请求后，应延时一下再响应其请求，目的是为了消除抖动，使得采样更准确。如果一次采样不准确，可以尝试多次采样，取最后一次结果为准，目的也是为了消除抖动。

51单片机与触摸屏的连接电路如图31.5所示，省电模式和内部基准选择如表31.6所示。

31.5　51单片机驱动触摸屏的软件设计

与其他液晶屏模块的驱动设计相仿，为了实现对触摸屏的高效控制，我们首先必须按照模块设

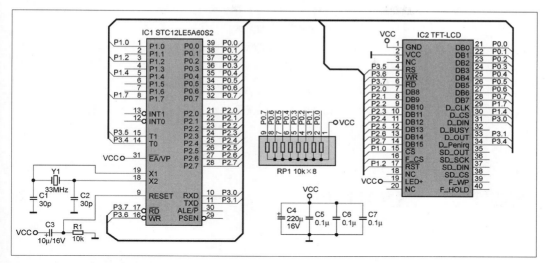

图31.5 51单片机与触摸屏的连接电路图

计方式，建立起相关的子程序。

对电阻式触摸屏TFT的驱动首先要进行初始化，然后读出触摸点的坐标，并对彩屏进行有关的写操作，使其显示出我们需要的内容。

这里笔者提供一个测试程序（test_touch_1），由于篇幅较大，读者如有需要可到本书下载平台（见目录）下载。

表31.6 省电模式和内部基准选择

PD1	PD0	接触中断功能	功能描述
0	0	启用	转换完成后进入省电模式，下一次转换开始后，所有的器件将被上电，不需要额外的延迟来保证操作的正确性，第一次转换结果也是有效的。省电模式时，Y-驱动开关将导通
0	1	禁用	启用ADC，关闭基准电路
1	0	启用	关闭ADC，启用基准电路
1	1	禁用	ADC和基准电路都启用

该测试程序测试了手写笔的字迹，如题图所示。

完整程序的篇幅很大，我们只简单介绍一下ADS7846的坐标读取子函数及手写笔程序的主函数。

ADS7846的坐标读取子函数

```
void ADS7843_Process(void)//ADS7846的坐标读取子函数,可以使用查询或中断处理
{
CS=0;//选中AD7846
//delayms(1);//如果使用中断处理,则延时以消除抖动,使得采样数据更准确
//while(BUSY);// ADS7846忙时等待,如果BUSY信号不好使,可以删除不用
//delayms(1);//延时1ms,不是必需的
Write_ADS7843(0x90);//送控制字10010000,即用差分方式读Y坐标
//while(BUSY);// ADS7846忙时等待,如果BUSY信号不好使,可以删除不用
//delayms(1);//延时1ms,不是必需的
DCLK=1; _nop_();_nop_();_nop_();_nop_();//时钟高电平
DCLK=0; _nop_();_nop_();_nop_();_nop_();//时钟低电平
```

```
TP_Y=Read_ADS7843();//读取触碰的Y坐标到全局变量TP_Y中
Write_ADS7843(0xD0);//送控制字 11010000,即用差分方式读X坐标
DCLK=1; _nop_();_nop_();_nop_();_nop_();//时钟高电平
DCLK=0; _nop_();_nop_();_nop_();_nop_();//时钟低电平
TP_X=Read_ADS7843();//读取触碰的X坐标到全局变量TP_X中
CS=1;//禁止AD7846
}
```

手写笔程序主函数

```
void main(void)//手写笔程序主函数
{
 uchar ss[6];//开辟一个内存缓冲区(数组)
 uint lx,ly;//定义局部变量
 SPI_Star();//ADS7846启动
 ILI9325_Initial();//TFT初始化
 LCD_CS =0;//打开TFT片选使能
 ColorScreen(Cyan);//清屏ShowStr(68,5,"GOOD",Black,White);//显示字符串(白底黑字)
 while(1)//无限循环
 {
  if (Penirq==0)//如果按下触摸屏,触摸屏有响应(Penirq脚为低电平)
  {
   ADS7843_Process();//读取此时按下触摸屏的坐标
   Conv(TP_X,ss);//将X坐标信号分解存入数组
   ShowStr(10,305,"X:",Black,White);//显示字符串X:(白底黑字)
   ShowStr(25,305,ss,Black,White);//显示X坐标(白底黑字)
   Conv(TP_Y,ss);//将Y坐标信号分解存入数组
   ShowStr(80,305,"Y:",Black,White);//显示字符串Y:(白底黑字)
   ShowStr(95,305,ss,Black,White);//显示Y坐标(白底黑字)lx=240-((TP_X-400)/13);//计算出写入点的X坐标偏差
   ly=320-((TP_Y-400)/10);//计算出写入点的Y坐标偏差
   LCD_SetPos(lx,lx+2,ly,ly+2);//设置写入点的范围
   Write_Data(Red>>8,Red);//写入点为红色
   Write_Data(Red>>8,Red);//反复写几次,防止屏幕的颜色过浅
   Write_Data(Red>>8,Red);
   Write_Data(Red>>8,Red);
   Write_Data(Red>>8,Red);
```

```
    Write_Data(Red>>8,Red);
    Write_Data(Red>>8,Red);
    Write_Data(Red>>8,Red);
    Write_Data(Red>>8,Red);
    Write_Data(Red>>8,Red);
    //delayms(100);//延时一下,降低手写的灵敏度,不是必需的
    }
    else//否则没有按下触摸屏,单片机无响应
    {
    ;
    }
  }
}
```

32 点亮EPD电子纸屏

今天就让我们自己动手来做个简单的驱动器，去点亮一款EPD电子墨水屏，体验一下与时尚技术同步的DIY感觉。

电子纸屏（Electrophoresis Display, EPD），也有叫电子墨水（E-ink）屏的，相关的原理背景知识到网上很容易找到，与常见的OLED的自发光显示原理或LCD的通过液晶偏振改变光折射率的显示原理不同的是，EPD电子纸屏是通过电场改变所谓"微囊体"（直径几十微米的有色带电颗粒）点阵的排列来显示图文信息的。

通常的单色点阵OLED屏或者LCD屏器件在驱动时，我们只要给接口端子提供单一电源电压，并在通信I/O口线按协议交互数据，就可以实现内容显示了，而目前国内市场上能买到的小型EPD电子纸屏在驱动时，除了I/O口线、供电电源端子之外，还需要配合外部电压转换电路来产生供显示屏内部电路工作的特需电压，这是有别于前两种显示器件的地方之一。另一个最大特点是，EPD电子纸屏在完全掉电的情况下，依旧可以保持最近一次显示的内容——这在许多应用场合是十分值得青睐的特性，比如低功耗需求场合或者只需要偶尔才更新一下显示内容的应用场合。

最近我从网上购得一款2.1英寸的小型电子纸屏（GDE021A1），如图32.1所示，这是一款具有4级灰度显示能力的小型低电压（3V）电子纸屏，这里的所谓4级灰度是指每个像素所能显示的明暗效果可以呈现从浓到淡4个等级，与常见的12864单色OLED或LCD显示屏相比，显然任意像素的4级灰度显示能力对于被显示内容的表现力提高了不少，屏幕显示的图文信息可以更加丰富，当然代价是驱动起来相对会多些麻烦，后面会具体提到。

要想点亮电子纸屏，其实无非还是硬件电路连接加上软件寄存器赋值的老套路。前面提到了，硬件上要有点小"复杂"，要多加一点电压转换电路，原理如图32.2所示。在电路里开关管VT1、电感L1、整流管VD2和电容C1构成典型的Boost型升压转换器，其输出在电容C1两端的正高电压通过电子纸屏对外接口的21脚PREVGH端送入电子纸屏内部电路。另外一路则通过一部分相同的开关管VT1、电感L1，加上整流复合管VD1、反相电容C3构成一种负压泵电路，其输出在电容C9两端的负高电压通过电子纸屏对外接口的23脚PREVGL端送入电子纸屏内部电路。在电子纸屏内部电路控制下，把产生的正、负高电压在内部稳压成4种电压等级可调节的门、源极电压阵列，并驱动波形分配，最终实现

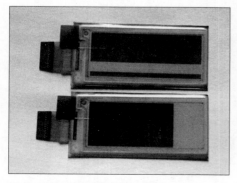

图 32.1 具有 4 级显示灰度的电子纸屏

各像素（微囊体）的翻转状态组合，显示成可具有4级灰度等级的图像。搭好了硬件上这点"额外"的开销后，接下来就只剩下通过I/O口线交互数据、软件配置寄存器的常规操作了，按照厂家提供的规格书数据页里的说明，首先编制出"写命令"和"写数据"两个函数，之后再通过对内部控制寄存器进行系列配置（写命令、写数据操作的次序组合），随后写入RAM显示缓冲区数据，启动显示更新命令，屏幕图像显示就出来了。图32.2中虚线内的集成温度传感器相关电路也可以先不焊接，不影响显示演示。

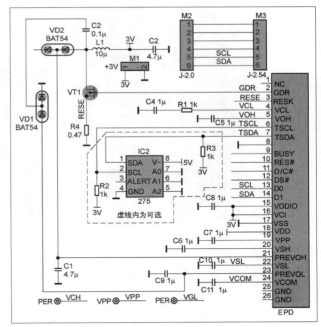

图32.2 电子纸屏接口与电压转换电路原理图

全部的电路构成情况如图32.3所示，从左至右依次是CPU板、EPD电子纸屏接口及电压转换板（驱动器）、电子纸屏。

本节所涉及的需要自己动手现做的电路其实只有中间的蓝色小板部分。为了充分利用一次PCB打样机会，板上我还排布了其他试验电路，与本制作无关，其实本文用得上的元器件没有看上去那么多，只有电路板右侧部分的布板是基于图32.2所示的原理图的，细节如图32.4所示，还是很简单的，一装即成。CPU板大家可以根据自己手头的情况，随便选个自己熟悉的开发板拿来用就行了，我这里是拿了一块其他项目里使用的以STM32F103RCT6为核心的CPU板，正好在板子顶部留有一排有6条GPIO口线的插针，其实最合适的是要7条GPIO口线，不够就在硬件上把显示屏接口的第8脚——总线选择功能的BS1端直接接地了。由图32.4可见，板子右侧边上是一个压接EPD电子纸屏排线的24mm×0.5mm的FPC连接器，采用的是下接式的，对应的显示屏排线第一引脚的位置在下边，上接式的FPC连接器情况刚好相反，不能弄错。为减少压降损耗，整流管采用了肖特基管BAT54S，开关用的场效应管是2N7002，电容为普通0805封装的、耐压大于50V的就行，电感也是小型表贴1206封装的。

下面介绍一下如何把想要的图像显示到屏幕上。这款GDE021A1电子纸屏的像素点阵是172像素×72像素的，外形尺寸（不计排线）只有59mm×29mm，厚度最大处为1.2mm，基本可以用来做成厚度如IC卡一样的产品，像图32.5所示的卡片那样。

图32.3 实物电路连接示意图

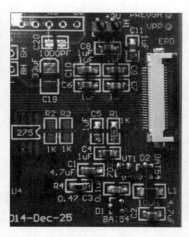 

图 32.4 依据原理图 32.2 制作的实际 PCB　　　图 32.5 将电子纸做到卡片上显示信息

电子纸靠有色"微囊体"翻转程度显示图像的原理，与普通常见单色点阵的OLED或者LCD显示屏的显示驱动原理不同的是，后两种屏每个像素以一位二进制数0、1两种状态代表像素的可见与否，而4级灰度的电子纸显示屏每一个像素的显示状态需要两位二进制数0和1的组合来表示，显示状态就多出来了两种。为操作简单，或为避免前后两帧屏幕显示内容可能因不同灰度叠加而出现显示残留效应，优先推荐采取整屏刷新显示内容的方式，即一次性更新所有RAM的内容，这一点不同于单色的点阵OLED或者LCD显示屏——随意局部更改任何显示数据字节、代表某一坐标上像素对应的二进制位值，都不需要附加考虑某一像素先后两帧数据灰度值不同的问题。

需要特别指出的是，该EPD电子纸屏的每一个字节显示数据里的8个二进制位，是按照两两相邻的两个位组合来代表一个像素灰度值的，即一帧显示数组中的一字节只能驱动4个连续的像素的显示状态，这样172×72=12384个像素的整屏图像更新所需要的RAM数组大小就是12384÷4=3096字节，这里所说的RAM指的是电子纸屏内部集成的显示缓存RAM，不是指控制器一方所建的显示数组数据要放在RAM中，实际上控制器程序里的显示数组经常是以"const"关键字定位到Flash里的。要在3000多个8位字节里确定每一个bit的值，以实现特定图文内容的显示，单凭编程者逐行、逐帧的计算出显示需要的RAM数组数据显然不现实，好在早就有人设计出了相应的便利工具软件，可以拿来使用，网上可以搜索到很多这样类似的软件工具，比如笔者下载到的这款好用的工具软件叫Image2LCD（我们要感谢一下原作者的普惠性工作哦！），好像也有好几个版本，我使用的这版启动起来的界面如图32.6所示。

受惠于软件作者谋求兼顾人性化与易用风格的工作成果，该软件工具基本不需要说明，一看就可以用起来，单击"打开按钮"，找到你需要转换的图像文件（*.jpg格式），再做三步简单设置，如图32.7所示。

第一步，单击"扫描模式"下拉列表，选择"垂直扫描"，这时左上方的示意图标会形象地变成如图32.7所示中"1"箭头所指示的那样。

第二步，单击"输出灰度"下拉列表，选择"4灰"。

第三步，单击右下方的显示方式下拉列表，选择"左右颠倒"，这时可以看到右幅图片已经随之变成了如实际显示效果的样子，接下来单击"保存"，会提示输入文件名和路径，输好后就自动生成了一个*.c格式的数组文件。根据软件设置的不同，可以使生成的文件自动以记事本打开，马上就可以看到如图32.8所示的一个现成的数组了，我们把数组元素全部复制出来，粘贴到程序里的图像显示数组中，就大功告成了。

还剩下最后一个问题，就是如何制作在Image2LCD软件里需要打开的172像素×72像素的*.jpg格式（*.bmp格式也可以）的文件，只有制作出符合像素长宽比例、大小要求的图片文件，才可以由Image2LCD软件来生成指定元素数目的数组来。我们还是要求助一下互联网背后隐藏着的那些无数的高手们了，上网搜索到类似UltraSnap.exe这样的抓图软件（具有类似功能的软件数不胜数，只要具备存储文件时可以修改目标文件像素大小的功能就行），该软件的界面如图32.9所示。

在该软件左侧下方有个“Resize”的勾选项，选中后单击“Set”按钮，弹出“Resize”对话框。在这里，单选那个可以设置宽×高的选项，并填入“172×72”，之后单击“OK”退出，如图32.10所示。这时该软件就设置好了，可以抓图了，只要在计算机屏幕上显示的可见图像，都可以按大小、区域随意抓取，使用起来就和大家都熟悉的众多

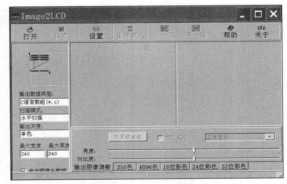

图32.6 Image2LCD（Image to Lcd）软件的启动界面

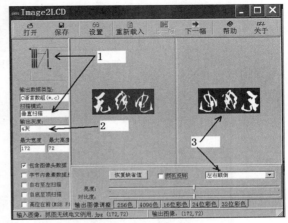

图32.7 Image2LCD软件的设置效果界面

```
const unsigned char gImage_无线电的图片数组[3096] = { 0X01,0X02,0XAC,0X00,0X48,0X00,
0XEA,0XAA,0XAA,0XAA,0XAA,0XAA,0XAA,0XAA,0XAA,0XAA,0XAA,0XAA,0XAA,0XAA,0XAA,0XAA,
0XAA,0XAB,0XEA,0XAA,0XAA,0XAA,0XAA,0XAA,0XAA,0XAA,0XAA,0XAA,0XAA,0XAA,0XAA,0XAA,
0XAA,0XAA,0XAA,0XAA,0XEA,0XAA,0XAA,0XAA,0XAA,0XAA,0XAA,0XAA,0XAA,0XAA,0XAA,0XAA,
0XAA,0XAA,0XAA,0XAA,0XAA,0XAA,0XEA,0XAA,0XAA,0XAA,0XAA,0XAA,0XAA,0XAA,0XAA,0XAA,
```

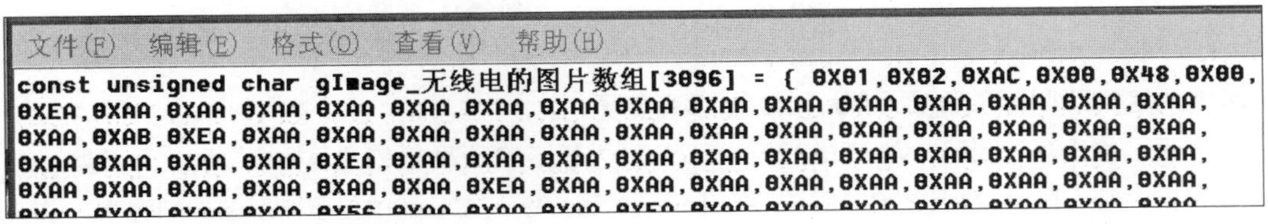

图32.8 Image2LCD软件自动生成的图像数组

即时通信软件里的那个截屏工具类似。比如打开一张照片，适当调整一下显示幅面大小，最好别弄成全屏那么大的，之后启动UltraSnap.exe软件，单击软件上方的抓图快捷键，软件自动最小化，以露出被自身遮挡的屏幕部分，鼠标变成选取提示状，一次单击选取起始位置，拉选你看中的需要选取的那部分图像，注意要使宽、高比例大概符合172像素×72像素的样子，不能任性。再次单击“确定”，终止位置选取，软件界面就又会自动恢复到计算机屏幕中，可以看到如图32.11所示的带着截屏效果图的界面了，存储成*.jpg格式（*.bmp格式也可以）的文件，图片源文件至此也制作完成了。

也许我们DIY还不单为了好玩儿，想象一下，这个电子纸屏可以做什么样的实用产品呢？有超市里货架上无纸化的电子价签、个性化的展会参展证，还有带来阅读方式变革的著名的Kindle。图32.12

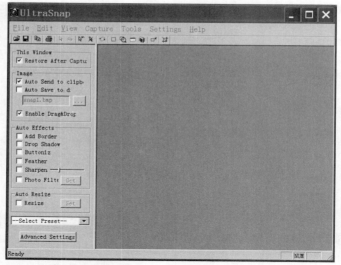

图 32.9　UltraSnap.exe 软件界面

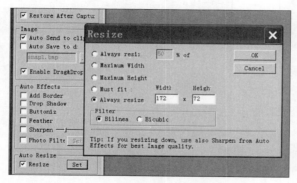

图 32.10　UltraSnap.exe 软件"Resize"对话框设置

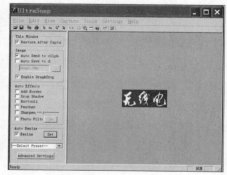

图 32.11　抓好一幅图了

所示是用这款EPD电子纸屏显示照片和文本的实际例子。

　　最后，给出基于我那个以STM32F103RCT6为核心的CPU板的"写命令"和"写数据"的两个函数、在写RAM数组之前对屏做初始化设置的程序以及主函数中显示一屏图像的程序，以供参考。

　　GPIO预定义：

```
    #define SDA1  GPIO_SetBits(GPIOB, GPIO_
Pin_5); //PB.5
    #define SDA0  GPIO_ResetBits(GPIOB,
GPIO_Pin_5); //PB.5
    #define SCL1 GPIO_SetBits(GPIOB, GPIO_
Pin_6); //PB.6
```

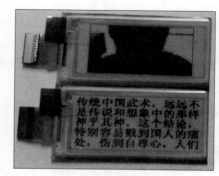

图 32.12　EPD 屏显示的照片和文本

```
#define SCL0 GPIO_ResetBits(GPIOB, GPIO_Pin_6);
#define CS1  GPIO_SetBits(GPIOC, GPIO_Pin_2); //PC.2
#define CS0  GPIO_ResetBits(GPIOC, GPIO_Pin_2);
#define DC1 GPIO_SetBits(GPIOC, GPIO_Pin_1); //PC.1
#define DC0  GPIO_ResetBits(GPIOC, GPIO_Pin_1);
#define RES1 GPIO_SetBits(GPIOC, GPIO_Pin_0); //PC.0
#define RES0 GPIO_ResetBits(GPIOC, GPIO_Pin_0);
#define R_BUSY_Bit GPIO_ReadInputDataBit(GPIOC, GPIO_Pin_13) //PC.13
```

基本函数：

```
void W_EPD_C(unsigned char C)//写命令函数
{
 unsigned char TEMP;
 unsigned char i;
 TEMP=C;
 CS1
 CS0
 SCL0
 DC0
 for(i=0;i<8;i++)
  {
   if(TEMP&0x80)
   SDA1
   else
   SDA0
   DELAY_xnS(10);
   SCL1
   DELAY_xnS(10);
   SCL0
   TEMP<<=1;
   DELAY_xnS(10);
  }
  CS1
 }
 void W_EPD_D(unsigned char D)//写数据函数
 {
```

```
        unsigned char TEMP;
        unsigned char i;
        TEMP=D;
        CS1
        CS0
        SCL0
        DC1
        for(i=0;i<8;i++)
        {
          if(TEMP&0x80)
          SDA1
          else
          SDA0
          DELAY_xnS(10);
          SCL1
          DELAY_xnS(10);
          SCL0
          TEMP<<=1;
          DELAY_xnS(10);
        }
       CS1
    }
```

初始化函数：

```
void ini_epd()
{
 RESET_EPD(); //复位
 W_EPD_C(0x10);// 深度睡眠命令
 W_EPD_D(0x00); //01=进入深度睡眠命令,00=退出深度睡眠命令
 W_EPD_C(0x11);//数据输入模式命令
 W_EPD_D(0x02);//
 W_EPD_C(0x44);//设置RAM-X起止地址命令
 W_EPD_D(0x00);//起
 W_EPD_D(0x11);//止
 W_EPD_C(0x45);//设置RAM-Y起止地址命令
 W_EPD_D(0x00);//起
```

```
    W_EPD_D(0xAB);//止
    W_EPD_C(0x4E);//设置RAM-X地址计数器命令
    W_EPD_D(0x00);
    W_EPD_C(0x4F);//设置RAM-Y地址计数器命令
    W_EPD_D(0x00);
    W_EPD_C(0x21);//显示更新命令
    W_EPD_D(0x03);
    W_EPD_C(0xF0);//升压器反馈选择命令
    W_EPD_D(0x1F);
    W_EPD_C(0x2C);//设置VCOM寄存器命令
    W_EPD_D(0xA0);
    W_EPD_C(0x3C);//VBD波形设置命令
    W_EPD_D(0x63);
    W_EPD_C(0x22);//显示更新次序选项命令
    W_EPD_D(0xC4);
    W_LUT();//写波形查询表
  }
```

在主函数里显示一屏图像：

```
 int i;
 ini_epd();
W_EPD_C(0x24);
for(i=0;i<3096;i++)
{
 W_EPD_D(gImage_ZIPAIZHAO[i]);
}
W_EPD_C(0x20);
DELAY_mS(1);
R_BUSY();
DELAY_mS(500);
W_EPD_C(0x10);// 深度睡眠命令
W_EPD_D(0x01); //01=进入深度睡眠命令,00=退出深度睡眠命令
```

33 基于51单片机的自行车轮LED图案显示

幽蓝色的灯光在黑夜中像只舞动的蝴蝶，一路过去，忽闪忽闪，引人注目，自行车轮上蓝色的灯光显示出奇特的图案，像是悬浮在空中一般，这就是今天要给大家介绍的DIY作品——基于51单片机的自行车轮LED图案显示。其实，制作自行车轮LED显示的想法纯属偶然。高中时代，自行车是我必备的交通工具，下晚自习，总会经过一些昏暗的道路。在这种能见度低下的夜路上，机动车驾驶员看不清夜色笼罩下的自行车，骑行不会主动发光的自行车存在相当的危险性，由此我逐渐萌生出制作自行车轮LED显示的想法。

这款电子小制作，利用人眼的视觉暂留原理，可以在旋转的自行车或是电动车轮上显示出各种个性的图案、文字。夜间骑车时，超炫的发光效果让你hold住整条马路。并且这舞动的光彩不仅仅只是简单的光影效果，而是等同于对路上的机动车、行人宣告"我在这里"，提升了骑车者的安全性。

33.1 工作原理

这款制作的原理很简单，32颗高亮度蓝色LED一字排开，组成基本的"线"，安装在自行车辐条方向上，如图33.1所示。

每颗LED的亮或灭都可由单片机单独控制，在车轮旋转运动的过程中，分别点亮相应的LED，

图33.1 32颗高亮度蓝色LED并排成一线

这些"线"便组成了一个"面"，显示出事先设计好的图案。

为了让显示出的图案清晰、稳定，还需要一个同步机制，告诉单片机，车轮已经转过一圈，需要刷新显示。同时，根据这个信号测算出大致的转速，调整显示图案刚好填满幅面。

33.2　硬件设计

主控芯片采用最常用的51单片机，型号是AT89S52，它有8KB的Flash，支持ISP在系统编程，便于测试。

AT89S52单片机有32个通用I/O口，在这次的应用中是不够的。我选用了4片74HC595串入并出移位寄存器，扩展出32个端口，驱动32颗LED。如果有必要，还可以扩展更多的LED（比如128颗），提升成像精细度。

为了让单片机能检测到车轮转动一圈的事件，需要增加一个传感器。磁铁＋霍尔传感器的方案具有低功耗、非接触的特性，非常适合本次应用。

在自行车前叉内侧安装一块磁铁，电路板上则安装开关型霍尔传感器CS3020，电路板转动经过前叉内侧磁铁时，霍尔传感器感应到磁场，会输出一个低电平脉冲信号，触发单片机中断程序。单片机借由这个信号获取车轮旋转速度，控制LED点阵，平稳刷新显示图像。

电源用闲置的手机锂电池（3.7V）直接供电，废物利用，可反复充电。

电路原理图如图33.2所示，安装在自行车轮上的实物如图33.3所示。

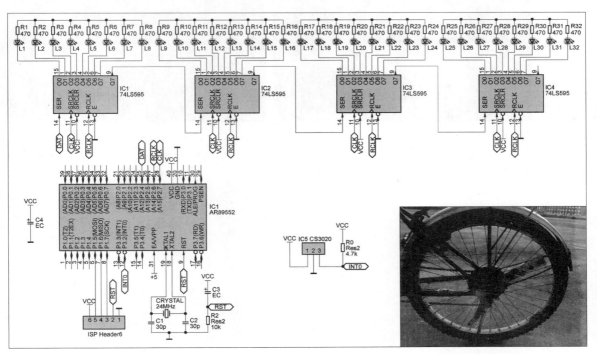

图33.2 电路原理图　　　　　　　　　　　　　　　　图33.3 安装在自行车上的实物

33.3 软件设计

如图33.4所示，线段代表LED灯条，图片展示了灯条运动的过程，我把灯条完整地转过一圈的过程划分为256个等份，对应车轮幅面这个圆形的256条半径。只要控制灯条在这256个时间点上，依次显示出对应的亮/灭，在人眼视觉暂留特性的作用下，看上去就是一幅完整的图案。

想要显示的图案，需要事先在计算机上画好，再用取模软件根据32颗LED、256等份的规格进行编码，组成一个码表。单片机只需读表依次显示即可。具体的工作流程图如图33.5所示。显示效果如图33.6所示。

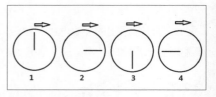

图33.4 LED显示原理

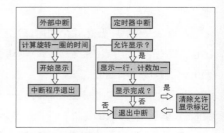

图33.5 工作流程图

图33.6 显示效果展示

■ 本制作的程序可以到本书下载平台（见目录）下载。

文：王平

34 摇臂式POV显示装置

我通过改造硬盘音圈电机带动摇臂支架做往复运动，并把16个 LED固定在摇臂的一端。当摇臂做往复运动时，LED也跟随摇臂做往 复运动。MCU作为控制中心，控制音圈电机做往复运动的速度，同 时在摇臂运行过程中，不断刷新显示数据，最终利用人眼的视觉暂留 效应和发光二极管的余辉效应，在人眼中形成一幅完整的图像。这就 是摇臂式POV显示装置的原理，让我们先一睹它的风采，见题图。

很多朋友做过手摇的摇摇棒，本文介绍的POV显示装置的原理 跟摇摇棒的原理基本是一样的，只是这里不用手摇，通过机械装置 控制。恰巧我手头有一块报废的硬盘，里面有音圈电机，于是就想 到DIY一款自动摇摆的摇臂式POV，只要有电源供电，这个摇臂式 POV显示装置将永远工作下去。本制作的难点是：第一，如何对摇臂 进行供电；第二，如何让摇臂来回摆动。看完这篇文章后你就会明白我是如何解决的。如果再加上 你的一份热情，相信你也可以DIY一款很酷的桌面摆设POV显示装置。

系统框图见图34.1，摇臂式POV显示装置由以下模块组成：电源供电系统、音圈电机、阻尼振 荡供电系统、系统主控板、音圈电机驱动模块、摇臂、LED显示模块等。

34.1 电源系统

摇臂式POV动力的源泉—— 一个稳定的供电系统，是整个系统正常 运行的关键，本制作采用DC 12V供电。

34.2 音圈电机

摇臂机械部分的核心采用的是迈拓硬盘扫描磁盘的摇臂装置，它主要 是由音圈电机控制的，见图34.2。其实它是单匝线圈的电机，我们所要做的就是在合适的时间改变 电流的流通方向，根据电磁感应定律，通电导线在磁场中的运动方向也会改变。

34.3 阻尼供电系统

控制板和LED摇臂都固定在音圈电机上，随着音圈电机作同步运动，这样就遇到了如何在运动

图34.1 系统各模块框图

中进行供电的问题。一种方法是采用软线直接供电，但此供电方式的缺点是长时间摇摆振荡会使导线金属疲劳，最终导致供电线路断裂，系统无法正常运行。于是我设计出了一套阻尼供电系统，既要保证系统可以摇摆起振，还要能保证电源的供给。

首先从洞洞板截出一块小板，在同一水平线上均匀打上3个孔，中间孔穿上螺丝固定好，不要把螺丝旋紧，让电路板可以自由摆动，另外两侧的孔A、B也各穿一颗螺丝，见图34.3，最下层垫一个橡胶圈，这样既可以绝缘又可以起到防振缓冲的作用，也不会对悬臂骨架造成冲击，在A和B处引出两根电源线给控制板供电。

主板供电使用弹簧作桥梁，弹簧材质是钢，可以导电，这样弹簧分别连接在底板PCB正、负极柱C、D上，另一端分别连接到悬臂A、B上，再用两根引线连接电源至控制主板，这样主板就获得了能量，MCU和LED都可以正常工作，那两根弹簧的另外一个作用就是使摇臂保持平

图34.2 音圈电机

图34.3 主板机械结构

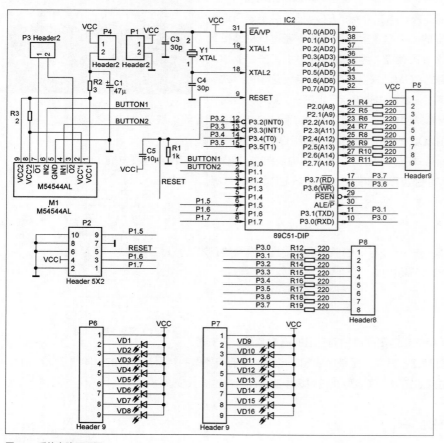

图34.4 系统电路原理图

衡。两根弹簧的长度相等，静止时摇臂把两侧弹簧拉力相互抵消，摇臂保持竖直状态。当摇臂左右摇摆时，可以起到缓冲悬臂的作用。当摇臂向极柱D运动时，BD段弹簧先是恢复自然长度，不对外产生弹力，然后压缩，弹力增大。阻尼摇臂从极柱C加速向极柱D运动时，通过平衡点后，摇臂开始减速，这样就不会对极柱D造成很大的冲击。同时CA段在摇臂过了平衡点后向极柱D运动时提供了拉力，进一步降低摇臂的速度。就这样依次循环往复运动，和以前学过的简谐运动类似。

34.4 系统主控板

系统主板搭载MCU、音圈电机驱动模块、ISP下载接口、LED驱动接口，电路原理图见图34.4。通过主板MCU控制音圈电机驱动模块来使音圈电机摆动，带动整个悬臂作往复运动，同时控制LED刷新字幕。当摇臂顺时针摆动时，LED正向刷新字幕，当摇臂逆时针摆动时，LED反向刷新字幕。也就是说，摇臂来回振荡时，在同一位置都会刷新字幕，这样可以明显地增强显示效果，制作好的系统主板实物见图34.5。

34.5 音圈电机驱动模块

音圈电机驱动模块采用H桥专用驱动芯片三菱M54544AL，驱动电路见图34.6。

34.6 LED显示模块

16个高亮LED均匀排布，分别接在单片机的P0和P2引脚，连接LED的导线为漆包线，它的特点是比较细、相互绝缘、强度高。

34.7 制作要点

这款摇臂式POV的机械摇摆部分采用硬盘寻道的音圈电机的主体部分，首先要把音圈电机完整拆下来，移植到电路板上并固定。音圈电机包裹在两块强磁铁中，在同样的驱动电流下，受到的磁场力更强，整个摇臂会更有力量，更容易起振。不过这样做的一个缺点就是，音圈电机摇摆的幅度受到限制，摆幅在35°左右。为了增加显示的范围，只有增加摇臂的长度。在这件摇臂式POV中，摇臂的长度为25cm。

机械部分完成后，可以用亚克力板给POV做一个固定底座，固定整个系统。因为是业余DIY，拉力弹簧不可能做到完全一样，所以转轴两侧的力矩也不可能完全一样，这样在运行的时候会产生一些振动。为了吸收这部分能量，我专门打造了一块配重块：采用一个易拉罐的三分之一做模具，然后倒入融化的铅液，冷却后再喷涂上一层蓝漆，安装在亚克力底座的中间，很好地保持了系统的稳定运行。

34.8 制作心得

个人认为本制作的难度要比旋转式POV显示装置的难度稍大，在制作中如何让本系统保持稳定、轻松摇摆起振和供电方式的选择是其中的难点和亮点，需要大家多动手实践才能真正掌握。

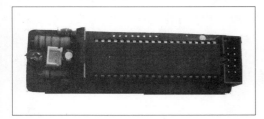

图34.5 系统主控制板实物图

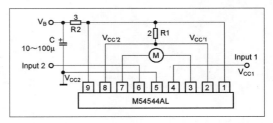

图34.6 音圈电机驱动电路

35 旋转POV显示屏

35.1 POV 简介

POV 即英文"Persistence of Vision"一词的缩写，翻译成中文的意思就是"视觉暂留"。当人的眼睛在观察物体时，物体反射的光线映像会在人的视网膜上保留很短暂的一段时间。在这短暂的时间段里，前面的视觉形象还没有完全消退，新的视觉形象又继续产生。我们可以利用人眼的视觉暂留在高速转动的物体上呈现出静态或者动态图像。

对"POV"现象的认识和利用，可以追溯到200多年前，留影盘的发明就是利用了此原理。时光飞逝，在科学技术飞速发展的今天，本文将利用现代工程设计的理念和方法，与广大电子爱好者分享趣味POV电子显示屏的设计与制作。

35.2 设计思路

首先是立意——你想做一个什么外形的POV显示屏。在你没有一个大体轮廓的构思前，最好别急于动手。你考虑得越充分，就会发现最后需要修改的地方越少，反之会让你很痛苦，甚至打击信心。于是虚拟设计技术的应用可以很好地解决设计初期的探索问题，你可以通过计算机三维虚拟设计，对所用到的零件进行1:1精确建模，在计算机中进行组装模拟和调试，不断修正设计中存在的缺陷，最终完成作品的设计。另外在设计这款旋转POV显示屏之前我先做了摇臂式的POV显示装置，已经查阅过很多的资料，有过这方面的经验。之所以设计旋转式的POV显示屏，是因为摇臂式POV显示装置的刷新速度比较慢，稍稍滞后于人眼的分辨率，这也是摇臂式POV显示装置的机械属性所造成的。我们在看的时候，会有稍许晃眼的感觉，而旋转式的POV显示屏就可以很好地解决这个问题。转速越高，图像越清晰，转动机构相对来说比摇摆机构制作起来要更方便，适合更多的爱好者仿制，于是就诞生了这件旋转POV显示屏。

35.3 功能概述

旋转POV显示屏主要由电机转速控制板、旋转供电板、系统主控板、LED灯板以及红外通信控制板等部分组成，系统框图见图35.1，各模块的作用见表35.1。

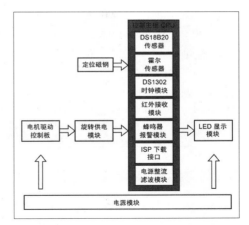

图35.1 系统框图

35.4 供电方式

旋转POV显示屏的供电方式是设计成败的关键之一，让我们先来看一下有哪些常规的供电方式。

35.4.1 感应供电

这种方法就是从指针板上引出导线，接入到电机内部绕在转子上，当电机旋转时，该导线切割磁感线，根据法拉第电磁感应定律可产生感应电动势，经过整流后可作为整个旋转系统的电源，自感应供电优缺点见表35.2。

35.4.2 无线供电

这种供电方式采用电磁场与电磁波原理，一个小型的无线输电电路需要两个同心线圈。这种方式的优缺点与自感应供电类似，详情见表35.2。

35.4.3 自备电池

在指针板上安装电池，由电池供电，一般是用2~3节7号电池，自备电池优缺点见表35.3。

35.4.4 机械传导供电

机械传导供电是采用滑环和电刷，通过机械接触传导电流，它的优缺点见表35.4。

表35.1 系统各模块作用

模块	作用
电机驱动板	负责直流电机的无级调速，控制电机的转速，电机安装在电机驱动板上，同时电机又构成POV的主承重结构
旋转供电模块	既要保证电机主轴高速旋转，还要保证直流电源可以稳定地供给旋转主控板和LED灯板，同时为霍尔传感器固定磁钢提供基座
旋转主控板	旋转POV的核心控制部分含有各种接口模块。主控芯片采用稳定的AT89S52，便于购买和调试，主板上有实时时钟芯片，保证掉电后时钟可以继续运行，下次上电即为当前时间，不需要再进行调整，红外接口可以使用红外遥控器与POV主板进行交互设置，通过红外遥控器设置时间、闹钟、显示模式等，当到达设定闹铃时间时，蜂鸣器进行报警提示，板载温度模块可以对当前环境温度进行测量
LED灯板	18个高亮LED排成一列，构成显示单元，LED灯板通过DIP2×11的双排针与旋转主控板完美结合，既保证信号传递，又保证机械强度，在高速运行时有效克服离心力，保证画面稳定显示
红外接口板	红外接收头安放在接口板的中心，保证红外通信的正常可靠，蜂鸣器也安装在控制板背面的中心处，保证发声正常

表35.2 自感应供电的优缺点

自感应供电优点	（1）设计很巧妙，无机械磨损； （2）由于感应出来的是交流电动势，所以可以利用该过零信号来定位，不必另外准备定位信号
自感应供电缺点	（1）提供的电流有限，只能适合LED较少的旋转时钟。当LED数量较多时，需要更大的电流，这种方式就不能满足了； （2）这种方式要对电机本身进行改造，也有一定的难度。并不是所有的电机都适合这种改造，而且这种改造可能会给电机带来损害； （3）只有在电机旋转时才能发电给指针板供电，一旦停止转动，供电也就无以为继了，这样要实现旋转时钟的不间断走时，还得另加备用电池并采用低功耗设计

表35.3　自备电池优缺点

自备电池优点	不用担心电压波动，也不受机械磨损或者接触不良之类问题的困扰
自备电池缺点	浪费电池，既不经济也不环保，还非常麻烦。电池很重，一般的电机带不动，必须用功率较大的电机，这也意味着成本的上升

表35.4　机械传导供电优缺点

机械传导优点	能够提供比较大的工作电流
机械传导缺点	存在机械摩擦，会产生磨损。因此要求滑环和电刷材料要耐磨，经得起折腾。另外，还得有足够的弹性，并且要耐锈，否则会导致接触不良。由于存在机械阻力，就要求电机有比较大的功率，同时相应的伴有机械噪声

35.5　旋转供电结构分析

　　我们在POV显示屏设计中采用改进型机械传导方式供电，延续自身优点，克服了机械传导的缺点。我们先来了解一下电机结构（见图35.2）。

　　直流电机主要由转子、定子、换向器、电刷等部件构成，电源通过电刷和换向器供给转子线圈。当转子线圈中有电流通过时，在磁场中受到磁力的作用而旋转，直流电机就是通过这个原理转动起来。这样看来，电机的电刷和换向器应该很耐磨，而且电刷有弹性，可以保证接触良好。高级的直流电机电刷为石墨的，可以保证长时间稳定运行，而我设计的旋转供电部分正是利用电机的这个特点，在电机轴上再加装一个电机座，在主控板上安装一个换向器，这样电机旋转带动套在主轴上的换向器同步运行，就把电源完美地送到旋转主板上，既保证结构的稳定与可靠，又可以保证供电传输的不间断。

图35.2　电机结构图

35.6　旋转供电原理

　　旋转供电的结构想必大家已经清楚了，现在我再来讲一下旋转供电的电气原理。

　　先来个换向器特写，见图35.3，换向器有5个独立的电极，5个电极之间相互隔离，镶嵌在环氧树脂基座上。

　　A、B、C、D、E为电机换向器触点。由于旋转供电部分均采用电机自身零件，只需再做简单加工处理，安装方便，取材容易，所以旋转供电部分使用寿命与电机寿命相同。另外，当电机轴带动换向器旋转时，在任意时刻最多只有3个换向极与两侧电刷接触，此时输出脉动直流电压，然后通过旋转控制板上的整流、滤波电路输出给稳压芯片，这样就可以得到稳定的电流，转速越高，供电越稳定。

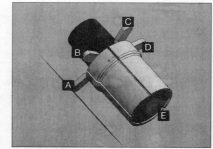

图35.3　换向器

35.7 结构设计

明白了旋转供电的原理以后，接下来就要开始整体结构设计了，这是个考验耐心的工作。因为POV显示屏是高速旋转的，为了能安全使用，同时又要满足DIY取材方便的要求，我找到了一个CD光盘盒，通过软件对光盘盒精确建模来确定整个POV显示屏的边界，所有的设计都要容纳在这个透明的小盒子之内，见图35.4。

在设计POV显示屏的结构时，需要反反复复不停地改进。设计就是这样，需要根据实际情况进行修正，一般的设计原则是由简单到复杂，先实现基本功能，再细化布局和美化外观，见图35.5。

在POV机械结构方面力求简单稳定，采用"三明治"的方法把电机固定在电机驱动板和旋转供电板之间，见图35.6，并通过铜螺柱把供电电源由电机控制板引至旋转供电板中。铜螺柱不仅可保证整体结构的强度，还兼具电力传输的功能，这样可使结构简化。另外，在设计旋转POV主板时，要注意元器件的布局，电机旋转时转速很高，为了保持主板旋转时的稳定，尽量使转轴两端的元器件质量趋于相等，这样高速旋转时产生的离心力可以相互抵消，这也是设计的难点之一，需要根据实际的元器件布局来进行调整。

35.8 电路设计

当机械板框设计结束后，就可以开始进行电路板设计了。根据每个板子的功能不同来进行电路设计，特别要注意接口的定义。

35.8.1 电机驱动板设计

电机驱动板的电路图见图35.7，采用直流RS385电机，12V供电，采用PWM调压电路对电机进行无级调速。显示时，通过自适应算法来调节画面显示幅度，达到最佳显示效果。

35.8.2 旋转供电板设计

旋转供电板的电路原理图见图35.8。在设计时需注意，定位孔必须与电机驱动板上的位置一致，磁钢固定孔需选择合理位置。

图35.4 顶视设计图

图35.5 系统外形设计图

图35.6 电机固定在两个板子之间

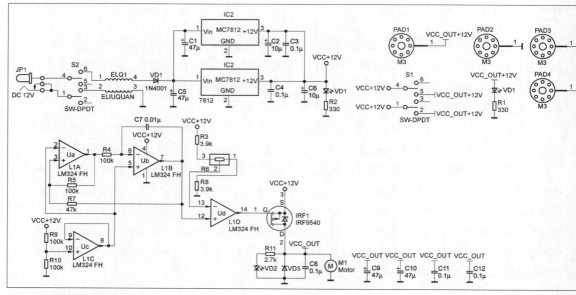

图35.7 电机驱动板设计图

35.8.3 主控板设计

　　主控板是系统的核心部分，电路原理图见图35.9，板载丰富接口，可与外围电路进行数据传输。布局简洁明了，功能模块划分明确，便于查找错误并进行电路测试。主控采用AT89S52，方便购买，开发资料很齐全，采用ISP下载接口可以方便地修改源程序。在焊接时，注意整流滤波电路中二极管的极性，如果有一个二极管极性焊接反向，导致电源正负极短路，会对电源和电路造成严重损伤！整流电路后采用两片7805并联使用，为整个旋转电路板和LED灯板提供能量，为扩展驱动更多的LED奠定基础。最后，在放置霍尔传感器时要与旋转供电板磁钢的位置相对应，这样才可以保证每次霍尔元件从磁钢正上方经过时会输出一个跳变信号，此信号通过单片机的中断来接收，确定每屏开始显示的起点。

35.8.4 LED灯板设计

　　LED灯板的电路原理图见图35.10，需要注意的是，18个LED需要平均分布在LED灯板上，LED接口与旋转主板之间采用2.54mm间距的22针双排针进行连接，一定要注意接口中LED网络与主板上的网络相对应。

35.8.5 红外接口板设计

　　红外接口板的电路原理图见图35.11，再次强调与主板上对应的接口时序。为了防止插错对应接口，在红外接口板上设置参考图案，在对应主板上也设计相应的参考图案，这样在插入红外接口板时只要对准相应参考点，即可保证准确无误地插入。

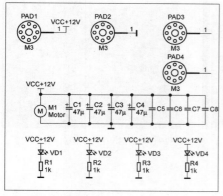

图35.8 旋转供电板电路图

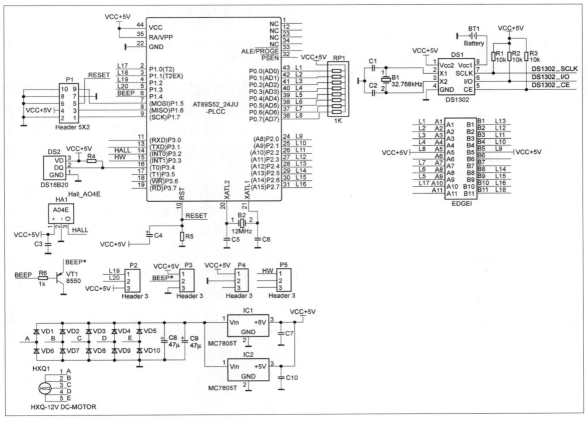

图35.9 主控板电路图

35.9 程序调试

　　程序采用C语言编写,调试编译环境为Keil C。主函数见下方,其他控制程序可参考源程序。有兴趣的读者可以发挥自己的想象力,根据需要改变显示的效果。

主程序

```
void main( )//主函数

{

    IT0=0;//外部中断0触发模式,低电平有效

    PX0=1;//提升外部中断0优先级

    TMOD=0x01;//配置定时器0

    TH0=(65536-1200)/256;//定时器0覆初值

    TL0=(65536-1200)%256;

    EX0=1;//外部中断0使能

    ET0=1;//定时器中断使能

    TR0=1;//启动定时器0

    EA=1;//开总中断

    init( );

    while(1)

    {

    }

}
```

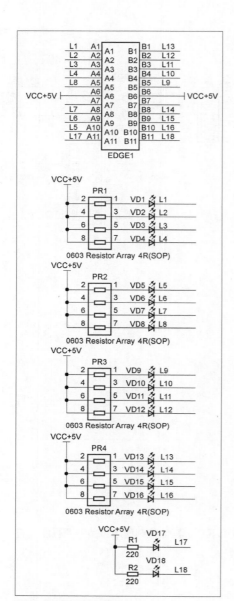

图35.10 LED灯板电路图

35.10　焊接与装配

设计完成的PCB，可送加工厂加工或者使用热转印法自制。

在焊接时要注意电烙铁的握姿，烙铁头与焊盘大致成45°。焊接贴片元器件时，先对焊盘进行上锡，然后用镊子夹住被焊元器件，焊接元器件的一端。如果焊接有误，可以进行及时调整，确认无误后再焊接元器件的另一端。

组装时按照由下而上的原则，先安装电机主控板，然后插接用于固定的铜螺柱，在固定旋转供电板完成后，可以先通电试验电机是否工作正常、PWM调速部分是否工作正常，还要用万用表电压挡测量旋转供电板的电源输出端是否有输出电压，在确认这些检测正常后，方可继续进行下一步操作。

焊接旋转供电组件和主板时，需要注意的是整流二极管的极性，焊点要饱满，防止换向器在高速转动时受到影响。霍尔元件的方向一定要明确，不要焊反了。LED板在焊接时要注意LED的正负极方向，注意焊接时间的把握，LED比较脆弱，焊接时要快、准、稳，防止长时间灼热导致LED内部损坏。

在烧入程序后发现LED会亮，但是无法正常显示，这时可以改变一下磁钢的方向。因为霍尔元件是有方向的，改变磁钢方向后即可解决问题。

制作过程如图35.12所示，显示效果如图35.13所示。

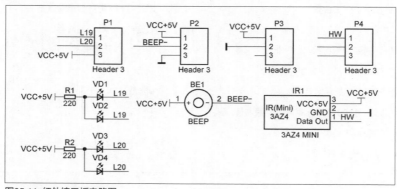

图35.11 红外接口板电路图

图35.12 装配过程

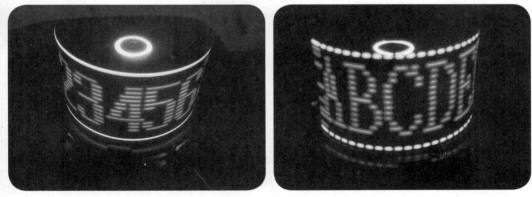

图35.13 效果演示

35.11　制作总结

在旋转POV显示屏的设计、制作过程中，我们会用到机械三维设计、PCB设计、机械建模与PCB联合设计、程序设计与调试等技巧。这些技巧需要在实际制作中不断学习与积累。

■ 源程序请到本书下载平台（见目录）下载。

36 3D旋转显示装置

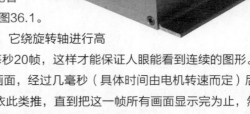

自从电影《阿凡达》上映之后，影像视频显示领域就掀起了一股3D热。从电影、电视到数码相机等都在发展应用3D技术。在看到此技术在各领域的应用后，我就想到用单片机来控制一个旋转装置，显示简单的3D图像。

36.1 显示原理

3D图形就是在X、Y、Z三个坐标轴所确定的三维空间中将一个画面表现出来。一般情况下，我们用LED点阵模块来显示平面方向的二维文字和图形，只是缺少了Z轴。所以，在本制作中我采用旋转方式，利用人眼的视觉暂留产生Z轴，就能显示3D图形，显示原理见图36.1。

LED显示平面构成了坐标系的X、Y轴，它绕旋转轴进行高速旋转，每秒转数应在20圈以上，相当于每秒20帧，这样才能保证人眼能看到连续的图形。每帧的3D图形在设定的起始位置开始显示第一幅画面，经过几毫秒（具体时间由电机转速而定）后，LED显示平面转过约3°，再显示第二幅画面，依此类推，直到把这一帧所有画面显示完为止，然后到第二圈开始显示下一帧3D图形，3D显示效果图见图36.2，分解图见图36.3。

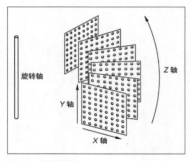

图36.1 显示原理

36.2 装置组成

整套电路主要由底座盒（内有电机、电源供给板、电机开关等）、电源接收板、左右显示板、控制板组成，整体结构见图36.4。由电源供给板产生的高频脉冲电流通过发送线圈，利用电磁感应传递到接收线圈，然后电源接收板进行整流、滤波，提供5V直流电压分两路供给2块显示板，再经2块显示板供给控制板。由于电机转动过程中转速不是很稳定，例如转速为1200r/min的电机，在旋转时转速大概会在

图36.2 显示效果

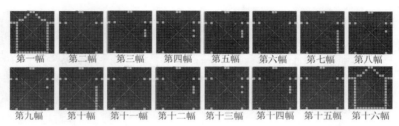

第一幅　第二幅　第三幅　第四幅　第五幅　第六幅　第七幅　第八幅

第九幅　第十幅　第十一幅　第十二幅　第十三幅　第十四幅　第十五幅　第十六幅

图36.3 3D房屋的分解图

1190～1210r/min之间变化，只是转动的速度很快，人的眼睛不会察觉到，但这种变化在高速显示图形时会产生不同步的现象。因此我又设计了2个光电对管用于2块显示板的位置检测，见图36.5，即电机每转半圈到达特定位置时才开始显示，在电源接收板上设计了用于位置定位的光电对管，检测到的信号也经2块显示板接入控制板上的单片机，单片机收到信号后立即将显示数据传递给2块显示板进行显示。采用2块显示板的目的有2个：一是这样的结构可以保持平衡，便于提高旋转的稳定性；二是每转动1圈显示2次图形，可以减少显示过程中的图形闪动。

图36.4 整体结构

图36.5 光电对管

36.3 硬件制作

36.3.1 电源供给和接收板

因为显示部分是旋转的，所以如何给它供电是个问题。若采用电池供电方式的话，使用时间长了还得更换电池，并且会增加设备的重量，非常不合适。如果采用电刷供电的话，转动的时间就长了，会出现磨损的现象，并且增加了加工难度，最后我决定采用无线供电方式，电源供给电路和接收电路原理图见图36.6和图36.7，因为我手头有现成的无刷电机驱动板，就顺手用其改

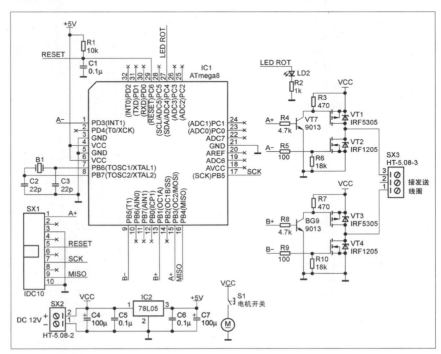

图36.6 无线电源供给板原理图

表36.1 无线电源发送板元器件清单

序号	元件名称	位号	型号规格	数量
1	单片机	IC1	ATmega8	1
2	稳压器	IC2	LM78L05	1
3	晶体	B1	12MHz	1
4	PMOS管	VT1、VT3	IRF5305	2
5	NMOS管	VT2、VT4	IRF1205	2
6	三极管	VT7、VT9	9013	2
7	电阻	R1	RJ-0.25-10kΩ	1
8	电阻	R2	RJ-0.25-1kΩ	1
9	电阻	R3、R7	RJ-0.25-470Ω	2
10	电阻	R4、R8	RJ-0.25-4.7kΩ	2
11	电阻	R5、R9	RJ-0.25-100Ω	2
12	电阻	R6、R10	RJ-0.25-18kΩ	2
13	电解电容	C4、C7	100μF-25V	2
14	电容	C1、C5、C6	0805 0.1μF-50V	3
15	电容	C2、C3	0805-22pF	2
16	接插件	SX2	HT-5.08-2	1套
17	接插件	SX3	HT-5.08-3	1套
18	接插件	SX1	IDC-10	1

表36.2 无线电源接收板元器件清单

序号	元件名称	位号	型号规格	数量
1	稳压二极管	VD5	1N4733A	1
2	二极管	VD1、VD2、VD3、VD4	1N4148	4
3	光电对管	DS1、DS2	槽式	2
4	电阻	R1、R2	RJ-0.25-100Ω	2
5	电阻	R3、R4	RJ-0.25-2kΩ	2
6	电容	C1	独石 1000pF	1
7	电解电容	C2、C6	470μF-25V	2
8	电解电容	C3、C5	220μF-25V	2
9	接插件	SX101-1、SX101-2	IDC-10	2
10	感应线圈	L	自制	1

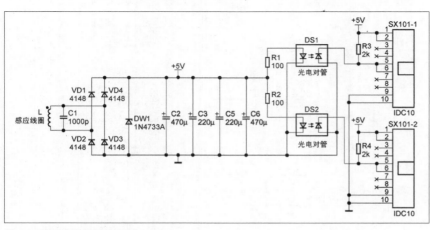

图36.7 无线电源接收板原理图

装了。利用原先板子上的ATmega8单片机通过程序产生时序脉冲，驱动2对MOS管组成的H桥电路，进而将产生的高频电流供给无线发送线圈，产生高频磁场，图36.6所示是改造后的原理图，实际电路板见图36.8。板子上原有3对MOS管，其中1对没有使用。由于电流较大，实际工作中MOS管会发热，最好加上散热片。当然，你也可以使用其他的电路，最好有无线电源模块。图36.6中的SX1是程序下载接口，SX2接DC12V，SX3接发送线圈；图36.7中的SX101-1、SX101-2接显示板。发送和接收线圈直径为60mm，发送线圈用Φ0.45mm的漆包线绕80匝，接收线圈用Φ0.31mm3线并绕120匝，2个线圈外形见图36.9。制作无线电源发送板与接收板的元器件清单参见表36.1和表36.2。

36.3.2 显示板

这是动态扫描电路，X轴（行扫描）显示用两个74HC595串联驱动，Y轴（列扫描）用两块74LS138输出驱动MOS管4953，见图36.10。特别要注意的是，LED点阵没有加限流电阻，由于是动态扫描，在正常工作时每个LED只占整个扫描周期1/16的时间，所以LED模块不会被烧坏，但在程序调试的时候别让扫描停止了，否则的话会烧坏LED模块。其实，在实际调试的时候，应先调试无线供电部分。由于无线供电受到功率限制，峰值工作电压会降

图36.8 无线电源供给板

图36.9 供电线圈

到3V左右，对LED模块影响不大，但是如果你用外接电源单独调试显示部分的话，就得注意了。焊接的时候注意上下两个IDC-10插座，位置要准确，最好用尺子定位焊接。如果位置偏差过大，旋转起来平衡性就会变差。焊接示意图见图36.11，制作显示板所需的元器件清单见表36.3。

表36.3 显示板元器件清单

序号	元件名称	位号	型号规格	数量
1	集成电路	IC1、IC2	74LS138	2×2
2	集成电路	IC3、IC4	74HC595	2×2
3	MOS管	VT1~VT8	4953	8×2
4	LED模块	LED1~LED4	SD411988	4×2
5	电容	C1~C4、C6	0805-0.1μF	5×2
6	电解电容	C5	470μF -16V	1×2
7	接插件	SX101、SX201	双排2.54mm 10针插孔	2×2

36.3.3 控制板

控制板部分的原理图见图36.12，其中SX1是程序下载接口，SX201-1、SX201-2是连接左、右显示板的。为了提高显示速度，晶体就选用16MHz的。有兴趣的读者可以将此电路板进行扩展，加上串行存储器、时钟电路或者温度传感器等，这些就任你自由发挥了。我的控制板已经加上了串行存储器、时钟电路的位置了，只是还没有使用。特别注意SX201-1、SX201-2两个IDC-10插座，应安装在焊接面，见图36.13，制作控制板所需的元器件清单见表36.4。

表36.4 控制板元器件清单

序号	元件名称	位号	型号规格	数量
1	单片机	IC1	ATmega8	1
2	晶体	B1	16MHz	1
3	电阻	R1	RJ-0.25-10kΩ	1
4	电容	C1、C6、C7	0805-0.1μF	3
5	电容	C2、C3	0805-22pF	2
6	电解电容	C4、C5	470μF -16V	2
7	接插件	SX1、SX201-1、SX201-2	IDC-10	3

36.3.4 电机

要旋转就得有电机，由于我手头有废旧硬盘的主轴电机，因此，电路板就是根据它的尺寸设计的。直到调试的时候才发现硬盘电机的扭矩实在太小了，将电路架上去居然启动不起来，还好手头有从同事报废的打印机上拆下的直流电机，这才得以解决。两种电机的外形见图36.14。注意本装置的旋转方向是逆时针的，如果你的电机是正转的，就把电机的正、负电源颠倒一下；驱动硬盘电机的电路板经过改造就变成了电源供给板，用在无线供电上了。

36.3.5 底座盒

我选择的是100mm×90mm×50mm的铝合金盒，内部装上电机、电源发送板，侧面装电机开关、电源插座，表面有电机主轴、发送线圈和定位铜片等，见图36.15。

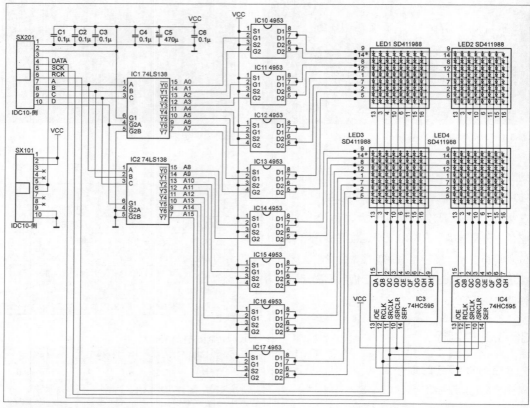

图36.10 显示板原理图

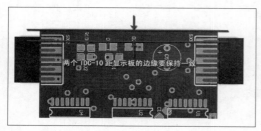

图36.11 焊接示意图

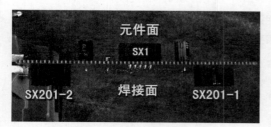

图36.13 SX201-1、SX201-2的安装方向

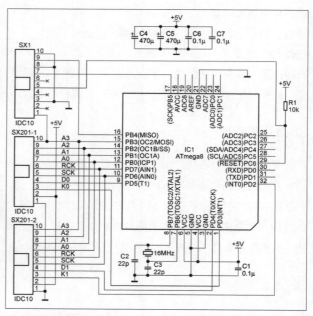

图36.12 控制板原理图

图36.14 两种电机的外形

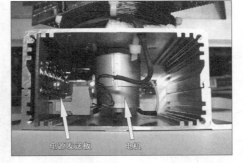

图36.15 底座盒内部

36.4 程序部分

程序可分为2部分：一个是无线电源供给程序，按照时序编写，主要程序见下面；第二个是3D显示程序，先编了个简单的，可以显示几个结构简单的图形。程序初始化后，检测光电对管测出的起始位置，然后逐帧显示每一屏图形，再返回检测光电对管就行了，程序流程见图36.16。难一点的是图形点阵数据转换，我用的是PCtoLCD2002这个软件，设置界面见图36.17。绘图前脑海里一定要构造出一个虚拟的三维图形来，照着脑海里的图形去画，空间感不强的人可能会费点劲儿。

36.5 安装调试

（1）焊完所有电路板。如果你是初次焊接贴片元器件，最好参阅《无线电》杂志以前介绍的相关文章。

（2）先调通电源供给板、电源接收板，确认线路板无短路、断路，所有元器件焊接正确。给无线电源供给板接上12V直流电源，连接下载线，设置熔丝位，下载程序，断电后给供给板接上发送线圈，给接收板接上接收线圈，两个线圈放置成同心状态，给供给板通电，测接收板稳压管两端电压应该为5.1V左右，否则电路出错，重新查找。

```
程序

void main(viod)
{
  init_devices( );    //初始化端口
  while(1)
  {
    FETS_OFF;         //关闭所有MOS管
    delay_nms(1);    //延时
    POS_A_ON;        //A+开
    NEG_C_ON;        //B-开
    delay_nms(1);    //延时
    FETS_OFF;        //关闭所有MOS管
    delay_nms(1);    //延时
    POS_C_ON         //B+开
    NEG_A_ON         //A-开
    delay_nms(1);    //延时
  }
}
```

图36.16 显示程序流程

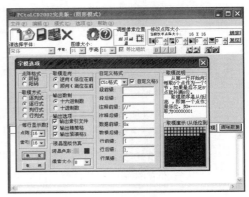

图36.17 PCtoLCD2002的设置界面

（3）将整套装置安装起来，注意定位铜片在光电对管之间应无碰撞。电机开关处于关闭状态，接通电源，控制板连接下载线，下载程序，然后去掉下载线，打开电机开关，效果就出来了。显示板转动时要注意安全，显示效果见图36.18。

图36.18 旋转显示效果图

36.6　需要改进的地方

（1）程序里应加上图形失真校正的算法，否则在实际观看时图形稍微有些变形。

（2）现在的电机是碳刷直流电机，运转了几天都很正常，但还是用无刷直流电机比较好，选功率大一点的，以保证能长时间稳定运转。

（3）显示板上的LED模块焊接在元器件面上，从焊接面的方向是看不见的，所以现在的观看视角范围也就是LED模块视角的120°。如果采用普通的LED用镂空的方式，即在电路板的每个LED的位置上钻孔，孔径略大于LED，LED垂直镶嵌在孔内，这样从焊接面的方向也能看得到。也可以在元器件面和焊接面相同的位置同时焊贴片的LED，这样两个面都能看，就可以在接近360°的范围观看了，只是电路板排版的时候要复杂点。

（4）若平衡性不好，装置旋转起来后振动幅度就会较大（比手机振动模式要大得多），调平衡的时候费了些时间，主要是垂直度和高度的校准，用绘图的直角三角尺的直角部分一边贴着桌面，另一边靠近显示板的侧面，从正面和侧面两个方向进行垂直校准，调好后用热熔胶固定，见图36.19。

36.7　后记

3D旋转装置终于做完了，从一个想法到一个实际的装置，前后用了一个多月的时间，整体出来的效果，我还是挺满意的。这个装置用电机带动旋转，制作的时候应注意安全，小心手别被划伤了，可以加个透明罩提高安全性。以兴趣和爱好再加上灵感和知识，创作出自己设想的东西，与他人分享，让别人感受到你的快乐，这或许就是DIY的乐趣。

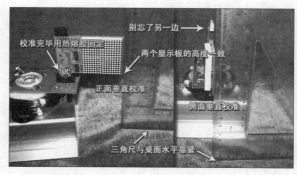

图36.19 调平衡

■ 相关的源程序可以到本书下载平台（见目录）下载。

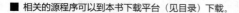

文：金杰

37 无线供电的LED旋转显示万年历

大家一定见过各种各样的万年历吧？下面我就带领大家手工打造一台采用无线供电方式、以LED旋转显示屏作为显示器的万年历。图37.1所示就是这款LED旋转显示万年历的实际效果。所谓LED旋转显示屏，是指在电路中只有一列发光二极管，通过电机带动发光二极管转动，当这列发光二极管转到不同位置时，用单片机控制相应的发光二极管点亮和熄灭，由于人眼具有视觉暂留现象，就形成了视觉上的图形或文字。

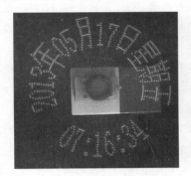

图 37.1 基于 LED 旋转显示屏的万年历

由于显示屏是靠转动的发光二极管的残留影像显示信息的，其特点是显示信息丰富，而整个电路所需的发光二极管的数量却很少（本电路共使用16个发光二极管），所以电路原理图非常简单，几乎和流水灯电路无异，很适合手工制作。但由于整个电路板处于高速旋转状态，所以我们首先要解决两个问题：一是如何给运动的系统供电；二是如何保证信息稳定显示。

37.1 如何给运动的系统供电

给运动的系统供电，常用的供电方式有3种：电池供电、电刷供电、无线感应供电。电池供电方式简单方便、易于携带，但它会使系统重量增加，影响转速，而且它成本高、寿命短，因此只适用于摇摇棒等短时间使用的装置，长时间运行的装置就不合适了。比如能显示时间的LED旋转显示屏，每次电池用完，重换电池就够烦心了，换了电池还得重新调整日期、时间，那简直可以用"痛苦"二字来形容。第二种方式——电刷供电，这种供电方式简单有效，能传送较大电流强度的电能，但在业余制作时，很难找到合适的高质量的电刷，高速旋转时会产生较大的噪声。第三种方式——无线感应供电，这种方式为无接触方式供电，寿命长、无新增噪声，虽然传送电流强度有限，效率稍低，但完全可以满足单片机系统的需要，所以本电路采用无线供电方式。无线供电方式技术要求稍高一些，但能增加制作的挑战性和趣味性，因此，本文首先对无线供电电路的设计与电能传输效率进行一些介绍。

无线供电技术目前还在研究试验阶段，但其应用场合非常广泛，前景非常好，比如，现在已经出现了一些小功率无线充电器应用成品，只要手机或者电子产品具备无线接收装置，靠近无线充电器就可以充电了，除此之外，无线射频IC卡其实也是无线供电的。

图37.2 以无线感应供电方式驱动发光二极管发光

一个LED旋转显示屏需要消耗多大的电能呢？我们来做一个简单的计算：假设我们采用16个高亮度LED，工作时每个LED耗电10mA，单片机的自身耗电较少，暂且忽略不计，则电路所耗电流的最大值为160mA，电压取5V，所以最大总功耗约0.8W。下面我们就按这个要求设计电路。

无线感应供电的基本原理与变压器的原理相同。它利用电磁感应现象，通过交变磁场把电源输出的能量传送到负载，即在相距很近的两个线圈中，一个线圈作为电能的发送端，另一个线圈作为电能的接收端，通过振荡电路给发送端线圈提供交变电流，在相距很近的接收端线圈中就可以感应出交变电动势，再对这个交变电动势整流、滤波即可对负载供电。图37.2所示为通过无线感应供电方式驱动发光二极管发光的演示。

图37.3所示是一个简易的近距离无线供电系统原理图。其中原线圈L1及其控制电路构成了发射端，副线圈L2及整流滤波电路构成了接收端，R5为负载电阻。

电路中使用74HC4060产生多谐振荡波，此多谐振荡波通过大功率场效应管IRF530给发送端线圈L1提供交变电流。本电路之所以使用74HC4060组成多谐振荡电路，主要是为了测试方便，74HC4060构成的振荡电路不但频率稳定，而且有10种输出频率可供选择，可以逐一测试每种频率所对应的输出功率和电能传输效率。当选用11.0592MHz的晶体振荡器时，QD端输出为经过16分频的频率——691.2kHz。

次级接收电路中的谐振电容C4很重要，加上谐振电容后传输距离大大增加，输出功率和电能传输效率也明显提高。

按图37.3所示电路及元器件参数搭好电路后接通电源，对电路进行测试。当不加任何负载（L2远离L1）时，VT1的漏极电流I_1为45mA；当L2与L1紧耦合时，I_1增加到110mA，此时负载电阻R5上的电压U_2为6.5V的电压，折合功率为0.83W，U_1实测电压为13V，电能传输效率为：

$$\eta = \frac{U_2^2/R_2}{U_1 \times I_1} = \frac{7.5^2/51}{13 \times 0.11} = 57\%$$

电路的输出功率基本能满足LED旋转显示屏的要求，对于小功

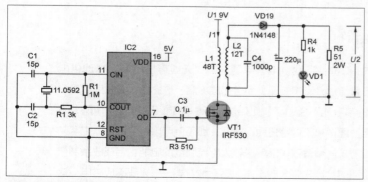

图37.3 简易无线供电系统原理图

率设备，电能传输效率应该说是相当不错了。

在无线供电电路的制作中，振荡电路可以采用任何一种形式的多谐振荡器，如三极管振荡电路、集成运放电路或者门电路构成的振荡电路，也可以采用74HC4060这种带振荡器的二进制异步计数器来实现，振荡频率在500kHz左右为宜。另外，比较重要的就是线圈的制作了，发射线圈用Φ0.5mm左右的电磁线（漆包线）在外径为1cm的骨架上绕48匝，然后固定好；接收线圈用Φ0.2mm左右的电磁线绕成内径为4mm左右的12匝空心线圈即可，关键是安装时不要使这两个线圈相碰。

最后，根据我的制作体会，给对此有兴趣的爱好者几点建议。

（1）L1匝数较多是为了有足够的感抗（感抗和电感量及交流频率有关），避免流过的电流过大而发热。其实L1也可以只绕10匝左右，但一定要配上大小合适的谐振电容，使其工作在谐振状态，这样可以获得更好的传输距离、输出功率和电能传输效率，包括L2的谐振电容也是如此。谐振电容的选择可以在示波器监视下进行，谐振电容可以用涤纶电容、聚乙烯电容等，建议不要用瓷介电容。

（2）传输能量时，波形不是很重要，但是失真太大就会使功率管工作在线性区，而非工作在开关状态，这样将使电能的传输效率大幅度下降。如果在功率管的前面增加一级射极跟随器，可以提高波形的质量，从而提高电能的传输效率。

（3）无线供电电路的工作频率不可太高，频率越高，对VMOS管的要求也就越高，目前高频特性满足这种要求的VMOS管还不容易找到；频率越低，就要求L1的电感量越大。所以我们通常选择电路的工作频率在200kHz～1MHz为宜。

（4）L2感应的电压经整流、滤波后一定要有稳压电路，以保证单片机工作稳定。

37.2 如何保证信息稳定显示

要保证LED旋转显示屏显示正常和稳定，就要求单片机控制显示屏总是从电路板转到某一位置时开始播放所要显示的内容。通常的做法就是通过传感器来检测电路板的位置，并通过中断的方式通知单片机进行显示。传感器可以使用霍尔元件或者光电传感器，其中光电传感器要求工艺简单，安装方便。

综上所述，本万年历的电路原理图如图37.4所示。

37.3 电路说明

本电路采用无线感应供电方式给旋转部分供电，所以电路包括无线供电部分电路和旋转部分电路两部分。

无线供电部分采用图37.3所示电路。

旋转部分由电机带动，进行高速旋转，其电路非常简单，首先由接收端线圈产生感应电动势，经二极管VD19

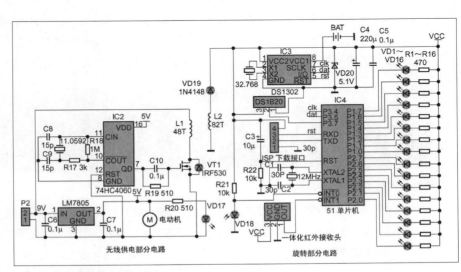

图 37.4 LED 旋转显示屏电路原理图

整流、电容C4滤波、稳压二极管VD20稳压后得到5V电源给整个电路供电，单片机的16个I/O口线分别控制16个发光二极管。为了方便修改程序，我在电路中安装了ISP下载接口。电机可以选用5V长轴直流电机。

作为万年历，应该具备显示公历、农历、星期、时间以及环境温度的功能，并且在掉电的情况下，所有信息不丢失，时钟正常走时，这里我们使用时钟芯片DS1302和数字温度传感器DS18B20。

同时我在电路中还增加了一体化红外遥控接收头，它用于通过遥控调整时间和其他参数。

需要说明的是，在电路中并没有具体标明单片机的型号，你可以选用最熟悉的单片机，只要I/O口够用就可以了，当然，在I/O口够用的情况下，尽量选用体积小、重量轻的单片机为佳。

另外，在无线供电电路板和旋转电路板之间安装一对红外光电传感器，将电路板的位置状态送到单片机的外部中断请求输入端，用以对显示内容进行定位。

37.4　电路组装与调试

本系统电路不太复杂，两块电路都可以在万用电路板上插装、焊接（有条件的话也可制作PCB）而成。制作时首先按照原理图在万用电路板上规划出合理的元器件布局，然后按布局图将元器件依次插装并焊接，最后把需要连接的引脚用电磁线和镀锡裸铜线连接起来。注意不要短路，线路连接关系不要出错。图37.5所示是装配好的无线供电电路及底座实物图。

图37.5　装配好的无线供电电路（左）及底座（右）

安装时需要将直流电机和供电电路板固定在一个盒子里，使电机的转轴伸出盒外，将发射线圈套在电机转轴上，并以电机转轴为中心。图37.6所示是装配好的旋转主板正、反面的实物图，发光二极管和限流电阻均使用贴片元器件，这样会使得像素更紧凑，显示更清晰。

图37.6　装配好的旋转主板正反面

单片机使用STC12C5616AD，28脚窄体DIP封装。LED与单片机引脚的连接均用电磁线相连，这样走线整齐、美观，还能减小整个电路板的体积，其他引脚使用镀锡裸铜线连接。接收线圈固定在旋转主板的底面，然后随旋转主板一起插到电机转轴上，使接收线圈套在发射线圈的内部，构成变压器的形式。以上全部安装好以后，需要把电路板插到电机轴上，测试一下电路板是否平衡，如果不平衡，可以通过在适当位置加焊锡进行配重。

电路装配好以后，需要对硬件电路进行调试，方法是通过ISP下载线接口对主板供电，依次测试每个发光二极管是否正常发光，或者通过下载器向单片机烧入流水灯等简单程序，观察电路整体运行情况。

Tips

DS1302是美国DALLAS公司推出的一款高性能、低功耗、带RAM的实时时钟电路，它可以对年、月、日、星期、时、分、秒进行计时，具有闰年补偿功能，工作电压为2.5～5.5V。采用三线接口与CPU进行同步通信，并可采用突发方式一次传送多个字节的时钟信号或RAM数据。DS1302内部有一个31×8的用于临时性存放数据的RAM寄存器，具有主电源/后备电源双电源引脚，同时提供了对后备电源进行涓细电流充电的能力。

DALLAS半导体公司的数字化温度传感器DS18B20采用TO-92封装，体积小巧、接线方便，是世界上第一片支持"一线总线"接口的温度传感器。测量温度范围为-55～+125℃。现场温度直接以"一线总线"的数字方式传输，大大提高了系统的抗干扰性，适合于恶劣环境的现场温度测量，支持3～5.5V的电压范围，使系统设计更灵活、方便。DS18B20可以程序设定9～12位的分辨率，精度为±0.5℃。DS18B20的性能是新一代产品中最好的，性价比也非常出色，让我们可以构建适合自己的经济的测温系统。

37.5 程序设计

本万年历的单片机程序流程图如图37.7所示。

由程序流程图可知，主程序主要是对外部中断的控制寄存器进行初始化设置。系统共用到两个外部中断源，外部中断0的中断请求信号来自红外光电传感器的红外接收二极管。每当电路板的红外接收二极管转到与之对应的红外发射二极管的位置时，就会向CPU发出中断请求信号，CPU响应中断，调用显示子函数，这样显示子函数总是在电路板转到

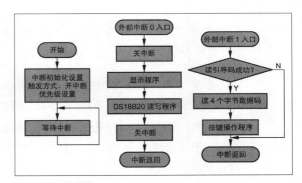

图37.7 程序流程图

同一个位置时被调用，保证显示的内容正常和稳定。外部中断1的中断请求信号来自一体化红外遥控接收头，当收到红外遥控信号时，就会转向中断服务程序，对红外遥控信号进行解码，并进行相应的按键操作。因为当接收到红外遥控信号时，对遥控编码中的"0"和"1"的识别完全是靠时间长短区分的，为保证红外信号解码及时和正确，外部中断1必须设置为高优先级。

显示程序在外部中断0的中断服务程序中。编写程序时需要注意的是，在对字符或汉字取模时要采用逐列式，正序和倒序都是可以的，在程序中都可以调整。显示程序其实就是依次取出字模表中的数据，按时间前后顺序均输出到每一列发光二极管上。比如要显示5个汉字，每个汉字16列，共扫描80列，可用如下程序。

```
unsigned int i;
for (i=0;i<80;i++)
{
 P1=tab[2*i];
```

```
    P2=tab[2*i+1];
    delay(70);//延时时间的长短决定了字的宽度
    }
    P1=0xff;//扫描完所有列后要熄灭所有LED
    P2=0xff;
```

如果想让显示的字符出现如图37.1所示的效果，上半部是正立的，下半部也是正立的，我们可以编写一个字节倒序的子函数，对取出的字模数据首先作倒序处理，然后，显示程序的i值是从80减小到的，参考程序如下。

```
    unsigned int i;
    for (i=80;i)0;i--)
     {
     P2=chg(tab[2*i]);//chg是对字模数据作倒序处理的子函数
     P1=chg(tab[2*i+1]);
     delay(70);//延时时间的长短决定了字的宽度
     }
    P1=0xff;//扫描完所有列后要熄灭所有LED
    P2=0xff;
```

数字温度传感器DS18B20和时钟芯片DS1302的读写程序在这里不再详细列出，需要的读者可以到本书下载平台（见目录）进行下载。但需要注意的是，温度传感器DS18B20的读写对时序要求非常严格，并且读写过程中一旦被打断，就会导致读写错误，所以DS18B20的读写程序也放在外部中断0的中断服务程序中，我们可以将其放在显示上半部分文字和显示下半部文字的程序之间，作为两段文字之间的空格。

所有硬件和软件完成之后，下面就可以坐下来慢慢欣赏自己的作品了。

文：伍浩荣

38 洞洞板上的光立方
——迷你型4×4×4梦幻LED阵列

很多人都像我一样，看别人的光立方觉得是挺酷的，但是自己不愿意尝试如此庞大的工程。如果能制作一个工程量相对少点、更加大众化、同样可以显示出多种3D图案的光立方，对于像我这样爱偷懒的电子爱好者来说，确实是一个比较好的想法。

综合考虑起来，我做的这个4×4×4的LED光立方，为了突出散射效果，采用了64个乳白色蓝光LED，主控芯片只用了一个28脚单片机，加入两个按键，可以单独选择某种显示模式，可以设置显示模式的快慢，长按按键还可以进入自动播放模式。为了不浪费资源，我最大化地加入了20多种显示动画，最后加入了声控模式和多种呼吸灯模式，算把单片机里面的ROM"撑饱"了，终于打造了一个属于自己的光立方。这次还是像之前大部分制作一样，选用了洞洞板来制作，因为电子DIY这种事情，最好就是趁热打铁，而洞洞板可以信手拈来、随时制作，非常实用。下面我会用详细的图文介绍每一步的制作步骤，我已经尽量降低了制作难度，相信大家根据介绍焊接好就会成功。

这个制作的电路原理图如图38.1所示。图中左边的LED方阵总共有4块，为了简洁，我只画了一块，每个LED方阵的正极连接都是一样的，只是负极的公共端有所不同，其中COM1是第一层的公共端，COM2是第二层公共端，以此类推。浏览了电路图，准备好制作的各种材料（见表38.1）和工具，做做准备运动之后就喊"Action"吧！

表38.1 制作所需要的元器件

★ STC15F204EA单片机	1片	★ 2kΩ直插电阻	2个
★ 28脚IC插座	1片	★ 10kΩ直插电阻	2个
★ 高亮长脚乳白色LED	64个	★ 驻极体话筒	1个
★ 轻触按键	2个	★ 7cm×9cm洞洞板	1块
★ 100nF的独石电容	3个	★ 固定铜柱	4个
★ 100μF电解电容	2个	★ 迷你USB插座	1个
★ 470Ω贴片电阻	20个	★ 导线	若干条

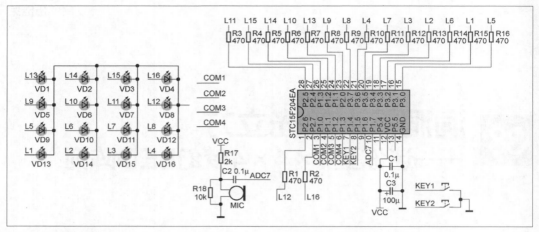

图38.1 电路原理图

38.1 制作步骤

1 首先，把乳白色的LED的正、负引脚弯成90°角，我们要弯的是负极，正极还是保持竖直状态。每4个LED为一组。

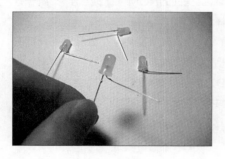

3 每4个LED焊接成一排，注意最后一个LED的负极，也就是图中最右边那个LED的负极，摆向要跟前面3个呈90°。

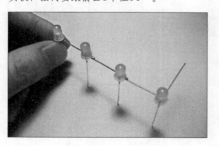

2 然后把LED的负极以脚搭脚的方式搭在一起，注意保持平衡状态。很多人说很难固定LED，在这里介绍一个简单的方法：用一本厚厚的书本，翻开中间，把LED的"头部"盖住，并且在书本上面放上重物，就可以固定好LED的位置，使其保持平衡了，这样我们焊接出来的一组LED就不会歪歪斜斜了。

4 每一层是由4排组合而成的，把每一排的最后的一个LED负极搭在另一排的负极上面，形成固定形状，注意摆放不要歪了，还有引脚接触的地方尽量多加焊锡，还要注意不要虚焊，否则会造成接触不良，检查完毕就进行下一个步骤。

5 逐个把4排LED搭好，然后在另一端加一根粗点的金属丝（如粗铜丝），调整好正确的位置焊接上金属丝，固定住，这样，一个由16个LED组成的方阵就做好了。

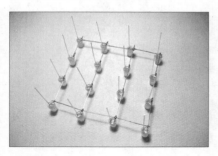

6 同样，用上面的方法，把所有的LED方阵做好。再次强调，焊锡要焊得饱满些。之后再用3V的纽扣电池，把电池正、负极引出来，逐个测试每个方阵的LED，测试到坏的要及时更换过来，否则，到了后面的制作步骤，你会很难受的。

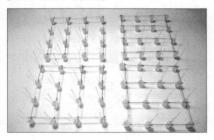

7 把每层LED方阵的正极尾端弯成大概120°的"钩"状，然后一层一层叠起来，把上下两层的"弯钩"接触处（也就是上、下每层对应的正极的引脚）用焊锡焊接好，同时把16个LED固定好。

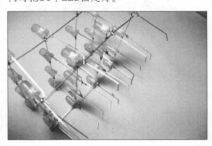

8 4层叠加完成后，一个由LED组成的立方体就呈现出来了。完成这个之后，我们先把它放到一边去，接下来焊接控制部分的电路。

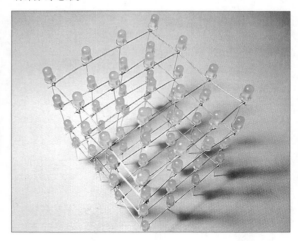

9 先在7cm×9cm的洞洞板上量好 "立方体"正极引脚的插孔位置，并且用油性笔记录好16个插孔的位置。

10 然后在这块洞洞板上先焊接好28脚的单片机IC插座、两个微动按键开关，以及声控放大电路的2kΩ电阻和0.1μF电容，在单片机的正、负极两端同样焊上0.1μF电容，以上元器件不要焊接在之前标识的16个LED插孔位置上，而要焊接在标识孔的间隔处。

11 把驻极体话筒的引脚弯曲成如图所示的样子，并且对照电路图在相应位置上焊接好两个引脚。还要将16个470Ω的限流贴片电阻对应I/O口，焊接在洞洞板的背面。我是用迷你USB插座供电的，因为只需要引出正、负极的引脚，所以剪去迷你USB插座中间的引脚，留下左、右两个引脚，同样在洞洞板背面用焊锡焊接好，固定在合适位置上。

12 将下载好程序的单片机插到IC插座上，拿出之前做好的"立方"，把16个LED正极引脚插在对应的标识插孔中，然后在洞洞板背面用焊锡焊接固定好LED，注意LED的高度要一样。固定好立方之后，把100μF的电容和其余的元器件按照电路图在背面焊接好。

13 受限于洞洞板的大小，不能都用焊锡过线，因此接下来就到了飞线步骤，对应LED方阵的引脚连接，把16个LED跟两个按键用导线点对点地连接到相应的I/O口上面。

14 还要把每一层的LED公共端（也就是负极）同样用导线引出来，通过洞洞板的孔过线到洞洞板背面。这里最好选用白色的导线，这样做色差不大，可达到"伪装"的效果，使整体看起来更加整洁。

15 再用4根铜柱在洞洞板的4个角落上固定并垫高洞洞板，由于复杂的过线都是在背面的，这样做就可以把烦琐的过线置于"隐身"状态了。完成之后，插上USB线，这个制作就可以工作起来，整个制作过程也算完成了！

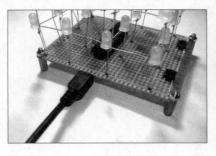

38.2 程序设计思路

大家最关心的想必是怎样在这个迷你光立方上实现自己喜欢的3D动画。其实光立方的图形实现跟数码管的扫描是一样的，都是把要显示图形的数据送到对应的I/O口上面，然后再用单片机快速切换扫描每一层的数据，由于每一层切换的时间非常快，整体看来就是一个图形了，好多电子爱好者的光立方都是这么实现的。考虑到要实时响应按键开关的切换以及动画的显示速度，动画显示函数是在定时器中断里实现的，而不是用之前的，比如"delay（）"这种软件延时方式去扫描，这样做就可以最大化响应用户的按键操作了。为了更好地去编辑自己的动画，我写了一个可以显示任何动画的函数，内容如下：

```c
void figureshow(uchar a[],uchar b[],uchar n)
{
 P1=P1|0x0f;//先关闭
 count++;
 if(count>ledspeed)
 {
  count=0;
  if(j<n)//n代表一个显示数组总共有多少个元素
  {
   for(i=0;i<4;i++)//刷新一帧动画
   {
    dis2[i]=a[j];//每层显示内容
    dis3[i]=b[j];//4个数据一组
    j++;
   }
  }
  else {j=0;count=ledspeed;}
 }
 P2=dis2[num];//送入显示数据
 P3=dis3[num];
 P1=P1&ledcom[num];//切换扫描每一层
 num++;
 num%=4;//限制在4以内
}
```

在使用函数之前，先来看看LED方阵的连接（见图38.2）。为了方便操作，我把每个LED的控制引脚都标出来了，箭头的方向就是我们正面观看的方向。

LED的方阵是由P2组跟P3组控制的，这两组的I/O口设置为推挽输出，这样把要显示的对应点设置为高电平"1"，就可以点亮了。那么如何使用这个函数呢？每一帧的动画是由4层方阵组成，比如我们要设计动画的第一帧是全亮，我们先定义两个数组，这两个数组分别由P2组和P3组输入：

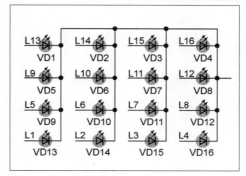

图38.2 LED方阵的连接

```c
code uchar All_P2[]={//全亮
```

```
0xff,0xff,0xff,0xff/*1*/
};
code uchar All_P3[]={
0xff,0xff,0xff,0xff/*1*/
};
```

两个数组里面各有4个元素，每组第一个元素代表第一层的显示，第二个元素代表第二层的显示，以此类推，到了第四个元素就完成这一帧的显示了。函数的n代表每个数组的元素个数。

使用的时候这样操作：figureshow(All_P2, All_P3,4);就可以全亮了！这只是简单地使用，因为动画是要"动"起来的，也就是每一帧的数据都不同才可以，我们要设计一个动画，就要考虑好这个动画的帧数，然后把每一帧的数据编写出来，放在这个函数里面就可以显示动画了！当要修改动画的快慢（也就是帧数的转换）时，把ledspeed修改为不同的值即可。注意，这个函数要放在定时器中断里面，要设置时间，就要修改中断的累积时间计数值。程序中我设置了短按控制来转变动画时间的快慢，关于按键的长按、短按已经在之前的文章中有了比较详细的说明，在这里我就不多介绍了。还有一点要补充说明的是，为什么在数组前面加code呢？因为我们要显示的动画有很多种，为了节省RAM的资源，要把数组的数据放在ROM中。

我不是"标题党"，为了使光立方有种"梦幻"的效果，我加入了各种形式的呼吸灯模式，也就是逐渐变亮、变暗的效果，专业名词就是脉冲宽度调制（也就是PWM）。因为直接用软件循环的语句很难控制PWM的周期，在这里，我们用定时器0产生特定周期的PWM，从而控制亮度。我们先定义一个10ns的定时器中断，注意中断一定要快，由于视觉暂留现象的作用，LED就会呈现出不同的亮度。然后在中断里面进行以下操作：

```
void timer0() interrupt 1
{
 P1=P1|0x0f;//先关闭
 Pcount++;
 if(Pcount>254)//每中断255次产生一种亮度
 {
  Pcount=0;
 }
 if(Pcount<levelcount)//修改levelcount的数值就可以修改不同亮度
{
  P2=0xff;//在这段数值内全亮
  P3=0xff;
 }
 else
 {
  P2=0x00;
  P3=0x00;
 }
```

```
    P1=P1&ledcom[num];
    num++;
    num%=4;
}
```

用通俗的语言来讲，就是在快速扫描的时间段内，亮的次数比灭的次数要多，这样就可以产生不同的亮度了。修改if(Pcount<levelcount)语句里面P2组与P3组所控制的LED数，就可以设置不同形式的呼吸灯了！但是上面的中断函数只能产生一种亮度，修改levelcount的值就可以修改不同亮度，levelcount的数值范围是0~255，也就是有256级的亮度。而一种亮度显然不能达到我们所需要的"呼吸"效果，因此我们要在其他地方让levelcont自动增加数值到最高值，之后又逐渐减少数值到最小值，来回循环，这样就有呼吸的效果了！

```
    if(levelflag)//初始值为1
    {
        levelcount++;//亮度逐渐变大
    }
    else
    {
        levelcount--;//否则亮度逐渐降低
    }
    if(levelcount>254)//到达亮度最大值时转变为逐渐降低亮度
    {
        levelflag=0;
    }
    if(levelcount==0)//亮度为最低时转变为逐渐增加亮度
    {
        levelflag=1;
    }
```

首先定义一个开始转变亮度的标志位levelflag，初始值为1，levelcount每次到达最高点以及最低点都翻转levelflag的数值。把上面的程序放在你需要设置的转变亮度时间内，就能实现"梦幻呼吸灯"的效果了！

再来说一下声控效果的实现。其实简单来说，就是用驻极体话筒采集、放大声音，然后转变为电压值，再用STC15F204EA内置的10位AD功能读取电压值。驻极体话筒的放大电路可参考我画的电路图，单片机内部的10位AD读取函数可以参考单片机的数据手册。不过，检测到声音也不能让光立方一直亮着呀，最好是检测到声音的不同大小、长短会有不同层次的亮起，让光立方"显示"出声音的级别，这样就会更加有动感了。只需要进行下面的简单操作即可实现不同级别声音显示不同的效果了。

```
    ADValue=ADC(7);//先读取P1.0的AD值
    if(ADValue>1)//判断AD值是否大于规定的值
```

```
    {
        P1=P1|0x0f;//先关闭
        P2=0xff;//每层全亮
        P3=0xff;
        P1=P1&ledcom[num];
        num++;
        num%=4;
    }
    else
    {
        P1=P1|0x0f;//先关闭
        P2=0;//每层灭灯
        P3=0;
        P1=P1&ledcom[num];
        num++;
        num%=4;
    }
```

将上面那段程序放到定时器中断里扫描，由于要检查到AD值大于1才能进入扫描，当声音很小或者很短的时候，就只能扫描到一两层LED方阵，同理，声音持续的时候，就能不断进行LED方阵的扫描。由于扫描速度很快，声音大的时候，显示层数就多，声音小的时候，显示层数就少，用这种简单的操作就可以"看"出来声音的大小了。要是你在一旁"high歌"，光立方就随乐而动，很有动感！

好了，上述算是这个制作的精髓了，其实大家了解渗透的话，就可以举一反三，用到更多的工程上面了。如果能亲手打造一个属于自己的光立方放在客厅里，客人来拜访，看到随声而动的光立方，一定会增加不少乐趣！图38.3~图38.5所示为光立方的各种状态。

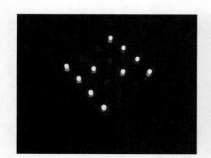

图38.3 "闪电"式流动

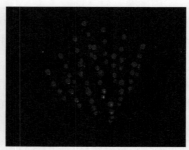

图38.4 呼吸灯状态，可以看到所有的LED的"呼吸"过程

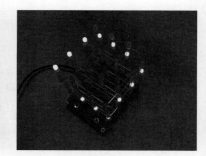

图38.5 "龙卷风"转动模式，很有立体感

文：伍浩荣

39 3×3×4彩色LED光立方

前面介绍了我制作的4×4×4的单色光立方，可能是单色LED过于单调的原因，看久了就觉得效果还是没有想象中好。为了防止视觉疲劳，这次趁着有空闲时间，我又制作了这个双色LED光立方。运用双色LED形成多种组合，它可以显示出更多的3D效果。考虑到之前有人采用3色RGB的LED制作过光立方，而且也出于成本的考虑，这次制作我没用3色LED，但是没关系，如同"你的声音很好听，我为你转身！I Want You！"，只要效果好，有特色，就值得一做。

每一次的制作都会有一些惊喜，这次也不例外。为了显示出更多的立体模式，除了最大化利用单片机的程序存储空间，我还利用了单片机内部的EEPROM空间存储显示数据，大概有40多种显示模式，算是将单片机资源利用到极限了。在这个制作中，我添加了声控和光控功能，LED的光效可以随着声音而跳动，而且还会随着声音大小而改变颜色。光控模式要在黑暗的环境中才启动，在这种模式下，我们可以看到这个光立方颜色逐渐变化的过程。

为了增加亮点，也为了简化制作过程，我添加了2个触摸按键，一个用来切换单独的显示模式，一个用来切换功能模式（全自动播放模式、声控模式和光控模式），这样操作起来就更酷、更方便了。

由于这次是采用双色LED制作的，电路的连接相对于单色LED来说稍复杂一点，所以笔者采用了PCB来制作控制底板。另外，为了不使PCB显得太过单调、无趣，我在PCB正、反面上各添加了一个"兔斯基"卖萌图案，希望这个制作也能成为一个"老少咸宜"的亲子制作。

39.1 材料准备

好了，有个大概的认识之后，我们还是动手为快，先来看看制作要用到的元器件，如表39.1所示。

制作的原理如图39.1所示。为了让电路图看起来简洁些，我只画了一层LED，每一层的排列都是一样的，com1～com4分别是从低层到高层的LED公共端。元器件和工具准备就绪，我们就开始制作吧！

39.2 制作过程

整体分两部分焊接，一部分是底板的焊接，一部分是LED的焊接。我们先按照电路图所示焊接底板（见图39.2）。

表39.1 制作所需的元器件

名称	数量
STC15F204EA贴片单片机	1片
光立方白色PCB	1块
220μF贴片电解电容	1只
mini USB插座	1个
驻极体话筒	1个
5288光敏电阻	1个
104（0.1μF）贴片电容	2个
10kΩ贴片电阻	2个
1kΩ贴片电阻	18个
1MΩ贴片电阻	2个
2kΩ贴片电阻	1个
双通铜柱	4个
平头螺丝	4个
白色导线	3根
粗导线	4根
USB数据线	1根
2×5×7方形双色磨砂红蓝雾状高亮LED	36个

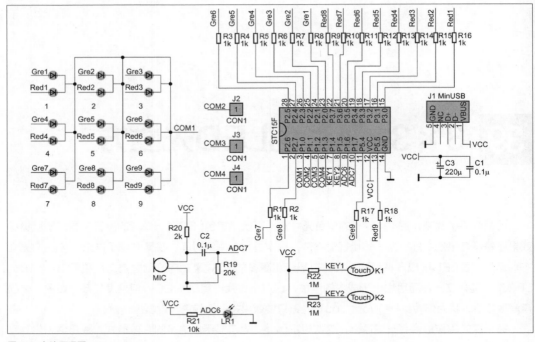

图39.1 电路原理图

焊接完成底板后，要仔细检查一下是否有虚焊或者短路的地方，以免造成上电后元器件损坏。下面开始焊接LED。焊接LED之前，要注意两点。

（1）首先用万用表检查LED是否完好，焊接时电烙铁的温度不宜太高，一般使用20W的电烙铁焊接就可以了。最好使用焊台，因为LED是很怕静电的，尤其是绿色LED和蓝色LED。

（2）焊接LED时，电烙铁接触LED引脚的时间最好不要超过3s，如果对自己的焊接技术没什么信心，最好先练习一下，再动手焊，这样可以尽量避免LED出现"死灯"现象，不然更换坏掉的LED会非常麻烦的。

我们先做LED"地基"，这部分很重要，焊得好不好直接影响到上面3层的焊接，所以一定要仔细小心，尽量焊好每一个LED。

LED最短的那个脚对应PCB上LED焊接位置的那个方形焊盘。焊接前，稍微把LED最左和最右边的脚掰一下，再插到LED焊盘里，尽量使其垂直于PCB，见图39.3。

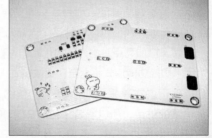

图39.2 焊接完成前后的实物照片

以此类推，每一排和每一列都尽量使其垂直于板子，每焊接一个LED，都要用眼睛瞄一下每行或每列LED是否都在一条水平线上。底板焊接完一层LED后的效果如图39.4所示。

最底层的LED焊接完成后，可以上电测试一下LED是否会亮，是否有死灯，按键是否有效。如果LED不亮，则用万用表检查一下底板的元器件焊接是否有虚焊或者短路情况，测一下单片机的12脚和14脚之间是否有5V电压。确定底层所有LED都正常，把4个铜柱安装上，我们就可以开始焊接上面3层的LED了。

焊接前，LED都要掰成如图39.5所示形状，中间脚与其他两脚呈90°。请注意，中间引脚掰的方向不要弄反了，LED的3个脚的长度是不一样的，因为下层的LED跟上层的LED焊接的原则是短脚跟短脚焊在一起、长脚跟长脚焊在一起，中间的脚是公共端，每一层所有LED的公共端（也就是LED中间那个脚）都要连在一起。

如图39.6所示，在LED的一个引脚上先上一些锡。然后如图39.7所示，用手握住LED固定好，LED引脚上面有突出的地方（就是卡位，我们以那个卡位为标准，这样焊出来每一层LED的高度都会一致），熔化焊锡，固定引脚，冷却后用焊锡固定另一边的引脚，LED中间那根引脚是如图那样往里掰的，LED最短的引脚在右边。

每一列的LED引脚都用上面的方法焊接。下面讲一下公共端的连接，如图39.8所示公共端交界处，在中间那个LED弯曲处先上一些锡，上锡时要小心，电烙铁不要碰到LED胶体。然后把前面LED公共端的引脚搭焊在之前上锡的那个地方（注意LED公共端不要碰到其他两个引脚！），这样就可以固定好了。以此类推，最外面的那个LED的公共端也是用这种方法固定，完成后如图39.9所示。

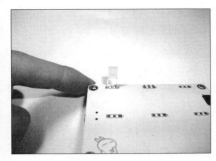
图39.3 焊接LED前的准备

图39.4 焊接完一层LED的效果

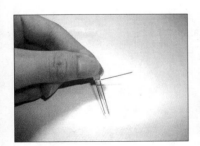
图39.5 LED两引脚成90°

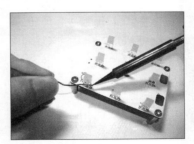
图39.6 给引脚上锡

图39.7 焊接LED

图39.8 焊接公共端

图39.9 焊接好一层的公共端

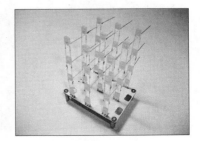
图39.10 搭焊完成的LED

一层搞定，然后往上一层也是一样的做法。所有的LED搭焊起来的效果如图39.10所示，此时多出来的引脚先不要剪掉。

现在剥开红色导线的外皮，取出里面的银色导线，如图39.11所示。

此时，用银色导线把多出来的公共端连起来，如图39.12所示，其他几层都同样处理，除了最底层（因为底层不用连）。

公共端全部用银色导线连接起来后，剪掉所有多余的引脚，完成后如图39.13所示。

做到此时，还没完工哦，我们还要用3根白色导线连接上面3层的公共端。观察一下底板，你会发现有3个焊盘标注着com2、com3、com4以及有3个小洞（话筒和光敏电阻之间，见图39.14）。我们要将白色导线焊在这几个焊盘上，然后通过小洞拉出导线，焊接到每一层的公共端（也就是刚才的银色导线那里）。连com4的线接到第4层，连com3的线接到第3层，连com2的线接到第2层。

OK，终于搞定了（见图39.15），现在插上USB线，按下触摸按键，开始体验你的彩色光立方吧！

图39.11 剥取银色导线

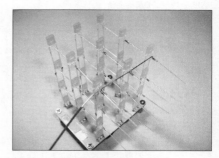

图39.12 用导线连接公共端

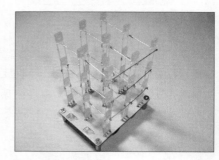

图39.13 剪掉多余引脚

图39.14 底板

39.3 编程思路

为了让文章更有"营养"，介绍完制作步骤之后，我们来看看相关的程序讲解吧。我重点讲解一下几个关键程序的思路。

39.3.1 如何最大化利用单片机EEPROM

由于单片机的容量有限，但是我们想要设计的3D模式比

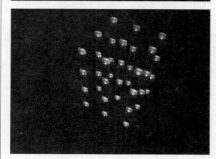

图39.15 制作完成的LED光立方

较多，为了能显示更多的模式，就要利用好单片机的内置EEPROM了。这里介绍一种最大化利用EEPROM的简单方法，无须写入EEPROM函数，直接用一个读取EEPROM的函数即可。

首先我们用Keil软件新建一个工程，然后直接把数组数据写入，比如这样写入：

```
code unsigned char
spinP2[]={//红蓝环绕紫色中轴旋转
0x11,0x11,0x11,0x11,/*1*/0x12,0x12,0x12,0x12,/*2*/0x14,0x14,0x14,0x14,/*3
*/0x30,0x30,0x30,0x30,/*4*/0x10,0x10,0x10,0x10,/*5*/0x90,0x90,0x90,0x90,/*6*/
0x50,0x50,0x50,0x50,/*7*/0x18,0x18,0x18,0x18/*8*/
};
code unsigned char spinP3[]={0x10,0x10,0x10,0x10,/*1*/0x90,0x90,0x90,0x90,
/*2*/0x50,0x50,0x50,0x50,/*3*/0x18,0x18,0x18,0x18,/*4*/0x11,0x11,0x11,0x11,/*5*/0x12,
0x12,0x12,0x12,/*6*/0x14,0x14,0x14,0x14,/*7*/0x30,0x30,0x30,0x30/*8*/
};
code unsigned char spinP0[]={
0x02,0x02,0x02,0x02,/*1*/0x00,0x00,0x00,0x00,/*2*/0x00,0x00,0x00,0x00,/*3
*/0x00,0x00,0x00,0x00,/*4*/0x01,0x01,0x01,0x01,/*5*/0x00,0x00,0x00,0x00,/*6*/
0x00,0x00,0x00,0x00,/*7*/0x00,0x00,0x00,0x00/*8*/
};
```

上面是程序中要显示一个动画所需的数据数组，然后我们直接单击"编译"，生成HEX文件即可。不需要写头文件，不需要写main函数，注意数组前面要加"code"，这个时候我们编译所得到的HEX文件就是我们要下载到EEPROM里面的文件，这个文件已经包含我们要显示的数据。我们再到主工程上面写上EEPROM的读取函数，这里我写了一个连续读取EEPROM的函数，大家可以参考一下。

```
void EEPROM_Read_Long(unsigned int addr, unsigned char READPointer *pr,
unsigned char len)
{
while (len--)
{
 *pr=EEPROM_Read_One(addr);
 pr++;
 addr++;
}
}
EEPROM_Read_One(addr);
```

这是读取EEPROM单字节的程序，具体内容可以参照STC15F204EA的数据手册，里面有比较详细的函数内容，这里我就不费笔墨了。我们现在重点介绍如何使用这个函数。

读取EEPROM的数据可以用两种方法，一个是"数组"，另一个是"结构体"。这里我用了数组来读取数据。首先我们在函数前面定义一个数组，如"unsigned char Read_Data[20];"，然后运用上面的连续读取函数返回数据，如"EEPROM_Read_Long(0x0000,Read_Data,20);"，这样就可以把EEPROM里从0x0000地址开始连续读取的20个数据放进Read_Data数组中了。然后把Read_Data放进我们的光立方图像显示函数里就可以了。当想读取另外一个图像时，重新连续读取另外的地址即可，EEPROM的刷写速度还是挺快的，快速显示数据没有压力！

需要补充说明的是，下载程序的时候需要把主程序的HEX文件和EEPROM的HEX文件同时下载到单片机里。首先打开STC-ISP下载软件，在"打开程序文件"里面打开我们的主程序HEX文件，然后在"打开EEPROM文件"里打开我们的数组数据的HEX文件，然后单击"下载"按钮，同时把这两部分下载进单片机里，这样就不需要在主程序函数里编写EEPROM的写入函数了，仅需要一个读取函数就可以快速读取数据，减少程序空间利用，增加数据的存储空间。这样大家就可以尽情发挥个人创意去设计更多不同的显示图案了。

39.3.2 如何实现触摸按键

众所周知，人体具有一定的电容。当我们在PCB上面画一个单独铜块时，形状不固定，你可以画成圆形或者其他酷点的图形，我这里画成了一个"方形铜块"，这个就形成我们所说的"按键"，我们把这个"按键"连接在单片机的I/O口上，然后在这个"按键"周围进行PCB覆铜，并且要注意覆铜要连接到地线（GND）上，这样，我的"按键"就和周围的"覆铜"形成了一定的间隙，就相当于一个"电容"了！这个"电容"的数值是固定的，当我们的手指接触到这个"按键"的时候，相当于人体的电容和PCB上的电容叠加起来了（电容并联相当于2个电容值加起来）！也就是说，如果能判断这两个电容的大小是否有变化，就可以判断"按键"是否被按下了。

那么，又是怎样判断电容的大小变化呢？首先，把连接触摸按键的I/O设置为开漏输出状态，如我的"触摸按键"是P1.4和P1.5端口，在程序上面写上：

```
P1M1=0x30;
P1M0=0x30;
```

这样就可以把两个I/O设置为开漏输出状态了。然后把I/O口拉低，也就是设置为"0"，稳定一段时间，确保是低电平后，然后把I/O口拉高，也就是设置为"1"，同时我们可以设置一个定时器或者一个软件计时的方法去计算I/O口从低电平拉到高电平的时间值。因为存在分布电容，I/O口凭借着上拉电阻拉到高电平所需要的时间因电容分布大小而有所不同，所以计算出的这段时间就是判断电容大小的依据了。把电容值转化为单片机可以处理的计数值，就可以根据计数值判断"按键"是否被按下了。

这就是我的触摸按键的实现思路了！这种把其他元器件数值转化为计数值的方法可以用到很多地方，只要大家理解这种思路，还可以利用单片机去处理更多的东西。

39.3.3 光控模式如何实现

相比之前的光立方，这个制作还多出了一个光控模式。晚上关掉灯，就可以看到颜色逐渐变化的过程。这里还是运用了软件PWM的方法，其实还是相当于一个"呼吸灯"，只不过我把"呼"跟"吸"两部分分开处理。因为颜色的调制会根据两种不同亮度的LED产生不同变化，所以，即使是双色LED，由于亮度不同，也可以调制"彩色"的效果！

我们可以设置几个标志，记录不同颜色的不同亮度的位置，比如，当蓝色LED逐渐增加到最亮值，设置一个标志，蓝色LED的亮度保持不变。同时红色LED亮度开始逐渐增大，这个过程可以看到光立方会由浅紫色逐渐变化到深紫色。当红色LED亮度也达到最大值的时候，再设置一个标志，同时蓝色LED亮度逐渐降低，这时候可以看到光立方从深紫色逐渐变化到酒红色，再到红色，这时再设置一个标志，同时红色LED逐渐降低亮度。这样，纵观全过程，就可以看到由双色LED调制出的所有颜色变化了！

这是单色LED不能产生的效果，同时它也不仅仅是"呼吸灯"，可以说它是"呼吸灯"的2.0版本或者3.0版本，可以最大化地发挥双色LED的潜力。按照这个原理，大家也可以用3色LED调制出更多的颜色效果。在这里我只是列举一个制作例子，去证明这种方法的可行性，更多的发挥空间还要看大家的创新能力了。

以上就是这个制作的关键程序讲解，当然，制作中也用到了前面介绍的光立方中的相关程序，为了避免重复，这里就不再讲解了。

这个制作不是常见的单色LED光立方，也不是昂贵的全彩LED光立方，更没有复杂的制作工艺，只是一个相对简单而不失美观的双色LED光立方，同时加入了有着有趣图案的PCB，希望可以给爱好电子的你们带来一些制作上的乐趣吧。

文：刘小平　李志远

40　单片机版光立方

为了制作出出色的光立方，我将控制程序改进为动态扫描控制，虽然是汇编程序，但包含了伪定义后只有63行，我加上了比较完善的中文注释，这样大家可以比较方便地移植为C语言程序。这次设计的是通用版，便于多样化控制（我会在后文详细说明），所以程序会有升级，当然有能力的个人可以自己设计控制程序。

下面，就把我的设计原理和程序与大家共同分享一下。本人能力有限，难免有不足之处，还请读者指正！在开始前，我还是要多唠叨一句：我们的作品坚持原创、坚持开源，教学性转载请注明出处，作品包含的程序、原理图不得用于商业用途。表40.1所示为制作所需的材料清单。

40.1　制作说明

40.1.1　灯珠焊接

制作立方体最大的工作量在于灯珠的焊接，恐怕大家对512个灯珠的焊接都心存顾虑，这次我特意解决了这个问题，灯珠的焊接不仅有了速度，而且有质量保证，方法如图40.1所示。

在一张18cm×30cm的万能板上面焊接间距为2.54mm的排针，横向间距孔数是7个，纵向间距孔数是8个，这样焊接出来的8×8点阵灯珠的间距就都是8个了。这种方法适用于长方形灯珠，如果是普通型的灯珠，改为间距较大的排针就可以了。间距也需要做适当调整，为了保证横向和纵向灯珠的间距一致，横向和纵向的排针间距是不一样的，模板做好后，用法如图40.2所示。

横向弯折的是发光二极管的负极，纵向弯曲的是正极。为了便于焊接，纵向的引脚弯折了两次，即横向一次（与负极一致），再纵向弯折（弯折点大约在3mm处，不同厂商的灯珠略有差异，以实际模板

表40.1　材料清单

名称	数量（个或者组）	价格（元）	合计（元）	备注
长方形蓝色灯珠	512	0.2	102.4	如选用普通LED，可节省很多
18cm×30cm万能板	3	7.5	22.5	
弯排针	7	0.25	1.75	
74LS245	16	1.65	26.4	HC系列的比较便宜
20脚IC座	16	0.14	2.24	
2.54mm冷压端子	2	2	4	
最小系统部分	1	13	13	这是粗略的计算，具体有差异
线材	1	30	30	
5V/2A电源	1	14.5	14.5	
总计			216.79	

注：如果使用一般的发光二极管，100多元就可以买到全部材料了

图40.1　在万能板上按顺序焊接上排针

比对为准）一次。之所以让正极做纵向弯折，是因为发光二极管的正极引脚要比负极引脚长一些，这样就不会因为弯折两次而导致引脚长度不足。当然，我是最大限度地发挥了引脚的长度优势，读者可以根据自己的实际情况来决定灯珠的间距。

摆放好的灯珠如图40.3所示。这样摆放后，灯珠的引脚都是紧挨在一起的，几乎不需要人为矫正，直接上焊锡就可以了。因为引脚的摆放状态都是适合焊接的，所以焊接起来非常方便，保证没有虚焊。用这种模板做出来的点阵是非常结实的，一般来说，当焊接好后的点阵用镊子小心地取下来时，你会发现取下来的平面都是横平竖直的。如果偶然出现弯曲的点阵面，可以直接用手矫正，不需要担心点阵会被弄坏。我的实际经验告诉我，这种方法焊接出来的点阵，只要在焊接上不马虎，绝对结实；只要焊锡够均匀，也不会出现开焊点。

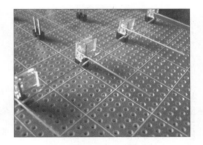

图40.2 发光二极管正、负引脚弯折方式

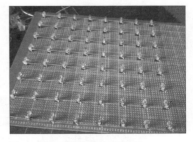

图40.3 按一定顺序摆放好的灯珠

40.1.2 驱动板的设计

准备两张18cm×30cm的万能板，喷上涂鸦用的黑色喷漆，如图40.4所示，这种喷漆的价格较为便宜。

再拿出8×8的点阵，量好裁剪的尺寸，因为点阵引脚也有长度，所以长比宽要略长些（实际上是矩形），引脚如图40.5所示。

固定板不是预想中的正方形，驱动板分为底面和侧面，都是完全一样的。在图40.5中，弯排针起到了固定点阵的作用（有个细节是图片里体现不到的，在点阵引脚末端，是焊接了冷压端子的，就是杜邦线插头的金属部分），这样加工后，点阵就会变得易于组装和拆卸了。

在组装之前，先要在底板和侧板上焊接连接线，如图40.6所示。

每个面都有64根线，合计128根，我用的是零散的杜邦线，长度刚好合适。读者可以自己做线或者购买成品，成品价格也不贵，而且成品的好处是，一端是8Pin的插座，另一端是8根裸线，非常方便组装。

这个过程还是相当漫长的，我焊接512个灯珠用了两个下午，底板焊接和接线用了3个下午。如此算来，即使是"老老实实"地焊接，也还是需要一周左右的时间，希望喜欢DIY的朋友们要有耐心，这个过程肯定是枯燥乏味的，但成功的喜悦也是难以言喻的。

图40.4 在万能板上喷上黑漆

图40.5 进行初步焊接之后的立方体

40.1.3 驱动电路

驱动电路的设计其实是仁者见仁，智者见智了。根据原理图，16个IC芯片布局想必大家都有自己的想法，如果读者以前见过我制作的LED金字塔，可以拿来作为参考。在这里我想说，如果用的是万能板，那么用废弃引脚作跳线来并联所有输入是非常快捷有效的方法，而且可以大大减少工作量。

图40.6 在底板和侧板焊接上连接线

40.1.4 总装和美化

这些工作都完成后，就开始把每个面的灯珠组装上去了，这个过程没什么难度。如果后期发现有坏点现象，拆卸也很方便，进行补焊就可以了。然后就是根据原理图把后面的总线连接到74LS245的输出上，每个面64根线，64个输出与之对应。初装好后，如图40.7所示。

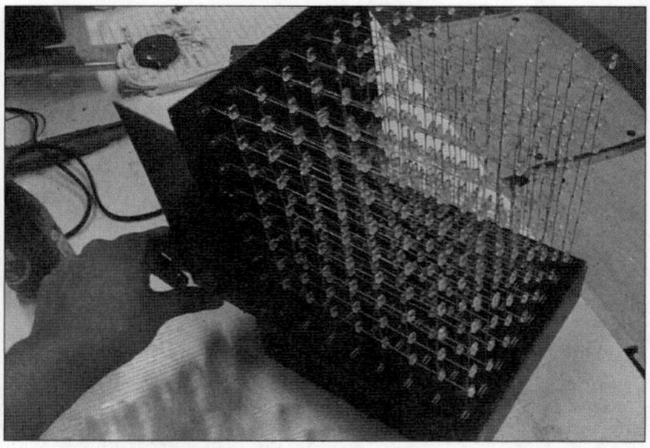

初装完成后，软件调试正常的话，就可以进行美化了。把线都整理好，用热熔胶固定住，再围上护板把电路遮挡起来。

图40.7 初装完成

40.2 原理分析

先来看看原理图。图40.8所示为底板及其驱动示意图，也就是实物的底板及其驱动电路的原理。大家看到的那些发光二极管代表了共阳极接点，但并不是真正的二极管点阵，之所以这样画是因为我在Proteus软件里找不到更好的表达方式了。希望大家切记，那不是真的灯珠，而是底面的共阳极接点（共有64个，每个面8个阳极、8个阴极）。

至于单片机，我这次用的是STC12C5A60S2（见图40.9），并非因为89C52速度不行，而是存储空间不够大；我手里60KB的单片机只有这么一块，所以就用上了。大家不要担心普通51单片机的能力问题，非增强型的单片机是完全可以胜任这个程序的，我亲自测试过，保证通过。

图40.9所示就是侧面板和驱动的电路示意图，和底板图一样，二极管并不是代表点阵，而是代表了侧面板的64个共阴极接点，侧面74LS245的输出全部连接的是侧面板的共阴极。

请大家注意图40.8和图40.10中的19脚，是两两一组的，大家在焊接的时候也要注意到这部分的布局，否则以后组装的时候还是很麻烦的。

我没有画出灯珠的电路图，这部分其实就是8个独立的8×8点阵，我强调独立是因为这次的设计是不同于其他设计的。下面，我就详细说一下驱动原理和设计思路。

虽然原理上和大家平时接触的可能不一样，但是控制方案都是一样的，

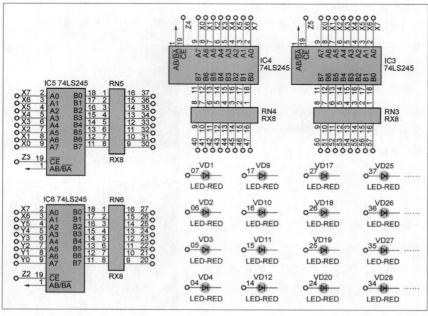

图40.8 底板及其驱动示意图

即先选中第一个面，显示图案后再选中第二个面。以此类推，类似于8位数码管控制，只不过，每个面是动态扫描的，实际的程序会比控制8位数码管的复杂许多。

我最开始看到的原理图是一位美国网友发布的资料，本来我也想遵循他的设计思路，即只用8个驱动IC，每个面的选通用三极管实现。这样确实节约了IC和硬件，但在编程上就不那么简单了。因为国内大多数初学者是用51单片机控制，即便是用C语言编写光立方的控制程序，也是需要比较复杂的算法的，我不想让程序成为单片机爱好者的瓶颈。下面，就根据我个人的理解，说一下我为何要做这种设计。

光立方作为一个立体结构，动画的动作效果是非常多的，为了使编程者在动画控制程序上操作更为简单，我就选用了这种全驱动的方式。我们都知道，要想设计每一帧动画，就要先建立一个三维坐标系，即人为规定X、Y、Z轴，这样编辑动画的时候就可以有条不紊了。但要想做出更好的动画效果，三维坐标轴是不能固定的。举例来说，当你做一个图案由前向后移动的时候，你事先定义了一个三维坐标系；当再想让一组画面由上到下移动时，你就会发现，用刚刚定义的三维坐标系来设计新的运动方式就会很麻烦。因为动画动作的参考面变化了，但是坐标系没有变化。并非固定的三维坐标系不能用，而是很麻烦，至少，根据我对美国网友资料的理解，他的设计在硬件上只能遵循固定的三维坐标系编辑方式。为了弥补这一不足，他做了上位机软件来编辑动画，当然，仅有上位机软件是远远不够的，还需要在控制程序上有好的算法。说到算法，我也算是个初学者，没什么心得，为了弥补个人的不足，就在硬件上做了改进。这样的驱动方式好处是，三维坐标系可以根据动画的动作方式不同而做改变，比如单片机的P1的输出，既可以是X轴，也可以是Y轴，还可以是Z轴。这些坐标轴的切换可以通过子程序、指针或者仅仅通过变量赋值改变。汇编程序如右侧所示。

这样，不管是C语言还是汇编语言，通过3个子程序，就可以简单地切换三维坐标系的轴。变量x1、y1、z1、x2、y2、z2、x3、y3、z3是中间变量，不一定是直接查表所给的数值，最好作为查表变量与输出端口的桥接，3个子程序代表了坐标系的3种情况，作为六面体来说，就只有这3种情况。

这样，调用不同的子程序，就可以把坐标系切换到不同的单片机输出端口上去，而以往的设计是需要比较复杂的算法或者上位机弥补的。

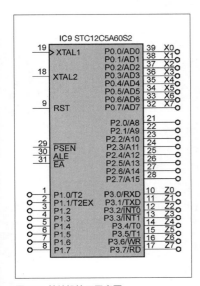

图40.9 单片机接口示意图

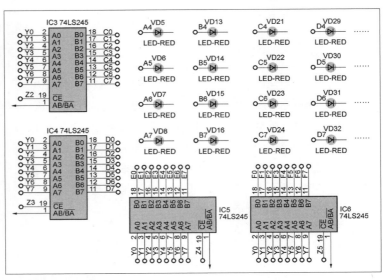

图40.10 侧面板及其驱动示意图

当然，对立体几何很有心得的人可以不借助程序，仅利用大脑的想象就可以在固定坐标系里设计动画，不过，这种人是极少数的。或许，通过这一点，光立方在不久的将来可以应用到几何教学中去，锻炼人的立体感。

虽然这次程序我没有设计出坐标轴的切换程序，但就原理来说，只要明白光立方的控制方案，这一点并不难实现。如果对动画效果要求不高，可以跳过这部分。

40.3 制作时需要注意的问题

40.3.1 驱动芯片

我用的驱动芯片是LS系列245，因为我实在是比较懒，没有在所有的输出上加上拉电阻。因为LS系列刚好就和单片机的TTL电平兼容，即便是P0端口，不加上拉电阻一样可以直接准确输出。可HC系列的就不行了，19脚和8根输入脚都必须加上拉电阻，否则硬件调试的结果是不对的，这也是我亲自测试的结果。

但我不是完全因为这个就不选HC系列的，HC系列的负载能力更好，而且功耗更低。从两种IC的发热上来说，我是深有体会的，HC系列的芯片作驱动时，发热不明显；但LS芯片作驱动就明显发热，虽然温度也是在正常范围，但感觉还是不舒服。

希望读者根据自己的实际情况选用IC，不管选用哪种，都要做好相应的处理。

40.3.2 限流电阻

我在原理图上画了限流电阻，这部分加不加要看你选用什么材质的发光二极管。经过测试，我这次用的就不需要加限流电阻，但并不保证别人选用的也能承受住IC的输出电流，而导致发光二极管亮度过亮。大家买来的发光二极管一定要做好电流测试，看你的发光二极管工作在哪个电流范围最稳定，再决定是否使用限流电阻和限流电阻的阻值。

40.4 编程建议

本人能力有限，不能再给出C语言程序。不过，根据

程序

```
Outputx   equ 30H
Outputy   equ 31H
Outputz   equ 32H
;定义X、 Y、 Z轴输出寄存器,用于直
接给单片机输出赋值
X1  equ   33H
Y1  equ   34H
Z1  equ   35H
;定义第1三维坐标系寄存器
X2  equ   36H
Y2  equ   37H
Z2  equ   38H
;定义第2三维坐标系寄存器
X3  equ   39H
Y3  equ   3aH
Z3  equ   3bH
;定义第3三维坐标系寄存器
……
Play1:
mov  outputx,X1
mov  outputy,Y1
mov  outputz,Z1
ret
Play2:
mov  outputx,X2
mov  outputy,Y2
mov  outputz,Z2
ret
Play3:
mov  outputx,X3
mov  outputy,Y3
mov  outputz,Z3
ret
C语言实例程序:
void  output1( )
{
 P1=x1
 P2=y1
 P3=z1
```

```
}
void  output2( )
{
 P1=x2
 P2=y2
 P3=z2
}
void  output3( )
{
 P1=x3
 P2=y3
 P3=z3
}
```

我对C语言的理解，给大家提出一点C语言编程的建议。

40.4.1 初始化部分

主要是设置对应的中断、定时工作方式，与汇编语言是完全一样的。

40.4.2 显示部分

（1）把光立方看作8位数码管，每个面即为一位数码管。

（2）每个面的显示原理是和8×8点阵是完全一样的，保证这段程序正确的，可以直接调用。

（3）查表的方式是自0起递增的，每次加1，每个画面查表64次，查表的上限为65536/64。当然，实际的情况是要小于65536的，控制程序的代码也会占用ROM空间，就会导致画面数量减少。所以，要想在有限的空间内显示更多的画面，就得尽量把程序写得简短。当然了，有的朋友会选用更大容量的单片机，查表的上限自然会增加。

注意：C语言可以直接定义16位变量，汇编语言在这方面是比较麻烦的，但好处是我可以调试程序来直接计算我的程序可以写到多少上限。C语言的方法我就不知道了，但肯定是可以通过调试计算出来的。

40.4.3 中断部分

为了达到动画效果的切换时间可准确调节，画面的切换用中断方式。建议大家像我这样，把时间切换通过一个变量来表达，这样每次只需修改一个变量，就可以设置动画的速度了。每次发送中断后，查表的变量就加64（i=i+64），然后返回显示程序继续显示，中断程序只做变量的计算，改变的是查表的地址。

40.4.4 循环部分

（1）程序循环。循环的条件是i变量不满足动画显示的上限值。比如你做了8个画面，那么i的值不满足8×64时，就继续显示；满足，就清零重新开始。

（2）显示循环。这个比较重要，主题的显示程序，应该是一个死循环，一直在显示一个画面；只有中断产生时，进入中断程序，改变查表的变量，返回现实程序，才切换一次动画。8个画面都显示后，注意修正变量，使其在中断不发生时，能在一个画面停留。不管是查表的变量还是Z轴、Y轴的控制变量，都要进行初始化，因为显示程序与中断程序是完全独立的。

41 基于HT32F1765的 3D CUBE 16

随着电子产业的发展，LED把我们的生活变得多姿多彩。试想，能不能有一款LED显示产品，不仅能做到平常LED点阵能做到的事情，还能把我们的视觉带到3D世界呢？能不能有一款LED的3D显示器可以显示音乐频谱、时钟、汉字、英文，可以显示一些绚丽的动画，并且还可以回味80后童年许多经典的游戏，如《贪吃蛇》《超级马里奥》呢？

出于以上原因，我们决定制作一个基于盛群公司HT32F1765的"wall.e cube dancer"，它实际上就是一个3D立方体显示器。本设计采用单片机HT32F1765作为检测和控制的核心，以实现按键、自动控制、自动记录、查阅数据记录等功能。

41.1　工作原理

HT32F1765与摇杆模块、音频采集模块和3D立方体显示器一起组成了3D CUBE16。

HT32F1755/1765/2755 系列 Holtek 单片机是一款基于 ARM Cortex-M3 处理器内核的 32 位高性能低功耗单片机。Cortex-M3 是把嵌套向量中断控制器（NVIC）、系统节拍定时器（SysTick Timer）和先进的调试支持紧紧结合在一起的处理器内核。在本产品中，这款单片机作为主控单元和模拟信号采集部分，提供时钟信号等。

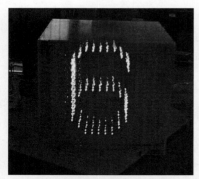

音频采集模块将输入信号传入单片机的PA口，经过AD转换得到AD值，再把AD值通过快速傅里叶变换得到各频率的频谱值，之后把频谱值发送给3D立方体显示器。

3D立方体显示器采用独特的算法，将10多种动画存储在单片机内部，诸如曲面旋转、正方体变换、平面推移、雨滴下落等。并且，它可以显示立体式的汉字、英文字母和数字。显示器存储了部分汉字和英文字母的数据，当然，后期也可以通过上位机直接输入想显示的字，随时改变你想要的效果。

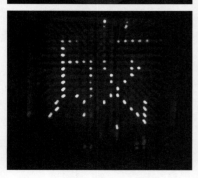

不仅如此，我们还利用盛群单片机的RTC实时显示时钟的功能，将时间也交给显示器。

摇杆模块将摇杆的数据传给单片机，经过单片机处理后把数据传输给立方体显示器，从而达到《超级马里奥》效果。当然，其他游戏也可以采用类似方法实现。3D立方体显示器提供人机交互界面，每0.014s扫描4096次，所有的控制量以及键盘操作结果都会显示在液晶屏上，直观而又大方。

41.2 基本功能

音乐频谱、动画显示以及中英汉字显示是此项制作的基本功能。

41.2.1 音乐频谱

在"频谱显示的模式"下，盛群单片机的PA口将分配到一个AFIO时钟，作为ADC的标准，同时，将AD模式设置为连续转换模式，开启外部中断。AD转换128次后将得到的128个数存储在FFT的输入数组里面（也就是采样128个点），通过快速傅里叶变换，得到128个频谱值，再将频谱值处理，使得频谱值高低错落，显示出来的时候才有节奏感。显示的时候有多个模式，能量柱的数量也不断增多，当然，随着音乐的律动带给你的都是不一样的震撼。

41.2.2 动画显示

我们在单片机内存储了十几种动画，先取出一些简单的模，然后利用算法实现多次应用、移位、替换等，利用指针将数据传输到显示子函数里面，系统给PB、PC口分配时钟，指定I/O口输入、输出状态。单片机的PC0、PC1、PC2、PC3分别作为MBI5026的输入端口SDI、CLK、LE、OE。PB0、PB1、PB2、PB3作为译码器的A0、A1、A2、A3。当所有数据发送给MBI5026和译码器的时候，打开OE，每0.0147s，单片机就会动态扫描4096个LED的状态，从而得到绚丽的动画。

41.2.3 时钟显示

盛群单片机集成了实时时钟的功能，它本身为3.3V供电，能保证时钟的正常运行。设置时，首先开启RTC中断，然后通过串口通信设置时间，设置完毕后将每次RTC中断后的值存入显示数组，后续和动画显示的步骤相同。

41.2.4 时间校正

RTC如果出现不准确的情况，可通过串口通信或者用后期的上位机直接更正。但原理都是发送正确的时间信息给单片机，经过处理后发送给函数，然后再显示在立方体上。

41.2.5 HT32F1765主要核心功能

本设计方案用到的HT46F49E芯片的核心功能有以下6个。（1）时钟控制单元（CKCU）：分配系统时钟、ADC时钟、I/O口时钟。（2）串口通信(USART)：实现串口通信控制以及上位机支持。（3）通用I/O口和复用I/O口（GPIO、AFIO）。（4）模数转换器（ADC）、PA口复用功能：在72MHz的频率下工作，每执行一次AD转换只需要1.17μs。（5）定时器控制单元：用于给ADC中断定时，提供参数给延时程序。（6）实时时钟单元：利用内置的RTC功能，先用串口通信设置参数，再通过芯片显示。

41.3 作品结构

"Wall.e Cube Dancer"主要由HT32F1765单片机、音频采集模块、摇杆模块、独立按键等组成。图41.1所示为其系统总体框图，图41.2~图41.5所示分别为音乐频谱显示框图、时钟显示框图、模式切换框图和游戏模式框图。

41.4 硬件部分

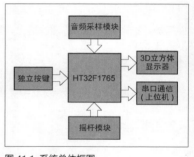

图41.1 系统总体框图

"Wall.e Cube Dancer"的硬件主要由几部分构成。

（1）电源电路；（2）显示器层选电路：1个74HC154译码器、1个74HC245信号功率放大器、6个独立按键和8个APM4953功率管；（3）显示器列选电路：16个MBI5026恒流LED驱动器；（4）信号功率放大电路：1个74HC245；（5）3D立方体显示器：由4096个LED组成；（6）主控：包括HT32F1765单片机、8MHz晶体振荡器、纽扣电池。

电源电路如图41.6所示，它可同时满足5V和3.3V（采用AMS1117-3.3）输出，并且有电源指示灯。

层选电路如图41.7所示，层选电路主要由1个74HC154译码器、8个AMP4953功率放大管构成。译码器输出低电平有效，另外， APM4953只有输入为低电平时，输出才为高电平，也就是说，

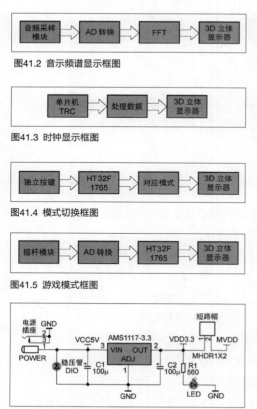

图41.2 音示频谱显示框图

图41.3 时钟显示框图

图41.4 模式切换框图

图41.5 游戏模式框图

图41.6 电源电路

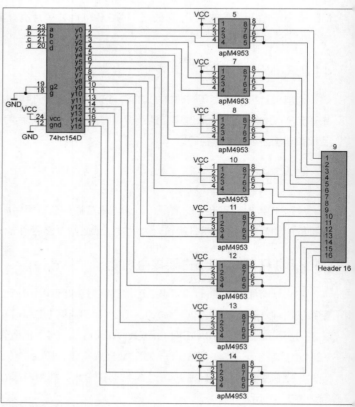

图41.7 层选电路

每次扫描，只有一层有高电平，其他都是低电平。

列选电路如图41.8所示，列选电路主要由16个MBI5026 16位恒流驱动器（MBI5026是一种16位LED恒流驱动器，采用先进的Bi_CMOS工艺生产，其恒流值可以通过外接电阻调节。MBI5026含有16位移位寄存器、16位锁存器、1.2V基准源以及16位高精度恒流驱动器等模块构成）组成，有socker1和socker2两个通信端口，分别接前一级和后一级，级联共16个。最后一个后一级不级联，第一个前一级接单片机的I/O口，从而获得数据。

信号功率放大电路如图41.9所示，信号功率放大电路主要由2个74HC245组成，一个用于传输层信号，一个用于传输面列信号。

3D立方体显示器由4096个LED组成，X、Y、Z三轴各16个，每个平面256个LED。

独立按键电路如图41.10所示，它由6个按键和一个上拉电阻组成，根据程序调节，实际上模式数量少于6个，此举主要是为方便后期完善的时候增加模式数。

摇杆模块如图41.11所示，它由一个摇杆电位器和4个电阻组成。

主控电路如图41.12所示，它由一个HT32F1765（最小系统已忽略，引脚较多，只画出用到的电路）、一个MAX232、一个音频采集模块、6个按键（切换模式用）还有摇杆接口、译码器接口以及恒流驱动接口组成。

41.5 软件部分

本设计软件部分采用C语言编写，其大致流程如图41.13所示。对此制作感兴趣的朋友可以从本书下载平台（见目录）下载程序。

41.6 总结

制作3D立方体显示器的部分材料如图41.14所示，制作好的3D立方体显示器如图41.15所示。

3D立方体显示器开机进入时间显示模式，通过3个按键进入不同的模式，分别是频谱显示模

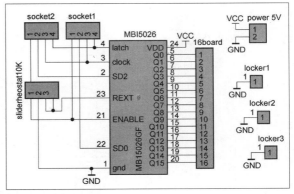

图 41.8 列选电路

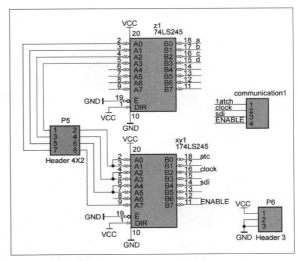

图 41.9 功率放大电路

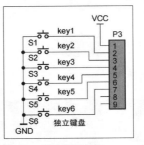

图 41.10 独立按键电路

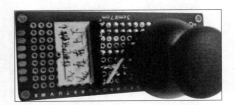

图 41.11 摇杆模块

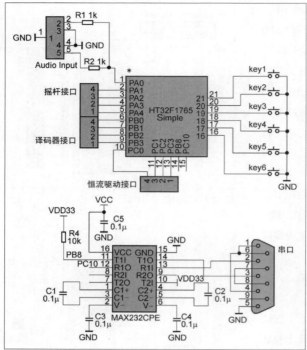

图 41.12 主控电路

式、动画模式、游戏模式。频谱模式需要接入音频采集模块，游戏模式需要接入摇杆模块。3D立方体显示器的显示程序基本上是在中断中完成的，比如AD转换中断128次后进入FFT；再如时钟显示，每秒访问一次寄存器。这种显示模式，使得控制十分方便。它的显示效果如图41.16所示。

图 41.14 制作显示器的部分材料

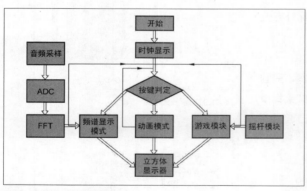

图 41.13 系统总体流程图

图 41.15 制作完成的 3D 立方体显示器

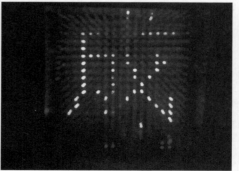

图41.16 显示效果

第二章

掌握信号检测与控制

42 智能触摸延时开关

暑假实习期间，楼道里的一款延时开关吸引了我。我好奇心极重，晚上回宿舍之后就迫不及待地上网查看了其电路结构和工作原理。在了解了其基本工作流程后，结合前些日子对其使用的亲身经历，我发现它还有待改进，所以觉得应该做些什么了，于是一款美观大方、人性化、智能化的开关便由此诞生了。

42.1 传统延时开关的两大不足

42.1.1 不够人性化

相信大家对走楼梯一点也不陌生吧？不论是去商场、宿舍楼还是其他的高层建筑，都避免不了要爬上一段，下楼咱就不说了，上楼可是个力气活。爬不了几楼就感觉浑身发软，直冒汗，这时候便想休息一会儿再继续。正常人尚且如此，身体不便者和老人更甚。所以问题就产生了，传统延时开关只有一个选择，工作40~45s之后自动关闭，那么这对休息者、身体不便者和老人来说就很危险，因为他们必须要走一段黑暗的道路。

42.1.2 不知身在何处

下面是发生在我身上的一件糗事：有一次我晚上下班回宿舍，爬着爬着估摸着是到了我们楼层，一拐也没有看宿舍号就直接推门而入，下一刻我就愣在那了，一宿舍的人全都不认识，他们也同样用惊讶的眼神盯着我。那一次真是尴尬死了，原来我走到了6楼，而我们宿舍却是在5楼。所以，对传统触摸延时开关的改进就显得势在必行。

42.2 智能触摸延时开关的优点

42.2.1 人性化设计

本智能开关实现3路触摸，可用于各种场合。绿、黄、红3色代表3种不同时段的延时，分别为：绿——较短，黄——稍长，红——长。人们可根据自身不同情况自由选择。较传统的触发开关来说，该设计更加人性化，适用范围更广，符合各个年龄段、各类人群的不同需求。

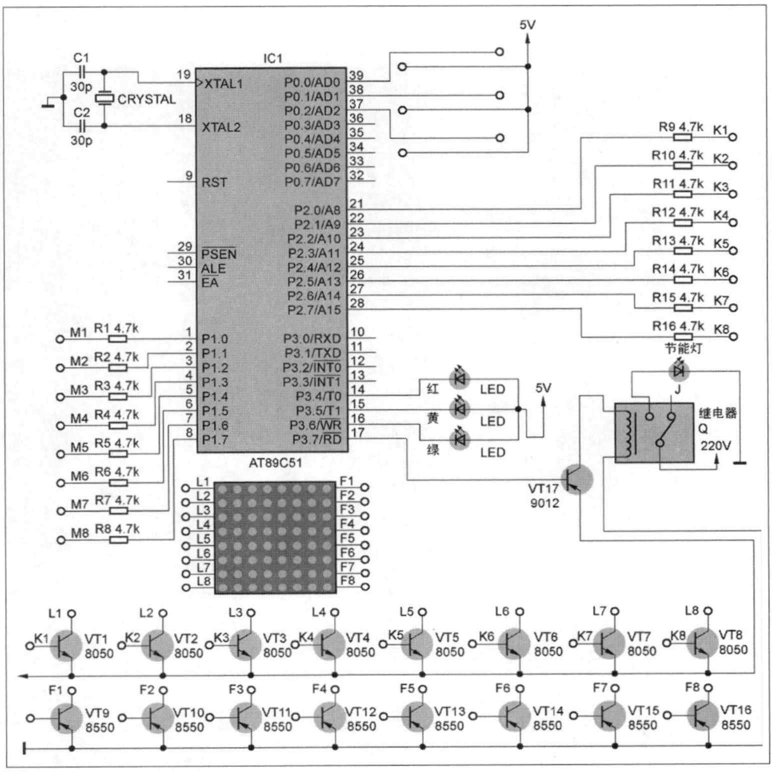

42.2.2 提醒功能

本开关正面有一个 8 × 8 LED点阵屏，为了节约电能，它平时是关闭的；当有人触发开关后，它就会打开，显示所在的楼层。这对许多爬楼不知身在何处的人，就像大海中的灯塔一样，能指明方向。

42.2.3 定位开关，节约电能

开关不工作时，只有红、绿、黄3个LED亮着，反正LED寿命长、功耗低。到了晚上，人们很容易找到对应按钮的位置，大大方便了夜晚需要照明的人。

42.3 功能设计

图42.1 电路原理图

本智能开关的电路如图42.1所示，设计了两种工作模式，分别为静态模式和工作模式。静态模式下，红、绿、黄LED指示灯亮，点阵屏和节能灯都是熄灭状态；工作模式下，相应的LED指示灯熄灭，点阵屏和节能灯开启。

为了使用方便，本智能开关设计了3个触摸按键（见图42.2）。

绿键：在静态模式（上电即进入静态模式）下，触摸此键即进入工作模式，绿色指示灯熄灭，节能灯和点阵屏开启，延时1min后转入静态模式。

黄键：在静态模式下，触摸此键则进入工作模式，黄色指示灯熄灭，节能灯和点阵屏开启，延时2min后转入静态模式。

红键：在静态模式下，触摸此键则进入工作模式，红色指示灯熄灭，节能灯和点阵屏开启，延时4min后转入静态模式。

图42.2 实际效果图（LED下方为触摸式开关，节能灯以220U指示灯代替）

42.4　材料准备

元器件清单如表42.1所示。

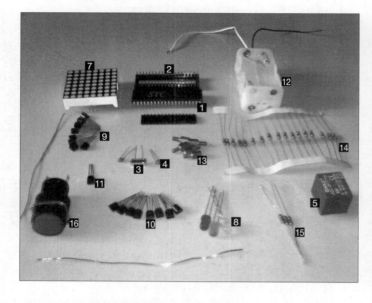

表42.1　元器件清单

序号	元器件名称	数量	参考价格（元）
1	STC89C52	1	8.00
2	40Pin芯片座	1	0.30
3	12MHz晶体振荡器	1	1.00
4	30pF电容	2	0.03
5	继电器	1	2.00
6	9×10cm万用板	2	4.00
7	8×8点阵屏	1	5.00
8	LED	3	0.20
9	8050三极管	8	0.20
10	8550三极管	8	0.20
11	9012三极管	1	0.20
12	电池盒	1	1.00
13	铜柱	8	0.50
14	4.7kΩ电阻	17	0.20
15	470Ω电阻	3	0.20
16	220U指示灯	1	1.00

42.5　制作过程

1. 测试点阵的行列引脚。因为点阵引脚排列不规则，所以我们需要先测其引脚，然后记录在纸上。注意，每一排引脚有行也有列，一定要耐心测试。

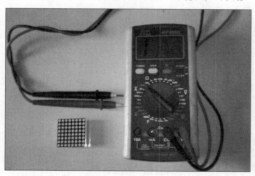

2. 将排孔、铜线、LED焊接在万用板上。固定好之后，将点阵屏插到排孔上。注意I/O接口线要平行排列，且上端要做成按钮式，既美观大方又容易触发。

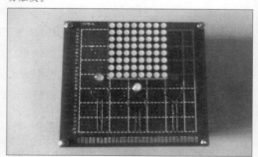

3. 将余下的电子元器件焊接在另外一块板上。注意，元器件布局要以连线不交叉、美观大方作为两个基本点。还要注意，继电器要远离单片机，防止其干扰单片机电路。

4. 按照电路图将元器件连接起来，这个工作很烦琐，一定要有耐心。注意尽量不要使导线交叉，点阵连接最好用不同颜色的排线连接。

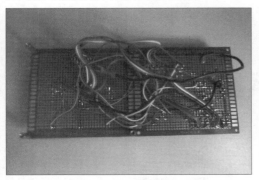

5. 用铜柱将两块板子固定在一起。至此，开关的硬件已完工。

42.6　软件设计

　　程序包括主程序、初始化程序、触摸键检测子程序、提醒显示子程序、定时器0溢出中断子程序。

　　初始化程序除了对继电器、3个LED指示灯、点阵屏进行设置外，还必须将P0置1设为高阻输入状态，这是实现触摸功能的前提。

　　触摸键检测子程序的任务是根据触摸键操作来执行相应的处理程序，例如，触摸了绿指示灯的触摸按键，接下来单片机要执行4个任务：（1）打开定时器中断；（2）打开继电器，开启节能灯；（3）熄灭绿指示灯；（4）调用提醒显示子程序。注意，触摸键检测子程序需检测单片机引脚高电平，跟普通按键正好相反，当然消抖延时也是必不可少的。

　　提醒显示子程序的任务是显示所在位置的楼层数。

　　定时器中断的任务是延时一段时间，然后关掉定时器中断、继电器及提醒显示子程序，打开对应指示灯。定时器延时时间的到来需用中断次数和标志位相与作为判定条件。

　　另外，要提醒大家几点，调试的时候应该根据出现的现象分析程序哪一部分有问题，程序尽量条理清晰、模块化，以节省调试时间。切忌使用交流电源，那样对触摸键的干扰会很大。编程部分难度不大，我相信，只要用心编写，耐心调试，把错误一步一步改正过来，大家会很快享受到电子制作带给我们的快乐。

42.7　应用前景与改进构想

　　本智能开关可广泛应用于楼道、建筑走廊、洗漱室、厕所、厂房、庭院等场所。这是理想化、人性化的照明开关，并可延长灯泡使用寿命。但它也有一些弊端，比如性价比不是很高，可以考虑替换一些元器件，在不影响其原有功能的情况下提高其性价比。另外，它在人性化方面还有发展的空间，我始终相信没有最好，只有更好。

43 8路供电中控系统

43.1 DIY背景

相信大家总有一些家用电器需要集中从一个插线板上取电的情况，比如说我家的写字台。我家写字台上有一个插线板，需要取电的电器却有很多：无线路由器、饮水机、笔记本电脑、低音炮、台灯、打印机、电视机等。桌面上难免会堆放很多电源插头，一不注意，这些乱七八糟的电源插头还有可能掉到桌子下面。图43.1所示就是以前电源插头乱七八糟的样子。于是我想，能不能把这些各式各样的电源插头隐藏起来，通过一个简单的控制面板就可以方便、快捷地控制这些电器的供电呢？

图43.1 乱七八糟的电源插头原样

43.2 DIY构想

由于ULN2803芯片内部集成保护二极管，非常适合驱动继电器，因此，本次DIY选用ULN2803芯片驱动250V继电器，并选用STC90C58RD+单片机作为核心处理芯片。另外，为了使整个DIY作品更加有"品位"，我还选用了JR8626专业8键电容触摸芯片作为触摸信号处理芯片，配合"定制"的8键触摸板，就可以实现通过电容式的触摸独立控制多个电器的电源了。这样，桌面就可以和那些乱七八糟的电源插头说再见喽！图43.2所示为控制电路的原理图和系统工作原理示意图。

43.3 开始DIY吧

准备两个带独立控制开关的4×3孔插线板。当然，你也可以准备一个带独立开关的8×3孔插线板。这里之所以要用带独立开关的插线板，是因为我们可以把原来按键开关拆掉（见图43.3），把DIY用的继电器放在原来按键开关的位置，剪断原来的火线，焊到继电器的开关端上。将8个继电器线圈的一端通过导线焊在一起，作为8个继电器的共阳极端，继电器线圈的另一端分别焊上一根导线，作为8个继电器的阴极，这样，就可以通过5V低压来控制220V用电器的闭合与断开了。因为有8根阴极线、1根共阳线，共9根线，所以在本次DIY中，我使用的是标准的DB-9接口，也就是台式计算机上的串行接口。图43.4所示就是将8个继电器焊好以后的效果。用PCB的下脚料固定两个插线板的背板，将两个插线板合二为一（见图43.5），插线板的供电和被控部分就完成了。图43.6所示为继电器控制端口的特写。

下面说说触摸控制芯片。因为JR8626电容触摸芯片为SSOP24封装，所以首先将芯片转焊到SSOP转DIP的转接板上（见图43.7），这样的话，方便前期的调试，表43.1所列是该触摸芯片的一些技术资料，其引脚如图43.8所示，该芯片的应用电路原理如图43.9所示。

整个控制系统的框架如图43.10所

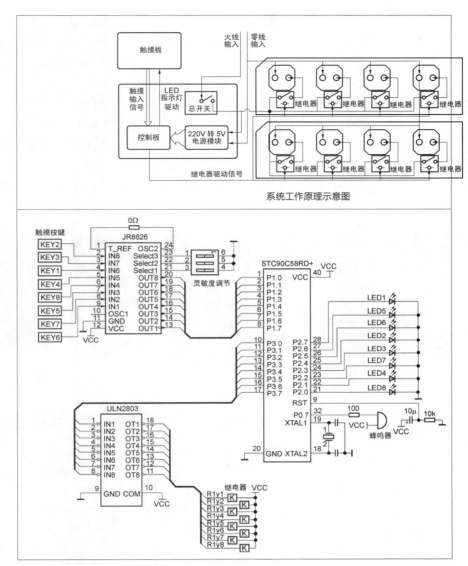

图43.2 控制电路原理图

图43.3 把原来插线板的按键开关拆掉

图43.4 焊好8路继电器，并布好控制线，插线板改造基本完成

示，由触摸板作为输入源，将手指触摸操作的电容变化传送到JR8626触摸芯片，然后将电平的变化输出给单片机的对应引脚。通过程序的检测和控制，单片机针对ULN2803输入引脚和LED指示灯引脚产生相应的电平变化，从而完成"触摸输入→程序判断→继电器驱动 & LED指示灯驱动"的一系列控制功能。

图43.11所示为控制板的PCB，包含单片机、触摸芯片和ULN2803芯片等。另外，本次DIY采用外置5V/1A电源模块供电，所以在控制板上加入一片LM7805稳压芯片，配合限流电阻，保障提供给单片机等部分的电压稳定和纯净，从而减小由于电压不稳定对系统造成的影响。图43.12为触摸板的PCB图样，利用PCB上的铜箔作为电容触摸按键的电极，连接触摸管理芯片的输入端，通过JR8626芯片自带的8级灵敏度调节（见表43.2），准确地感应各个按键上的电容变化，稳定地将触

图43.5 两个插线板合二为一的效果

图43.6 继电器控制端口的特写

图43.7 将芯片转焊到SSOP转DIP的转接板上

```
T_REF  □1      24□ OSC2
S8     □2      23□ SLE3
S7     □3      22□ SLE2
S6     □4      21□ SLE1
S5     □5      20□ OUT8
S4     □6      19□ OUT7
S3     □7      18□ OUT6
S2     □8      17□ OUT5
S1     □9      16□ OUT4
OSC1   □10     15□ OUT3
GND    □11     14□ OUT2
VCC    □12     13□ OUT1
```

图43.8 JR8626电容触摸芯片引脚图

表43.1 JR8626专业电容触摸芯片引脚说明

引脚号	引脚名称	引脚类型	描述
1	T_REF	输出	使用时与OSC2引脚短接
2~9	S8-S1	输入	传感器输入
10	OSC1	输入	系统振荡器输入，可空置
11	GND	Power	电源地
12	VCC	Power	电源正极
13~20	OUT1-OUT8	输出	输出脚，芯片初始化后为高电平
21~23	SLE1-SLE3	输入	8级灵敏度选择脚（对应电平设置见表43.2）
24	OSC2	输入	传感器、振荡器输入，使用时与1脚短接

表43.2 8级灵敏度调节开关选择电平对应表

灵敏度值	Select3	Select2	Select1
1	1	1	1
2	1	1	0
3	1	0	1
4	1	0	0
5	0	1	1
6	0	1	0
7	0	0	1
8	0	0	0

备注：SLE3、SLE2、SLE1这3个引脚内部有上拉电阻，系统默认为111时，灵敏度最高，可以感应的面板厚度最厚，3个引脚均接地时，灵敏度最低，可以感应的面板厚度最薄（更改灵敏度值后，需重新上电才可生效）。

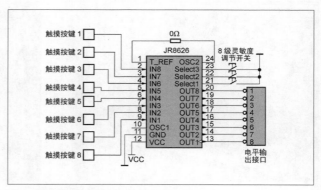

图43.9 电容触摸芯片JR8626应用电路图

摸信号传送给单片机进行程序判断和处理。由于采用8050贴片LED作为继电器的闭合指示，所以LED指示灯的驱动电流较小，可以利用单片机的P2端口，直接通过将端口置1，驱动点亮共阴极的8个LED指示灯。

本次DIY采用感光方法制作PCB，图43.13所示为经过覆铜板打磨、涂油墨、油墨固化、菲林纸反色打印、曝光、显影、蚀刻、去膜后的PCB。

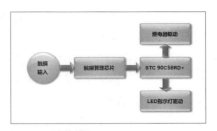

图43.10 程序控制图

做完PCB，接下来，当然是打孔、焊接了，如图43.14所示。

经过一系列的制作过程，把所需的元器件焊好后的控制板终于完成了，如图43.15所示

下面开始做触摸板。利用蚀刻好的PCB覆铜的位置作为电容触摸的感应电极，在LED位置焊上LED

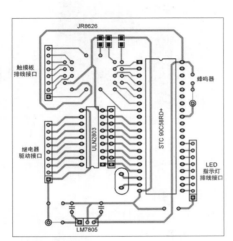

图43.11 控制板PCB图

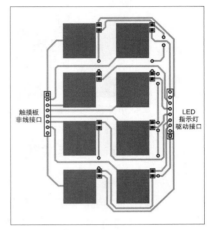

图43.12 触摸板PCB图

指示灯，图43.16所示便是制作完成的触摸板PCB了，图43.17所示为电容触摸按键检测原理。

准备台式外壳。外壳在一般电子市场都有卖的，价格在8~15元。在壳体适当的位置安装250V船型开关，如图43.18所示。

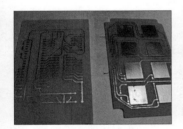

图43.13 制作完成的PCB

图43.14 打孔

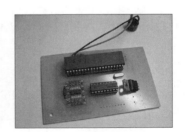

图43.15 已完成的控制板

图43.16 制作完成的触摸板

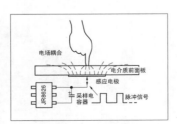

图43.17 电容触摸按键检测原理图

图43.18 台式外壳的样子

用透明的菲林纸打印"定制"的触摸板图样。在外壳触摸板上对应PCB的LED指示灯的位置，打上8个孔，并用热熔胶填充，以便光可以很柔和地透出来。用双面胶把焊好的PCB和壳体粘牢，再贴上打印好的触摸板的图样，触摸板就搞定了，如图43.19所示。

图43.20所示为完成后的触摸板，通电测试一下LED指示灯，8个触摸按键分别表示：无线路由器、饮水机、低音炮、打印机、电视机、笔记本电脑、台灯、扩展用的插线板。

把做好的触摸板和控制板用排线焊好后就可以调试了，如图43.21所示。

图43.19 触摸板半成品

图43.20 通电测试LED指示灯

图43.21 焊好的控制板和触摸板

43.4 程序说明

系统加电后，单片机程序首先进行初始化，包括触摸信号监听端口、继电器驱动端口和LED指示灯端口的初始化等。然后，系统将持续监听触摸信号输入端口，当有触摸信号输入后，系统将延时约2s。延时的目的是为了避免误触摸操作，如果2s后仍有触摸信号，则立即将继电器和LED端口电平取反，原来断开的继电器闭合，同时LED指示灯点亮，蜂鸣器鸣响，反之同理。图43.22所示为程序的运行流程图。

感兴趣的读者可以在本书下载平台（见目录）下载相关的程序代码。

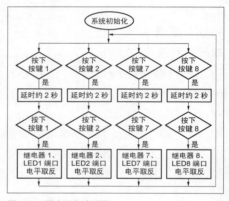

图43.22 程序运行流程图

把程序编译一下，烧写到单片机中，再调整一下触摸芯片的灵敏度，也就是有选择地将JR8626芯片的SLE1、SLE2、SLE3三个引脚接地，对应前面的灵敏度调节表，就可以使得触摸板的灵敏度适当了。我们将灵敏度值调到4，刚刚好，这样，基本的调试工作就告一段落了。下面就可以装外壳了。这里要注意的是，由于感应电流的作用，有些220V转5V的供电模块可能会对电容触摸检测过程造成影响，所以，装外壳时应使5V电源模块尽量远离触摸板。图43.23所示为开始装控制器的外壳。图43.24所示为装好外壳的控制器。

本次DIY所用到的

图43.23 开始装控制器的外壳

图43.24 装好外壳的控制器

表43.3 制作所用元器件及材料

序号	元器件名称	数量	功能
1	台式外壳	1只	控制器外壳
2	250V船型开关	1只	总电源开关
3	继电器	8只	用作低压控制220V市电
4	插线板	2个	为用电器供电
5	STC90C58RD+单片机	1只	核心处理芯片
6	ULN2803芯片	1只	继电器驱动芯片
7	JR8626触摸芯片	1只	检测触摸信号并传给单片机处理
8	8050贴片LED	8只	指示各路继电器闭合/端口状态
9	220V转5V/1A电源模块	1个	现成模块，为控制板提供5V电源
10	蜂鸣器	1只	提供蜂鸣提示
11	12MHz晶体振荡器	1只	单片机外部振荡器
12	0Ω电阻	1只	用作JR8626触摸芯片短接1~24脚
13	100Ω电阻	1只	作为蜂鸣器限流电阻
14	10kΩ电阻	1只	单片机复位电路
15	10μF电解电容	1只	单片机复位电路
16	30pF陶瓷电容	2只	12MHz晶体振荡器起振电容
17	LM7805稳压芯片	1只	为控制板提供更加稳定的电源
18	覆铜板等其他辅料	1套	制作PCB及其他连线等

主要元器件及材料见表43.3。

OK，相信大家已经彻底弄明白了整个控制系统的工作原理了吧，现在是时候让大家看看最后的作品了，如图43.25所示。我把很多电源线和插线板都藏到了桌子后面，需要控制电器时，只需按住触摸按键约2s就可以打开或者关闭电源了。现在的桌面和以前的桌面比（见图43.26），是不是整洁多了呢？大功告成！

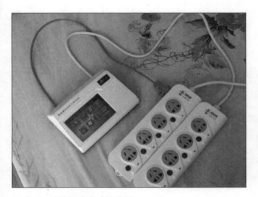

图43.25 系统组建完成的作品

DIY电容式触摸板原理介绍

DIY中用到的电容式触摸板基本工作原理如图43.17所示，触摸检测部分主要包括电介质前面板、感应电极、采样电容、触摸检测芯片。在本次DIY中，塑料外壳充当了电介质前面板的角色，而蚀刻后的覆铜板上的预留铜箔作为感应电极。当然，原理图中的采样电容器已经集成在JR8626触摸检测芯片中了，由JR8626电容触摸检测芯片持续地送出具有固定频率的脉冲信号，并不断检测采样电容的脉冲变化情况，如果有手指等可以引起电场变化的物体接近或者触碰前面板，就会引起电场的耦合，进而引起采样电容上本来稳定的脉冲的变化。这样，采样电容的脉冲变化就会被JR8626触摸检测芯片检测到，然后，在对应的输出引脚输出电平变化，传输给单片机相应的引脚，进行下一步的程序分析和处理。

安全提示

因涉及强电DIY，所以在改造插线板以及挑选继电器时应注意以下安全要点。

（1）要注意低压控制线和强电电源线的布线，应做到高压电和低压电的良好隔离，必要时可以将引线用热熔胶固定，在各焊接点上用热缩管绝缘，严格避免短路等故障的发生。

（2）要注意继电器的选择，如果继电器不符合需要，就会损坏继电器甚至用电器。因为我们要接入的是220V的市电，而家用电器的功率一般不会超过1500W，根据P（功率）$= U$（电压）$\times I$（电流），我们可以知道，一般家用电器的工作电流不会超过6.8A。当然，如果电路中存在大功率用电器的话，就要另行考虑了。所以，建议选择标称直流5V控制交流250V、7A的继电器就可以满足要求了。

图43.26 整洁许多的写字台

44 触摸式电钢琴

我这次带来的是一款触摸式电钢琴，细心的读者可能会注意到，我用的词是"电钢琴"而不是"电子琴"，这两者有区别吗？我的回答是肯定的，因为这正是本作品的亮点所在。用单片机演奏音乐大家肯定都不会陌生，用单片机内部的定时器，送入不同的频率，每一个频率对应着一个音调，然后按照事先编排好的顺序驱动蜂鸣器发声，就可以演奏出音乐了。至于电子琴，只需要把不同的频率映射到对应按键上即可。之所以说是电子琴，是因为这种方法只能演奏出单调的方波音频。想不想让声音不再单调，而是发出动听的钢琴音色呢？如果想的话，请拿出你的热情，打开你的电烙铁开关，跟我一起往下制作吧！

制作所需的元器件如表44.1所示。本着精简制作的原则，笔者用到的都是很普通的元器件，数量也很少，所以硬件制作的难度不是很大。连接部分则是用过锡走线加飞线的方法制作，电烙铁温度在350℃左右即可。电路图如图44.1所示，值得说明的一点是，图中的矩阵触摸按键这里只画出了1组，其实有3组，公共端分别与P0.0、P2.2、P2.1连接。剩下部分的电路都很明了，有创造力的朋友看电路图自行发挥就好，新手可以参考一下我的布局。

表44.1 制作所需的元器件

名称	说明	数量
STC12C5A60S2	单片机主控	1片
40脚芯片座	与单片机配套使用	1片
LM386L	功放芯片	1片
100μF电解电容	功放芯片配套使用	1个
10μF电解电容	功放芯片配套使用	1个
万用电路板	大一点的	1张
LED	任何你喜欢的颜色	1个
耳机插座	3.5mm	1个
蜂鸣器	功放扬声器	1个
排针	4PIN	1个
长条贴纸	打印好琴键的图案	1张
订书针	作为触摸点使用	72个
免刮漆包线	飞线连接	1卷
拨动开关	耳机/功放输出切换	1个
0.1μF瓷片电容	电源滤波	1个

先把打印好的琴键图片裁好，用双面胶贴在洞洞板上，如图44.2所示。

怎么样，是不是很有电钢琴的样子？你说触摸按键在哪里？别着急，让我请出下面这位特别来宾——订书针。为了整个制作的美观和手感，触摸点的选取费了我很大的心思，试了很多种导体都无法达到满意的效果，直到有一天无意中把订书针掉在了洞洞板上，我发现它那细长又导电的身体，长度刚刚好可以插进洞洞板，才有了这个有趣的设计。如图44.3所示，按照琴键的位置插好订书针，并在背面压紧。

以此类推，完成36个键不会像你想象的那么枯燥，美妙的琴声在等着你。之后用双面胶把扬声器粘在板子正面，并完成扬声器导线、单片机、下载口、拨动开关、耳机插座、LED、功放芯片以及电解电容的焊接。焊接好的样子如图44.4所示。

接下来是触摸按键矩阵与单片机的连接，我的方法是过锡加飞线。先把单片机正下方的一组矩阵按键与两边矩阵的公共端过锡连接到I/O口上（见图44.5），然后用免刮漆包线把两侧矩阵要与I/O连接的地方同中间过锡部分连接起来（见图44.6）。

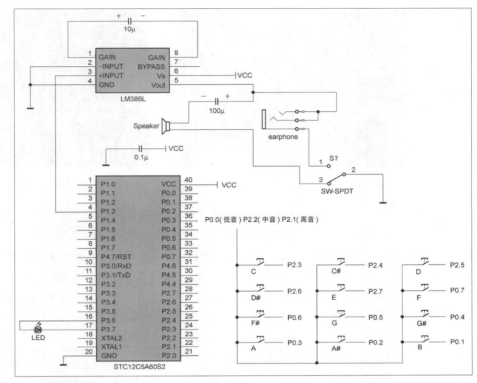

图 44.1 电路原理图

图 44.2 在洞洞板上贴琴键图片

图 44.3 插入钉书钉

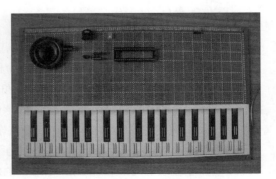

图 44.4 焊接好的琴键

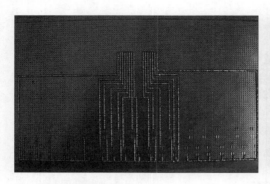

图44.5 洞洞板焊接面的过锡

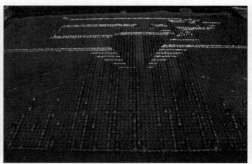

图44.6 用免刮漆包线进行飞线连接

到这里，原本硬件制作部分就应该完成了，但是在后期测试的过程中，总会有上电时乱响的情况。仔细思考后，我发现了问题所在：因为触摸按键是基于增强型51单片机的I/O口高阻状态（下文会详细介绍）的，这种状态对电流的波动很敏感，会受到电源杂波的干扰。所以我在正极和地之间加了一个0.1μF电容，效果有很大好转。顺便一提，使用电池供电效果最好。

到此就剩用STC-ISP软件将程序下载到单片机里。注意，如果单片机是新的或者上一次使用连接了晶体振荡器的话，要先连接好晶体振荡器才能下载程序。软件设置如图44.7所示。

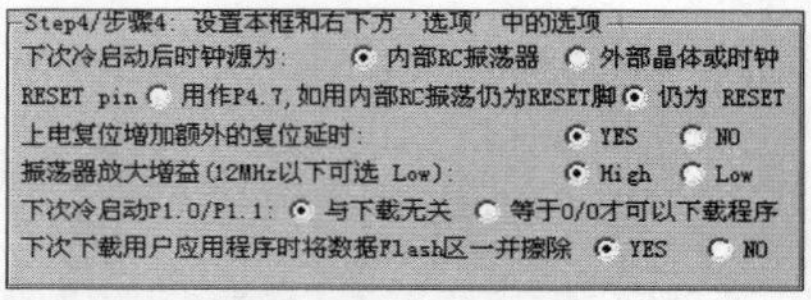

如果我现在结尾，肯定有人说我不地道，因为大家最想听的软件原理我还没有说明。别急，听我娓娓道来。

先说触摸吧，前面提到I/O口的高阻状态，在这种状态下I/O口对电流很敏感，那是不是只要接触I/O口，就能用人体的生物电完成触摸了呢？哎，好事多磨，虽然它很敏感，但是生物电的强度还是不能稳定地被感应。怎么办

图44.7 软件设置

呢？冷静下来想一想，只要再请一个强推状态的I/O口来帮忙就好办了。所谓强推状态，就是比普通准双向I/O口上拉能力强很多的一种状态。这样，在我们同时触碰这两个I/O时，强推I/O口的电流就通过皮肤流入高阻状态的I/O口，从而读到电平变化，实现触摸操作。

这么好用的功能怎么设置呢，大家可以参照STC数据手册里的设置方法。当我们用C语言设置I/O状态时，只需向P*M1、P*M0赋值（0x开头的十六进制格式）即可，如图44.8所示。

```
P0M1 = 0xFE; // (11111110)*P0.0(低音)P2.2（中音）P2.1（高音）强推
P0M0 = 0x01; // (00000001)*P2.3 P2.4 P2.5 P2.6 P2.7 P0.7
P2M1 = 0xF8; // (11111000)*P0.6 P0.5 P0.4 P0.3 P0.2 P0.1 高阻
P2M0 = 0x06; // (00000110)
```

图44.8 用C语言设置功能

接下来到了发音部分。说到这里要感谢杜洋老师，因为这里的原理和程序参考了他的SPEAKER32语音盒子。两者同样都是用计算机把要播放的音频先用专业的音频软件转换成ASCII Test数据，稍加改造变成数组后放入单片机60KB的ROM里，配合PWM解码程序，一个在你进门时甜美地说出"你好，欢迎光临"，一个则是在你触摸琴键后发出钢琴的音色。

专业的音频软件有很多，我用的是一款名为"Adobe Audition 3.0"的软件。简洁的界面、强大的功能，都是我选择它的原因。接下来要讲的是使用方法，准备好从网上下载到的音频，你可以用鼠标拖入音轨中，也可以对着一条空音轨单击"右键→插入→音频"来把你的音频放入音轨中。

这时音轨可能没有紧贴前端，这样会制造出一段空白音频，这部分不但影响正常工作，还很占空间，用右键点住它向前拖动，直到与前端紧贴，如图44.9所示。

之后双击"音频"，进入编辑模式。在这个模式下，我们要做的是删除空白和扩大音量。向上滚动滑轮，让时间间隔变小，前端的空白就会变得明显，去除它的原因跟上面一样。我们用左键框选出空白部分，然后单击"右键→剪切"来删除空白，如图44.10所示。

随后按"Ctrl+A"快捷键全选波形，单击左边效果栏里的"放大"，调整好合适的放大倍数后，单击"确认"，以完成放大操作，见图44.11。

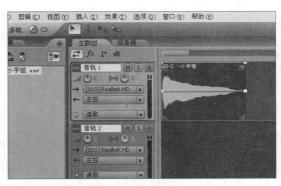

图 44.9 Adobe Audition 3.0 界面

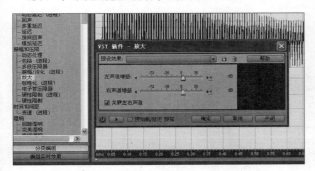

图 44.11 扩大音量

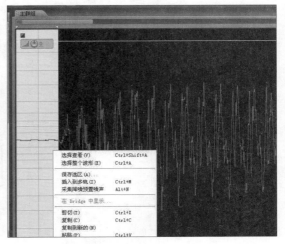

图 44.10 删除空白音频

单击左上角的"文件→另存为"，这时会弹出一个选择格式和保存路径的窗口，下方的保存类型我们选择"ACW波形（*.wav）"，单击下方的选项，滤波器处改为"PCM"，属性处改为"8.000kHz，8位，单声道"，然后"确定→保存"，如果弹出窗口，单击确定即可，见图44.12。这样就把音频转成了8位单声道，为后面的数据表文件做好了准备。

接下来软件会自动载入刚刚保存的音频，再单击左上角的"文件→另存为"，在弹出的窗口里选择"ASCII 文本数据（*.txt）"，然后单击下方的选项，把两个钩选框的对钩都点掉，再单击"确定→保存"，就完成了ASCII Test数据的转换，如图44.13所示。

这样重复36次之后，我们就得到了36个音调的8位音频数据了。打开电钢琴的工程文件，在程序的C语言文件下方有36个用音调名命名的数据表文件。只要把刚刚生成的数据复制到对应数据表中就大功告成了。

不过要注意开始处数组的定义和每个数据后的逗号，编译器可不会被你的急切所打动。我这里只是抛砖引玉，感兴趣的话可以在网上找到更多乐器的音色，让它变得更好玩、更强大，在茶余饭后悄悄拿出它，为家人弹奏一曲简单的儿歌，或者经典的旋律。不管你音乐水平如何，总能在家人欢乐的笑声中感受到电子制作带给你的幸福！

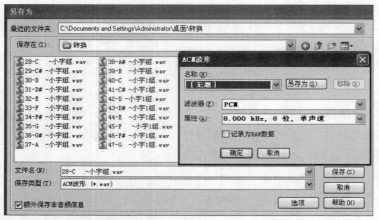

图 44.12　保存音频文件

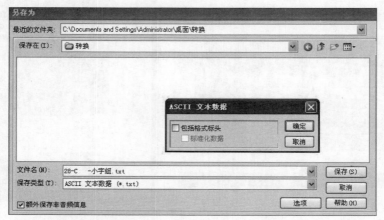

图 44.13　ASCII Test 数据转换

文：秦新月

45 学习型红外遥控灯座

声控开关给人们的生活和工作带来了极大的方便，但是在住宅居室中使用声控开关却很不现实，比如在卧室里装一个声控开关，若有人晚上睡觉打鼾或有点什么动静就有可能把灯震亮，影响人们的睡眠，有时甚至能吓到人，如何能设计出一个适用于家庭中使用的方便控制灯的装置呢？我发现人们在睡觉时床头常会放着个红外遥控器，怎么用它来控制头顶上的灯呢？这种装置必须用指定的几个键去进行控制，否则会干扰用电设备，因此它必须具有设定功能，也就是学习功能，综合考虑，笔者决定选用单片机来制作。

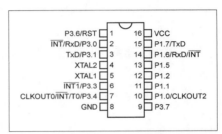

图45.1 STC11F02E的引脚排列

45.1 单片机的选型

笔者决定选用STC的11F02E，理由如下。

（1）做这种电路用的I/O口不多，要用I/O口的功能只有红外信号输入、控制输出、按键控制、指示灯等，STC11F02E有16个引脚的，而且价格比较便宜，每片仅为2.8元左右，在电路板的体积和整体成本上比较合适。

（2）STC11F02E的I/O口可以设置多种输出模式，比如设置成推挽输出，每个I/O口可提供20mA的电流，在驱动晶闸管时又省去了三极管驱动电路，可以节省一项开支。

（3）STC11F02E最主要的一个特点是其内带2KB的EEPROM数据存储器，单片机学习的红外编码可以存储到里面，掉电后不至于丢失，又省去了存储器，真是再好不过了。

（4）STC的单片机号称是单时钟/机器周期的单片机，高速、低功耗、超强抗干扰，这对系统的稳定性也有了保障。

（5）STC11F02E是宽电压单片机，电压范围为4.1～5.5V，对电源的要求不是很高。

（6）它还有2KB的程序存储器和众所周知的ISP在线编程、无法解密等特点。

图45.1所示是STC11F02E引脚图。

45.2 电路原理

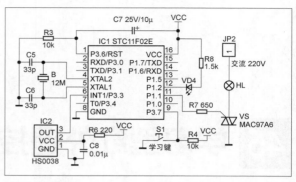

图45.2 电路原理

45.2.1 电路要实现的功能

（1）不要买遥控器，用家里的电视机、DVD、空调的遥控器都可以。

（2）可以设置学习键，按下按键后就开始学习，学习遥控器上的两个键，第一个是电源打开键，学习成功后LED指示灯会变亮；再按下一个键就是电源关闭键，学习成功后LED指示灯会变灭；松开学习键学习结束，学习到的码会存储到单片机的EEPROM内，即使掉电重启后也不会丢失。这对家庭很方便，因为电视机总有一些键不经常用，我们可以把它们设置为灯的开关键。以后在睡觉前用遥控器把电视机关掉的同时，顺便就把电灯关闭了。

（3）为了避免找不到遥控器，电路设计为重启后电灯为亮的状态，因此还可同时用墙壁开关控制。

（4）电源由降压电路直接供给，因此除了支持白炽灯还可以支持节能灯，挺完美的。

45.2.2 硬件主电路原理

硬件电路原理如图45.2所示，这个电路非常简单，IC1是主芯片STC11F02E单片机。这款单片机有内部晶体，但是红外接收要求频率准确性很高，所以采用外部晶体，B、C5、C6组成单片机的外部晶体振荡器电路。C7和R3是简单的上电复位电路。VD4是发光二极管，用来在学习和点亮时做指示，R8是它的限流电阻，采用灌电流点亮方式。用单片机的P1.1口作为推挽输出直接控制双向晶闸管MAC97A6从而来控制灯的亮灭，R7是它的限流电阻。S1按键是用来学习时用的，R4是防干扰的。IC2、C8、R6是红外接收电路，接收红外遥控信号，红外接收头型号为HS0038，C8和R6也是为了防干扰而设的。

当电路接通电源后，LED指示灯会闪一下，然后你按住学习键S1不要松开，同时拿家庭遥控器把想要设为打开灯的按键按一下，如果指示灯亮，说明此按键学习成功；然后把遥控器上想要设为关灯的按键按一下，此时指示灯灭说明学习成功；松开学习键就学习成功，安上灯泡就可以用

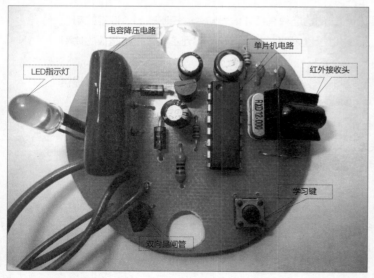

图45.3 焊接好的电路

图45.4 用腐蚀法制作的电路板

图45.5 把电路板放入灯座内

图45.6 用遥控器打开电灯

家庭遥控器控制灯了。它的实物见图45.3。

　　制作所用元器件也非常少，可以把它做成板子然后放入灯座内，图45.4所示是我用古老的办法腐蚀的板子，放入灯座内正好，图45.5、图45.6所示是成品使用的情况。

45.2.3 电源电路原理

　　我经过测试发现此电路运行时最大电流不过15mA，而在待机状态下只有6mA，非常省电。为了降低成本和缩小体积我选择了电容降压电源电路，此电路可提供5V/25mA电源，供应这个小电路是绰绰有余呀！

　　电容降压式简易电源的基本电路见图45.7。C1为降压电容，宜采用无极性的金属膜电容，VD1为半波整流二极管，VD2在市电的负半周时给C1提供放电回路，R1为关断电源后C1的电荷泄放电阻。整流后未经稳压的直流电压一般会高于30V，并且会随负载电流的变化发生很大的波动，VD3将电压稳到12V，然后由C2滤波，为了确保电源质量，我在后级加入78L05稳压器，它体积虽小，但能提供300mA的电流，再加入电容C4，电源就基本为5V稳定电源了。

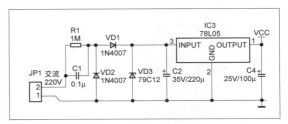
图45.7 电源电路

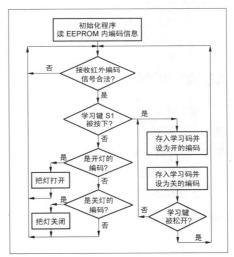
图45.8 程序流程

45.3　程序原理

　　程序流程见图45.8，编程注意事项如下。

　　（1）STC11F02E单片机编程时与51单片机有所不同，因为它内部多了一些特殊功能寄存器，在编译时必须声明地址。

　　sfr P1M1=0X91;

　　sfr P1M0=0X92;//声明P1口的软件配置工作类型寄存器地址

　　sfr AUXR=0X8E;//声明AUXR寄存器地址

sfr IAP_DATA=0XC2;

sfr IAP_ADDRH=0XC3;

sfr IAP_ADDRL=0XC4;

sfr IAP_CMD=0XC5;

sfr IAP_TRIG=0XC6;

sfr IAP_CONTR=0XC7;//声明EEPROM存储器所用寄存器地址

（2）由于此单片机可以设置输出端口为推挽输出，此时输出电流每个I/O口可提供设置输出口电流20mA用以驱动双向晶闸管，P1口的I/O口输出模式需要设置P1M1、P1M0寄存器，设置方法见表45.1。

图45.2所示的P1.1控制双向晶闸管，需设为推挽输出，其他口设为准双向口所以P1M1=00000000，P1M0=00000010。C语言程序写为P1M1=0X00; P1M0=0X02;

45.4 扩展应用

我发现这个电器不仅可以用来遥控灯，还可以改变输出控制部分来控制电机、设备、家用电器等。

此电路做成功后，试验两个星期工作正常，大家可以做着玩玩，元器件清单见表45.2。

表45.1 I/O口输出模式设置方法

P1M1	P1M0	I/O口模式
0	0	准双向口（传统8051 I/O 口模式）
0	1	推挽输出（强上拉，输出电流可达20mA）
1	0	仅为输入（高阻）
1	1	开漏（Open Drain）

表45.2 元器件清单

标号	名称	型号	数量
IC1	单片机	STC11F02E	1
IC2	红外接收头	HS0038	1
IC3	集成稳压器	78L05	1
VD1、VD2	二极管	1N4007	2
VD3	稳压管	79C12(最好用1N4742A)	1
VD4	发光二极管	ø3mm	1
C1	电容	630V/105J	1
C2	电解电容	35V/220µF	1
C4	电解电容	25V/100µF	1
C5、C6	电容	33pF	2
C7	电解电容	25V/10µF	1
C8	电容	63V/0.01µF	1
B	石英晶体	12.00MHz	1
R1	电阻	1MΩ 1/4W	1
R3、R4	电阻	10kΩ 1/6W	2
R6	电阻	220Ω 1/4W	1
R7	电阻	650Ω 1/4W	1
R8	电阻	1.5kΩ 1/6W	1
S1	按键	5mm×5mm×6mm	1
VS	双向晶闸管	MAC97A6	1

文：温正伟

46 多头灯具分段控制器

现在很多家庭会在客厅里安装一个多头的吸顶灯或吊灯，以适应不同时间的照明需求。这些灯具一般会带有不一样的分段控制器，有些是遥控的，有些是由电灯开关进行分段控制的。我家里就安装了一个4灯管的88W吸顶灯，是由遥控器控制的。使用时要先打开电灯开关，打开后默认4支灯管一齐点亮，然后才可以用遥控器控制要开几个灯。通常晚上只开2支灯管就足够了，那样就要先按墙上的开关，再找到那个小小的遥控器进行切换。家中小孩又经常喜欢拿着遥控器玩，这样一来就麻烦了，要不找不着遥控器，要不小孩不停地切换灯玩。要是购买一个用开关切换的多头灯具控制应该也要几十元吧，我想反正自己是电子爱好者，这样的事应该难不倒我吧，于是自己便DIY了一个。过程实际上非常简单，下面我就与大家分享一下。

46.1 从灯具中取下原有控制器

把灯具拆下取出控制器（见图46.1）。可以看到，简单的功能用了好多元器件，要是用单片机不是简单好多吗？电路只包括整流电路、无线接收模块和继电器驱动电路。无线接收模块输出的信号经过2片74HC40系列的芯片处理后驱动9013控制继电器闭合。

46.2 设计单片机控制器

我想实现的功能是开灯后默认点亮2支灯管，要切换灯管数目时只需要关掉开关又马上打开开关，可以按2、3、4、1支方式切换点亮灯管。这样一来就有两个问题需要解决了：一是开关断开后，电源也切断了，电容上的电荷很快被继电器线圈放完，单片机无法继续工作；二是单片机如何得知开关被关了。图46.2所示是我设计的电路图，带着上面两个问题，我们分析一下电路。

单片机选用市场上常见的STC出品的12C2052AD，这款芯片在I/O上完全兼容AT89C2051，芯片功能上更扩展了丰富的功能，如I/O的强上拉、高阻、片内RC振荡及复位电路、EEPROM等。为了方便制作，我

图46.1 从灯具中取下的原有控制器

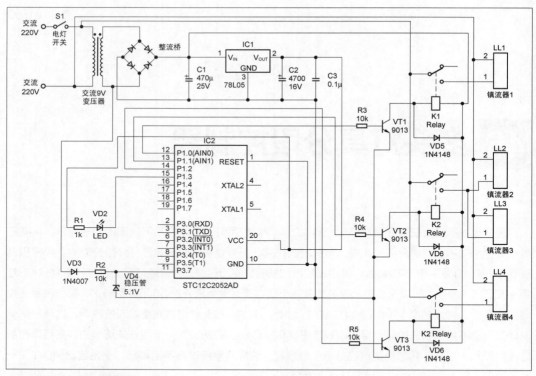

图46.2 单片机设计电路原理图

使用了片内的RC振荡及复位电路，这样一来少使用了复位电路及晶体振荡器。9V交流电压器整流后得到约12V的直流，一部分供给继电器驱动，一部分供给78L05稳压后得到5V供单片机使用。在78L05输出端使用一个4700μF电解电容(C2)。使用如此大容量的目的是，在主电源切断后，C1会被继电器线圈很快地放完电，而C2仍有电荷供单片机使用。VD3、R2、VD4构成一个断电检测电路。电源没有切断时，VD3半波整流后经过R2限流，再由VD4稳压在5.1V左右，电源切断时这里则为0V。使用这个电路的要点是C2的容量要

图46.3 完成的电路实物图

远大于C1，这样才能保证在电源切断后P3.7引脚得到的是一个低电平，同时单片机在断电后一段时间后仍能保持工作。另外，P3.7引脚需要设置为高阻态，如果使用准双向模式就算VD3失电，P3.7仍然处于高电平状态。单片机输出的控制信号通过内部强上拉后，经过10kΩ的电阻使得三极管B极电流在0.5mA，再经过100倍左右的放大，C级电流可以达到50mA，足以驱动继电器。因为电路安装在灯内，LED可以不要，只用于程序的调试。完成的电路实物图见图46.3。

46.3　软件编程

软件的编写也极为简单。上电后先设置I/O的上拉和高阻态。因为上电后I/O输出为高，所以在完成设置后把I/O拉低，这样就不会有上电瞬间4支灯管片刻间点亮的问题。程序会不停用P3.7引脚检测电源状态，一旦电源失电，P3.7检测到为低电平时，这时会延时防抖，确认为失电后应马上切换到下一个灯管开关状态，灯会在1s后点亮。如果开关关闭时间过长，单片机也会因C2放电完成而终止工作，所有电路停止。所以在使用时，开关关闭再打开的时间间隔大约为1s，也就是开关关闭后马上又要打开，只有这样电路才能正常进行切换。可以在本书下载平台（见目录）获取程序。

46.4　组装

我们从图46.3所示的电路可以看到，它是直接在灯具原配的电路板上修改的，拆除无线接收及其他部分的电路，只保留继电器、继电器驱动电路、电源部分及接口，这样根本不修改原灯具便可以方便地按原路安装新的功能。此项制作要求制作者十分熟悉市电，安装时也一定要先切断电源。图46.4所示是点亮2支灯管的情形。使用学习到的电子知识来方便自己的生活，确实十分有意义。

图46.4　安装后的点亮效果

文：张彬杰

47 红外遥控版LED灯泡

47.1 起源

记得1年前我家孩子刚出生那会儿，我给老婆买了个小夜灯插在墙壁上。每当小孩哭的时候就打开那个小灯给孩子喂奶、换尿布。之后的一段时间，每次半夜都还要起床开灯，感觉有点麻烦。于是，下面的这个小制作便产生了——红外遥控灯泡，它只需要用自己家里的遥控器，对着灯的方向，按任意按钮，即可实现开、关LED灯泡。这样，老婆自己就可以拿着遥控器开、关灯泡了。不过当我做完这个制作时，孩子已经长大些了，这个制作就留给来家里的客人上洗手间用吧！这次的制作需要对一个220V供电的LED灯泡进行改造，因此要格外小心。改装完成的LED灯泡结构和原来一样，只是里面增加了红外控制电路。我用的LED灯泡为E27接口的（普通家用的220V大螺旋接口）。它的额定功率为3W，根据官方宣传，它比节能灯节能70%，在相同功率下，比节能灯亮2倍，而且寿命是节能灯的10倍、白炽灯的25倍。

47.2 选择LED灯泡的理由

LED灯泡是替代传统白炽灯泡的新型绿色光源，LED灯泡大多采用大功率LED芯片制作。为了防止眩光问题，外壳通常会使用磨砂玻璃或亚克力来制作，可以直接由市电驱动。大部分产品适用于AC 85~269V的电压输入。

我选择使用它是看重它的如下特点。

（1）节能，白光LED的能耗仅为白炽灯的1/10、节能灯的1/4。

（2）寿命长，用于普通家庭照明，基本可以实现"一劳永逸"。

（3）可以工作在高速开、关状态。

（4）纯直流工作，无频闪，消除了传统光源频闪引起的视觉疲劳。

（5）采用PWM恒流技术，效率高、热量低、恒流精度高。

（6）通用标准灯头，可直接替换现有多种光源。

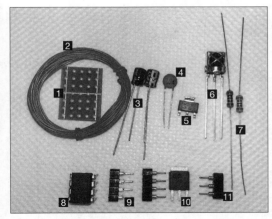

图47.1 制作所用元器件

表47.1 元器件清单

编号	名称	作用
1	万用板	用于支撑各种零件
2	绝缘导线	连接元器件
3	2个10μF电解电容	电源滤波
4	0.1μF瓷片电容	红外一体接收头滤波
5	AMS1117-5.0稳压芯片	用于电源稳压到5V
6	VS1838B一体化红外接收头	接收38kHz的红外信号
7	电阻2个	用于MOS管下拉和限流
8	ATtiny13单片机	控制芯片
9	单片机插座	可方便更换单片机
10	NMOS管	用于实现电流的通断
11	VS1838B红外接收头插座	可方便更换一体化红外接收头

47.3 制作所需材料

这次制作的主要元器件有：ATtiny13单片机、红外一体接收头和NMOS管，见图47.1。还有一些制作时使用到的辅料，如稳压芯片、万用板、插座、绝缘导线等。具体元器件清单如表47.1所示。

47.4 电路设计

最初，我想在220V电源上增加变压器进行变压，同时使用稳压芯片和滤波电容进行稳压。可是要在灯泡里增加变压器可太有难度了。于是我打开灯泡一边看，一边想。LED不是有很好的稳压特性吗？经过带电测量，3节LED上能有稳定的9.9V压降。那LED灯泡断开（开路）时的电压又是怎样的呢？于是我把灯泡上的电源导线焊下来，通过万用表再次测量，为13V左右。真是高兴，这样我就可以直接用稳压芯片了。有了输入13V左右的电压，经过芯片1117-5.0稳定到5.0V电压就可以给单片机和一体化接收头供电了。由于我手头的最后一片1117-5.0坏了，我不得不用1117-3.3代替。还好单片机和一体化接收头都能在3.3V的电压下正常工作。

那么如何控制LED灯泡电流的通、断呢？刚开始我第一个想到的是超薄、超轻的继电器。买来它好久了，却一直没用上。不过经计算发现，流过LED灯泡的电流在300mA左右。这么点电流用MOS管控制也是没问题的，而且MOS管还没有继电器开、关时的"滴答"声呢！

单片机的PB1引脚和红外一体化接收头相连接，当遥控器对着接收头按下按钮时，PB1就会有一个低电平。一般遥控器发出的红外调制信号，会让一体化接收头产生9ms的低电平（大多数），作为遥控编码的引导条件。计算低电平的持续时间，可以判断是否接收到了正确的红外信号。

电路原理图如图47.2所示。

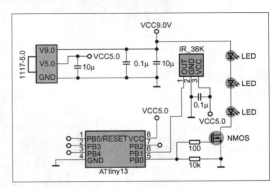

图47.2 电路原理图

47.5 制作过程

方案确定下来了，就开始我们的制作之旅吧！

1 切割洞洞板到合适的尺寸，至少能装到灯泡内的大小。

2 打磨洞洞板的边缘。

3 焊接单片机和红外一体接收头插座。

4 焊接稳压芯片和对应的2个电解电容。

5 焊接红外接收头用的滤波电容。

6 焊接场效应管和对应的2个电阻。

7 根据原理图焊接相应的导线。

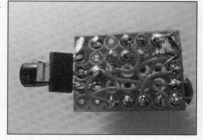

8 把烧录好程序的单片机插到8Pin插座上，把一体化接收头也插到3Pin插座上。

9 旋开LED灯泡的白色外壳。

10 用剪下来的元器件引脚，焊接控制板到灯泡的电路板上。

11 最终制作好的效果。

12 通过3S（11.1V）电池驱动8个LED（合计8W功率）的效果。

47.6 编程思路

单片机程序通过判断低电平的持续时间是否为6～10ms，进而判断遥控按钮是否被按下。当低电平时间满足条件后，连接在NMOS的PB0引脚就会产生高电平，用于驱动MOS管，使其导通。当程序再次收到红外引导编码时间为6~10ms时，PB0就会产生低电平，用于关闭MOS管的电流。如果你的遥控器没有这种编码特点，那就要修改源代码的时间触发长度了。

在这次编写的程序中，我使用了2个中断：外部引脚中断和定时器中断。外部中断设置成下降沿。当有外部下降沿时，开启定时器进行计数。对定时器的时钟进行64分频，就能产生150kHz的计数频率。最终设置times这个全局变量来记录定时器的溢出次数，从而判断时间的长短。

ATtiny13使用的是内部9.6MHz的RC振荡器。在初次烧录文件时，记得对熔丝位进行相应的设置。

48 红外感应自动移门

红外感应自动移门无须人工干预，全自动运行，运转时平稳、安静。其高可靠性使得它适用于许多场合，是方便和舒适的理想产品。

红外感应自动移门由以下7部分构成。

（1）主控制器：它是自动感应门的指挥中心，通过内部编有指令程序的单片机，发出相应指令，指挥电机或电锁类系统工作。人们还可以调整自动感应门门扇的开启速度、开启幅度等参数。

（2）感应探测器：可以采用红外、激光或超声波等探测器，目前主要采用红外探测器，负责采集外部信号，如同人们的眼睛。当有移动物体进入它的工作范围时，它就给主控制器一个启动信号。

（3）动力电机：提供开门与关门的主动力，控制自动感应门门扇加速或减速运行。

（4）门扇吊具走轮系统：用于吊挂活动门扇，同时，在动力牵引下带动门扇运行。

（5）门扇行进轨道：就像火车的铁轨，约束门扇的吊具走轮系统，使门扇按特定方向行进。

（6）同步皮带或三角皮带：用于传输电机所产生的动力，牵引门扇吊具走轮系统。目前大部分产品使用同步皮带。

（7）下部导向系统：这是门扇下部的导向与定位装置，防止门扇在运行时前后摆动。

48.1 工作过程

上电后，红外感应自动移门先进行初始化工作：以学习速度缓慢开门，撞墙后停下，并清除长度计数器。然后，它以学习速度缓慢关门，门关拢后停下，将测得的正确行程（开门或关门长度）存入单片机的EEPROM，从而进入待机状态。

在待机状态下，如果红外感应探测器探测到有人进入，便输出一个启动信号给主控制器。主控器得到此信号后，控制电机运行，同时监控电机转数（开门长度），以便控制电机在什么时候加速、什么时候匀速、什么时候减速运行。电机得到一定运行电流后，正向运行，将动力传给同步带，再由同步带将动力传给吊具系统，使门扇开启，完成一次开门过程。

自动感应门扇开启后，由控制器做出判断，如较长时间没有探测到人员进出，则通知电机反向运动，关闭门扇。

一次开门与关门过程中，电机的转速变化分析如图48.1所示。

在待机状态时，操作员可以输入红外感应自动移门的相关工作参数，见表48.1。

48.2 系统方案设计

红外感应自动移门的主控制器由单片机控制器、数码管显示器、直流电机推动–驱动电路、速度信号反馈电路、继电器控制电路、按键输入电路、用户状态设置电路、红外线感应探测器及电源等组成，如图48.2所示。

为了控制开门长度，我们需要监控电机转数，因此需要取得电机的旋转脉冲。常用的元器件为光栅式编码器，为了降低成本，我们使用遮断式光电开关（见图48.3）和自制的光栅盘构成转速信号反馈组件，如图48.4所示，光栅盘上的透光孔依需要可打8~24个。

在不明显降低使用寿命的前提下，为了降低成本，可以选用优质的24V有刷电机。这样，电机的控制芯片就可使用目前很流行的LMD18200。LMD18200是美国国家半导体公司的单通道直流电机驱动芯片，在12~60V电压下，可输出高达3A的电流，可以驱动一个较大功率的直流电机或步进电机。它内部集成有续流二极管，并有一个电流检测反馈输出，过热时能自动关断。它具有一个方向引脚和一个PWM信号输入引脚，制动引脚输入支持再生制动。只要PWM信号的频率低于1kHz，芯片内部的电容就足以让电荷泵为H桥集成功放电路上的MOS场效应管提供较高的电压。当PWM信号频率高于1kHz时，引脚1和引脚2之间、引脚10和引脚11之间，需要各加一个0.01μF的电容。LMD18200的典型应用方式如图48.5所示。

48.3 电路设计

由于红外感应自动移门的主控制器电路比较复杂，我们采取了层次化设计，共分为cpu&relay、sen&in、power 三个子电路（层次），子电路之间的连接方法如图48.6所示。

表48.1 红外感应自动移门的相关工作参数

设定状态 set_status	作用	设定范围	默认值
0	正常工作	—	—
1	输入门靠墙停顿时间	0~9	3
2	输入开门最大速度	0~9	4
3	输入开门最小速度	0~9	4
4	输入开门挤人灵敏度	—	—
5	输入关门最大速度	0~9	4
6	输入关门最小速度	0~9	4
7	输入关门挤人灵敏度	—	—
8	输入学习速度	0~9	4

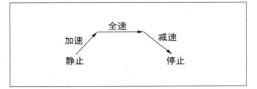

图48.1 一次开门或关门过程中，电机的转速变化

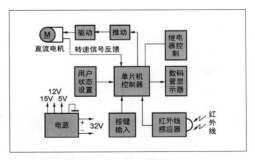

图48.2 红外感应自动移门主控制器的构成

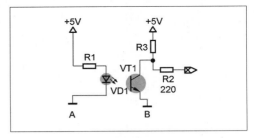

图48.3 遮断式光电开关的电路图

48.3.1 cpu&relay子电路

cpu&relay子电路如图48.7所示。单片机控制器IC101是整个系统的核心，负责整个红外感

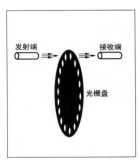

图48.4 转速信号反馈组件示意图

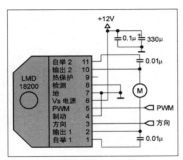

图48.5 LMD18200的典型应用

应自动移门的运行，这里使用功能强大、高性价比的ATmega16L，有效利用了它的片上资源。IC102为3位的数码管显示器，用来显示按键输入。SW101~SW103为按键输入电路。JP102为调试使用的JTAG仿真口。JP101为短路所用的双排针，用于选择是否启用JTAG仿真。继电器K101、K102用于通/断驱动电机的32V电压及锁停门扇。

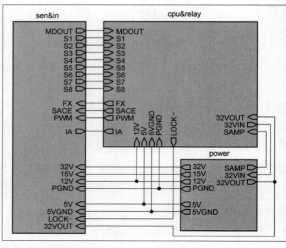

图48.6 子电路的连接

48.3.2 sen&in子电路

sen&in子电路如图48.8所示。

IC201为高速光电耦合器，它将直流电机旋转编码器输出的15V脉冲信号转换为5V脉冲，送入单片机处理。JP202、JP203连接到用户状态设置面板上。用户状态设置面板由两把钥匙控制，其中一把钥匙控制锁停门扇，另一把钥匙控制自动移门的8种工作状态。IC202~IC205为光电耦合器。门

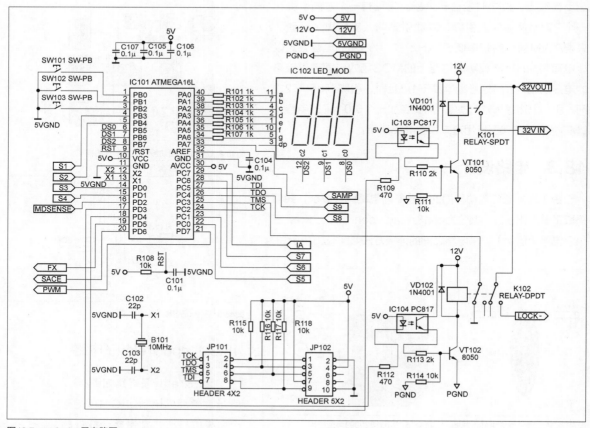

图48.7 cpu&relay子电路图

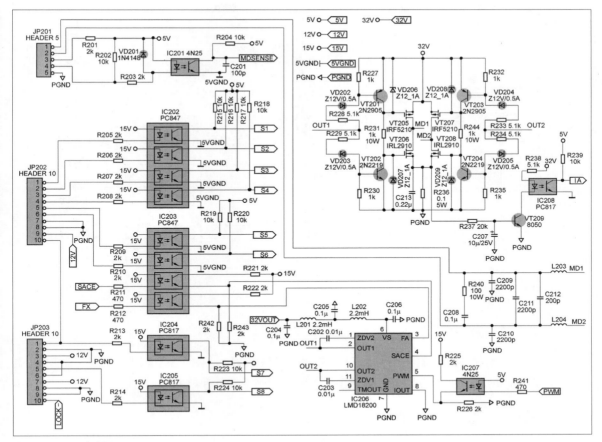

图48.8 sen&in子电路图

外侧的红外感应探测器1的输出信号加到JP203的1号脚，门内侧的红外感应探测器2的输出信号加到JP202的6号脚。红外感应探测器的作用是探测是否有人靠近自动移门，一旦有人靠近，会输出一个低电平。IC206为美国国家半导体公司生产的直流电机专用推动电路LMD18200，单片机发出的调宽脉冲信号经PWM端输入，OUT1、OUT2端即输出对应的直流电机调宽推动脉冲。SACE端为刹车信号控制端，加高电平后实现直流电机的紧急刹车。FA端为正反转控制端，高电平控制电机正转，低电平控制电机反转。LMD18200的输出端扩展了以VT205～VT208为分立元器件构成的直流电机桥式驱动器，功率余量大，性能稳定。R236、VT208、VT209等构成电机堵转检测电路，当检测门扇全开或全关时（这时电机产生堵转），光电耦合器IC208导通，产生一个低电平给单片机。

48.3.3 power子电路

power子电路如图48.9所示。T301为控制变压器，次级共有4个绕组，经整流、滤波后，得到15V DC OUTPUT、12V DC OUTPUT、5V DC OUTPUT、SAMP OUTPUT 四组直流电压，供应红外感应自动移门的主控制器电路工作。其中SAMP OUTPUT目前未使用，留待将来系统升级时使用。T302为主变压器，其次级24V AC经整流、滤波后，得到32V DC供应直流电机工作。

设计完成的红外感应自动移门控制器PCB如图48.10所示。

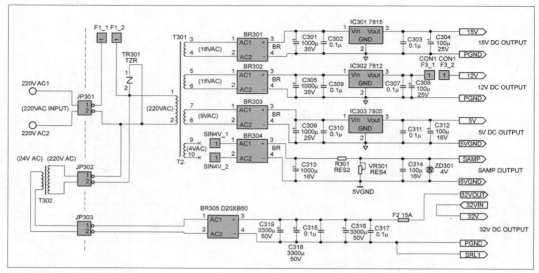

图48.9 power子电路图

48.4　程序设计

控制程序采用C语言设计，使用ICC7.14C编译器编译，比较简洁易懂。限于篇幅，这里就不做具体分析了，感兴趣的朋友可在本书下载平台（见目录）下载相关资源。

48.5　保养及维护

红外感应自动移门由于受安装质量及使用环境的影响，使用过程中难免会发生问题。如果长期缺乏保养，导致自动门存在的隐患及小故障得不到及时处理，将会由小故障变成大故障，最终可能导致自动门的瘫痪，因此用户平时需要定期进行以下项目的保养工作。

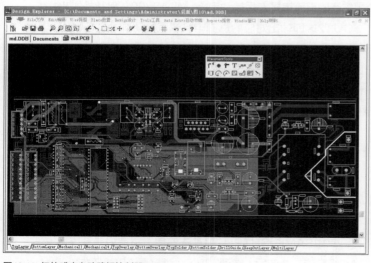

图48.10 红外感应自动移门控制器PCB

（1）清洁机箱内部的油污、灰尘。

（2）检查自动门各种部件的磨损情况，检查自动门的支位偏差及螺丝松紧情况。

（3）检查皮带的松紧情况。

（4）检查控制器对电机输出、开关门宽度、速度、制动等状态是否正常。

（5）检查电压参数是否正常。

（6）维修、更换损坏的部件。

文：周兴华

49 反射式红外测速仪

49.1 常用的测速方法

常用的测速传感器可输出脉冲信号，只要通过频率电压或电流转换就能与电压、电流输入型的指针表和数字表匹配。频率电流转换的方法有阻容积分法、电荷泵法和专用集成电路法，前两种方法在磁电转速仪中也有运用。专用集成电路大多数是阻容积分法、电荷泵法的综合。目前，常用的专用集成电路有LM331、AD654和VF32等，转换精度在0.1%以上；但在低频时，这种转换就无能为力。采用单片机或FPGA做F/D和D/A转换，转换精度在0.5%～0.05%，量程从0～2Hz到0～20kHz，频率低于10Hz时反映时间也会变长。

在对显示精度、可靠性、成本和使用灵活性有一定要求时，就可直接采用脉冲频率运算型测速仪。频率运算方法有定时计数法（测频法）、定数计时法（测周法）和同步计数计时法。测频法在测量上有±1个时间单位的误差，低速时误差较大。测周法也有±1个时间单位的误差，在高速时，误差也很大。同步计数计时法综合了上述两种方法的优点，在整个测量范围都达到了很高的精度，万分之五以上精度的测量转速仪表大都采用同步计数计时法。

49.2 反射式红外测速仪的设计

这里我介绍一款实用的反射式红外测速仪的设计与制作。

反射式红外测速仪在测量物体运转速度时，首先向被测物体发射出红外线脉冲，利用被测物体表面的反射能力（可在被测物体表面粘贴白色的反射纸等），使红外接收器收到光脉冲信号，然后通过光电转换电路将光脉冲信号转变为电脉冲信号，电脉冲信号通过放大和处理后，输入到单片机的计数控制门，与内部的标准秒脉冲信号相比较，经运算后，通过显示屏将被测物体的旋转速度显示出来。

红外探头的测量距离根据实际需要，可设计成近距离和远距离两类。近距离的探头可采用小功率发光管和光敏受光管。如果是远距离的测量，探头就可采用中、大功率的发光二极管或者是合适的激光二极管。

49.2.1 系统设计方案

图49.1为反射式红外测速仪的系统构成方框图，由单片

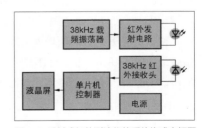

图49.1 反射式红外测速仪的系统构成方框图

机控制器、38kHz载频振荡器、红外线发射/接收电路、
8×2点阵字符型液晶屏及工作电源等组成。

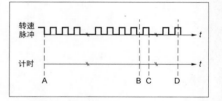

图49.2 转速测试原理

49.2.2 转速测试原理

转速测试原理见图49.2。进入测试状态后，38kHz
的载频振荡器起振工作，驱动红外发射管向外发射红
外载频信号。单片机首先检测信号的边沿，当一个脉冲的下降沿到来时（图中A点），计数器开始
对脉冲计数，同时，单片机还启动定时器进行测试计时。当定时器计时到1000ms时（图中B点），
单片机发出一个准备结束本次测试的信号，这时程序又开始检测信号的下降沿，当下降沿到来时
（图中C点），单片机对脉冲的计数cnt及对测试时间的计时time完成。此时根据公式：转速=(cnt/
time)×60000即可算出此时的转速。当计时到1300ms时（图中D点），单片机输出显示，将测得的
转速显示到液晶屏上。此次测试、显示完成后，又进入下一次的测试、显示，周而复始。

Tips

测速仪常用于电机、电扇、纸张、塑料、化纤、洗衣机、汽车、飞机、轮船等制造业中。依据对转速检测原理的不同，
测速仪可分为以下几种类型。

离心式测速仪：利用离心力与拉力的平衡来检测转速，是最传统的机械式测速工具，测量精度一般在1～2级。

磁性测速仪：利用旋转磁场，在金属罩帽上产生旋转力，通过旋转力与游丝力的平衡来检测转速。

电动式测速仪：电动式测速仪由小型交流发电机、电缆、电动机和磁性表头组成。磁性表头与小型交流电动机
同轴连接在一起，小型交流发电机产生交流电，交流电通过电缆输送，并驱动小型交流电动机，小型交流电动机的
转速与被测轴的转速一致，磁性表头指示的转速自然就是被测轴的转速。

闪光式测速仪：闪光式测速仪可发出频率可调的脉冲闪光，利用人眼视觉暂留的原理对转动物体进行测速。除
了检测转速（往复速度）外，还可以观测循环往复运动物体的静像。

电子式测速仪：电子式测速仪是以现代电子技术及计算机技术为基础而设计的，一般有传感器和显示屏，有的
还有信号输出和控制。

49.2.3 电路设计

反射式红外测速仪的电路如图49.3所示。单片机选择Atmel公司的ATmega48，负责整个测试
系统的运行。IC2及阻容元件组成了38kHz的载频振荡器，其载频经VT1放大后驱动红外发射管IR
向外发射红外线。IC4为38kHz的一体化红外接收头，它负责红外线的接收、放大及解调，它将解
调出的脉冲信号送入单片机进行计数处理。IC5为液晶显示模块，使用了8×2的点阵字符型液晶屏
（带背光），形体较小，用于显示测试得到的转速。

整机供电使用9V积层单池，经稳压器IC5稳定为5V后，供单片机工作。笔者实际制作的发射、
接收组件如图49.4所示，使用热熔胶固定。制作完成的样机上的液晶屏、电源开关及按键如图49.5
所示，按键SB目前没有使用，作为备用，整机照片如图49.6所示。

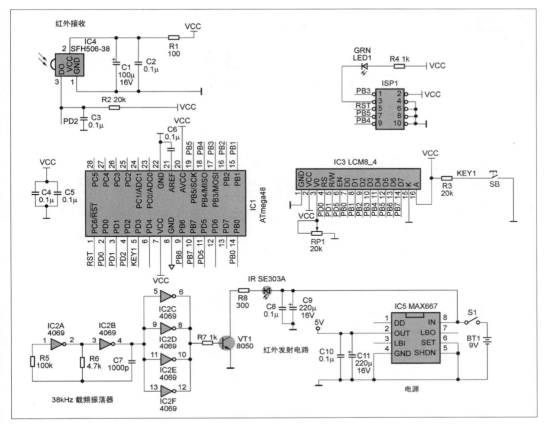

图49.3 反射式红外测速仪电路图

图49.4 发射、接收组件

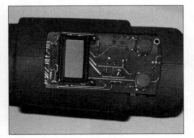

图49.5 液晶屏及控制按键

图49.6 反射式红外测速仪整机照片

主函数

```
void main(void)//主函数
{
  uchar temp;//定义单字节无符号局部变量
  float count,time,x;//定义浮点型局部变量
  Delay_nms(400);//延时400ms,等待电源稳定
  init_devices();//初始化单片机
  InitLcd();//初始化液晶屏
  display1();//液晶屏显示欢迎界面
  Delay_nms(2000);//等待2s
  display2();//液晶屏显示工作界面
  DisFlag=1;//测速显示标志置1
    while(1)//无限循环
    {
    WDR();//看门狗喂狗指令
    if(DisFlag==1)//如果测速显示标志为1
    {
      time=(float)tx;//整数转成浮点数
      count=(float)cx;
      x=count/time;x=x*30000;//数学计算
     DisVal=(uint)x;

      /******将测得的4位转速值存放于显示缓冲区*******/
    disx[3]=(DisVal/1000)%10;
      disx[2]=(DisVal/100)%10;
      disx[1]=(DisVal%100)/10;
      disx[0]=DisVal%10;
      /**********在液晶屏上显示转速*********/
      DisplayOneChar(4,1,disx[3]+0x30);
      DisplayOneChar(5,1,disx[2]+0x30);
      DisplayOneChar(6,1,disx[1]+0x30);
      DisplayOneChar(7,1,disx[0]+0x30);

      /**此次显示完成后,相关变量初始化,准备进入下一次的测试**/
      DisFlag=0;WorkTime=0;
      DisTime=0;
      EndFlag=0;Start=0;cnt=0;
    }
```

```
else//否则如果测速显示标志为0则进行脉冲取样
{
do{
temp=PIND&0x04;WDR();JS=1;//等待下降沿后下一次测试
  if(Counter>1500)
  {Counter=0;JS=0;DisFlag=1;cx=0;goto END;}
}while(temp==0x04);
BeginFlag=1;Start=1;GICR=0x40;
//重开INT0中断
END:;
}
}
}
```

49.2.4 软件设计

程序主要分为主控程序、液晶屏驱动程序和头文件三大部分，这样设计速度快、结构完善，并且也便于整个程序的装配。程序使用ICC7.14C集成开发环境编译。限于篇幅，这里仅介绍一下主函数，完整程序可以到本书下载平台（见目录）下载。

49.3　调试与应用

本机唯一需要调整的是红外发射电路的38kHz载频，它关系到红外测速仪的使用灵敏度及可靠性。整机检查无误后通电，用一个10kΩ的多圈可调电位器代替R6，用示波器或频率计测R7电阻的任一端，细调电位器，使频率为38.000kHz，越准确越好。调好后，取下电位器，测出其阻值，用一个同阻值的固定电阻代替电位器，焊在R6位置。整机其他部分全是数字信号处理，因此只要器件良好，就无须调整了。

红外发射管需要套一个直径5mm的黑色热塑套管，并且与红外接收头稍微隔开一点距离安装，防止发射出的红外光直接进入红外接收头。当然它们也不能离得太远，以免降低接收灵敏度。

文：张俊

50 没有琴弦的电子琴

没有琴弦的琴怎么能弹奏呢？对于我们玩电子的人来说，那倒未必，今天我就给大家做一个没有琴弦的琴，让大伙儿弹弹！

说是没有琴弦，那只是相对于我们的视觉，弦头与弦尾之间除了空气之外，其实还暗藏玄机——那就是红外线，准确地说我做的是一个红外琴。

50.1 无弦琴的组成

图50.1所示是做好的无弦琴的外观，琴弦是由一对红外发射、接收头组成的，一共有8对这样的琴弦，可以弹奏16种声音。有一个按键用来切换，当按下时有8种声音，没有按下时也有8种声音。这个无弦琴还有另外两种功能，就是按键弹奏16种声音并能播放两首曲子。

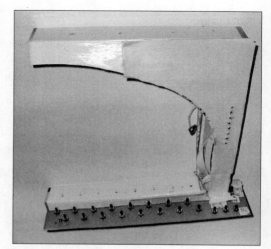

图50.1 无弦琴的整体外观

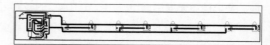

图50.2 红外发射电路

50.2 电路原理

无弦琴总体可以分为红外发射、红外接收和单片机控制3个部分。首先说说红外发射：其实它是一个555电路，用555产生38kHz频率的信号。当然有的朋友可能说可以用单片机来产生，这个是仁者见仁，智者见智了，只要能产生38kHz频率的信号，用单片机也可以。把该信号用三极管放大供8个红外发射二极管使用。由于红外发射二极管的耐压为3V，而通过三极管后的电压有4.3V左右，考虑到二极管的正常工作，设计中采用两个串联再一起并联的方式，见图50.2。这部分简单吧？只要学过一点电路就没有问题。

我是按照书上的555电路直接设计PCB的，那些电容、电阻怎么匹配就看大家手上有什么了，我是用一个滑动电阻来取值的，再进行匹配，实物图见图50.3。

红外接收由两个部分组成，实物见图50.4，一个就是8个红外接收头，一字排开，它们的间距要和上面的红外发射头的间距完全一样，不然会相互干扰，后面再说。另一个就是矩阵键盘，矩阵键盘怎样排版这个也看大家了，在我制作中有一个致命的问题，就是只注重元器件的排布而忽略了它们其实也是有一定的规律的，一般就是上面4个P口与下面4个P口相互交叉的地方安一个按键。我有的按键两端都是连接在下面的4个P口上，后面花了很大的功夫才改过来，这一点希望大家注意！红外接收头则比较简单了，它只有3个引脚，其中接地和接电源的都是并联的，输出端则用排线引到74LS14上进行数字处理，因为它输出的有时是线性的，为了更好地接收，就用施密特触发器处理后输给单片机，这部分电路也很简单，见图50.5。

最后介绍单片机控制电路，见图50.6。一共就3块芯片——一片单片机和两片74LS14，74LS14的作用上面已经讲过，单片机外接一个扬声器（其实就是一个废弃的耳塞），按照蜂鸣器的接法来接就可以了，实物见图50.7。另有8个指示灯连在74LS14的输出端，同时也是单片机的输入端，它们会在弹奏时随着你的指尖滑动而依次点亮，起到美观的作用，也方便调试时使用。74LS14输出的电流驱动发光二极管绰绰有余。还有就是引出ISP，供调试使用。

这个无弦琴系统电路就是这么多，怎么样？是不是很简单啊？

图50.8是整个系统的原理图，感觉满满的，乍一看可能吓一跳，但看仔细了就会发现很多元器件只是重复地增加数量而已。

说完了电路再说说我在制作中遇到的一些麻烦吧。

首先就是红外发射头和接收头要对齐，因为只有对齐了，所有的接收头都接收到对射的红外线，输出的电平都一样。若有一个没有对齐，就相当于你用手挡住了，单片机会默认你在弹。画PCB时大家应该没什么问题，把距离设定一下就可以了。

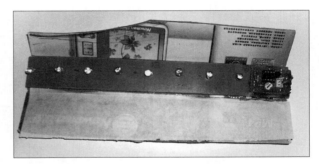

图50.3 红外发射部分

图50.4 红外接收部分

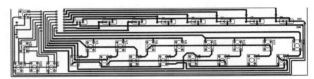

图50.5 红外接收与琴键电路

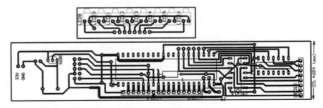

图50.6 单片机控制电路

图50.7 单片机控制部分

就是在安装时很麻烦，我是用MP4的包装盒做的，虽说纸质是挺硬的，但做骨架就不是很稳定了——会晃，这样会导致这个对齐了，那个又没有对齐，你在没有弹时电路也默认你在弹，一直在响，很是郁闷。这个只有大家做出来

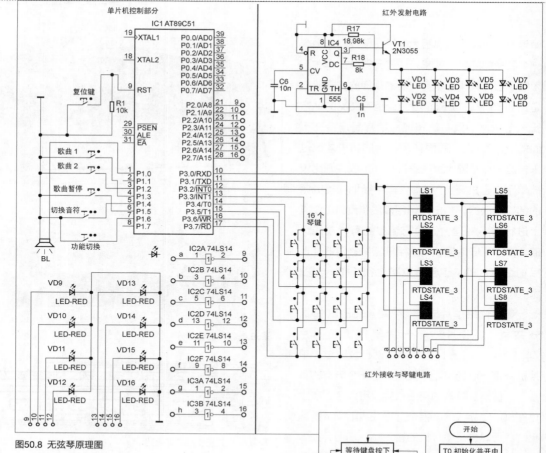

图50.8 无弦琴原理图

后慢慢体会了。

　　软件部分的流程图见图50.9。软件部分是在最初的电子琴的基础上一步步加进去的，由P0.0作为演唱曲子和弹奏曲子的切换键，弹奏是红外弹奏和按键弹奏同时的，它们没有优先级，可以混合弹奏；演唱曲子部分可以演奏两首曲子，有一个复位键和两个曲子键。

　　以上就是整个无弦琴的硬件和软件部分了，我设计这个无弦琴原本应该是一个可以拿出去炫耀一番的礼物，可惜外观做得实在是太难看了，实在拿不出手，各位如果有条件的话，可以用比较硬的东西作为骨架来做，效果应该会好些。在组装的时候一定要注意发射头和接收头是一对一的，千万不要有干扰。我的做法就是在接收头的上方盖一层硬纸，再在纸上打个小小的洞，使其旁边发射的红外线不会照射到接收头上，见图50.4，效果还可以。如果不行就用黑色介质吧，这样可以吸收多余的红外线。大家要是有兴趣的话也可以去尝试尝试，希望这些能够帮助大家做出一个可以拿出去炫耀一番的礼物或者留给自己的纪念品。

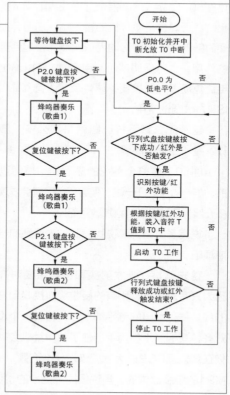

图50.9 无弦琴流程图

文：张彬杰

51 感应式收纳桶

几年前我和电子系的朋友一起研究电路，做些小作品，那时真的很开心。记得在学校时，我和他们一起做过一个小制作——感应式垃圾桶。当然，那时我们做得很简陋，用牛奶包装盒做外壳，用步进电机和一条细线来驱动纸质的盖子，用一体化的人体感应模块（买来时几十元）作传感器。这次我为什么又会做类似的一个东西呢？因为一次在超市购物时，我买了瓶木糖醇口香糖，送了个漂亮的收纳桶（见图51.1）。这让我想起了以前一起参与动手制作的朋友们，可能是对过去学校生活的怀念吧，我决定用这个收纳桶再做一个感应式垃圾桶。

感应式收纳桶能做些什么呢？有用吗？每次我跟朋友说起这个制作时，他们往往会问这个问题，如何回答这个问题呢，就让我们一起动手来实现一下吧。

51.1 主要部件及材料

本制作的主要材料只有3个：ATmega8单片机、9g舵机和光电传感器（见图51.2）。

（1）单片机大家也可以选择51单片机，如STC12C2052AD，只要带A/D转换即可。不带A/D转换的单片机也能实现功能，不过感应距离可能只有1cm。

（2）除了9g舵机，大家还可以选择微型舵机，这样会美观些。

（3）光电传感器我用的是TCRT5000，这个型号我不是特意挑选的，仅仅是我在淘宝上买电子零件时挑选的比较便宜的（不到1元），顺带买了3个。你也可以选择RPR220或LTH1550-01光电传感器。不过，我目前也没条件实验它们的效果。这两个传感器的光电特性和我目前用的，可能会有感应距离上的差别。

（4）电源我使用的是4节1.2V的充电电你完全可以使用单片机下载

图 51.1 买口香糖赠送的收纳桶

图 51.2 单片机、舵机、光电传感器

线的电源而不用电池。

（5）在这次制作中，我固定各个部件用的是热熔胶，这么做能确保当我有新想法时也可以很容易地通过加热拆下它。

51.2 制作过程

准备好零件和工具就可以开始进行制作了。

先焊接好单片机插座、插针，这是为了让器件拆卸方便。在反面用有绝缘外皮的连线连接相应的电气位置（见图51.3），要根据原理图连接，不然提供的程序你可要自己修改。然后，用热熔胶把万用板、电池盒、收纳桶固定下来。这时你就可以通过ISP下载线给ATmega8单片机烧录程序了。

最后再把传感器和舵机固定到合适的位置，你就可以

图 51.3 制作好的电路实物

调整它们到最佳的状态。传感器我放到了收纳桶最上方的位置。如果有3个传感器，分别成120°放置的话，可能感应的效果就更完美了。

至此，"善解人意"的收纳桶就做好了，当手在传感器上方15cm左右的距离时，收纳桶的盖子就能自己打开。当手离开至距离20cm左右，它又会自动关盖了。

51.3 电路原理

这个制作的电路原理图如图51.4所示。电路中没有晶体振荡器，其实原来我在外部使用了12MHz的晶体振荡器，但后来发现这个制作不需要就取消了。通过ISP下载线设置，使用ATmega8单片机的内部8MHz RC振荡器。电源除了给单片机VCC供电外，还要给单片机内部的AD供电，AD的供电引脚分别为AVCC和AGND。

为了更简化电路，通过程序设置，我让AREF引脚连接到内部的AVCC。这样设置后，可以节省外部参考电压源。为了使采集到的电压更稳定，应该在AREF引脚上接个电容到GND。

普通舵机的控制信号由singal接收，接收信号通常是频率为50Hz的PWM波（见图51.5）。通过调整高电平的宽度实现位置的调整，高电平的宽度就代表了舵机相应的角度，通常1500μs的高电平长度是舵机的中立点，1000μs对应-90°的位置，2000μs就对应90°的位置了（由于舵机的齿轮比不同，这个角度也不是绝对的）。这样，程序产生不同长度的高电平就能控制舵机拉杆的位置了，也就能拉动收纳桶的盖子了。

刚拿到TCRT5000传感器时，区分它的4个引脚还真花了我不少时间，结构如图51.6所示。首先可以明确的是，蓝色透明的是发射管，黑色不透明的是接收管。

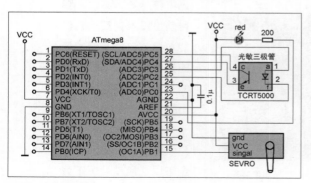

图 51.4 电路原理图

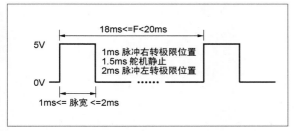

图 51.5 PWM 脉宽控制舵机角度

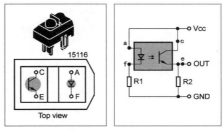

图 51.6 TCRT5000 传感器结构图

51.3.1 如何区别发射管的a引脚和k引脚

毕竟它发射的是红外光，人的眼睛看不到。后来一次偶然的机会，笔者发现，打开手机的摄像头就能看到它发的红外光了，不过在屏幕上显示的是淡紫色的。通过这种方法不仅能确认a、k引脚，还能确定它是否完好。

51.3.2 如何区别接收管的c引脚和e引脚

在确保发射管正常发射且用手遮挡的情况下，一端接高电平，另一端的电平也接近高电平，那么接近高电平的就是e引脚了。除去发射信号，此时已经判断出的e引脚应该就接近低电平了。原理是这样的：当有红外光照射到光电三极管时，c与e之间就会导通，导通电压在0.4V左右。

经过这样的判断与测试过程，大家是否自己也能编写相应的程序，来判断是否有物体接近传感器了呢？不过在这次应用中，我并没有让c引脚接高电平，从而判断e引脚的状态。因为这样的话，传感器的e引脚要接一个下拉电阻。而ATmega8单片机的引脚仅仅能设置上拉电阻。因此，为了简化制作，我通过程序设置传感器的e引脚输出低电平，传感器的c引脚通过ATmega8单片机的PC5上拉。这样，当手靠近传感器时，就会因为手反射回的红外光，而使得c引脚接近低电平。同样，红外遥控器对着它照射也会拉低c引脚。因此，在单片机的程序中，我们不能仅仅通过读取c引脚的电压值是否接近0来判断手是否靠近收纳桶。

51.4 程序编写

程序可以说相当简单，舵机仅仅用了10次循环来实现10次50Hz（其实舵机可以接收频率为50～333Hz）的PWM波，并延时产生相对应的高电平脉冲，从而实现舵机的运转。传感器的判断状态也就写了几十行的代码。单片机通过让发射管发射、关闭红外光，然后再检测传感器c引脚电压差的方法，来判断手是否靠近传感器。

由于程序不多且简单，我就直接贴出3个关键函数了。

```
void _00(void)
{
  unsigned char i=0;
  for(i=0;i<10;i++)
  {
```

```
        PORTB.1=1;
        delay_us(1000);//1ms
        PORTB.1=0;
        delay_us(19000);
    }
}
void _90(void)
{
    unsigned char i=0;
    for(i=0;i<10;i++)
{
    PORTB.1=1;
    delay_us(2145);//2ms
    PORTB.1=0;
    delay_us(18000);
}
```

　　这两个函数可以控制舵机转到两个极限的角度，起到拉升盖子的作用。_00( )这个函数的实际作用效果是打开盖子，而_90( )这个函数则是用于关闭盖子。大家可以调整PORTB.1=1语句后面的延时时间参数（延时时间就是高电平的时间），来微调该舵机的两个相对位置。

```
void read_ir(void)
{
    while(1)
    {
        PORTC.2=1;
        delay_ms(2);
        H=read_adc(5);
        PORTC.2=0;
        delay_ms(1);
        L=read_adc(5);
        if(H-L<=6||H<L)
        {count1++;count2=0;
        if(count1>=20)
        {count1=0;state=1;return;} }
        if(H-L>=12&&H>L)
        {count2++;count1=0;
        if(count2>=20)
        {count2=0;state=2;return;}}
```

看这个函数的名字，大家就能想到它的作用了吧？这是读红外传感器的状态函数，当全局变量state=1时，表示没有物体遮挡、盖子关闭。当全局变量state=2时，表示有物体遮挡、盖子打开。PORTC.2控制着传感器发射的状态，当PORTC.2=1时，关闭红外的发射，等于0时开启红外发射。由于我们要判断手是否靠近传感器，如果简单地判断ADC的数值是否接近0的话，那是不行的，因为在阳光下，ADC的数值就接近0。所以，我们实际要判断的是物体靠近而引起的变化，即程序中的H-L。

由于开启和关闭传感器需要时间，ADC转换也同样需要时间，这段时间完全有可能因为你看电视机时换频道而错误触发（遥控器发射红外光嘛），因此程序采样了20次。如果20次总计100ms左右的时间内，差值一致的话，则判断有人手靠近，否则从头再检测20次。这样就保证了稳定而可靠的感应。

大家可以通过修改H-L的值，来改变感应的实际距离。当H-L≥6时，感应的距离约为20cm。H-L的值并非和距离呈线性关系，它在接近1时感应的距离最远，约30cm。但是你也不希望当手在30cm时，盖子连续不断地抖动开关吧。所以，在程序中我就设置H-L≤6（距离≤20cm）时就关闭盖子，当H-L≥12（距离≤15cm）时就打开盖子。

制作好的效果图如图51.7所示，本制作的单片机程序可以从本书下载平台（见目录）下载，使用CVAVR编译，单击工程文件即可直接打开修改。当然你不想修改的话，可以直接烧录编译好的HEX文件。

图 51.7 使用效果

文：汤志强

52 通过手势控制的体感音响

在一些科幻电影中，我们经常能看到人们用手指在空中划动几下就可以控制一台机器。现在我要介绍一款音响，它不是一台普通的音响，而是一款能感知手势的音响。没有开关，没有按键，甚至连一个音量控制旋钮都没有，完全通过探测你的手势来实现开/关机、音量的增/减等操作。

你一定想知道它是怎么工作的，原理其实很简单，就是使用传感器来测量手与机器的距离，根据不同的距离来控制音响，整个系统的构成如图52.1所示。当然这是一维探测，如果有两个传感器水平放置，通过计算两个传感器与手的距离差就可以进行二维控制。

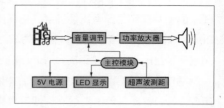

图52.1 体感音响的系统构成

图52.2 超声波测距模块

52.1 材料准备

52.1.1 测距传感器

目前市面上比较流行的测距方法有3种：无线电测距（也就是常说的雷达）、激光测距和超声波测距。无线电测距在这里显然不行，我们的测距探头要求达到毫米级的精度，而且长时间的电磁辐射会对身体造成伤害。至于激光测距，探头通常造价不菲，另外过强的激光束可能伤害到眼睛。因此，最合适的要数超声波测距了。超声波只是发射出听不见的声音，精度可以保证，还存在盲区小的优点，不会出现手晃动一下，传感器就失去目标的现象。

为了简化硬件设计，最好购买现成的模块，实物如图52.2所示。

52.1.2 中央控制器

过去，51内核的单片机牢牢地占据着微控制器市场，直到现在也是初学者入门嵌入式系统的绝佳选择。然而任何事物都有一个生命周期，51内核的"先天不足"越来越明显。CISC的复杂架构使芯片门数增加，从而导致功耗高，时钟频率难以提高。RAM、ROM容量普遍偏小，使其很难运行嵌入式实时操作系统，导致研发周期加长。从目前的形势来看，以ARM公司Coretex-M3为内核的STM32系列微控制器最合适不过了。以STM32F103RBT6芯片为例，仅十余元的价格，就带来很多令人兴奋的配置：最高72MHz的时钟频率，带有USB2.0、I^2C、USART、SPI、IIS、CAN等接口，拥有128KB的片内Flash、20KB的RAM，拥有49个I/O口（GPIO）、8个定时器，20mA的灌电流直接驱动LED……最主要的是，可以运行μC/OS-II等流行的嵌入式操作系统。其资料也相当齐全，在网上可以找到很多开发板，有的不但附赠很多源代码，甚至还提供视频教程、配套书籍等。因此，不管你是老手还是新手，都是很值得一学的。

为了节约电路板面积、提高性能，目前大部分芯片都采用了贴片封装。这或许会给手工焊接的质量提出更高的要求，不过购买最小系统模块也是不错的选择，虽然它稍微贵点，但是硬件性能能得到保证，使我们不用总是做一些重复性的劳动，而可以把精力集中在软件的编写上。已经包含最小系统的RBT6模块如图52.3所示。

52.1.3 放大器与数字音量电位器

同样，为了简化硬件，放大器仍用现成的模块，如图52.4所示。现在的音频放大器模块种类很多，具体规格就要看你自己的喜好了。我选用的是一款功放芯片为TEA2025B的3W双声道模块，其增益可通过微调电阻调节，+5～+12V供电，用来做计算机的桌面音箱已经足够了。

至于音量调节电路，就需要自己动手制作了。我选用FM62429作为音量调节模块的核心，完成后的实物如图52.5所示。其制作过程我会在后面详细介绍。

52.1.4 其他

另外还需要LED若干、万用板2片、一些常用的接插件、线材以及焊接工具等，具体就不多说啦，相信DIY爱好者一定早有准备。

52.2 软件：前后台还是操作系统？

在我学习μC/OS-II嵌入式实时操作系统时，看到过一句话，大致是这样的：当你学会使用操作系统，就再也不想回到前后台的开发方式。这不禁让我想起当初学汇编语言和C语言时，一开始总是在想，学会了汇编语言是不是还有必要学C语言，但当我学会了C语言，就再也不想转回汇编语言开发程序。使用操作系统到底有多少优点，我不想多说，这需要自己去实践。我想说的是，

图52.3 包含最小系统的RBT6模块

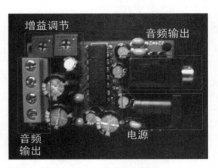

图52.4 基于TEA2025B的放大器模块

图52.5 自制的音量调节电路

有很多知识，我们并没有意识到是需要的，直到我们学会了并且应用了。

　　常用的嵌入式操作系统有很多，比如大名鼎鼎的VxWorks、当前手机使用最多的Android，以及通过美国航空管理局认证，已经应用在"好奇"号火星车的实时内核μC/OS-II等。在这里我使用μC/OS-II，主要考虑到它源代码开放、结构简单、在国内比较流行，而且有大量的学习资源及代码。

　　嵌入式软件系统的基本模型如图52.6所示。当然，并不是所有软件系统都完全遵循这一模型。然而对于大多数嵌入式设备来说，采用这种层次结构来开发整个系统的软件，具有很强的可操作性和可维护性。

52.3　软件原理

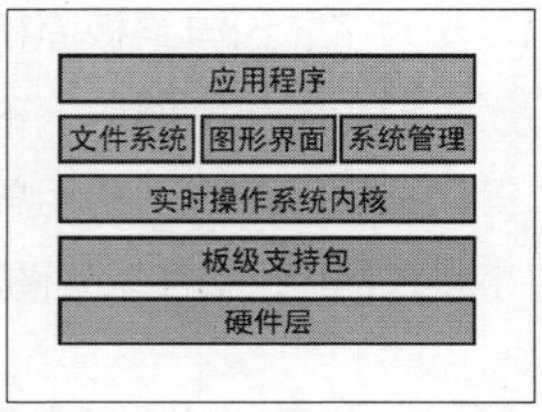

52.3.1　μC/OS-II基于任务（task）的软件设计方法

　　简单单片机系统如图52.7所示，这种软件设计方法将所有代码放在一起，代码层次概念不清晰，且功能简单，因此仅适用于小型系统。

　　μC/OS-II操作系统下基于任务的软件设计方法则不同。基于操作系统的软件开发抛开了对硬件资源的管理，而将硬件资源的管理交给操作系统，这使得代码的层次关系很清晰。同时，对某个任务的响应时间可以由操作系统控制，从而提高程序的执行效率。

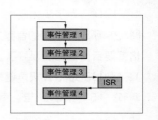

图52.6　嵌入式软件系统的基本模型

图52.7　简单单片机系统

52.3.2　控制方法

　　在讲代码之前，我们要先明白让程序干些什么。其实我们要实现的功能很简单——开机、音量增、音量减，但是要知道，探测器探测的距离不一定总是到手的距离，它本身并不具备人手识别的功能，只是探测离它最近的物体的距离。也许你在走路的时候会无意间触发其控制程序，出现不想要的结果。因此我们就要有一个"距离开关"，只有达到特定的距离才能被打开，从而使控制有效。

　　在本程序中，我采用下限距离法和LED渐亮指示法。先设定一个下限距离，比如5cm。当探测的距离大于或等于5cm时，不进行任何动作；当探测的距离小于5cm时，第一个LED由灭渐渐变亮，此过程大约持续2s，如果在这2s内，探测的距离一直小于5cm，那么就打开电源或音量控制开关（流程图见图52.8）。

　　之所以这样，是因为如果音响放在桌面上，它离桌面边缘通常会有一定的距离，身体自然会大于这个距离，这样便避免了测错目标。加上2s的渐亮延时是因为手可能会在不经意间进入其临界距离，由于声音传播的速度太快，如果不加延时，便会产生误动作。这就像我

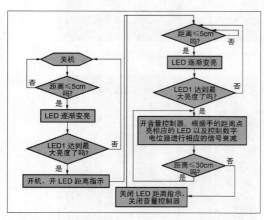

图52.8　流程图

们设计键盘扫描程序一样。

图52.8所示的流程只是一个思路，实际的代码分在不同的任务中，在后面我会详细讲解。另外，音量控制是这样的：有5个LED用来显示由近及远5个不同的距离。超声波测距模块的有效距离为30cm，这样我们可以把距离分成6份，每份5cm，每接近5cm，点亮一个LED。如果距离大于30cm，则认为音量设定完毕。

实际操作时是这样的：假如希望音量衰减为10dB，而当手移动至第二个灯亮时即为音量衰减到10dB，这时可以将手水平移动到探测距离之外的盲区，会关闭音量控制开关，而一直保留10dB音量，LED也会全部熄灭。

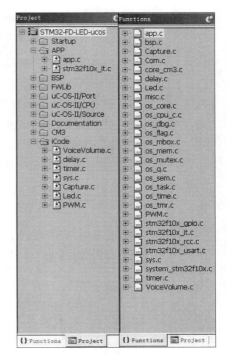

图52.9 整个软件由10个文件夹、29个C源代码文件组成

52.3.3 体感音响的软件部分

整个软件由10个文件夹、29个C源代码文件组成，如图52.9所示。不过不用害怕，有很多都是操作系统代码，没必要理解每一行程序，只需要知道重要函数的用法即可。真正需要自己写的代码，其实只有iCode文件夹中7个与硬件相关的C语言驱动程序以及APP文件夹中名为app.c的应用程序。其他的代码很少需要修改甚至不用修改。

重要部分在app.c文件中，此文件有启动操作系统的main函数、各个任务的建立及运行函数，如图52.10所示。在我们自己编写的所有代码中，有5个文件是操作芯片的外部设备的：VoiceVolume.c控制数字音量电位器，Capture.c控制雷达模块，Led.c控制距离指示LED，pwm.c利用脉宽调制控制LED亮度、启动电源及音量控制开关。另外还有sys.c和timer.c，这两个文件主要是对芯片内部的配置，比如配置中断向量表、定时器等。在实际调用这些代码时，通常会建立与.c文件同名的.h文件。.h文件包含函数的声明、全局变量的声明。在调用的时候，也是用#include命令包含.h文件的。

μC/OS-II是基于任务的，每个任务都有唯一的优先级。优先级不但代表了这个任务优先运行的程度，还是任务的标识。在μC/OS-II中，优先级的数值越小，其优先程度越大。

一个任务的形式通常如下：

```
static void任务名 (void *p_arg){
    p_arg= p_arg;//避免警告
    while(1){
      用户代码……      }
    OSTimeDlyHMSM(0,0,0,10);
    }
```

每个任务都必须有一个死循环，在循环的末尾会有一个延时函数。当一个任务进入延时函数后，此任务便由运行态转为挂起，从而让优先级次低于它的任务执行。虽然从微

图52.10 app.c文件部分代码解释

观角度看，这些程序仍然是顺序执行的，但由于每一任务的用户代码执行得非常快，因此看起来像是同时运行。

p_arg为任务函数的参数，如果不使用，编译器会发出警告。因为我们用不到它，又为避免难看的（但不影响程序正常运行）警告所以会加上"p_arg= p_arg；"。

任务执行时，有时需要进行任务间通信。μC/OS-II支持信号量、邮箱和消息队列。在这里，我们要将AppRader任务计算的距离值传给LED指示任务AppLedIndicate、亮度调节任务AppPWM以及音量控制任务AppVoiceControl，使用邮箱来传递。我们用OSMboxPend函数阻塞式读取数据，也就是说，只要没有收到数据，此函数所在的任务就一直处于挂起状态。

52.3.4 重要代码详解

为了更好地说明程序的工作原理，请看如下代码。

首先是函数及变量的声明：

```
#define Task_ControlVoice_PRIO 8
#define VoiceTASK_STK_SIZE    512
OS_STK   VoiceStk[VoiceTASK_STK_SIZE];
static void AppVoiceControl(void *p_arg);
#define  Task_Rader_PRIO 5
#define RaderTASK_STK_SIZE  512
OS_STK   RaderStk[RaderTASK_STK_SIZE];
static void AppRader(void *p_arg);
////////LED indicate
#define  Task_LedIndicate_PRIO
#define  LedIndicate_STK_SIZE   512
① OS_STK LedIndicateStk[LedIndicate_STK_SIZE];
static void AppLedIndicate(void *p_arg);
//////// PWM Control LED
#define  Task_PWM_PRIO 7 //6
#define  PWM_STK_SIZE    512
OS_STK PWM_IndicateStk[PWM_STK_SIZE];
static void AppPWM(void *p_arg);
/////////Power control
//#define Task_PowerControl_PRIO 9
//#define PowerControl_STK_SIZE 256
//OS_STK PowerControlStk[PWM_STK_SIZE];
//static void AppPowerControl(void *p_arg);
② OS_EVENT  *pmailDistance;
③ typedef enum {PowerOff=0,PowerOn=1,VoiceOff=0,VoiceOn=1}eStatues;
```

```
int gviPowerStatue=0;//gvi means:global volatile int
int gviVoiceStatue=0;
```

① 为了进行任务调度，每个任务都需要一定的堆栈空间。我们用OS_STK，它实际上就是一个结构体。在这里我们将堆栈空间设为512字节。

② 在使用邮箱之前，我们先要进行变量的声明。

③ 共用体eStatues用来指示电源和音量的开关，1表示开，0表示关。

然后进入main函数，初始化芯片、操作系统，启动内核等。

```
int main(void)
CPU_IntDis();//禁止CPU中断
OSInit();//UCOS初始化
① BSP_Init();//硬件平台初始化
② OSTaskCreate((void (*) (void *)) App_TaskStart, //建立主任务  (void *)  0,
(OS_STK *) &App_TaskStartStk[APP_TASK_START_STK_SIZE - 1],
  (INT8U) APP_TASK_START_PRIO);
OSTimeSet(0);
OSStart(); //启动内核
return (0); }
```

① 对芯片正常运行进行初始化，比如将内核时钟调节至72MHz，设置GPIO端口、中断优先级、波特率，以及开启1号串口。

② 在这里我们建立了一个主任务App_TaskStart。其实我们可以将所有的任务都放在main函数中建立，但是为了看起来简洁，我们将其他任务放在App_TaskStart中建立。

此后是其他任务的建立：

```
static  void App_TaskStart(void* p_arg)
{   (void) p_arg;
   ① OS_CPU_SysTickInit();//初始化ucos时钟节拍
   #if (OS_TASK_STAT_EN > 0) //使能ucos的统计任务
   OSStatInit();  //----统计任务初始化函数
   #endif
   App_TaskCreate();//建立其他任务

   ② while (1) //1秒一次循环
   { OSTimeDlyHMSM(0, 0,1, 0); }
}
static  void App_TaskCreate(void)
{ ////////////创建任务
    OSTaskCreate(AppVoiceControl,NULL,//数字音量电位器调节音量任务
(OS_STK*)&VoiceStk[VoiceTASK_STK_SIZE-1],Task_ControlVoice_PRIO);
```

```
    OSTaskCreate(AppRader,NULL, //超声波测距模块任务
(OS_STK*)&RaderStk[RaderTASK_STK_SIZE-1],Task_Rader_PRIO);
    OSTaskCreate(AppLedIndicate,NULL,//LED指示灯任务
(OS_STK*)&LedIndicateStk[LedIndicate_STK_SIZE-1],Task_LedIndicate_PRIO);
    OSTaskCreate(AppPWM,NULL, //PWM控制LED亮度任务
(OS_STK*)&PWM_IndicateStk[PWM_STK_SIZE-1],Task_PWM_PRIO);
    pmailDistance=OSMboxCreate(NULL); ////////////////创建邮箱
}
```

① 如果操作系统要正常进行任务调度等工作，就必须提供一个稳定的时钟嘀嗒。以前我们经常用芯片的Timer，现在我们有了更方便的定时器——SysTick Timer。此Timer直接建在Coretex-M3内部，与内核共用一条时钟信号，是专门为加入操作系统而生的。

② 实际上App_TaskStart任务只需运行一次，不能不断地创建任务，因此才加入一条循环程序，并且每秒运行一次。

至于任务间如何通信、各任务如何工作，由于代码量比较大，就不列出来了，其工作流程参照图52.8可以理解。

52.4 硬件原理与制作过程

52.4.1 音量控制模块

我们以FM62429作为音量控制模块的核心器件，其原理图如图52.11所示。

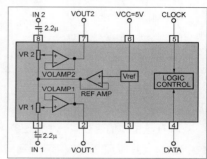

图52.11 FM62429原理图

要控制FM62429，我们需要两根线：数据线（DATA）和时钟线（CLOCK）。其时序如图52.12所示。数据位有10位，如图52.13所示，其中D0和D1位为声道选择位。当D1为0时，双通道同时修改。当D1为1时，若D0为0，只修改通道1；若D0为1，只修改通道2。D2~D10为音量控制位，因为音量衰减与数据值递增无关，因此只能查阅其数据手册来获得数据与音量的关系。

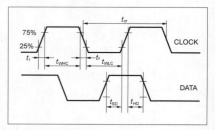

图52.12 FM62429的时序

最后介绍一下制作时需要注意的地方。从原理图可见，并没有几个元器件，因此制作难度并不大，但是要特别注意干扰。因为在音量控制级上只要有很小的干扰，经过放大器的放大后，就会发出很大的噪声。首先要过滤来自电源的干扰，在这里我用了大容量电解电容和小瓷片电容并联的方式。另外还要注意线路的布局，如图52.14所示。除了要看起来美观、有序外，还要注意模拟信号线要尽量短。最后，由于我们采用模块化的设计，模块之间的模拟信号连线最好不要用普通的杜邦线，而是使用3芯屏蔽导线。

52.4.2 超声波传感器

我使用的是深圳捷深公司设计的HR40超声波模块（见图52.2）。它共有4根引脚：VCC为5V电源，GND为地线，TRIG为触发控制信号输入，ECHO为回响信号输出。

其基本工作原理如下：用TRIG触发测距，保持最少10μs的高电平信号。 模块自动发送8个40kHz的方波，检测是否有信号返回。若有信号返回，则通过I/O口ECHO输出一个高电平，高电平持续的时间就是超声波从发射到返回的时间。距离=（高电平时间×声速）/2。

由于我们测的距离比较近，在实际编程中，以毫米为单位。又因为芯片定时计数器的捕获时钟设为1ms，这样，只要将测到的时间值乘以0.17即可。

52.4.3 其他

功率放大模块可以自制，也可以购买现成的，不过最好买单电源供电的，这样电平匹配会简单点。最小系统板选用雁凌YL-8。各个模块的硬件连接方法如图52.15所示。

52.4.4 组装

外壳可以购买现成的机壳，我用的是一尺寸为20cm（长）×15.5cm（宽）×6.5cm（高）的白色塑料外壳，如图52.16所示。当然，如果用金属外壳，屏蔽效果会更好。如果你没有买到合适的外壳，也可以用大一点的塑料餐盒或者纸质包装盒。

我们先要用一个大一点的万用板来连接各个模块，完成后就可以安装在机壳内了。因为外壳底部有很多螺丝孔，因此很容易固定在外壳上。在外壳背面，再用电钻钻一个孔，用来连接电源线及数据线。

最麻烦的要数固定测距模块和LED了。准备一套AB胶用来固定。因为这种外壳的前后面板可以从槽内抽出，钻孔又方便了一些。抽出前面板后，测量好超声波发射和接收元器件间的距离，然后打孔。我在这里遇到一个小麻烦——最大的钻头直径为10mm，而元器件的直径为20mm，因此只能用刀片来扩孔。当两个超声波探头恰好能通过孔露在外面时，就大功告成啦，如图52.17所示。然后钻LED的孔，一共有5个，因为有合适的钻头，所以这一步是很轻松的，只是要注意顺序不要接错（LED从右往左依次为LED1到LED5），其中LED1兼作电源开关和音量开关的开启指示灯。这一切工作完成后，我们就可以舒服地坐在椅子上"远程"控制我

图52.13 FM62429的数据位

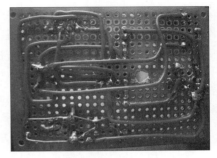

图52.14 线路的布局

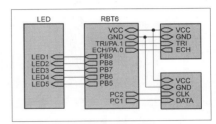

图52.15 各个模块的硬件连接方法

图52.16 准备一个外壳来容纳部件

图52.17 在前面板上固定好测距模块和LED

们的音响啦！

52.5 二维手势控制体感音响大升级

前面向大家介绍了一维方式的体感音响，它的升级版不但可以感应到手距离传感器的远近，还能探测出水平偏移（即手在音箱的左侧、右侧还是中间位置）。现在让我介绍一下它吧！在介绍它的原理之前，我先讲一下如何使用它。

图52.18 顶板

开启/关闭电源：电路板左右各有一个超声波传感器（见图52.18），准确地说，是两个接收模块。让你的手心对着电路板，然后从左到右移动，注意手到电路板的距离不要超过30mm，这时你会看到最底下那一排（5个）LED也从左向右跟着你手的移动而依次亮了起来。当LED全部都亮了之后，手再从右向左移动，这时LED又随着手势从右向左依次熄灭。当LED全都熄灭大约1s后，你会听到轻微的"哒"的一声，这是继电器接通，电磁铁触点接触时的声音，也表明电源开启了。当你想关闭电源时，很简单，重复一次上面的动作就行啦！

音量控制：控制音量要有一个前提，那就是电源需要处于开启状态。电源开启后，手从右向左，再从左向右（这和开启/关闭电源时的动作相反），会告诉微控制器启动音量控制程序。现在手不要急着离开，正对着右侧的传感器，你会发现当你的手前后移动时，右侧的一排LED也根据距离的不同而点亮不同的数目。如果正在播放音乐，你会听到其音量随着距离的变远而减小。当调到适合的音量，继续让手水平向右移，到一定的距离后，右侧LED突然全部熄灭，音量就会"定格"在那里。

经过我的介绍，你一定迫不及待地想知道其工作原理，并亲手制作一台了吧？不要着急，我会详细讲解的，不光是工作原理，还会包含在实验过程中可能遇到的问题。这些都是本人的亲身经历，独家秘籍哦。

52.6 升级版硬件

升级版体感音响的材料基本和第一版的一样，只是多了两个接收传感器模块（见图52.19）。如果不想全部自己

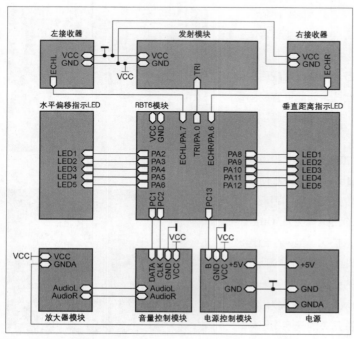

图52.19 升级版体感音响的构成

设计硬件，在网上买现成的模块也是一个很好的选择。其实我比较推荐这种方案，因为我们的重点在于软件，而硬件方面在技术上是很成熟的，没必要做一些重复性的工作。当然，如果是为了学习硬件方面的知识，那就是另一回事啦。

虽然材料没有多用很多，但是整个系统的布局相比于第一版有了很大的变化。一是为了适应二维控制的特殊性，二来也大大提高了抗干扰能力，并降低了功率放大器的噪声。具体设计如下：首先，我使用了两片比较大（大概是10cm×15cm）的万用板，顶板用来安装指示灯电路和超声波发射、接收模块，底板则包含了整个系统的核心电路，包括数字音量控制电路、电源控制电路、功率放大模块以及微控制器模块（见图52.20）。顶板与底板的连接是这样的，发射模块及接收模块使用自带的排线连接，而考虑到LED指示电路需要的连线比较多，就直接用长一点的单排针来连接了（见图52.21）。

另外，还需要提醒两点：一是在线路排布上，由于涉及的元器件比较多，连线难免会搭在一起（见图52.22），一定要注意绝缘。我就遇到过下面这样的问题：在组装电源控制电路时，考虑到电路很简单，只有一个三极管、一个电阻、一个继电器，因此就直接用元器件引脚多出来的部分来连接，但我当时没有注意到，在焊接时引脚会很热，结果恰好熔化了旁边的红色塑料绝缘导线，从而造成了三极管基极和VDD之间短路。这个短路确实很"坑爹"，因为引脚导线很细，而且其温度又不至于使塑料绝缘体冒烟，结果两秒钟可以解决的问题，我花了好几个小时才解决。看来搞硬件的个个都要粗中有细才行。

二是关于数字地与模拟地，如果处理不好，很容易导致数字电路工作不稳定，模拟电路出现很大噪声。这在第一版时没有考虑周

图52.20 底板

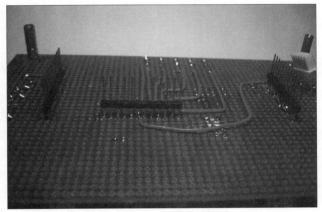

图52.21 LED指示电路用长一点的单排针来连接

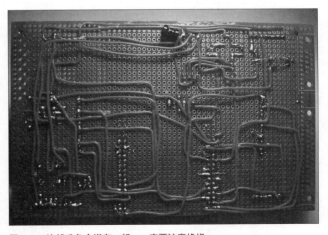

图52.22 连线难免会搭在一起，一定要注意绝缘

到，当扬声器接到放大器的输出端时总能听到很讨厌的噪声。为了避免以上情况，首先要用电感隔

离数字地和模拟地。另外大家都比较喜欢用计算机的USB接口供电，但最好外接电源，因为计算机的音频插孔的地线也来自计算机，这会造成数字和模拟电平不一致，带来很大干扰。

52.7 升级版软件

下面结合图52.23来介绍一下基本原理。首先，发射器发射一束声波，经过一定的时间，超声波就会反弹回左、右接收器，这时我们便可计算出手与传感器的距离，根据其信号强弱以及左、右接收器接收到距离的差值计算出水平偏移。

虽说原理讲起来很简单，但现实总是会和理想有一定差距，如果没有巧妙的办法，是很难实现的。下面我就还原一下"现场"，把遇到的问题与解决方法详细地讲一讲。

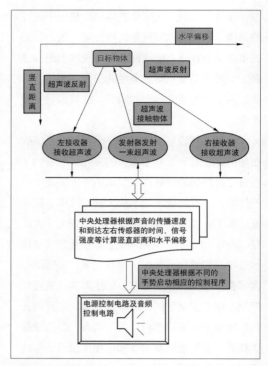

图52.23 基本原理

52.7.1 最初的设想——距离计算法

最重要的要算是算法设计与选择了。我一开始使用的是三角形原理，算法复杂，计算量很大。我当时是这样想的：在图52.23中把两接收器间的距离看成三角形的底边，把目标物体看成是顶角，左/右侧接收器测出三角形的左/右边。因为3边长度都知道了，根据海伦公式便可知其面积s：$s = \sqrt{p \times (p-a) \times (p-b) \times (p-c)}$，其中$p = (a+b+c)/2$。$a$、$b$、$c$为各边边长。

由$h = 2s/c$(底边长)可知高。从图52.24中可以看到，整个大三角形被高分成了左、右两个小直角三角形。以左侧小三角形为例，由勾股定理可知$a_3 = \sqrt{a_1^2 - h^2}$，最后用底边长a_4的1/2减去a_3即得出手到两接收器中线的偏移a_5。

在设计之初，我为想出这种方法兴奋得不得了，可是真正应用到实践中时，麻烦就来了。首先就是芯片的计算能力的问题。从海伦公式中可看出，不但要计算出二次方根，还要连续做3次乘法运算，数值稍微大一点，就溢出了。我一开始测试时，结果总是零，查了很久，最后才发现是因为数值太大，程序"罢工"了。事实上，即使降低精度，最后得到的结果也是相当不稳定的，因为手本身是一个不规则物体，而且还在不断运动。

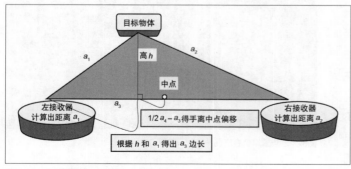

图52.24 距离计算法原理图

52.7.2 信号强度检测法

我研究了将近一个星期，还是没搞定，眼看计划就要泡汤了，最后终于想到了另一个方法——既然距离计算法不行，那就用信号强度检测法。这个方法非常接近蝙蝠的定位原理，因为蝙蝠的大脑没有那么快的处理速度，不可能计算出物体的距离。这个方法的原理非常简单：首先，发射器发射出一束超声波，请注意，这束超声波在同一水平面内，越接近中轴线的位置，信号强度越大。遇到手后反射的声波也同样如此（见图52.25）。如果手向左侧水平移动，左侧接收器接到的信号强度就会更强。根据两传感器的强度差即可知道偏移量。

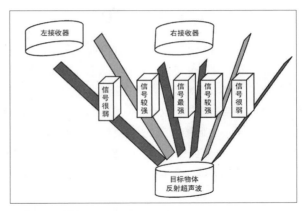

图52.25 信号强度检测法原理图

以上方法虽然在软件上很容易实现，但在硬件上比较难实现，因为市面上大多数超声波接收模块都是以电平高低来触发处理器的Timer，并不能指示信号强度。难道我们真的要重新设计接收器吗？有没有替代方案呢？答案是肯定的。有很多接收模块可以通过数字信号控制放大电路的增益，我们虽然不能直接得到信号强度，但可以间接测得。

同样请看图52.24，当左、右两接收器的增益很大时都能收到信号，尽管右侧的接收器距离目标物更远一点，但还不至于使信号衰减到收不到的程度。现在我们同步降低两个接收器的增益，直到左侧传感器恰好能够触发处理器的Timer，由于两接收模块的放大倍数本身就小，而且右侧信号强度又比左侧弱很多，显然右侧接收器不会触发处理器的Timer。如果手水平移动到中间，两传感器则会同时有或无信号；而移动到右边，情况就和左边相反了。这样，通过信号的有无，我们就间接地知道了手的水平位置。事实上，我们还可以根据此原理起到"无关物体过滤"功能。如果波是从身体反射过来的，那么信号强度会大于同距离时从手反射过来的声波。"原来用800倍的放大倍数就没反射信号，现在同样距离用500倍的放大倍数仍然还没有，一定是无关物体，"我们可以让处理器这样"想"。

52.7.3 两种方法的结合

在实际的代码中，我将信号的有无，即偏移值分为5类情况，并对应地接上了5个LED来显示（图52.18中最下边那一排就是）。

LED1亮：手处于最左边，左接收器能收到，但右接收器收不到。

LED2亮：手处于最右边，左接收器收不到，但右接收器能收到。

LED3亮：手处于中间位置，两接收器均能收到，且距离基本相等。

LED4亮：手处于中间偏左位置，两接收器均能收到，但左边收到信号的时间更短。

LED5亮：手处于中间偏右位置，两接收器均能收到，但右边收到信号的时间更短。

事实上还有一个隐含状态——左右两边都没有收到信号，这样就没法探测手势啦，不过它可以帮助我们关闭音量控制程序。

这样看来，我们既使用了距离计算法，又使用了信号强度检测法——鱼和熊掌并不总是不可兼得的哦。

52.7.4 音量控制算法的设计

在完成了水平位置的探测后，我们就可以通过手势来开关音响的电源了。不过这还不够，因为我们经常需要调节音量。我是这样设计音量控制算法的：以手到传感器的距离变化来控制音量，当距离变近时，音量变小，反过来则变大。

在这之前还有一个步骤，由于我们在开/关机时不能保证手的移动绝对水平，或者说探测的垂直距离值始终不变，这会导致音量也跟着变了，这并不是我们想要的。因此我们要有一个音量控制"开关"，当然它不必是真正的开关，而是一组程序。其功能类似于手机的锁定键，如果手机放在口袋里，很容易按下不可预知的键，加上锁定功能，就不会对误按做出反应。不过在这里我们不用按键，只需要用手挥一挥就可以。从左到右的手势是用来开机的，那么用于解锁的手势就从右向左吧！

当我们选好了想要的音量后，手总不能一直留在那儿吧？手一动音量值就又变了，因此还要吧"音量控制开关"关掉。其实很简单，不用再设计手势了，在控制音量时设定一个条件就可以

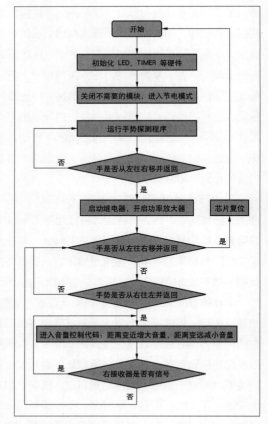

图52.26 程序流程图

了：当左侧传感器收不到信号，而右侧传感器能收到信号，也就是说，手在最右边时，距离值才有效。当我们要关闭音量程序时，接着把手往右移，直到右边的传感器也接收不到信号，就认为关闭此段程序了。之后只要我们不做出解锁的手势，再怎么张牙舞爪，音响也没任何反应。

以上内容我其实是以自然语言的方式来讲解计算机语言，因为现在的高级语言是很接近自然语言的。在实际编程中，我也是先将想法、注意点等写在笔记本上，至于画流程图、先写出伪代码之类方法，倒是基本没用过。不过流程图对于理解整体思路确实很有帮助，最后我还是画了一个给大家参考（见图52.26）。

关于体感音响，就介绍到这里，如果还有什么疑问欢迎提出。其实本人也是初学者，对于有些知识也是知其然而不知其所以然，欢迎多多交流，共同成长。

文：王玺　李宣仪　李荣旺

53 饮水机自动关电源专用插座

为了满足学生饮水需要，学校在每个教室配备了一台饮水机。但由于各种原因，大家经常忘记关闭饮水机，导致饮水机整夜反复烧水，不仅耗费了大量的电能，而且喝这种经过反复烧过的水也有害健康。于是，我们想到了制作一个控制器，当我们忘记关机时，能够自动关闭饮水机电源。

图53.1 饮水机电流变化示意图

53.1 基本原理

饮水机对机箱里的水通电加热，水烧开后会断电停止加热。如果没有将烧好的水用掉，烧好的水会慢慢地散热降温，当温度降到加热下限时，饮水机会控制再次加热。由于加热机箱包裹了性能较好的保温材料，散热降温速度较慢，两次加热间的时间间隔较长，一般在10min以上。如果水烧开后，用去了烧好的全部或部分热水，则温度会很快降到加热下限，这样两次加热的时间间隔较短。这个过程的示意图如图53.1所示。

我们可以根据通电电流的有无测量两次加热的时间间隔，从而可以判断有没有倒水，如果连续两次加热没有倒水，则判断不需要再烧水，直接关闭饮水机电源。对电流有无的判断，可以在饮水机里完成，也可以在输电线路上（如在插线板里）完成。如果选择后者，则没必要修改饮水机，可以极大限度地方便推广使用。

53.2 结构框图及系统电路图

根据上述分析，我们设计了系统的结构框图（如图53.2所示）及系统电路图（如图53.3所示）。

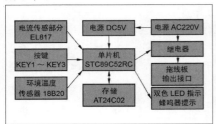

图53.2 系统结构框图

53.2.1 电流传感部分

这部分电路的原理图如图53.4所示，饮水机的功率一般都在1000W以上，我们教室里使用的功率为1000W，额定电流约为5A。当饮水机加热时，有较大的电流流过两个阻值为0.5Ω的水泥电阻并联后组成的取样电阻，并联后的阻值为0.25Ω，两端电压的有效值为1.2V，最大值为1.6V。由于光耦里的红外二极管导通、发光电压为1.2V，因此在加热过程中能周期性地发光。当光耦初级发光时，光耦次级光敏三极管导通，从而输出一个低电平到P27，供单片机进行判断。当电流为零，或者电流方向不符合导通条件时，光耦次级光敏三极管截止，通过上拉电阻的作用，输出高电平到P27，因此有加热电流时，周期性地输出低电平到P27，由此我们可以判断系统有没有加热电流。

此处的取样电阻消耗的功率约为6W，所以选用两个功率为5W的水泥电阻并联使用，光耦选用常用的线性光耦EL817，它不仅实现了信号的耦合，同时也实现了系统与市电的隔离，提高了系统的稳定性。

53.2.2 按键

系统设置了3个按键，分别用来实现以下3个功能。

（1）保存键：存储正常降温的时间数据。

当系统完成一次没有倒水的降温时，按此按键可以把这个降温时间数据存入存储器AT24C02中，供系统参考，判断是否存在倒水动作。

（2）烧水键：设置加热一次断电。

如果是家庭使用，多数情况下，我们只要喝一杯水，此时只要烧一次就可以了，按此按键，在烧好一次水之后，系统将断电。

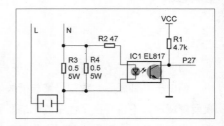

图53.4 电流检测电路

（3）自动断开键：设置智能断电。

按此按键后，系统进入自动断电状态的初始设置，如工作类型设定，没有倒水的烧水次数清零，读取参考数据等。

53.2.3 LED指示灯及蜂鸣器警示部分

这部分电路设置了4个LED指示灯。其中，3个在按键旁边，用于状态指示，在按键1旁边的用于指示是否有可存数据，如果等待时间大于

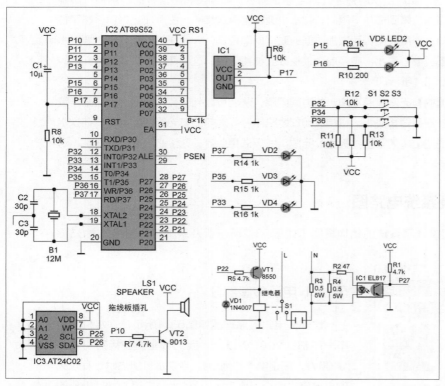

图53.3 系统电路图

10min，则认为是没有倒水的时间间隔，可以存储使用。按键2和按键3旁边的指示灯，用于指示系统的工作状态，按键2旁边的灯亮，说明处于烧水一次状态，如果按键3旁边的指示灯亮，说明系统处于自动断电状态。初始默认为智能断电。

另一个3mm共阳极双色发光二极管用于指示系统工作状态，发红色光表示饮水机处于加热状态，发绿色光表示饮水机处于等待状态。由于红色LED正常工作电压降约为1.7V，绿色LED正常工作电压降约为3V，所以为了获得相同的亮度，它们要连接不同的限流电阻。本制作中，红色LED串联1kΩ电阻作为限流电阻，绿色LED串联200Ω作为限流电阻，这使得它们的亮度能基本一致。安装二极管时要特别注意引脚的极性。

当水烧好时，蜂鸣器会发出声音，提醒我们可以倒水，当要自动关闭电源时，也发出声音提醒我们，使我们不用看指示灯，即可在第一时间知道水有没有烧好。

53.2.4 数据存储部分

不同的饮水机，不同的环境温度，烧好水后的自动降温时间是不同的，不能一概而论，所以此处设置了一个数据存储部分，用于存储某种使用状态下，自动降温的时间，当换用了不同的饮水机，或者环境温度变化较大时，可重新设置并保存。由于存储的数据量不是很大，并且要求断电后能够保存，此处选用常用的AT24C02作为存储芯片。

53.2.5 环境温度检测

由于不同的环境温度，水温降低的速度不一样，我们可以加入一个环境温度检测电路，根据测得的环境温度不同，对自动降温时间做出适当的修正。

53.2.6 继电器控制

控制系统通过继电器控制是否给饮水机通电，如图53.5所示。当P22输出高电平时，VT1导通，继电器触片接到常开引脚，接通饮水机的电源。反之，则关闭饮水机的电源。由于继电器是感性器件，断电时将产生较高的感应电动势，所以要接上一个二极管（IN4007）作为续流二极管，吸收所产生的感应电流。此处使用的继电器额定电流为10A，完全适合此制作的需要。

53.2.7 主控电路

由于处理的数据不多，对处理速度要求不高，所以选用常用的51单片机作为主控单元，负责协调控制整个系统的工作，包括电流检测、时间测量、按键扫描、220V高压输出控制等相关操作，整个系统就是通过主控电路把各部分电路结合成一个有机整体的。

53.2.8 电源电路

由于系统要驱动5V继电器，所需的工作电流较大，控制部分总电源达250mA，所以找到一个输出5V/500mA的废旧手机充电

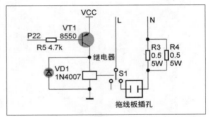

图53.5 继电器输出电路

器，拆掉里面的电路板作为电源模块，给系统供电。

53.3　程序设计

　　根据系统的工作过程，设计出单片机程序的流程，如图53.6所示。其主要的控制部分在定时中断里完成，而按键扫描，则在主程序里完成，具体的源程序可到本书下载平台（见目录）下载。

53.4　制作过程

　　（1）根据设计的原理图绘制PCB图，利用热转印法手工制作电路板。设计PCB时要充分考虑安装的空间、形状、关键元器件的位置，设计好的PCB如图53.7所示，安装好相关元器件之后的电路板如图53.8所示。

　　（2）由于控制器涉及220V的高压电，因此必须制作一个外壳，把里面的电路包装起来。我们选用的是加工性能好、透明度高的亚克力板（有机玻璃板），在保护里面电路的同时，不至于把我们制作的

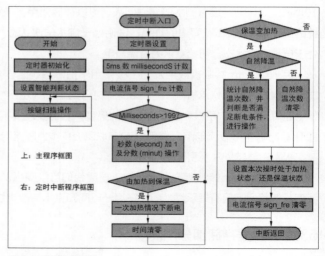

图53.6　主要程序框图

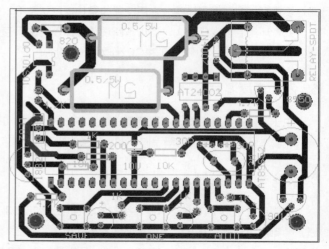

图53.7　PCB图

图53.8　焊接好元器件的电路板

图53.9　裁好并钻好孔的几块亚克力板

精华部分隐藏起来。为使系统更协调，底板采用乳白色的亚克力板。根据设计，裁取合适的6块板，并在面板上相应的位置加工相关的孔，如散热孔、安装孔、按键孔、插座孔等。加工好的几块板如图53.9所示，再用亚克力板专用胶水把各部分粘连起来，如图53.10所示。

（3）从废旧手机充电器上取出里面的电路板作为系统的供电电源，取废旧插线板里的插座单元，作为输出插座，如图53.11所示，并把它们安装在机壳的相应位置上。

图53.10 粘好的外壳

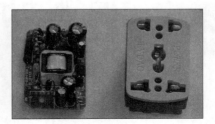

图53.11 电源和插座

（4）把电路板、开关等固定在插线板里，接好线，即完成了系统的制作，其接线图如图53.12所示，每次按触动开关，系统自动启动，并保持通电状态。当给饮水机断电时，系统电源也跟着断电，节省电能的同时，也防止系统长时间通电而影响其寿命。制作完成的作品如图53.13所示。

53.5 使用方法

把本控制器电源线插头插到室内的插座上，饮水机的电源线插到本控制器上，按触动开关，即可开机使用。

53.5.1 获取自然降温时间

初次使用或者是换用其他饮水机之后，要把水烧开一次，并让其自然降温，然后按保存键，把自然降温的时间存在存储器里，供下次使用时参考。

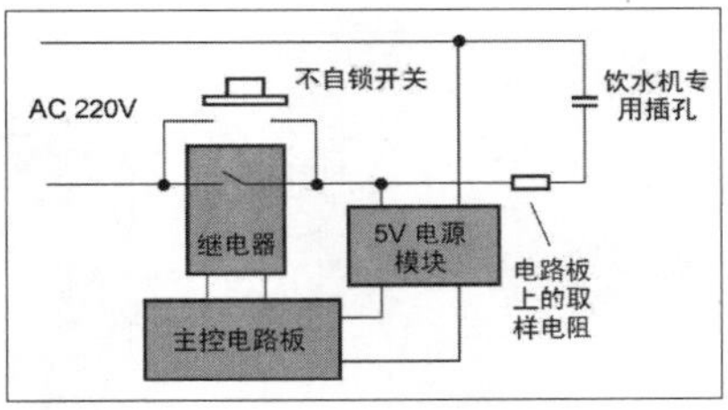

图53.12 电路连接示意图

53.5.2 正常控制

在接通电源之后，按自动断开键进入自动断电状态，在这种情况下，如果两次烧开之后没有倒水，则关闭系统电源。若按饮水机上的烧水键，则水烧开一次之后断电。开机默认为自动断电状态，关闭饮水机时控制器本身将断电。

图53.13 最终的成品图

文：高国胜

54 由废旧微波炉改造的恒温恒湿箱

我的家里人都很喜欢烘焙，经常烤一些小点心，但面粉发酵环节一直很难控制，采用同样配方，面粉发酵程度不同，做出来的点心往往也不同。于是，我索性找来个旧微波炉，决定废物再利用，用它的壳子改造个恒温恒湿箱，制作中尽量使用废旧物品和手头已有的元器件，具体制作的主控电路图如图54.1所示。虽然原理挺简单，但做起来还挺麻烦，下面就把制作过程和大家分享一下。

54.1 加热部分

如图54.2所示，加热部分我选用两片铝合金外壳PTC加热板，这种加热板所需电压220V，干烧表温120℃，最大功率120W。PTC加热板具有无明火、热转换率高、受电流和电压影响小等优势。而且，它还能自动节能，当加热板把环境温度升高后，其功率会逐渐降低，降低到只有额定功率的90%或者更少。PTC使用寿命长，上万次的反复开关对其性能也没有影响。

54.2 加湿部分

加湿部分我决定采用超声波雾化器来改造，虽然这种雾化装置制作麻烦，但效果比较好。超声波模块拆自一个废弃的桌面小型加湿器，电源依然使用它原配的24V电源（现在想想，多亏当时没把这个电源扔掉）。

按照微波炉空间尺寸，我买了个密封型塑

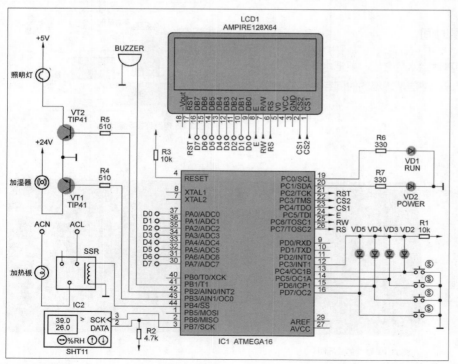

图54.1 主控电路

图54.2 用铝合金外壳PTC制作而成的加热板

料盒作为加湿部分的储水盒。在盒底开超声波模块安装孔、进水孔和放水孔，在盒盖开进风槽和出风孔（见图54.3）。我找了从一台笔记本电脑换下的小风扇用作进气风扇，再用塑料板做导气风道，并用记号笔笔帽做出风口连接件。经过试验，小风扇在3V电压工作时，风量大小比较合适，遂用LM317将24V降到3V，此电路如图54.4所示。线路板按超声波模块电路板尺寸制作，按原位螺丝孔叠装在超声波模块电路板上，并用一款裁切过的铝板作为散热片。

这个加湿部分，我使用洗手盆溢水管做出风导管，从微波屏蔽盒将水雾引到微波炉内腔（见图54.5），并且用2mm厚覆铜板制作2个高度合适的支架，用于将加湿盒固定在微波炉内（见图54.6）。

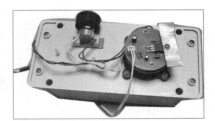

图54.3 制作"加湿盒"

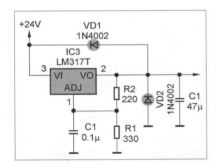

图54.4 LM317降压电路

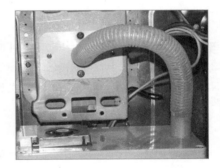

图54.5 用出风导管将水雾印到微波炉内腔

为方便加水，需设置加水口，所以我在微波炉面板处使用3mm有机玻璃制作了一个可抽拉的加水盒（见图54.7），微波炉面板背面安装加水盒固定支架。有机玻璃使用三氯甲烷（氯仿）黏合。

图54.6 固定加湿盒的铜质支架

图54.7 可抽拉的加水盒

54.3 供电部分

54.3.1 加热板

PTC加热板电源为220V AC，2片PTC加热板的最大功率合计240W，由1个3A固态继电器控制通断。

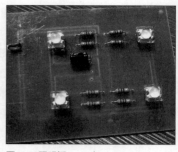

图54.8 照明板

54.3.2 雾化器

超声波雾化模块电源为24V DC，直接使用原配电源供电，并由1个TIP41C三极管控制通断。TIP41C为NPN中功率三极管，参数为100V/6A/65W。

加湿风扇供电为3V，此电压从加湿模块电压24V DC引出，并由LM317T降压获得。LM317T是可调三端正电压稳压器，输出电压为1.25～37V连续可调，最大电流为1.5A。

54.3.3 照明灯

照明板为4只白色发光二极管（见图54.8），透过网窗为微波炉内腔照明，供电电压为5V DC，它由1个TIP41C三极管控制通断。

54.3.4 主控板

主控板的5V DC电源由加湿模块24V DC电源通过KIS-3R33（见图54.9）降压获得。KIS-3R33是传统的DC-DC电源模块，它的电流可达3A，使用方法灵活，模块输出电压为3.3V，在Vadj与GND间串联10kΩ电阻，即可将输出调整为5V。

54.4 控制部分

54.4.1 主控芯片

主控芯片采用ATmega16A-AU单片机，它内部为8MHz工作频率，禁止JTAG。

ATmega16是基于增强的AVR RISC结构的低功耗8位CMOS微控

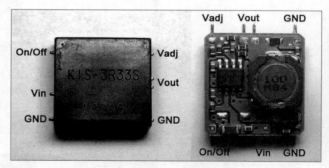

图 54.9 KIS-3R33

制器。它具有16KB系统内可编程Flash、512字节EEPROM、1KB SRAM、32个通用I/O口线、32个通用工作寄存器、JTAG接口、3个具有比较模式的定时器/计数器(T/C)、片内/外中断、可编程串行USART、通用串行接口、8路10位具有可选差分输入级可编程增益的ADC、具有片内振荡器的可编程看门狗定时器、1个SPI串行端口，以及6个可以通过软件进行选择的省电模式。

54.4.2 传感器

传感器采用SHT11温湿度传感器。

SHT11是单片全校准数字式温度和相对湿度贴片封装传感器，具有串行数字式输出、免调试、免标定、免外围电路及全互换的特点。温度值输出分辨率为14位，湿度值输出分辨率为12位，这两个值可通过编程降至12位和8位。电源电压为2.4～5.5V，工作电流为0.55mA。

为了减小热传导对传感器的影响，我将SHT11焊接在了小片PCB上（见图54.10），通过支架悬空固定在微波炉内胆上部的空腔内。

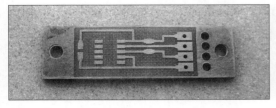

图54.10 将SHT11焊接在小片PCB

54.4.3 人机界面

（1）如图54.11所示，此恒温恒湿箱的显示部分使用LCD12864，驱动芯片为KS0108。BASCOM-AVR驱动LCD非常简单，直接支持KS0108驱动的点阵LCD，这为编辑显示界面提供了方便。

图54.11 人机界面

因空间大小限制，LCD12864只能竖着安装，且屏上仅显示温度、湿度以及工作状态。将静态部分制作成固定背景底图，其他部分制作为动态显示。温湿度值用10×20点阵数字显示，状态标志用图片方式显示。

（2）操作按键设置4个点触按钮开关，分别为选择、增、减、启动（见图54.12）。按键接单片机外部中断，可确保不漏键。按钮帽是从废旧笔记本电脑的键盘上拆下来的，还算规整。

装配效果如图54.13所示。

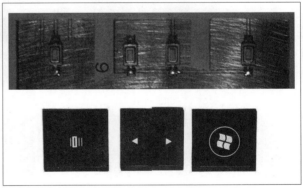

图 54.12 操作按键

图 54.13 装配

54.5　编程

程序我是用BASCOM-AVR编写的。

BASCOM-AVR是集编辑、编译、仿真、程序下载于一体的AVR单片机开发环境。BASCOM-AVR为结构化BASIC语言，与Visual Basic/Quick Basic高度兼容，它简要清晰，易于理解掌握。它提供丰富的数据类型，结构化、模块化的程序设计，大量面向通用I/O和专用外设的操作语句，为增强单片机系统的实时性，支持汇编语言混合编程。此编程语言扩充了许多通用单片机外部设备的专用语句，例如字符LCD、图形LCD、I^2C总线器件、单总线器件、PC键盘、矩阵键盘、SPI总线器件等。

对此制作兴趣的读者可以到本书下载平台（见目录）下载程序。

54.6　总结

恒温恒湿箱已正式服役（见图54.14和图54.15），工作稳定，效果令人满意，是本人又一实用型DIY作品。

图 54.14 完工的作品外观

图 54.15 用恒温恒湿箱制作的点心

第三章

设计实用智能设备

文：俞虹

55 室内外双显温度计

我们生活中经常遇到需要测量两种温度的情况，比如测居室的内外温度、小车的内外温度等。笔者制作了一款同时测定室内、室外温度的数字温度计（见图55.1），它利用1602显示屏同时显示室内外温度，测温快速、直观。

55.1 硬件电路

本制作的硬件电路如图55.2所示。它由AT89S52单片机、2个温度传感器DS18B20以及LCD1602显示屏构成。工作时，IC1和IC2中的传感器把测得的温度转换成数字信号传到单片机IC3，单片机通过数值转换后，再调用相应的显示程序驱动显示器件IC4，把温度值显示出来。IC1、IC2中的两个传感器将室内外温度转换成十六进制，占两字节的数字信号。IC1、IC2的I/O口分别接单片机的P3.6、P3.7口，避免单口测定DS18B20序列号的麻烦。

电路采用6V的干电池供电，整机用电约15mA。电源电压经二极管VD降压后为电路提供5V的电压。为了节约用电，这里接有开关S，可以让电池间歇工作，延长电池寿命。C1和R1组成复位电路，每次使用前让单片机复位。C2、C3、B为振荡电路，晶体振荡器频率为12MHz。

单片机IC3的P3.2、P3.3、P3.4接口分别接IC4的RS、RW、E接口，由于这些接口用于定义寄存器、信号读写以及是否执行指令等，故不能接错。单片机的数据接口P2.0～P2.7与IC4的D0～D7连接，主要用于传送显示的数据和各种指令。

55.2 软件设计

本电路用单片机的两个I/O口控制2个DS1820传感器。单片机对液晶屏1602进行初始化，并进行读写操作，最后将数据转换为十进制数送到显示屏显示出内外温度值。软件的主流程图如图55.3所示。为了稳定地显示温度值，显示字母（OUT、IN、℃）和温度（如+025.5℃）的程序独立执行，互相不干扰。因此，它调用的子程序相对较长。由于要显示两种温度，如DS18B20的初始化、精度设置、显示地址、读写等程序都要执行2次，子程序相对较多。只有十六进制数转化为十进制数只执行一次。

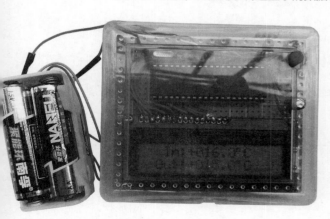

图55.1 室内外双显温度计

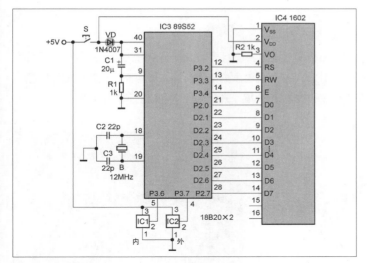

图55.2 硬件电路

图55.3 主程序流程图

由于1602字符库无"℃"的符号，作者对字符库中所有字符进行查找（包括英文字母大小写、常用符号、日文假名），发现其中日文假名中的一个符号很接近"℃"中的"。"，于是将那个符号加上"C"即成符号"℃"，这样就避免单独编程的麻烦。

该温度计设计精度为±0.5℃，分辨率在0.5℃，可以显示−55～+125℃的温度值。

55.3　硬件制作

图55.4所示为笔者制作好的电路板，采用万能板安装元器件。1602显示屏直接装在万能板上，这样可以减小软线的移动，使电路工作更可靠。元器件之间的连接尽量用背面的铜箔连线，点与点之间可以用焊锡丝连接。焊接时电烙铁的温度不要太高，否则不易连接成功，背面焊锡连线如图55.5所示。元器件中，内温传感器IC1装在电路板的外侧，外温传感器IC2用1m长的不同颜色三绞线，一端焊在传感器DS18B20上，另一端焊在电路板上，并用热缩管套住DS1820防水，如图55.6所示。

安装单片机IC3需要先将一个40脚的双排底座焊在电路板上，这样便于烧写单片机时的插拔。开关S采用小型按钮开关，上面套上按钮套，这样开关更方便。

图55.4 制作好的电路正面

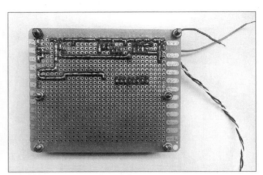

图55.5 制作好的电路背面

　　元器件和连线焊接完成后，需要检查一遍，看焊接是否有错误，若无错误，通电即可工作，无须调试，通电后LCD1602显示的效果如图55.7所示。

　　如有条件，再找一个塑料外壳将电路板装入固定，塑料壳需要开一个开关孔，并且塑料壳靠传感器IC1的一侧再开一些小孔，便于DS18B20对环境温度的检测。装入塑料壳的双显温度计如题图所示。实际使用时，把室外传感器IC2装在窗外，不靠墙，并且阳光不会直射到的地方即可。

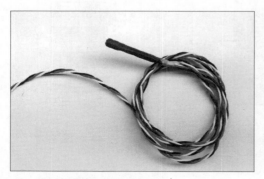

图55.6 用热缩管套住DS1820防水

图55.7 双湿度显示效果

文：彭承军　李志远

56 温度记忆杯垫

"记忆杯垫"是我利用身边的材料制作的，杯垫材料是一张光盘，导热材料是金属片，用502胶水和加厚双面胶黏合，制作起来十分简单。

这个作品的设计初衷源自个人的生活经验，希望和我有着一样烦恼的"技术宅"们会喜欢这个设计。笔者作为"职业码农"，常常遇到这样的困扰：早上冲好的咖啡，放着放着就凉了；同事胃不好，需要喝温水，可一忙就忘记了……想必每个人都有这样的经历，这次的设计，就是给大家解决这一问题——可以及时提醒人们饮用热饮。喜欢喝热饮的朋友，以后不必再因为冷却的热饮而苦皱眉头了！

56.1　功能描述

"记忆杯垫"能实现以下功能：当我们把装有温度较高液体的杯子放到杯垫上时，杯垫上安装的温度传感器开始测量杯子的底部温度，只要杯子不是隔热材料制成的，那么杯子的表层温度就会和里面的液体温度成正比，当杯子内的液体降到了适合人的饮用习惯时，此时按下"记忆键"，杯垫就将永久记录下此时的杯子底层温度；当使用者再次将装有热饮的杯子放在杯垫上时，液体在降温过程中，只要杯子的底层温度与之前记忆的温度接近，杯垫就可以根据设计者的要求提示主人饮用，比如通过闪烁灯或者音乐提示。

56.2　工作原理

这次设计的核心就是围绕温度传感器DS18B20和单片机EEPROM的应用。

DS18B20采集温度，单片机负责数据的处理，当有温度需要记录时，单片机将待记录温度存储到单片机的EEPROM中；当EEPROM中有了温度记录后，单片机将采集到的数据与EEPROM中数据随时进行比较，当数据接近时，就会做出相应输出，开启提示功能。

当下次冲好了一杯咖啡，就可以把杯子放到杯垫上面了，温度传感器会将采集到的温度T值与EEPROM里的数值A做比较，当$A-1 < T < A+1$ 时，杯垫侧面的8个发光二极管就会闪烁，以此来提示主人喝咖啡或水。

温度的差值也可以根据设计者的需要自行改变，比如在比较寒冷的地区，T与A的差值可以通过改变程序来实现。笔者在南方，实际测试的时候发现T与A的值在 ±1之间就可以了。

记忆键在向单片机记录温度数据的时候，也会擦除之前的数据，这样一个按钮就可以完成需要的操作。

国产的STC单片机大多自带了一定大小的EEPROM，这就给设计者带来了极大的方便。为了让电路更加简洁，这次选用的是STC11F04E的1T单片机，其具备4KB的程序存储空间和1KB的EEPROM空间，20引脚的封装设计大大减小了PCB面积。图56.1为电路原理图，制作说明见图56.2、图56.3。

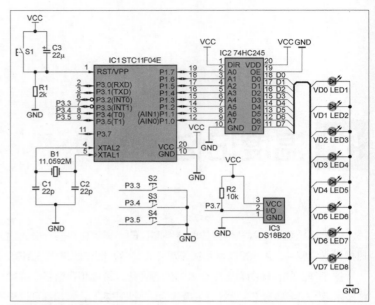

图 56.1 电路原理图

图56.2 光盘中间的圆孔用来放置温度传感器，上面用金属片导热材料固定，并涂上硅脂，增加导热效果，因为大多数杯子底部都是凹进去的，也可以用金属片这种有一定厚度的材料导热

图56.3 杯垫的背面，用双面胶（电工固定线盒那种）粘住电池盒、电路板、流水灯，温度传感器已经粘在电路板下面了

56.3 程序设计

这里要做出说明的是，大多数DS18B20程序代码都是为12T单片机设计的，而1T单片机指令速度要比12T单片机快很多，这就导致了通常的DS18B20程序不能直接拿来调用。笔者根据STC的官方资料，通过计算指令外加逻辑分析仪测试的方式，得出的结论是，11系列的1T单片机指令要比12T单片机快6.5倍左右，根据这个数据来修改原始DS18B20程序的延时程序和EEPROM程序，就能保证系统的稳定性。

STC绝大多数芯片集成了EEPROM，不同型号的擦写程序也是大同小异，使用起来十分方便，不需要额外EEPROM的IC，更不需要IC通信程序。因为是内部集成的，程序代码简单，很好理解，节约了设计成本的同时，也给应用者节约了程序设计时间。

STC的官方资料很明确地给出了EEPROM的原始程序，笔者根据自己的理解，为使程序更加简洁，对官方程序作了一些改动，应用了C语言的宏定义，自己也做了对应的库文件，方便实用。本程序是在Keil环境下编译的，使用时要添加我自己写的basic.h、STC11Fxx_IAP.h文件，同时要下载官方的单片机库文件，这样方可保证程序的正确编译。

■ 本制作的相关源文件可以到本书下载平台（见目录）下载。

文：吴礼军

57 智能数字电池充电器

如果你像我一样是一个电子迷，那么你一定玩过模电、数电和单片机，原因很简单——电，让我疯；电，让我迷；玩电，通宵达旦不累；玩电，思维活跃……甚至，信誓旦旦——我喜欢你就像喜欢单片机一样。说到电，真的很激动，哦，还是说点正经的吧，我打算今后用些时间把我之前或者现在做的项目或者大项目的一部分整理一下，与各位朋友分享。第一个项目是智能数字电池充电器ELEJ-IDBC1。它有什么"牛"的？读懂，然后调试制作，你就知道！朋友，ELEJ-IDBC1让我们学过的微分、数字PID、数字滤波器等在单片机上"生机勃勃"起来！

下面先看看ELEJ-IDBC1实物吧！ELEJ-IDBC1由两块板构成，分别为核心板和显示板，核心实物如图57.1所示。

ELEJ-IDBC1的显示部分和电池盒焊接在另一块板子上，我把它称作显示板，实物如图57.2所示。

如图57.3所示，ELEJ-IDBC1正在为镍氢电池以约700mA的电流快速充电。

图57.1 ELEJ-IDBC1实物（核心部分）

ELEJ-IDBC1的强大功能

◆ 全数字控制，稳压&恒流控制使用数字PID算法（30μs），精准、快速。
◆ 电池充电过程：激活充电（0.2～0.3CA）→快速充电（0.5～1.0CA）→连续补充充电（0.02～0.05CA）。优化传统电池充电方法，对于不同状态的电池施以不同的充电电流，避免对电池产生损害。
◆ 电池充电算法使用电压下降（$-dV/dt$）法、温升（dT/dt）法和最大时间法，3个算法同时融入ELEJ-IDBC1，使ELEJ-IDBC1能最大限度呵护电池，保证ELEJ-IDBC1拥有卓越性能。
◆ 输入前端使用预稳压电路，ELEJ-IDBC1实现最大输入电压达40V，充电电流可达1A。
◆ 用户可对充电参数进行配置，以适应不同规格参数的电池，达到最优（充电时间&充电安全性）充电，同时，利用测量数据可以评估电池性能。
◆ 故障电池检测，电池置入电池盒自动检测。
◆ 完善的显示界面，实时显示充电电压、电流、电池温度及充电逝去时间（以秒为单位累加），给你以赏心悦目的感觉。
◆ 电池充满，蜂鸣器报警，告知用户取走电池。

图57.2 显示板实物

图57.3 ELEJ-IDBC1正在充电

57.1 ELEJ-IDBC1的电源

电源非常重要，从此，请永远记住GIGO（垃圾进，垃圾出）。

ELEJ-IDBC1电源电路有两个：一个是由LM2575-5.0构成的预稳压电路，另一个是由P-MOSFET构成的Buck电路（也是系统的充电电路，从自动控制角度看，它也相当于恒压与恒流的执行机构，单片机及其算法是控制机构）。以下分别解释。

预稳压电路如图57.4所示。芯片选用的是安森美半导体公司生产的LM2575-5.0单片集成开关降压型稳压电路，LM2575内部振荡器恒定的振荡频率为52kHz，具有1A的负载驱动能力，足够控制器及充电使用。

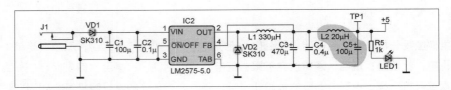

图57.4 +5V稳压电源

对于常用的诸如LM7805等线性稳压器的输出纹波，只包含输入的整流滤波，而开关稳压器的输出纹波除了输入的纹波外，还包含开关频率的基波成分，以及开关管在"ON/OFF"过渡状态时产生的尖峰噪声。可以使用如图57.4阴影部分所示的π型二级滤波器来滤除纹波，C5可以有效滤除开关噪声，L2有数十微亨即可得到足够好的衰减特性。

图57.4中的VD1是为了防止输入电源反接而设置的，免得失误，烧坏LM2575。VD2可以使用其他同规格的肖特基二极管替代，我常使用的就是IN5819、SK310A等；你也可以不用LM2575，用LM7805，但是需要自己扩流，这样就不如LM2575方便，毕竟LM2575比LM7805价格贵，花钱就可以买方便嘛！

LM2575-5.0构成的预稳压电路在ELEJ-IDBC1中的实际照片如图57.5所示，LM2575-5.0是安森美半导体公司生产的贴片器件。

Buck电路如图57.6所示。Buck电路在这里可以实现恒压、恒流输出，输出参数电压和电流利用PWM技术控制，PWM技术是控制信号频率恒定，脉冲宽度（也就是占空比）改变，Buck电路通过反馈电路获取电压和电流参数，控制基于控制器内部的控制算法实现。

图57.5 LM2575-5.0焊接图

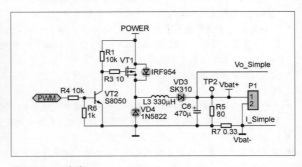

图57.6 Buck电路

57.2　硬件测量电路

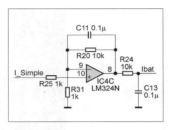

图57.7　电流放大电路

　　测量电路也就是系统的反馈电路，用于获取Buck电路的输出电压和电流，同时，也获得系统温度参数，电流放大电路如图57.7所示。测量电路均为运算放大器构成的同相放大电路，除电流测量放大电路的放大倍数为11外，其他3个同相放大器放大倍数均为2。解释一个问题，仔细看看这几个放大器，你会发现负反馈电阻均并联一个0.1μF的电容器，这是为何？

　　这个问题，可以从经典控制理论的稳定性原理分析，也可以从模拟电路角度分析。相对来说，从模拟电路角度分析，更容易使大多数人理解；若从经典控制理论的稳定性原理分析，则需获得运放LM324N构成放大电路的传递函数，再利用根轨迹等方法判断，不是很简单呦！

　　就电流放大器来分析：放大倍数$A=1+R20/R31$，充电电流在$0.33\,\Omega$的采样电阻上产生一个对应的小电压，放大11倍，然后给控制器ADC采样，作为恒流的反馈量。然而，这个放大倍数对于直流的充电电流和交流的噪声"一视同仁"，小小的噪声放大11倍后，也会被ADC采样当作重要的反馈量，结果就是恒流电路"拙劣"。怎么办？解决方法自然是"杀灭"交流的噪声，对，就是使用并联电容。噪声频率一般很高，所以使得并联的RC电路的等效阻抗Z_{equ}变小，由放大倍数$A=1+Z_{equ}/R31$知，A因为Z变小而变小。其实，就是使得噪声的放大倍数变小，噪声没有被放大，微小得被控制器忽略了，不再影响我想要的反馈量了。

57.3　系统心脏——控制器

　　控制器是整个ELEJ-IDBC1的核心，控制算法就是附于控制器上实现的，所接外部设备（如数码管、按键等）也是由控制器直接控制，控制器原理图如图57.8所示。

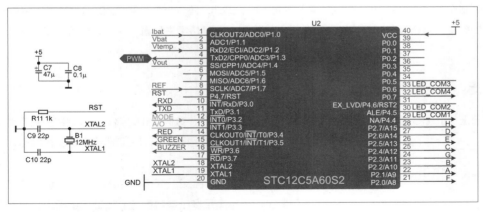

图57.8　控制器电路

　　实际焊接时晶体振荡器可以放于如图57.9所示的位置，这样可以合理使用板子空间。
　　控制器是ELEJ-IDBC1中最大的芯片，它在ELEJ-IDBC1的位置如图57.10所示。

图57.9 晶体振荡器在ELEJ-IDBC1的实际位置

图57.10 控制器实拍图

57.4 为何选择STC12C5A60S2控制器

STC12C5A60S2是一款51内核的8位控制器，它拥有一些实际工程中很需要的外设。如果你一直在8051-ing，那么你肯定会说它功能强大，然而，我真的遗憾地告诉你，你错了。两个角度看：从51内核来看，我用过新茂51内核控制器、中颖51内核控制器和芯唐51内核控制器以及NXP51内核控制器等，稳定性、外设丰富程度和性能（如PWM、AD性能指标）都远远优于STC12C5A60S2，只是STC12C5A60S2我认为是被"炒作"了，用价格"迷惑"了国内市场；从控制器位数来看，同样是8位机，我做项目用过最多的是富士通的新8FX微控制器（MB95XXX系列）、飞思卡尔的S08系列等，都是8位机的佼佼者。此外，如果和ARM控制器的Cortex-M0和Cortex-M3系列相比，真的是一个在天上，一个在地下。

众位兄弟可能会说，那你为什么不用其他的控制器做这个ELEJ-IDBC1呢？原因很简单：很多电子迷是刚刚入门，掌握或者使用过的控制器大多是51控制器，而51控制器又以STC12C5A60S2居多，可以这么说，玩单片机的人大都了解STC12C5A60S2，这样，就可以使大多数读者能读、能实际制作出ELEJ-IDBC1智能数字电池充电器。此外，还有一个重要原因是STC12C5A60S2十分容易购买，价格让我都"激动"，你定然能接受，尤其是学生！省一块钱，还可以多买两个数码管啊！

57.5 ELEJ-IDBC1人机交互设备

ELEJ-IDBC1实现"人机对话"的设备有按键、LED、数码管和蜂鸣器，按键用于用户输入欲配置参数，数码管显示系统所有参数和运行状态，LED指示系统运行状态，蜂鸣器用于提示和报警。下面逐个分析吧！

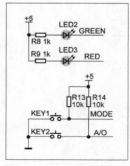
图57.11 按键及LED电路

按键和LED电路如图57.11所示。ELEJ-IDBC1共使用2个按键，按键通过优化软件，使数量达到最少，仍可满足多个参数配置。按键数量极少，自然设计为独立按键，分别为KEY1和KEY2，每个按键通过10kΩ的电阻上拉。当按键没有按下时，对应的端口为"1"；当按键按下时，对应的端口为"0"。控制器通过判断端口电平来执行对应的功能。

其中，"MODE"键为"模式配置"键，"A/O"为"参数或配置项递加/开关"键。

数码管电路如图57.12所示。

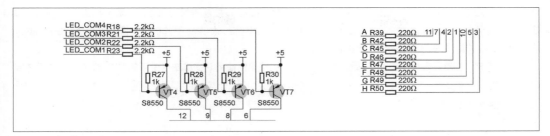

图57.12 数码管电路

各器件参数到底如何选择？为了真正搞懂这样的硬件设计，包括上面说的LED限流电阻的选择，先来分析一个问题——数码管驱动，从a段（其实就是一个LED）分析。

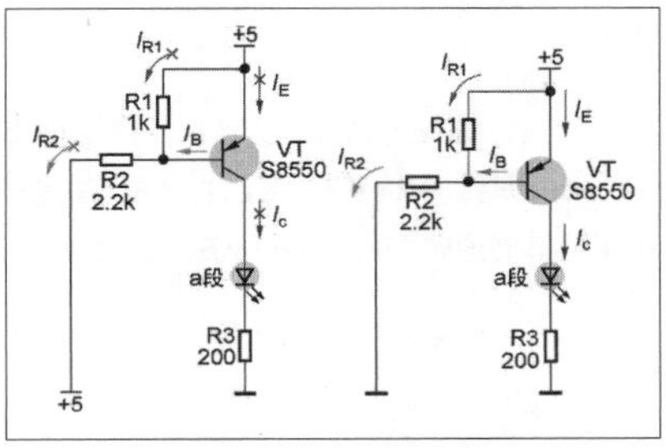

如图57.13所示，基极电流I_B为：

$$I_B = \frac{5-U_{BE}}{R2} - \frac{U_{BE}}{R1} = \frac{5-0.7}{2200} - \frac{0.7}{1000} = 0.0013A = 1.3mA$$

图57.13 LED驱动原理图

三极管S8550的放大倍数β典型值为300，若三极管工作在线性区，则按照$I_C = \beta \times I_B$算得，I_C电流为390mA，很显然实际流过LED的电流一定小于390mA（否则LED就不会亮了，因为它已经烧坏了），此时I_C已经不在随I_B线性变化，三极管不在放大状态；此时I_C电流已饱和，U_{EC}间电压拉低，压差大约在0.3V，三极管相当于一个闭合的开关。

那么I_C到底是多大呢？其实，它与LED和$R3$直接相关，这下明白LED相关电路的独立设计了吧，不用在网上找参数了！

$$I_C = \frac{5-U_{EC}-U_{LED}}{R3} = \frac{5-0.3-2.0}{200} = 0.0135A = 13.5mA$$

Tips 说说恒压&恒流控制算法——PID

PID 控制器对闭环控制中的误差信号进行响应（说响应有点专业，你可以理解为 PID 控制器处理的就是误差信号），并"尝试"对控制量进行调节，以获得期望的系统响应（想要的输出）。被控的参数可以是任何可测系统变量，例如，ELEJ-IDBC1 系统的电压和电流。PID 控制器的优点在于，可通过改变一个或多个增益值，并观察系统响应的变化，以实验为根据进行调节。可以说，PID 的调试不需任何仪器，只要你有足够的经验，参数可以迅速确定。

数字 PID 控制器是以周期性采样间隔（ELEJ-IDBC1 采样周期 30µs）执行控制操作。假设控制器的执行频率足够高，可以使系统得到正确控制。误差信号是通过将被控参数的实际测量值减去该参数的期望设定值获得的。误差的符号表示控制输入所需的变化方向。

控制器的比例（P）项是由误差信号乘以一个 P 增益因子形成，可使 PID 控制器产生的控制响应为误差幅值的函数。当误差信号变大时，控制器的 P 项也将变大以提供更大的校正量。随着时间的消逝，P 项有利于减小系统的总误差。但是，P 项的影响将随着误差趋近于零而减小。在大部分系统中，被控参数的误差会非常接近于零，但是并不会收敛，因此始终会存在一个微小的静态误差。

PID 控制器的积分项（I）用来消除小的静态误差。I 项对全部误差信号进行连续积分。因此，小的静态误差随着时间累积为一个较大的误差值。该累积误差信号与一个 I 增益因子相乘，即成为 PID 控制器的 I 输出项。

PID 控制器的微分项（D）用来增强控制器对误差信号变化速率的响应速度。D 项输入是通过计算前次误差值与当前误差值的差值得到的。这一差值与一个 D 增益因子相乘，即成为 PID 控制器的 D 输出项。系统误差变化得越快，控制器的 D 项将产生更大的控制输出。并非所有的 PID 控制器都实现 D 或 I 项（不常用），例如，本应用中未使用 D 项，这是因为输出电压或电流的响应时间相对较慢。如果使用了 D 项，将导致 PWM 占空比的过度变化，会影响算法的运行，并产生过电流断电。

理解了 PID 基本原理后，下面来看看 ELEJ-IDBC1 中是如何使用 PID 算法（使用的是 PI 算法，即 D 增益因子 =0）的。

PI 控制输出 $y_{(t)}$ 为：

$$y_{(t)} = k_1 \times e_{(t)} + k_2 \times \int e_{(t)} dt$$

对于控制器系统（常用数字量）输出 $u[k]$ 为：

$$u[k] = K_P \times e[k] + K_I \times \sum_{j=0}^{j=k} e[k]$$

其实，这是一个位置式 PID 算法公式，可以看出若实现 PID 控制，必须有 $e[0]$、$e[1]$、$e[2]$、$\cdots$、$e[k-1]$、$e[k]$。你想想，系统若一直工作，会产生多少个误差量 e，直到把单片机的 RAM 放满，然后呢，对，系统"死"了。只能用其他形式的PID算法公式。由上式得：

$$u[k-1] = K_P \times e[k-1] + K_I \times \sum_{j=0}^{j=k-1} e[k-1]$$

两式相减，看看结果如何：

$$u[k] = u[u-1] + K_P \times e[k] + K_I \times e[k-1]$$

好了，实现 PID 算法只需当前的误差 $e[k]$、上一次误差 $e[k-1]$ 和上一次的输出量 $u[k-1]$，这就使得问题简化了。看看代码：

```
void CC_Control (void)
{
    Error[0] = average_value[0] - Iset;
    Vpwm=Vpwm + (Error[0]>>4)+(Error[1]/20);
    Error[1]=Error[0];
    CCAP0H=Vpwm*RELOAD/VIN;
    CCAPM0=0x42;
    CR=1;
}
```

57.6　ELEJ-IDBC1界面

如果你接触过客户，你就会深刻地明晰一点，电子产品的界面很重要，很大程度决定你的产品能否被人相中。看看市面上现有的所谓智能充电器，其实大多数是由比较器和基准电路构成的，所谓的智能，仅仅是使用比较器比较、判断、实现，若想实现友好界面和参数配置，不用控制器，基本不可能。ELEJ-IDBC1指示界面由LED和数码管构成，LED指示部分由一个红色LED和一个绿色LED构成，组合配置显示，以指示电池的不同状态；数码管为4位8段数码管（显示为红色字体），可以显示充电电池的具体参数和状态字符。

实时显示充电电池电压、电流、温度和充电逝去时间值的软件实现流程如图57.14所示。

设计制作时，可以直插元器件和贴片元器件混合使用，使ELEJ-IDBC1更美观。ELEJ-IDBC1核心板背面如图57.15所示。

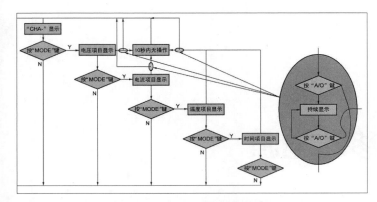

图57.14 充电电池电压、电流、温度和充电逝去时间值的软件实现流程图

图57.16所示是核心板上运放构成的放大器实物焊接图片，电阻使用的是0805封装的贴片电阻，0.1μF的电容器使用的是直插独石电容，但是我把它焊接在了背面。

显示板背面实物如图57.17所示，两个螺丝用于固定电池盒。

57.7　写在后面——比ELEJ-IDBC1更牛的是ELEJ-IDBC2！

首先，ELEJ-IDBC2使用的控制器具有10位以上的PWM（目前STC还没达到这个标准，我会尽量选择大家容易买到，又易上手的控制器），原因如下。

STC12C5A60S2控制器的PWM为8位，用此控制器控制Buck电路输出电压最小值为$V_{IN}/256$，如果想获得输出电压为0.01V的精度，则最大输入电压$V_{IN}=256×0.01V=2.56V$，这样Buck电路最大输出电压一定小于2.56V（即使使控制器占空比为100%，输出电压减去开关管压降也不会达到2.56V），这样的电压充其量也只能为单节镍氢或镍镉电池充电，不能为锂电池充电。如果使用的控制器PWM为10位，则满足同样要求的情况下，输入电压可达10V，输出电压也完全可以满足锂电池充电电压。

再来说说笔者的ELEJ-IDBC2的初步设计目标。

★ELEJ-IDBC2为智能数字通用电池充电器，可为多种化学类型电池充电，目前常使用的电池有密封铅酸电池(SLA)、镍镉电池(Ni-Cd)、镍氢电池(Ni-MH)和锂离子电池(Li-Ion)，ELEJ-IDBC2内置多种充电算法，对不同化学类型和不同规格的电池常用不同的充电方法充电。

★ELEJ-IDBC2使用如下停止充电的判别算法：t（时间法）、V（电压法）、$-dV/dt$（电压变化率法）、I（电流法）、T（温度法）、dT/dt（温度上升速率法）、dT（超出环境温度的温度值法）和$dV/dt=0$（零电压差法），分别适应不同化学类型的电池。

★ 进一步优化界面设计……

为梦想，珍惜每一天！笔者会为新的设计而努力。

■ 读者可以到本书下载平台（见目录）下载本制作的整体原理图、相关程序。

图57.15 ELEJ-IDBC1核心板背面实拍

图57.16 采样放大电路实物图

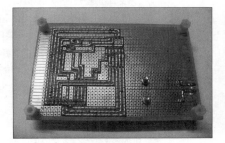

图57.17 ELEJ-IDBC1显示板背面实拍

文：唐荣

58 多功能移动电源

移动电源，也叫"外挂电池""外置电池""后备电池""数码充电伴侣""充电宝"，就是方便携带的大容量随身电源。它是随着数码产品的普及和快速增长而发展起来的，数码产品功能日益多样化，使用也更加频繁，如何提高数码产品的使用时间，持续供电的重要性就越来越凸显了。移动电源，就是针对并解决这一问题的最佳方案。

移动电源必须具有良好的移动性和通用性。所谓移动性，是指产品能在移动状态下（例如旅游、户外活动，充电器不在身边或不方便充电的情况下）发挥其功用，即在Anywhere（任何地点）、Anytime（任何时间），不受局限地给数码产品供电或充电。其通用性是指产品能够适合最大范围的数码产品。其实，不仅如此，有的移动电源可以通过USB电缆线使用在任何符合USB On-the-Go（USB-OTG）的便携型

Tips

本文介绍的移动电源具有以下特点

◆ 输出电路1：USB 5V/3A输出，功率15W。

◆ 输出电路2：可调0.8～22V输出，内电池供电功率为30W，用外部直插电源供电功率为100W。

◆ 带均衡电路：带3串电容均衡电路，并且自带外部接口均衡，留有6孔均衡充接口，并且有均衡指示。同时，该接口还是一个多功能接口，平时无电压输出，但插入接口后，自动接通外部电源，可均衡，可输出，还可以输入，并有信号指示，且拥有过压、过流、短路保护。

◆ 输出电容：MLCC电容全部采用TDK电容，电解电容采用红宝石130℃电解电容，该电容耐热性能高，容量不易减小，并且还采用了三洋聚合物固态电容，不会爆浆或燃烧。

◆ 内部电源：采用3串18650锂离子电池，并且可以换成3块610608的聚合物电池，总输出电压12.6V。

◆ 4路电压液晶显示：可显示充电电压、电池电压、USB电压、可调电压、USB输出电流、可调电压输出电流以及外部充电电流。

◆ 静态电流为5μA，开启电压表，电流为30mA。

◆ 可为1台笔记本电脑供电，并具有外部电源的UPS模式。

◆ 3串2600mAh电池，总功率为30W，输出电压为12.6V。

◆ 监视充电电流及负载电流。

◆ 尺寸：11cm×6cm×2cm。

设备上（如USB电灯、USB电热咖啡壶等）。

移动电源应用的普及，让其设计的安全性显得尤为重要。我们多次听到过手机电池爆炸伤人的事件，而造成电池爆炸的主要原因就在于电源管理部分的设计存在缺陷。因此，良好的电源管理设计是移动电源安全性的保障，也是DIY移动电源的设计重点。用18650圆柱锂电池或条状的锂聚合物电池DIY的移动电源，在移动状态中可随时随地为多种数码产品提供电能（供电或充电），这是目前市场比较流行的移动电源方案。

笔者一口气制作了3个移动电源（见图58.1），逐步改进并完善。第一个电源仅采用单纯的LTC1700升压方式，只能升压到5V，供手机设备供电；第二个移动电源采用双路LTC3780与LTC1700混合模式，可以输出5V的USB电压，还可输出两组独立可调的电压，用来驱动笔记本电脑等高耗电设备，并且还可以给一把24V电烙铁供电，供紧急时焊接使用；第三个移动电源就是本文要为大家介绍的制作项目，含有一路LTC3780可调电压输出，可用来驱动笔记本电脑，另一路3R33驱动的5V USB电压输出，用MAX745控制充电，采用了电容均衡电路等，是3个DIY移动电源中最为完善的。

图58.1 笔者DIY的3个移动电源

58.1 设计电池管理电路

目前市面上主流的移动电源基本都是单锂电池升压到5V的移动电源，采用的芯片也各式各样，运用的方式也不尽相同。不管怎样的移动电源，都有一个共同的目的，就是把不同电压的电池输出都统一稳定在5V电压上，这要靠高效、安全的电池管理电路，而该电路的核心就是电池管理芯片。所以说，除了电池，移动电源的灵魂就是电池管理芯片，这一点也不为过。

不同升压芯片的工作原理是不一样的，有同步整流的，有肖特基整流的。从效率与可靠性上来看，同步整流的效率可以高达98%，而采用肖特基整流效率一般在90%左右。这类的主要进口芯片有凌利尔特公司的LTC1700、LTC1871、LTC3780，美信公司的MAX1703，德州仪器公司的TPS61030等，国产芯片有PT13001等。我的制作方案采用的升压芯片是LTC3780，我认为这是款性能极为优异的芯片。不过现在凌利尔特有升级型号LTC3789，据说有恒流功能，本人用过几块LTC3789的DEMO板，但感觉没有LTC3780好用，所以放弃了。

手持设备越来越多，功能也越来越复杂，带来的耗电也随之增加，只有5V电压输出往往不够用了，大家更需要的是一种可以输出调节电压的移动电源，既能升压到5V，又能根据需要调节输出不同的电压，如笔记本电脑需要的电压在16～20V。正因如此，笔者才制作了本文介绍的这个电压调节型的移动电源，比市场上单一的5V电源功能强大多了。

常用电池管理芯片特点比对

◆ 从表58.1中，我们可以从几个方面大概了解各个芯片的特点。

◆ 表58.1中的数据我再具体解释一下：

（1）加*号的项目因为外围元器件变化大，基本不能确定；

（2）干扰主要是指对外辐射的电磁波和输出纹波；

（3）升级空间是指通过换电容、电感、功率管等，能带来很大的性能提升；

（4）效率峰值是指最推荐使用的电流值，在此电流下发热最小，效率最高；

（5）待机模式，跳周期干扰稍大，但是静态耗电小；PWM干扰小，但是静态耗电大；

（6）PWM模式的芯片做成正负电源效果较好，FPM芯片容易负压不稳；

（7）稳定性是指不正常的外部环境（比如电压波动、短路、过流等）对电路造成损坏的可能性；

（8）单管升压的典型电路板有BAU72、BAU89、BL8530等，售价为3～10元，属于玩具级别；

（9）PWM芯片的典型电路板有RT9262、RT9266、PT1301、UC38XX等，售价为23～35元，属于实用级别；

（10）焊接难度等级：低——尖头电烙铁+焊锡即可搞定；中——除了电烙铁，可能还需要吸锡带、助焊剂等工具；高——电烙铁焊接困难，需要工具齐全。

◆ 表58.1中的芯片都很好，特别是同步整流的，但元器件布局需要非常讲究，否则会有很大待机电流，还有可能会发生自激。在这里面最难布线的是LTC3780，稍不注意就不会成功。

表58.1 常用电池管理芯片特点对比

	LTC1700	MAX1703	TPS61030	单管升压	PWM芯片	LTC1871	LTC3780
输入电压	2.5～5V	0.7～5V	1.8～5V	0.8～5V	0.8～5V	2.5～36V	4～36V
输出电压	3.3～5.4V	3.3～5.4V	3.3～5.4V	3.3～6V	3.3～5.4V	5～36V	0.8～36V
工作模式	同步整流升压	同步整流升压	同步整流升压	升压	升压	升压	同步整流升压
输出电流	4A	1.5A	1.5A	0.5A	3A	*	*
效率极限	97%	95%	97%	85%	88%	*	*
效率峰值	1.5A	0.8A	全程	0.2A	1A	*	*
发热	小	小	小	大	大	*	*
静态耗电	0.3mA	10 mA	0.01 mA	0.05 mA	0.1 mA	1 mA	30 mA
待机模式	跳周期	PWM	跳周期	跳周期	跳周期	跳周期	PWM
干扰	中	小	中	大	大	中	中
升级空间	有	无	无	无	有	有	有
稳定性	高	高	中	中	低	*	*
低电压	灯亮停机	灯亮	停机	无	无	停机	无
焊接难度	高	低	高	低	中	中	高
成本	高	中	中	低	低	高	高

58.2 选择电池

锂电池乃移动电源的动力之源，分成很多种类，有锂离子电池、锂聚合物电池、动力锂电池、磷酸铁锂电池等。移动电源主要采用可充电锂离子电池、锂聚合物电池，一般的手持式设备里也大多用这两类电池，因为它们属于高能量密度的电池，在单位体积内，储存的电量一般比其他电池更大，重量更轻，体积更小。尤其是可充电锂离子电池，它可以提供更高的能量密度（最高达200Wh/kg或300～400Wh/L，分别是Ni/Cd或者Ni/MeH电池的2.5倍和1.5倍）和更高的电池电压（碳阳极电池为4.1V，石墨阳极电池为4.2V），并具有无记忆效应，自放电率小，有可快速充放电及更高的充放电次数等优点。只要严格控制好锂离子电池的充电参数，就能让我们充分利用电池容量，延长电池寿命。利用锂离子可充电电池，我们可以DIY出实用的移动电源。

本文介绍的移动电源不光从制作方面入手，我还希望将制作过程中对各个电路及芯片和锂电池安全性方面的设计考虑与大家分享。

Tips 锂电池分类

◆ 按外形分：方形（如常用的手机电池）、柱形（如18650，本文采用）。
◆ 按外包材料分：铝壳锂电池、钢壳锂电池、软包电池。
◆ 按正负极材料（添加剂）分：沽酸锂（LiCoO2）、锰酸锂（LiMn2O4）、磷酸铁锂电池、一次性二氧化锰锂电池、锂离子LIB、聚合物PLB。
◆ 按不同的性能、用途分：
  一次性：纽扣式3V锂锰电池；
  高容量（高平台）：用在手机等数码产品上；
  高倍率：用在电动车和电动工具及飞机模型上；
  高温：矿灯、室上灯饰、机器内置后备电源；
  低温：室外环境、北方（冬天）、南极。
◆ 由于单节锂电池的容量往往不能满足一般手持设备的要求，如笔记本电脑之类的，所以就需要多节电池串/并联，以提高移动电源的储存容量。本文介绍的移动电源采用了3节2600mAh的18650电池，总容量为7800mAh，并且还可以把该电池换成3块扁状的锂聚合物电池，体积更小，重量更轻。两种电池如图58.2所示。

图58.2 锂离子电池（左）与锂聚合物电池（右）

58.3 实际电路设计

58.3.1 充电电路

由于本次移动电源采用的是3节锂电池串联，所以，我选择了美信的MAX745专用充电电路，该电路是锂电池1～4节专用充电IC，该芯片实物与电路如图58.3所示。

MAX745在不需要任何散热材料的条件下，恒定充电电流可达4A，充电电压非常稳定，电池两端最大电压误差只有±0.75%。

MAX745采用双回路稳定充电电压和充电电流，采用精度为1%的普通电阻，单体电池的充电电压可在4.0~4.4V调整。如果改变其11、12脚的连接方式，MAX745充电器可对1~4节锂离子电池充电，充电器总输出电压误差小于±0.75%。MAX745的最高输入电压可达24V，可对最高工作电压为18V的电池组充电。控制器开关频率为300kHz，因此充电器噪声很小，所用外部组件的体积也很小。

图58.3 MAX745与实物电路

MAX745内部可产生5.4V和4.2V两种基准电压。5.4 V电压除了给该集成电路供电外，还经VL脚给外部电路供电。4.2V为该器件的基准电压，该基准电压通过外接电阻分压器，可给电流误差放大器、电压误差放大器及温度误差放大器提供不同的基准电压，还可经REF脚给外电路供电。图58.4是本制作采用的充电原理图。

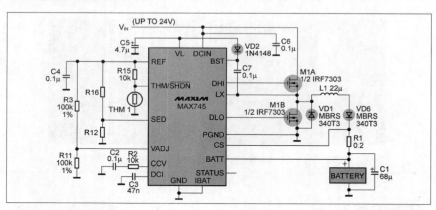

图58.4 MAX745专用充电电路

58.3.2 升压电路

升压芯片采用的是凌特公司的高性能升降压LTC3780，它是一款高性能降压/升压的开关型稳压器，可在输入电压高于、低于或等于输出电压的条件下工作，并且最大转换效率可达98%。恒定频率电流模式架构提供了一个高达400Hz的可锁相频率，可以在4~30V宽输入和输出范围内实现不同工作模式间的无缝切换。所以输入电压无论多少，输出电压都可以保持恒定，图58.5是我所采用的升压电路的原理图，图58.6所示为芯片与实物电路。

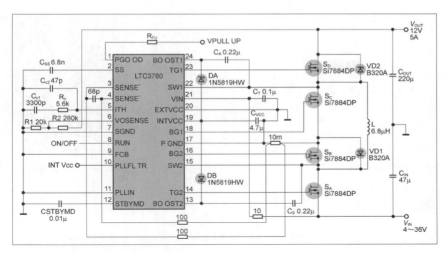

图58.5 升压电路原理图

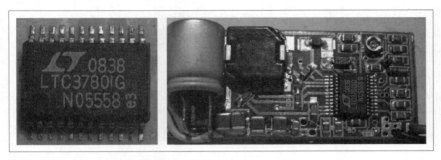

图58.6 LTC3780升压芯片与实物电路

LTC3780转换板与MAX745充电板设计到了一块印制电路板上，其PCB图如图58.7所示。

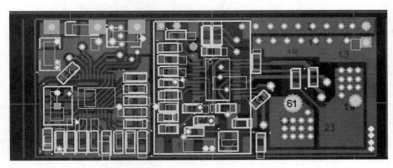

图58.7 LTC3780转换板与MAX745充电板PCB图

58.3.3 USB电源电路

USB电源采用的是固定模块3R33，该模块市面上很普遍，价格也很便宜，该模块的主要IC是MPD2307，是款降压型同步整流IC，效率很高，输出5V3A提供给USB插口。电路原理图及模块实物图分别如图58.8、图58.9所示。

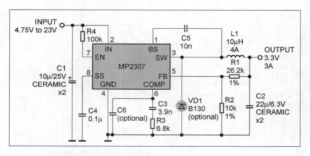

图58.8 USB电源模块电路原理图

图58.9 USB电源模块3R33

58.3.4 电压、电流指示电路

为了直观显示充电情况，我设置了电压、电流指示功能，该功能电路采用T26单片机，设计思路是：

- 利用AVR单片机ATtiny26L四对差分AD做两组VI转换；
- 利用内部的1倍和20倍差分放大器自动转换来测量电压，提高精度；
- 每个AD做256个取样平均值；
- 利用内部EEPROM做校正数据保存。

在对单片机ATtiny26L编程时，要注意，T26默认的系统频率是1MHz，要通过烧T26的熔丝位将系统频率设为8MHz。

T26双路电压、电流表电路的原理图如图58.10所示，实物电路如图58.11所示。

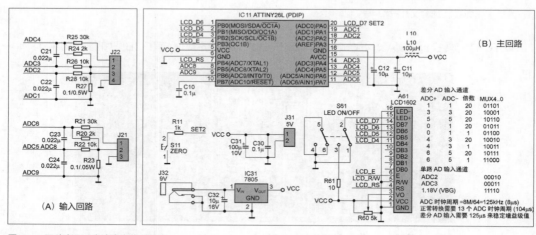

图58.10 双路电压、电流表电路原理图

图58.11 双路电压、电流表电路实物

58.3.5 锂电池保护电路

锂电池保护IC采用精工的S8254，该系列芯片是内置高精度电压检测电路和延迟电路的3节串联或者是4节串联用锂离子可充电池保护IC。本制作所采用的电路如图58.12所示，实物如图58.13所示。

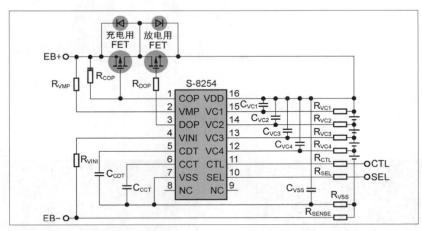

图58.12 锂电池保护电路原理图

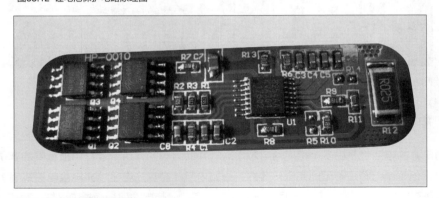

图58.13 锂电池保护电路实物

58.3.6 电源UPS切换电路

电源UPS切换电路可以实现的功能是：插入交流电后即由外部供电，并切断与主回路电池的供电，可发挥电压转换器的作用，输出0～20V可调，一旦外部电源切断，自动转换为电池供电，并且无电压重叠区。另外，当接入外部电源后，同时给充电电池，充电电流0～3.5A可调。另外，外部电源的充电阈值电压可设置（比如设置在14V，即低于14V，不接通充电回路，只接通升压电路回路），设置阈值在12～20V。其电路原理图及PCB图如图58.14所示。

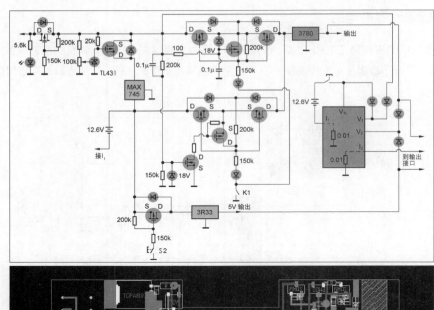

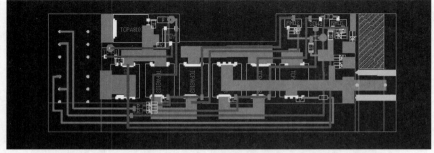

图58.14 电源UPS切换电路原理图（上）与PCB图（下）

58.3.7 电容均衡电路

移动电源的电池组是由多个相同的电芯串联、并联组成的，这个过程中最重要的就是电芯的"相同"，但每个电芯是不可能完全一致的，比如内阻、容量、电压、充电放电曲线等都会有偏差，所以在充电或者放电时会有所不同。这些偏差有可能会使电池保护板提前保护，就不能有效地利用每个电芯的能量了。因此，就需要在电池组中加上均衡板。

目前采用得最多的是充电均衡板，主要是在充电过程中，保证每一个电芯在保护范围内都能均衡地充到某个点（满电点）。有一些均衡板还设计了放电均衡功能，确保每个电芯在保护范围内都能放完电量。

简单说，均衡是为了能使电池都能充满、放完电量。本文采用的均衡板是电容式均衡板，可在充电与放电时对电池进行均衡，最大均衡电流可达2A。电路原理图、PCB图与实物如图58.15所示。

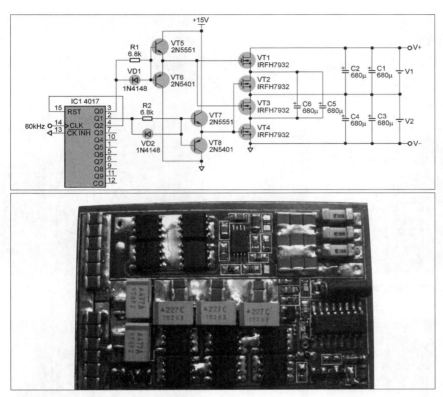

图58.15 电容式均衡电路原理图及实物

58.4 制作细节

先晒晒我的工具：百得钻头（见图58.16，用来钻孔）、打磨头（见图58.17，用来磨平）。

图58.16 百得钻头

图58.17 打磨头

手工制作过程如下：

01 找到合适的铝盒，刚好能放下各个电路板及其他附件，让电路板、接口与电池都能安装在该铝盒内。我采用的全铝合金外壳（见图58.18）是在网上购买的现成铝盒，如果向厂家订制，对个人来说，成本太高了。

02 焊好电路板（见图 58.19），并对电路板进行多方面的测试（见图 58.20）。把电源接入充电及升压电路板，看充电电流是否达到设计值。本制作设计的充电电流为 1.5A，不接负载时，静态电流应该在 100μA 以下，高于此值则说明有问题。输出电压可调范围应该在 0.8 ~ 30V，负载电流要求为 5A，负载短路时电路要起到保护作用，没有输出。这些都达到要求后，则表示电路板符合要求，可以装入铝盒内使用了。

图58.18 我采用的全铝合金外壳

图58.19 焊好的主电路板

图58.20 测试电路板

03 设置后插座布局。后面的插座需要两个 USB 口，一个是 iPhone 专用充电接口，有识别电阻；另一个为普通的 USB 供电口；右边为可调输出的电压接口；左边为电容均衡板接口，如图 58.21 所示。

图58.21 后插座布局

04 设计前挡板，按照铝盒的前端样式画出 PCB 的轮廓，按轮廓剪切下来，后面我们要在该 PCB 上进行线路敷设。剪切出的 PCB 要跟前铝盒挡板一样大小（见图 58.22）。

图58.22 设计前挡板

05 将电压表、电流表安装在前挡板上（见图 58.23）。

图58.23 将电压表、电流表安装在前挡板上

06 用 FeCl$_3$ 溶液在前挡板上面腐蚀电源 UPS 切换电路的 PCB 图（见图 58.24），焊接好元器件后如图 58.25 所示。

图58.24 腐蚀PCB

图58.25 焊接元器件

07 用电磨在前面板上开孔，开得圆孔后可用小锉刀在横竖方向上锉出一个方孔出来（见图 58.26）。

图58.26 在前面板上开一个方孔

08 在测试通过的主电路板后面加上铝散热板（见图 58.27）。

图58.27 加上铝散热板

09 将主电路板与电压表头组装成型（见图 58.28）。

图58.28 将主电路板与电压表头组装成型

10 用同样的方法，制作出后面板开关电路（见图 58.29），将该电路与保护板安装在电池上，用含纤维的 3M 专用胶带将其固定（见图 58.30），保证连接可靠。

图58.29 制作后面板开关电路

图58.30 将后面板开关电路和保护板安装在电池上

11 将上述部件都组装到铝合金外壳里，并连接好各回路导线（见图 58.31）。安装好的后面板插座（见图 58.32），从左向右依次是：左上为充电口，左下为均衡口，中间为 USB 接口，右边为 0.8 ~ 24V 可调电压输出接口。

图58.31 将部件组装到铝合金外壳里

图58.32 后面板插座

12 上电测试，液晶屏上面一行显示电池电压、充电电流，插入外部电源时显示外部输入电压，下面一行显示负载电压、负载电流，如图 58.33 所示。

图58.33 液晶屏上的显示

13 试着给手机充电，通常手机屏上可以显示充电的状态，说明已经开始在充电了（见图58.34）。此时，液晶屏上可以显示当时的外部充电电压和充电电流（见图 58.35）。

图58.34 充电

图58.35 液晶屏显示充电电压和电流

这个移动电源的制作，从选材到成品，耗时3周，笔者从中体验了许多DIY的乐趣，为了提高稳定性，我采用的元器件全是正品大厂元器件，目前使用情况良好。如有错误或改进之处，欢迎广大读者批评指正。

文：徐立宁

59 简单、实用的多路大屏幕抢答器

前段时间学校举办科普知识竞赛，一个年级有10个班级，每个班级派出一个竞赛小组，需要10路的抢答器，教务主任为了抢答器大伤脑筋。我正在上课，教务主任匆忙来找我，问我是否有办法。我想了一会说："可以，给我两样东西——钱和时间。"教务主任说："不差钱，可是时间比较紧，一定要在5天内搞定。"我心里暗喜，这回又可以大显身手了，其实制作过程2小时就够了，考虑到采购器件需要运输时间，5天时间也够了。现在我就给大家介绍如何制作。

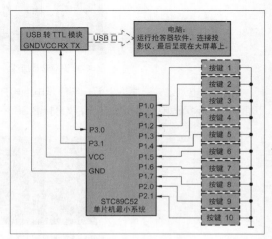

图59.1 多路抢答器的原理图

59.1 方案设计

多路抢答器的原理非常简单，是借助单片机与普通计算机进行串口通信来实现的，需要用VisualBasic 6.0编写上位机软件，最后的抢答结果通过计算机连接投影仪呈现在大屏幕上，效果非常好，就像电视上的知识竞赛一样。原理图如图59.1所示，需要准备的硬件见表59.1。

表59.1 硬件准备

名称	数量	单价
STC89C52单片机最小系统，见图59.2	1	11元
抢答器按键，见图59.3	10	1~20元（我选的是20元的）
USB转TTL模块（带杜邦线），见图59.4	1	10元
3.5mm单声道耳机插座，见图59.5	10	1元
7×9万用板（洞洞板），见图59.6	1	2元
2.54mm排针，见图59.7	1	0.5元
10mm铜柱	4	0.5元
合计：235.5元（这里面主要是抢答器按键贵，如果你买1元的按键，总共就只有45.5元）		

59.2 硬件连接

图59.2 STC89C52单片机最小系统

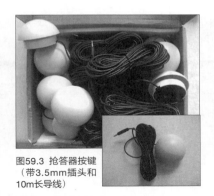

图59.3 抢答器按键（带3.5mm插头和10m长导线）

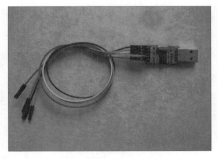

图59.4 USB转TTL模块

图59.5 3.5mm单声道耳机插座（正好匹配抢答器按键插头）

图59.6 7×9万用板（铜柱用来支撑、固定电路板）

图59.7 2.54mm排针

01 准备好硬件就可以连接了，参考原理图，先把 3.5mm 单声道耳机插座和单片机最小系统焊接在万用板上。

02 连接 USB 转 TTL 模块和抢答器按键，单片机最小系统的供电由 USB 转 TTL 模块提供，取自计算机 USB 口。

03 如果你喜欢，可以自己加一个外壳，这样能显得美观些，也防止落入灰尘。

59.3 软件设计

组装完毕后，就需要把单片机下位机程序（见图59.8）下载到单片机里，由于选择的是STC单片机，支持串口下载，所以通过USB转TTL模块就可以把程序下载到单片机最小系统。

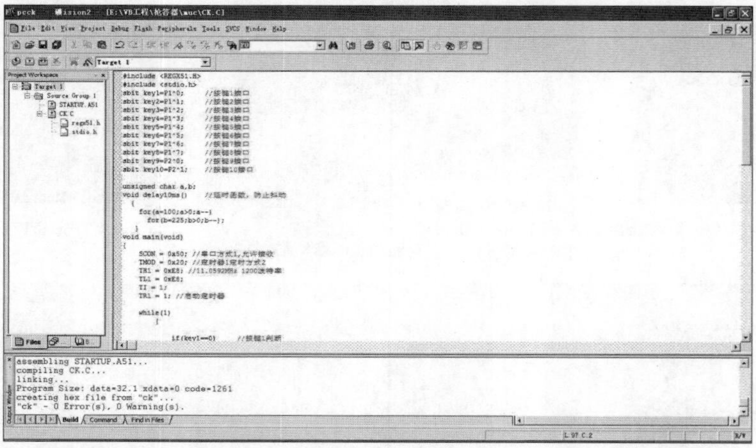

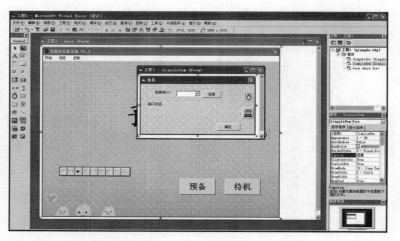

图59.8 部分代码界面

上位机（计算机）软件我用VisualBasic来编写（见图59.9），用MSComm控件来实现单片机与计算机串口的通信功能。在VisualBasic的常用控件里，是没有MSCOMM控件的，我们可以通过工程→部件→勾选Microsoft COM Control 6.0 来添加。由于篇幅限制，我在这里不能详细列出代码。

图59.9 用VisualBasic编写上位机软件

59.4 效果展示

将单片机下位机程序下载到单片机最小系统，插上USB转TLL模块，就可以运行上位机软件，最后通过计算机连接投影仪，投影在会场的大屏幕上，效果很好。

运行上位机软件之前需要先连接串口，插上USB转串口模块后需要在"计算机管理"到模块所分配的COM口（见图59.10），然后选择COM口再连接（见图59.11）。抢答器的具体使用效果如图59.12～图59.14所示。

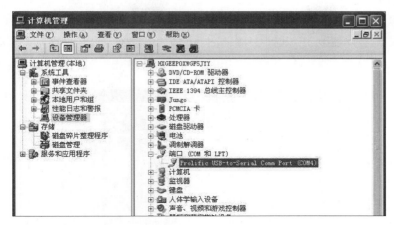

图59.10 查看串口

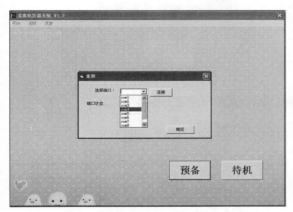

图59.11 启动软件后，需要先连接串口

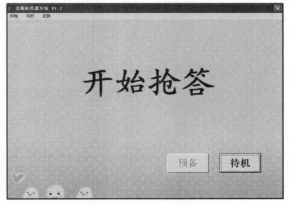

图59.12 上位机软件的开始界面

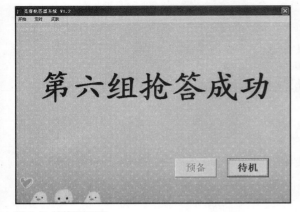

图59.13 抢答结果呈现

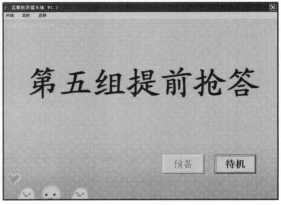

图59.14 提前抢答（被扣分）

59.5　总结

　　我制作的这个抢答器没有使用传统的纯电路设计，而是使用价格低廉的单片机和计算机软件呈现。最后我想说，大家如果感兴趣，可以多关注一下VisualBasic的MSComm控件，这个控件为普通的电子爱好者真正实现了计算机对外围硬件乃至家用电器的控制，在此基础上我又做了其他软件，道理相同，展示一下效果图（见图59.15和图59.16）。

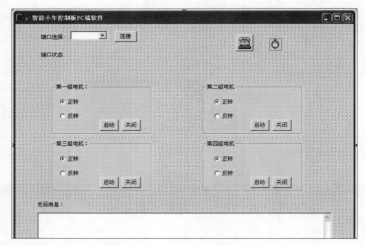

图59.15　智能小车控制软件

图59.16　传感器演示软件

　　有了这个MSComm控件，大家可以充分发挥想象力，在我提供的这个程序例子的基础上修改，就能通过串口或者蓝牙与单片机通信，操控继电器或者回传传感器数据，最终实现对家用电器的控制，让你进入物联网时代。

文：温正伟

60 定时摄影装置

60.1 缘由

有一个朋友问我可不可以帮他做一个尼康单反相机遥控快门，而且他提出了额外的设计要求，就是增加定时定量拍摄照片的功能，因为他是个园艺爱好者，希望拍摄植物生长过程的照片。根据他的要求，我设计了一个电路（见图60.1），可以设置要拍摄的张数和间隔的时间，使用4位的数码管进行显示，通过4个按键进行操作，并且有声音提示，有理光格式的红外遥控信号输出，还有继电器接口可以接入各式相机的快门线。

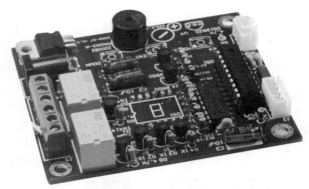

图60.1 定时摄影装置

60.2 原理

电路原理图如图60.2所示，主要使用了一片2051单片机进行控制，型号可以是AT89C2051或STC12C2051AD等，只要是51架构就可以。电源通过IN4007后进入LM7805被稳压成5V，为电路板提供5V电源。晶体使用12MHz的，能使程序更精确地定时。电路使用4位的共阳极7段式数码管，位控制分别连接在8550三极管上，段控制连接在4-10线译码器74HC42上，不仅可以节约I/O口，还起到缓冲的作用，保护单片机不受损坏。5V继电器和蜂鸣器都是使用8550三极管控制的。4个按键和数码管的位控制共用I/O口。

这次制作中的程序编制最大特点就是使用了时间触发的嵌入式系统，这种系统原理是把需要执行的任务按所需要的周期时间来调度执行。程序使用2051中的定时器来定时计算时标，本程序设定的时标是10ms，也就是每10ms检查一次是否有任务需要执行。有的任务到了设定时间需要执行则执行该任务，有的任务没有到定时时间则在任务的时标变量中减去一个值，直到到达任务执行时间为止。在笔者提供的源代码中已包含了一个完整的时间触发系统，只要增加修改其任务子程序，就可以方便制作自己所需要的时间触发嵌入式系统。如在主函数main中，我们编写以下一段代码：

SCH_Add_Task(Key_GetCode, 0, 7);

意思就是把扫描按键的子程序Key_GetCode( )加入到任务中，在间隔0个时标后执行，以后每

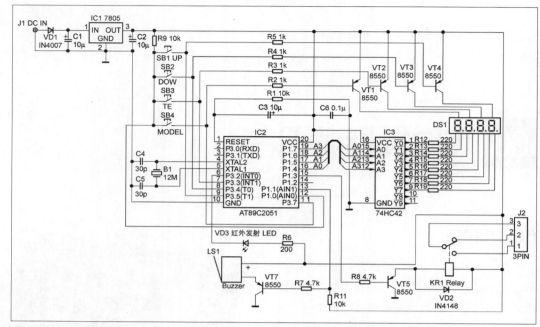

图60.2 电路原理图

图60.3 制作好的电路实物（正面）

图60.4 制作好的电路实物（背面）

隔7个时标（70ms）执行一次扫描按键子程序。

60.3 制作

　　此电路的制作并没有特殊要求，只需按电路图制作电路板，焊接好元器件，把固件程序烧录到2051中就可以了。我使用了以前制作温度控制器的PCB制作这个电路，制作完成的成品如图60.3和图60.4所示。

60.4 使用

　　这个电路的使用方法非常简单。开机默认的时间间隔是1min，拍摄张数是10张。电路启动后会显示0，这时可以按Enter键载入默认参数并运行，也可以按Model键进入设置。设置项有2项，分别为tset（时间间隔）和cset（拍摄张数），按Up和Down切换设置项，选择后按Enter进入设置，然后出现当前设置项的设置值。这时可以按Enter退回设置项选择或按Model退出设置模式，退出设置模式会马上加载设置好的参数并运行。

　　这个制作可以使用红外遥控信号输出（仅支持尼康的如下机型：D40、D40X、D50、D60、D70、D70s、

D80、D90、D5000、D3000、Coolpix 8400、8800、P6000）和使用继电器连接快门线。使用红外遥控信号输出时，只需要把红外发射二极管对着相机正面的接收窗口，然后把相机的快门控制方式拨到红外遥控模式，调整好焦距，就可以启动电路进行定时拍摄了。有一点需要注意的是，尼康的红外接收时间是可以设定的，超过设定时间仍没有信号被接收，则会自动返回标准快门控制方式。以尼康D70S为例，红外接收时间最长为15min，所以设置电路时间间隔时不可大于15min。图60.5所示为使用红外输出控制相机时的情景。

图60.5 采用红外输出控制拍摄的场景

使用快门线可以把拍摄的间隔时间设置到足够长，前提是要有一条合适你相机的快门线。以D70S为例，因其快门线的接口比较特殊，很难找到接头进行自制，不过在市场上有许多非原装的快门线，一条也就十几元，可以购买来用它作为连接线。图60.6所示为D70S的快门线，图60.7所示为其内部结构，图60.8所示为接头引脚定义。只要把A和GND短接，相机就会对焦，把A、B和GND短接就会释放快门。只要把A、B并联到继电器的常开触点，GND接到继电器的触点，就可以用电路控制相机了。实际使用发现，最好是用2个继电器，先短接A和GND，再短接A、B和GND（本文只提供1个继电器版本的程序）。

60.5　改进

此制作可以应用于一些特定的拍摄现场或特殊的设备控制。程序稍作修改就可以定时控制相机的B门曝光时间，实现精确时间控制的慢速摄影，也可以改作闪光灯控制等。该电路还可以直接作为周期性定时控制器使用。程序及电路的更新版本可在本书下载平台（见目录）下载，也欢迎读者朋友们提出更好的建议和意见。

图60.6 D70S的快门线

图60.7 快门线内部结构

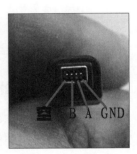

图60.8 快门线接头引脚定义

文：陈飞

61 GPS记录器

全球定位系统，小名GPS，大家一定不陌生，对于我们来说，它只有一个功能——定位，说白了，就是它能告诉我们现在所处的经纬度。

虽然功能简单，可由此衍生出来的应用可就不少了，比如车载导航仪，不光能告诉我们现在在哪，还能告诉我们怎么去想去的地方；又如某个车队要了解车辆的位置，那就给每个车子装个GPS和无线收发设备，实时了解车辆信息。

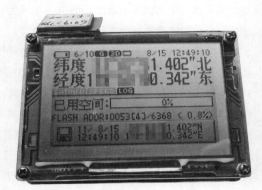

图61.1 GPS记录器的显示界面

除此之外，还有些另类的应用：比如 GPS授时，所谓授时，就是告诉我们现在几点钟了。虽然这有点大材小用的意思，不过这时间是相当准确的，可以精确到毫秒级，可以作为许多应用的标准时钟。再有就是今天我们要DIY的这个"GPS 记录器"（见图61.1）了，简单来说，就是把我们所经过的位置记录下来的装置。有人要问了，这有什么用呢？假如有驴友旅行过程中发现一段非常漂亮的路径，路上湖光山色，风景秀丽，他就可以利用这个装置将路径记录下来和朋友们分享；假如探险家外出探险，也可以利用这个装置将路径记录下来，探险结束后按原路安全返回。这，就是路径回溯功能。

接下来让我们了解一下必备的基础知识。

61.1　GPS原理简介

GPS应用已经非常普及，现在很多手机集成了GPS导航的功能，但是光有导航仪或者是GPS接收器是不行的，它还得有天上挂着的24颗卫星作为信号的来源。这24颗卫星就像草莓外面的籽一样均匀地分布在地球上空，基本上在全球任意地方都能接收到GPS卫星的信号。接收器根据卫星发送的含有报文的信号来计算处于哪个位置。除此之外，我们不能将卫星发射上去之后就不管了，所以，地球上还有地面中心对这些卫星进行监控和数据修正。所以，完整的GPS系统包括 GPS卫星、用户接收端、地面监控中心。

61.2　GPS接收端与通信协议

上面讲的GPS系统包含3部分，但是我们平时能接触到的只有接收端。别看现在市面上各种牌子的导航仪和接收器数不胜数，但上面用的GPS接收处理的芯片，全球就只有几家公司有能力设计。其中，SiRF的芯片占据了民用市场七八成的份额，而目前用得比较多的是2004年发布的SiRFstar III，也就是所谓的"第3代"芯片。

接下来就是让其他产品能"听懂"从GPS芯片发出的数据是什么意思了，这时就需要有个通信协议。目前大部分GPS模块采用的是NMEA0138协议。这个协议涵盖了许多方面，GPS只是用到其中的一部分。

61.3　NMEA协议简介

NMEA是由美国国家海洋电子协会（The National Marine Electronics Association）制定的一套通信协议，是目前GPS最常见的通信协议。

以笔者的这个GPS模块为例，它将接收到的GPS卫星信号解码之后，通过串口以NMEA格式输出，而用到的语句只有4个：$GPGGA、$GPGSA、$GPGSV、$GPRMC，其中美元符号（$）代表前缀，表示语句开始；GP代表对象，代表用在GPS上；后面的GGA、GSA、GSV、RMC等是语句类型；每条语句的各个数据字段用半角逗号（,）分开；结尾为*XX<CR><LF>，XX是整个语句的校验和，以检验收到的语句是否正确，<CR><LF>代表回车和换行，表示该条语句结束。

我们所要做的就是将其接收下来，解析出我们要的数据，再进行下一步的应用。

61.4　数据解析和保存

有了从模块那里收到的数据，接下来就是解析出里面有用的数据了。图61.2所示为简单的解析流程。

由于我们使用的是单片机，所以最简单的保存数据的方案便是使用SPI接口的Flash。另外由于NMEA语句为了便于传输，采用字符形式，所以"身材"比较大，基本上每次的数据量在 300～500字节，Flash容量有限，不能将原始的 NMEA 语句直接保存，所以我自己定义了一个存储格式，将其中有用的数据摘出来以二进制的格式保存，这样每次的数据顺利地缩小了。在实际应用中，每个点的数据只需要32字节。

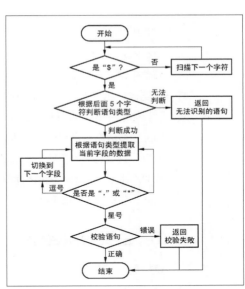

图61.2 解析流程

61.5　如何浏览路径

说到这里，就必须请出神器——Google Earth了。这是谷歌出的一款可以看卫星图的软件，可惜的是目前的6.0版还不能直接支持NMEA协议。不过Google Earth支持另外一种语言，那就是KML。其全称是Keyhole Markup Language，基于XML，同样，它包含了很多复杂和高级的内容，在此不再赘述，我们只需要用到其中一部分——在Google Earth 中画路径。

下面是一个最简单的KML示例：

```
<?xml version="1.0" encoding="UTF-8"?>
<kml xmlns="http://谷歌地球网址/kml/2.2">
<Document>
<name>Path from GPS Logger V2</name>
<Placemark>
<name>Path Name</name>
<Style>
<LineStyle>
<color>ff00ffff</color>
<width>5</width>
</LineStyle>
</Style>
<LineString>
<coordinates> </coordinates>
</LineString>
</Placemark>
</Document>
</kml>
```

这个KML文件被Google Earth读取后会生成：

简单来说，它告诉Google Earth，生成一个文档，名字为Path from GPS Logger V2，其中有一个路径，名字叫Path Name，路径的是"连线"的模式，颜色为黄色（ff00ffff），线宽5像素，而具体经纬度信息则包含在<coordinates></coordinates>标签中，继而Google Earth会根据其中的经纬度信息绘制出一条折线。

所以，只要将之前保存的每个点的数据，依次填充到<coordinates></coordinates>标签中，则生成的KML被Google Earth读取之后显示的就是我们记录的路径。

至此，我们自制记录器所需要了解的背景都全部知道了，接下来便是制作的过程了。

61.6 主要功能目标

直接显示当前日期和时间、经纬度、海拔、速度、方向等信息，显示卫星信号强度、卫星数目、分布情况等。

将位置信息记录到存储器中，并显示当前空间使用情况。板载的Flash可用保存50994个记录点，按每秒一次计，可连续记录14小时。当空间满了之后，可以将数据转存至TF卡之后重新记录。可实时浏览存储器中的数据，也可将存储器中的记录导出，或者转换成 Google Earth可以识别的 KML格式。

61.7 GPS记录器的设计

GPS记录器的模块框图如图61.3所示。数据通信方面，GPS模块通过串口与MCU通信，TF卡和

SPI Flash则分别挂载在两个硬件SPI上，LCD通过并行方式与MCU连接。供电方面，整个GPS记录器采用锂电池（自带过充过放保护电路）供电，由于GPS内置了LDO（低压差线性稳压器），所以直接与电池连接；另外一路则经3.3V LDO输出给MCU、LCD、Flash和TF卡供电；同时，用STM32自带的ADC模数转换测出锂电池的电压，以此估算剩余电池电量。图61.4为根据框图设计出的电路原理图。

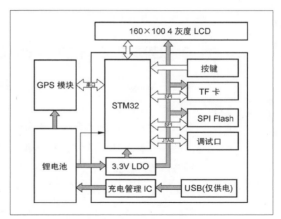

图61.3 GPS记录器的模块框图

61.8 绘制PCB

我根据液晶显示屏的尺寸，确定了主控板的大小。

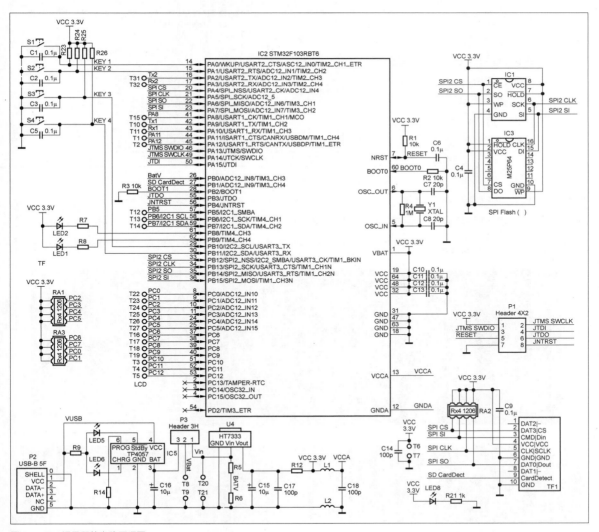

图61.4 GPS记录器的电路原理图

元器件不多，所以PCB尺寸只有显示屏的1/2左右。制作完成的PCB图与实物如图61.5所示。

61.9 焊接元器件和PCB调试

笔者的习惯是焊接完一部分立刻检测该部分是否能正常工作，这样可以尽早发现问题并快速判断出问题源。

在焊接之前，目测一下板子是否有断路或短路的情况，然后用万用表测量电源正负极之间是否短路。制作所需原材料和元器件如表61.1所示。

首先焊接电源部分，将USB座、LDO稳压管和充电芯片及阻容元件焊上，然后供电，测量输出是否为3.3V，有条件的话，还可以接在示波器上看看输出的电压是否纯净。

在LDO输出和整版的供电之间，笔者增加了一个0Ω的电阻，这个电阻可作为跳线使用，断开后可以检测芯片部分是否有短路等情况，调试完成后可直接短接导通。

电源部分完成后，接下来焊接单片机和外围的晶体振荡器、复位电路，组成最小系统。要判断单片机是否能运行起来，可以将板上的两个LED也装上，然后编写一个测试程

表61.1 制作所需原材料和元器件

主要元件	数量	简介
STM32F 103RBT6	1	ST产STM32系列，基于ARM Cortex-M3内核，128KB Flash，16KB RAM
晶体振荡器	1	8MHz
GPS接收模块	1	C3-370C，采用SiRFstar III代芯片，串口输出NMEA协议数据
SPI Flash	1	Winbond产的 WX25Q16，容量2MB
TF卡及卡座	1	
LCD	1	分辨率160像素×100像素，4灰度，驱动IC为EPSON S1D15E06
电池	1	3.7V锂电池（带过充过放保护电路）
HT7333	1	3.3V LDO（低压差线性稳压器）
TP4057	1	锂电池充电管理IC

另外还留出了一个I²C和串口，方便以后扩展。

边上两个螺丝孔位和面板上的对应，用来固定主控板。

TF卡采用插拔式，所以放在了左侧，旁边设置两个LED指示灯，指示TF卡读写的状态。

靠近螺丝孔的一边空间较大，所以安排了4个按键。

右侧放置了电源开关盒、USB座、充电IC与指示灯，这样整个PCB的右边是电源部分。

上方一排圆形焊点就是 LCD 数据口。这样装配时距离 LCD 模块的数据线较近。

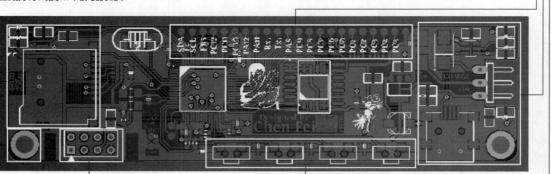

图61.5 制作完成的PCB图与实物

序，循环点亮和熄灭，如果成功，则表明单片机基本正常。

最后焊接Flash芯片、TF卡座、按键等。

至此，原来的空PCB已经比较像一块电路板了，如图61.6所示。

一般来说，使用陶瓷天线的GPS模块需要尽量使天线面向天空，这样才能尽可能地接收信号，所以我安装GPS模块的时候设计了一个支架，使得模块天线与接收器成45°角，平时手持的时候刚好面向天空，即使平放或立着放也能部分面向天空，如图61.7所示。另外，还为模块换了一个备用电池。

全部元件组装完成后的样子如图61.8所示。装上电池和后盖，如图61.9所示，硬件装配至此就完成了。

图61.6 焊接完元器件的PCB

图61.7 GPS模块通过支架来安装，电池也加以更换

图61.8 全部元器件组装完毕的样子

图61.9 装上电池和后盖

61.10 软件设计思路与调试

由于GPS记录器功能简单，软件不需要复杂的结构，流程如图61.10所示。开机初始化完成后，系统便进入无限主循环中，循环检查GPS是否接收完毕，是否有按键被按下。

GPS接收和解析使用了中断，当接收完成后，设置标志位，主循环检测到数据接收完成，便将数据显示在LCD上，如果设置需要记录，则再记录到SPI Flash中。

如果"菜单"按键被按下，则转到菜单函数；如果"显示模式"按键被按下，则切换显示模式；如果"记录"按键被按下，则切换是否记录到SPI Flash中。

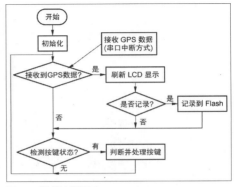

图61.10 软件流程框图

61.11　操作方式和界面

记录器上部有4个按钮，用途分别为 "菜单/退出" "上一个/显示模式" "下一个/记录模式" "确定"。

常规显示时屏幕分为3个区域，顶部显示电池电量、卫星信息、时间等，中间用大字体显示当前经纬度，下半屏则根据显示模式分别显示卫星信息、速度航向和记录信息3种模式。按 "显示模式" 按键可以在3种模式中循环切换，如图61.11所示。

按 "记录模式" 键可以切换记录开始和停止模式。按 "菜单" 键可进入功能菜单。选择 "菜单→转储→TF卡（KML）" 可将存储器中的数据以KML文件的格式转存到TF卡中，如图61.12所示。选择 "菜单→转储→TF卡（转储）" 可将存储器中的数据以原始二进制格式存到TF卡中。

转储之后，在TF卡的GPS目录中就会有已经生成好的KML文件，如果装了 Google Earth，就会出现如图61.13所示的图标。

图61.11 显示屏下半部具备3种显示模式

图61.12 将数据存储到TF卡中

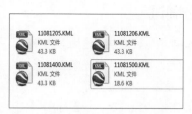

图61.13 存储在TF卡中的KML文件

直接双击之后会自动打开 Google Earth，黄色的连线就是我们记录下的路径。

选择 "菜单→浏览记录" 可以实时浏览存储器中记录的路径和记录点的信息，并能直观地了解存储器空间使用情况，如图61.14所示。选择 "菜单→擦除空间"，可将数据擦除，继续记录，如图61.15所示。

  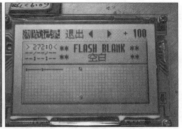

存储位置

路径开始

当前位置

板载Flash空间使用情况

图61.14 实时浏览存储器中记录的路径和记录点的信息

图61.15 擦除记录

61.12 后记

其实市场上早已有产品化的GPS记录器，而且成本更低、功能更强，但是DIY的乐趣在于更深地了解其中的原理，以及发挥自己的想象力，根据自己的需要定制。比如，还是这套硬件，通过修改软件，还能实现GPS测面积的功能。

62 GPS卫星定位仪

GPS全球卫星定位系统从根本上解决了人类在地球上的导航和定位问题，在诸多领域得到了广泛的应用，给导航和定位技术带来了巨大的变化。

GPS系统由控制部分、空间部分和用户端组成。空间部分和控制部分由美国维护，主要保证卫星正常工作及其发送的信号准确无误。用户端即为大家平常用的GPS接收机，目前有多家公司的多种款式接收机，基本操作都是接收卫星信号并计算接收机所在位置。

在空间部分，美国布置了24颗Block II工作卫星，卫星轨道距地面20200km，轨道面与地球赤道面的夹角为55°，轨道面之间在赤道面投影的夹角为60°。每个轨道面布置4颗卫星，所以总卫星数是6个轨道面乘以4，共24颗。每颗卫星每11h 58min 绕地球一周。由21颗正式的工作卫星加3颗活动的备用卫星组成的系统，保证在每天24小时的任何时刻，在高度角15°以上，都能够同时观测到4颗以上卫星。

62.1 GPS工作原理

根据数学定律，只要知道卫星在空中的位置及卫星到接收机的距离，那么在同一时间，如果有3颗卫星和3个距离，就可以计算出接收机的位置。理论上只要有3颗卫星就能定位接收机的坐标了，但实际上，卫星和接收机分别有自己的时钟，这两个时钟是不同步的，而接收机测量距离的原理，是计算卫星信号的传播时延，所以需要另外一个观测量（第4颗卫星），来估算卫星和接收机之间的时钟差。

也就是说，通过计算卫星发出一帧信息的时间，与接收机接收到这一帧的时间之差，乘以光速，就得到卫星与接收机之间的距离。由4个观测量、4个卫星的位置，通过解一个4元的非线性方程，就能算出接收机的位置。

GPS定位精度主要由接收机的观测量和卫星共同决定。观测量的质量主要由以下因素决定：卫星轨道和时钟误差（1~3m）、电离层误差（1~30m）、对流层误差（0.6m）、CA码噪声

语句格式	$GPGGA	<1>	<2>	<3>	<4>	<5>	<6>
例子	$GPGGA	055148	2407.8945	N	12041.7649	E	1
分析	GPS定位信息	世界标准时：05时51分48秒	纬度：24度07.8945分	北半球（S指南半球）	经度：120度41.7649分	东半球（W指西半球）	GPS等级。0：表示资料可用，1：非GPS定位资料，2：GPS定位资料

（0.6m）、多径（接收的路径）。

通常GPS定位的垂直精度没有水平精度高，由于卫星散布在接收机周围，所以得到的水平精度就比较好。而对于高度，因为我们只能接收到头顶的卫星信号，而地球背面的卫星信号都被阻挡了，因此只有一面的卫星信号，所以垂直方向上的不确定度就比水平方向大。例如，在市区，由于高楼大厦林立，GPS定位精度较差，误差可达上百米。

62.2 GPS使用的NMEA数据格式码介绍

GPS传送的是美国国家海洋电子协会（NMEA）制定的航海电子仪器间的通信标准码（NMEA格式码），它包括了数据的格式及传输数据的通信协议。

NMEA规格有0180、0182、0183这3种，NMEA-0183是在0180及0182的基础上增加了GPS接收器输出的内容而完成的。在电子传输的实体界面上，NMEA-0183包括了NMEA-0180及NMEA-0182所定的RS-232界面格式，又增加了EIA-422工业标准界面；在传输的数据内容方面，也比NMEA-0180及NMEA-0182多。目前广泛使用的NMEA-0183的版本为2.01。

NMEA格式所传输的数据为美国国家标准信息交换码（ASCII码），以句子的方式传输数据，每一个句子的长度不一定，最长可达82个字符。

每一个句子的第一个字符以"$"为起始位置，句中的字段以逗号分开，以转义字符CR、LF（十六进制13H、10H）为终止符。

第二、三个字符为传输设备的标识符，如"GP"为GPS的接收仪，"LC"为Loran-C接收仪，"OM"为Omega Navigation接收仪。

第四、五、六个字符为传输句子的名称，如"RMC"为GPS建议的最小传输数据，"GGA"为GPS固定数据。

这些卫星上传来的数据包含如下内容：经度、纬度、定位完成代号、采用有效的卫星颗数、所用的卫星编号、仰角、方向角、接收信号强度、卫星方位角、高度、相对位移速度、相对位移方向角度、日期、UTC时间、DOP误差参考值、卫星状态及接收状态等。

NMEA-0183输出的主要语句有：

GPGGA GPS定位信息

GPGLL 基本地理位置（经度及纬度）

GPGSA 当前卫星信息

GPGSV 可见卫星信息

GPRMC 推荐定位信息

GPVTG 地面速度信息

下面以GPGGA语句为例进行分析。

<7>	<8>	<9>	M	<10>	M	<11>	<12>	*hh	<CR><LF>
00	1.0	155.2	M	16.6	M	X.X	xxxx	*47	
所使用的卫星数	平面精度指标(HDOP)	平均海平面高度	单位米	大地起伏值	单位米	差分GPS数据期	基站站号0000-1023	校验位	

62.3　电路设计

GPS卫星定位仪的系统构成如图62.1所示，由单片机控制器、按键输入、128像素×64像素液晶显示屏及电源等组成，具体电路图如图62.2所示，实际制作的实验样机如图62.3所示。

GPS接收模块选用韩国Jom公司的C3-470C，也可用美国GARMIN公司的 25LP。C3-

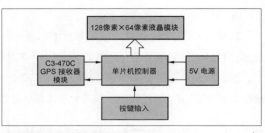

图62.1 GPS接收器的系统构成

470C的外形如图62.4所示，反面还含有内置天线，在实际使用中灵敏度较高，不用外置天线也能得到满意的接收效果。C3-470C使用的芯片组为SIRF III，接口定义如图62.5所示。

单片机选择Atmel公司的通用廉价型号AT89S52。C3-470C GPS模块接收的卫星NMEA格式码信号通过串口送入单片机进行解码，并将接收结果显示于128像素×64像素液晶屏上。128像素×64像素液晶屏可以显示中文、英文或ASCII码，用它显示收到的卫星信号比较合适。

由于显示的内容较多，因此需要使液晶屏翻页显示（共两个页面），这里设计了一个按键SB1，可控制液晶翻页，以显示较多的内容。

GPS卫星定位仪的实验样机使用外置5V稳压电源供电，如果读者要移动使用，可以使用锂电池供电，但应该使用电源管理芯片，以延长电池使用寿命。

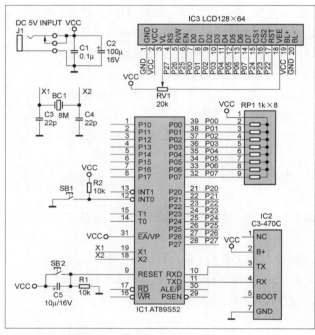

图62.2 多用途GPS接收器电路原理图

62.4　软件设计

程序采用结构化模块方式设计，主要分主控程序文件、液晶屏驱动程序文件和头文件三大部分，便于整个程序的装配。主控程序文件中包含了对卫星NMEA格式码信号的解码。限于篇幅，这里不进行介绍，完整程序可在本书下载平台（见目录）下载。

图62.3 实验样机

图62.4 C3-470C模块

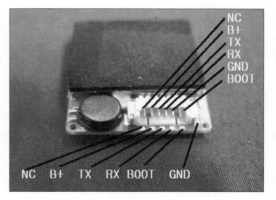

图62.5 C3-470C的接口定义

62.5 应用

制作完成后，经检查无误后方可通电。 一开始GPS属于冷启动，可能需要较长的时间搜索卫星。如果发现GPS的搜星与定位时快时慢，这是源于GPS启动方式的不同，GPS模块的启动有冷启动、热启动与暖启动之分。

一切无误后，通常几十秒后就能收到卫星的定位信号，这样就可以实际应用了。收到的卫星定位信息如图62.6所示，按一下按键SB1可以切换显示的页面。

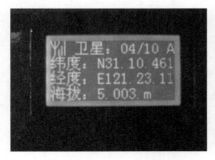

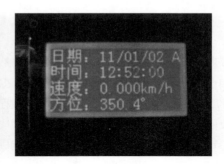

图62.6 收到的卫星定位信息（页面1、页面2）

63 快递追踪器

如今，快递已经融入了人们的生活，收快递有时候也变成了没空的托词。国内快递品牌繁多，服务水平参差不齐，在给我们消费者带来更低廉价格的同时，也带来了不少的烦恼。快件丢失、损坏变得司空见惯，每次买东西都会习惯性地提醒店家"麻烦包装好"。

每次拿到快递，看到变形的包装，我总会想象它到底经受了怎样了蹂躏。那我们就把自己"打包"起来，作一回快递，感受一下快递一路经受的"风风雨雨"吧！

由于我们人太大，还不经摔，所以打包的当然不是我们自己。我设计了一个快递追踪器，包含GPS模块、加速度模块等，对快递的路线以及快递运送过程中的磕磕碰碰进行记录。这个追踪器由GPS接收模块、Flash芯片、加速度模块、51开发板以及电池盒组成，如图63.1所示。下面我们仔细了解一下这个追踪器。

63.1 各模块介绍

63.1.1 GPS接收模块

这里使用的是一块旧的GPS接收模块，如图63.2所示，市场价在30元左右，用于接收GPS数据。接收模块原本使用的是RJ-11水晶头，为了方便和开发板上的标准9针串口连接，我自己制作了一个接头。焊接好后，把插头放进两个饮料瓶盖（经过美工刀处理后）里，并挤入热熔胶进行填充。由于9针串口没有VCC，所以模块供电就通过外接的一根面包板线完成。完工后的自制插头如图63.3所示。

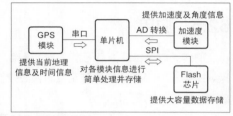

图63.1 快递追踪器

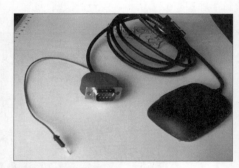

图63.2 GPS接收模块

图63.3 自制串口插头

GPS数据中包含经度、纬度、时间信息以及GPS卫星的有关信息。其中推荐定位信息（GPRMC）的格式如下：

$GPRMC,<1>,<2>,<3>,<4>,<5>,<6>,<7>,<8>,<9>,<10>,<11>,<12>*hh

<1> UTC时间,hhmmss(时分秒)格式。

<2> 定位状态,A=有效定位,V=无效定位。

<3> 纬度ddmm.mmmm(度分)格式(前面的0也将被传输)。

<4> 纬度半球,N=北半球,S=南半球。

<5> 经度dddmm.mmmm(度分)格式(前面的0也将被传输)。

<6> 经度半球,E=东经,W=西经。

<7> 地面速率(000.0~999.9节,前面的0也将被传输)。

<8> 地面航向(000.0°~359.9°,以正北为参考基准,前面的0也将被传输)。

<9> UTC日期,ddmmyy(日月年)格式。

<10>磁偏角(000.0°~180.0°,前面的0也将被传输)。

<11>磁偏角方向,E=东,W=西。

<12>模式指示(仅NMEA0183 3.00版本输出,A=自主定位,D=差分,E=估算,N=数据无效)。

例如 "$GPRMC,024519.214,A,3315.7712,N,11954.9589,E,0.00,,240812,,*1E" 对应翻译后可以得出当前定位信息为北纬33° 15.7712′ 、东经119° 54.9589′ （不知道是不是谷歌地图的误差，这个坐标离我家实际位置有500m左右的误差），日期为2012年8月24日。

另外，从其他语句中可看出当前可视卫星数为7颗，其微信号分别为03、87、277、29、19、55、206，可见当前信号还是不错的。想了解更多关于GPS数据的内容请自行查找，这里不多介绍。

63.1.2 加速度模块

MMA7361是一款低成本微型电容式加速度传感器，可用于测量加速度及角度，如图63.4和图63.5所示。借助这一模块，我可以对快件在运送过程中所受的碰撞以及摆放姿态进行记录。

图63.4 MMA7361模块

图63.5 转接板（左）及加速度模块（右）

通过单片机AD转换，量化x、y、z三轴电压并进行计算，便可获得加速度以及角度信息。另外，由于这一模块的量程较为有限，从1m高跌落产生的加速度就会超出量程，我们记录超出量程的次数，也就可以计数快件运送过程中发生较大碰撞的次数。

图63.6 焊接在转接板上的W25Q32

图63.7 XQ_L2A 51单片机开发板

图63.8 转接板（正面、ARES图纸）

63.1.3 Flash芯片

W25Q32为华邦（Winband）开发的一款基于SPI的闪存芯片，如图63.6所示。我使用的单片机为STC12C5A60S2，不支持SPI接口，需要通过I/O口模拟SPI进行数据读写。另外W25Q32的工作电压为2.7～3.6V，单片机使用5V供电，要注意电压的不同。我通过加速度模块上自带的5V转3.3V电路为W25Q32芯片供电。W25Q32的其他引脚可与单片机直接连接，数据读写不会受电压的影响。具体引脚定义及读写时序请参考相关数据手册。

63.1.4 51单片机开发板

XQ_L2A 51是一款很常见的51单片机开发板，如图63.7所示，价格也很低廉。我使用板载的12864液晶屏插口作为模块接口，连接单片机4个P1引脚，正好用于加速度模块的AD转换。其他引脚连接P0口，用于模拟Flash芯片的SPI接口。

63.1.5 自制连接板

为了方便连接，我专门设计制作了一块连接板，如图63.8所示。其正面是加速度模块的连接座，背面为W25Q32贴片位置。

63.2 模块装箱

开发板、电池盒、GPS接收模块都通过双面胶粘贴在包装内，固定后包裹上保护膜，如图63.9所示。包装内还放有污损比对卡以及一张记录卡，用于记录快件的一些信息，如图63.10所示。外包装上贴有3个测试标签，用于检查外观污损情况，如图63.11所示。

图63.9 开发板、电池盒、GPS接收模块都通过双面胶粘贴在包装内

图63.10 包装内还放有污损比对卡以及一张记录卡

图63.11 包装外部

63.3 数据提取与处理

63.3.1 数据提取

由于开发板只有一个串口，所以提取数据时必须拔去GPS模块，接上USB转串口模块。为了区分数据提取和数据采集这两种工作模式，我们在编写程序时定义了一个按键用于区分这两个模式。单片机上电时，会自动检测这个按键是否被按下，如果被按下，则打开串口等待数据读取指令。如果未被按下，则进入数据采集模式。

进入读取模式后，将模块连接计算机，打开串口助手，设置波特率后，发送"#READ"指令，单片机会自动从头读取Flsah芯片中的数据，并通过串口发送给计算机，如图63.12所示。另外我们在程序中写入了"#CLEARALL"指令用于芯片清空。

图63.12 计算机通过串口收到的数据

63.3.2 数据处理

串口所收到的原始数据是单片机将各模块所收到的信息进行简单处理后存储到Flash芯片中的数据。格式定义如下：

```
#*GPRMC,024518.214,A,3315.7653,N,11954.9529,E,240812*10,0,1*10&

#:开始标记

*:段落标签

GPRMC:GPS数据标签

024518.214:时间,2点45分18.214秒(UTC时间)

A:定位标记,A=有效定位,V=无效定位

3315.7653:33°15.7653'

N:北半球

11954.9529:119°54.9529'

E:东半球

240812:2012年8月24日

10:x轴瞬时读数

0:y轴瞬时读数

1:z轴瞬时读数

10:加速度取模值

&:结束标记
```

63.4 后期处理

我总共选取了5家快递公司往返苏州与盐城之间寄送这个快递追踪器。通过保存在Flash芯片中

的数据，我对快递在运送过程中经历的"坎坷"有了一些了解。表63.1是我整理后的结果，大家可以看看价格和服务是否匹配。（由于我进行实验的次数较少，不具有普遍性，所以未公布快递公司的具体名称，请谅解。）

表63.1　测试结果

	项目	品牌一	品牌二	品牌三	品牌四	品牌五
盐城往苏州方向寄送	是否称重	否	否	否	否	否
	快递费用（元）	10	7	20	6	15
	取件员着装	不取件	不取件	其他	不取件	不取件
	取件员是否礼貌	礼貌	一般	一般	一般	一般
	有无塑料袋包装	无	无	无	无	有
	派件员着装	其他	其他	其他	其他	其他
	派件员是否礼貌	一般	一般	礼貌	一般	一般
	污损标签上面	0	0	0	1	1
	污损标签侧面	0	0	0	1	0
	污损标签下面	1	0	1	3	0
	包装变形	轻微	轻微	无变形	轻微	轻微
	有无提前打开	无	无	无	无	无
	用时	10h32min	11h02min	10h23min	26h54min	18h10min
	超量程记录（次）	139	76	49	196	81
苏州往盐城方向寄送	是否称重	否	否	是	否	否
	快递费用（元）	10	7	20	6	15
	取件员着装	工作服	工作服	工作服	不取件	其他
	取件员是否礼貌	礼貌	一般	礼貌	一般	礼貌
	派件员着装	工作服	工作服	其他	工作服	其他
	派件员是否礼貌	礼貌	礼貌	礼貌	一般	一般
	有无塑料袋包装	无	无	有	无	有
	污损标签上面	0	1	0	1	0
	污损标签侧面	0	2	0	0	0
	污损标签下面	0	0	0	0	0
	包装变形	轻微	轻微	轻微	轻微	轻微
	有无提前打开	无	无	无	无	无
	用时	12h02min	10h49min	19h44min	25h35min	18h12min
	超量程记录（次）	87	数据丢失	60	102	36

注：（1）取件员着装一栏标为"不取件"是由于不上门取件所以无法填写。
　　（2）超量程记录是指加速度模块超出量程的次数，即有较大碰撞的次数。数据丢失是由于设备损坏而引起数据丢失。
　　（3）污损标签是贴在包装上的白色贴纸，用于衡量外包装污染情况。数字是与标准色卡比对的结果。
　　（4）GPS模块在室内和车厢内都无法定位，收集到的数据大部分是在中转站的数据。但是由于无相关测绘软件，所以数据无太大实用价值，因而没有公布。
　　（5）结果存在偶然性，请勿对号入座。

文：宋彦涛

64 低成本快速心率测试仪

心率是人体的一个重要指标，人在安静或睡眠时心率减慢，运动时或情绪激动时心率加快。制作一个心率计，实时知道自己的心率，不仅是一件好玩儿的事，还可以对自己和家人的身体状况作一个了解。想不想跟我一起做一个超低成本却可以快速测试心率的装置？通过这个制作，你收获的不只是心率计，还有动手能力的提升以及周围人好奇和羡慕的目光。

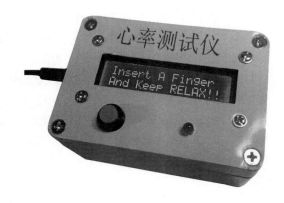

检测心率的方法主要有两大类。第一类是心动电流测量法。人体每次心跳都会产生心动电流，通过在身体固定部位放置电极可以捕获这个信号，其原理和心电图测量原理一致，所以这种方法的精确度最高，但是要想捕获并处理这种生物电流是稍微困难的，而且每次测量都需要粘贴电极，不太适合低成本自制。那有没有一种既简单又可靠的测量方式呢？

当然有啦，第二类测量方式就是光电透射测量法。顾名思义，这种方法是通过光线来测量的。它利用血管内血液血红蛋白吸光度的变化来测量脉搏，换言之，当心脏搏动后，你的手指会充血，这会导致手指的透光性变差。将红外线发射管和接收管分别放置在手指两侧，使其感知这微弱的光线变化，即可测量心率。这种方法的优点是测量简单，无须粘贴电极，而且不需要高昂的制作费用，原理易懂。但是在接受测量的时候，必须要在安静的环境下进行。如果手指有轻微的摆动，会直接对光线造成影响，引起错误计数。不过我在这个制作项目的程序里做了相应的改进，可以在一定范围内控制这种误判。

这款心率计所有的元器件都容易购得，且价格低廉（见图64.1），整体成本完全可以控制在30元以内，可实现实时读取心率的作用。它采用现在最普遍的51单片机，程序通俗易懂。对于以前从来没有接触过运算放大器的朋友，这个制作可以让你初步领略到运算放大器的用武之地，将课本上生硬的知识应用到实际中来。

64.1 硬件原理

我们来看看图64.2所示的电路原理图。你会发现元器件并不多。的确如此，随着半导体技术的发展，电路装置越来越小型化，功耗也更低。运算放大器（简称"运放"）是具有代表性的元器件之一。它是具有很高放大倍数的电路单元，集成在芯片上，由于早期应用于模拟计算机中，用以实现数学运算，故得名"运算放大器"。正是由于这种元器件的诞生，电路简洁化成为可能。

这款制作我们使用的运放型号为LM324（见图64.3），由结构图可知，一个芯片集成了4个相互独立且相同的运放，你可以根据布线需要合理安排。红外接收管接收到杂乱的信号，经过C3进行预处理，抑制掉一部分杂波（高频交流信号可以很容易通过电容而导入GND）。经过C4耦合，抛去了信号中的直流分量，仅保留交流分量。现在我们来逐一分析电路图中4个运放的作用。

IC2A是一个电压跟随电路，它将运放的输出端与反相端相连，使输出端的信号直接反馈回反相端，导致最终该运放的输出端的电压只受同相端的控制，且输出电压与同相端相同。由R10和R11相同可知，输出电压为4.5V。也许有人会问，既然电压相同，何必这么麻烦地连接一个运放？那是因为运放的输出电阻较低，有一定的电流驱动能力，使电压不易随电流的改变而变化。这个电压的作用是把C1输出的信号平衡在4.5V上下，同时再提供到反相端，反相端与同相端进行差模放大，使信号更加可靠。IC2B是整个电路最重要的部分，它肩负的任务是滤除高频杂波，放大低频信号。

图64.1 实物图

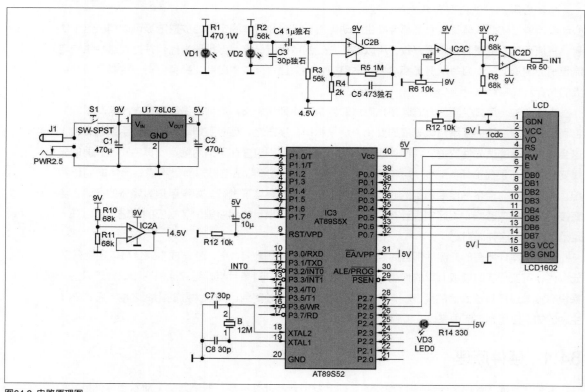

图64.2 电路原理图

将示波器的表笔接到该运放的同相端，波形如图64.4所示。实际应用中杂波很多，脉搏容易被掩盖在其中。再将表笔接到运放输出端，波形如图64.5所示，高频杂波被完全抑制，经过R4和R5的反馈作用，脉搏信号被放大了500倍，达到2V左右，是不是很神奇？IC2C的重要性仅次于IC2B，该运放肩负着电压比较的作用。因为该运放没有反馈电路，所以当同相端电压大于反相端时，输出端将输出电源电压（9V）；当同相端电压小于反相端，输出端会输出0V。整个电路调试的重点就是这里，通过调节R6，改变反相端的电压，将图64.5的波形调整成方波，输出如图64.6（黄色线为输入，蓝色线为输出）所示的波形。IC2D的作用就简单了，它只是将上一级的方波进行反相处理，因为单片机中断的方式为下降沿，需要在心脏起搏瞬间接收一个下降沿来计数（IC2D也可以省略，将IC2C的两个输入端反接即可）。

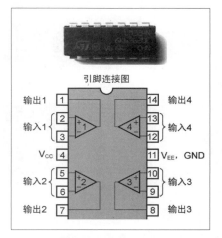

图64.3 LM324运算放大器

单片机的作用是用来测量脉搏的间隔，以计算出每分钟的心跳次数，这个制作用1602液晶屏作为显示器，你也可以改改程序，用三位数码管来显示。

64.2 程序流程及算法

上电后，显示LOGO（在程序里你可以随便改），然后显示操作提示。单片机定时器中断用来标定时间，心跳脉冲引发外部中断。在外部中断子程序里，会计算每两次外部中断的时间间隔，用1min除以这个时间间隔得到心率。另外，为了抑制手指颤动带来的错误计算结果，程序判断计算结果如果大于190，会抛弃这个数据，并用上一次结果代替。为使读数更加平稳，每次显示的数据为前4次心率的平均值。如果系统10s后没有接收到脉冲，会显示操作提示，直至接收到脉冲为止。我已将程序进行详细标注，欢迎读者下载后进行改进和学习参考。

64.3 电路调试与制作

建议不要直接往电路板上焊接元器件，有条件的话，最好在面包板上先搭建一下电路，因为模拟电路十分敏感，图纸上的元器件参数不一定适合你的制作，比如红外对管之间的距离或性能不同，所选用的电阻R4就要相应调整。提前搭建一下电路有利于确定更合理的元器件参数。同时，你最好准备一台示波器，模拟电路的调试毕竟不同于数字电路，信号的每一次变化代表的意义都很重要。没有示波器，调试电路就好比蒙上眼睛摸墙，当然，如果你制作得足够顺利，可能一次就成功而不需要示波器了。

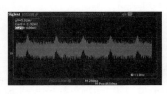

图64.4 波形1

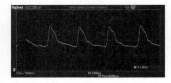

图64.5 波形2

首先，检测IC2A的输出电压，若电压不是约为电源电压一半的话，请仔细检查这个部分有没有接错，R10和R11是否连接正确。接下来检测IC2B，将示波器探头连接到IC2B输出端，然后将任意一根手指放在对管之间，波形应接近图64.5所示，输出端维持在9V，说明反馈电路有问题，导致放大倍数过高，仔细检查R3、R4、R5。若波形杂波严重，检查C5。因为不同

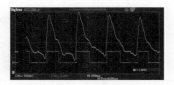

图64.6 波形3

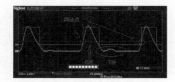

图64.7 波形4

图64.8 制作完成的电路

图64.9 侧视图

图64.10 显示情况

图64.11 实际测试效果

人制作时对管的距离不同，对管参数也有差异，所以信号电压会不同。用示波器检测信号，如果波峰电压值太低的话（建议波峰接近2V），需要适当降低R4的阻值来提高信号放大倍数。这一环节成功后，将示波器的另一路表笔接到IC2C的输出端，同时检测两路波形，适当调整两个波形的纵轴位置，使其相交（见图64.6），两波形交点代表阈值点，通过调节R6改变阈值点的高低，使这个阈值点定位在R波波峰以下和T波波峰以上的区间内（如图64.7所示）。

再测试一下IC2D输出端，如果在心脏博动瞬间产生下降沿，则模拟部分调试完毕，否则请仔细检查，切记R4的阻值不能太小，否则会因为放大系数太大，导致振荡，影响单片机计数与电路的整体稳定性。

至此，整个制作环节中最敏感的部分已经搭建完成。接下来的工作就是将确定下来的电路移接到洞洞板或者自己腐刻的电路板上。单片机部分一般不需要提前搭建，直接往电路板上焊接就好，出错概率很低。一定要看清电路图，单片机和液晶屏的输入电压和运算放大器是不同的，切勿马虎大意接在一起。液晶屏的对比度通过R13来调节。我制作的电路实物见图64.8、图64.9，可供参考。

64.4 使用方法

将9V（12V也可以）电源连接好以后，按下电源开关，这时候会显示Logo，大约5s以后进入工作状态，此时你只需很放松地将手指头放在固定的红外线发射管和接收管之间就可以了，切记一定要放松，手指不要紧张。只需经过四五秒，该装置即可进入正常工作状态，你会看到指示灯跟着心跳闪烁，液晶显示屏上显示出此刻你的心率。只要手指不颤动，误差会很小，读数是很可靠的。图64.10、图64.11所示为实际测试效果。

64.5 外壳制作

电路都弄好了，何不做一个外壳来美化一下呢？兴许你有更好的开槽工具，那太好了！否则就和我一样，用电钻和电烙铁来开槽吧。为了精确，你可以上网找液晶屏的技术手册，里面有详细的尺寸标注。根据它，你可以在计算机里精确绘制钻孔和开凿模板，打印出来贴在外壳上，剩下的工作就不用我多说了，仔细切割就好。最终效果如题图所示。

最后祝广大读者身体健康！

文：刘亮

65 简易网络测试仪

网络已经融入了当今生活的各个方面，成为绝大多数人生活中不可或缺的重要组成部分。因为职业的关系，笔者经常会接触到网线的铺设以及网络的测试等方面工作，在工作中我发现借助专业的网络测试仪，可以极大地减少网络故障的排查时间，并能很好地提高工作效率。

专业的网络测试仪功能很强大：电缆查找、扫描线序、PING功能、寻找端口以及数据包分析等。然而，不容忽视的是，尽管一个专业的网络测试仪功能很强大，但价格往往不菲，动辄上万，因此相对于国外来说，国内使用范围还很有限。能不能自己设计一个简单实用的网络测试仪呢？当然可以。

网线制作的线序可以使用网线测试仪进行测试，并且价格也很便宜，因此，暂且忽略这个功能。综合考虑常用的几个功能，笔者设计的简易网络测试仪（以下简称测试仪）支持PING功能、DHCP功能测试以及网络访问测试，也就是说，此测试仪建立在网络数据传输之上，能直观地反映网络传输性能。

笔者的设计思路如图65.1所示。

65.1 元器件选择

图65.2所示是此测试仪所用元器件，使用的元器件清单如表65.1所示。

65.1.1 网络传输接口芯片

网络传输接口是本测试仪的重点，选择一款合适的接口芯片对于简化制作及日后工作的稳定性都尤为重要。在这里，笔者选择了ENC28J60，ENC28J60是Microchip Technology（美国微芯科技公司）2005年推出的28引脚封装独立以太网控制器，自从推出以来，应用极其广泛，这得益于它的引脚非常少、外围电路很简单、使用3线SPI串行接口和单片机通信。由于它占用芯片引脚非常少，所以焊接容

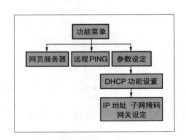

图65.1 简易网络测试仪结构

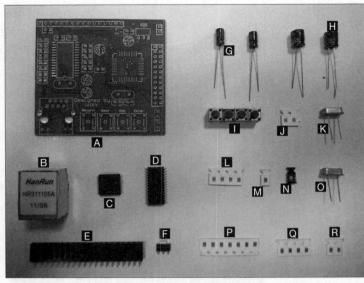

图65.2 元器件实物

表65.1 元器件清单

序号	名称	数量	说明
A	PCB	1	电路板一块
B	HR911105A	1	带网络变压器的RJ-45接口
C	STC12C5A60S2	1	主控MCU
D	ENC28J60	1	网络接口芯片
E	排座	1	手工制成16Pin，如有成品更好
F	LM1117 3.3V	1	3.3V稳压芯片
G	10μF电容	2	主控MCU复位电容与ENC28J60滤波电容
H	100μF电容	2	电源滤波电容
I	轻触开关	4	4个菜单按钮
J	10nF电容	2	网络接口匹配电容
K	25MHz晶体振荡器	1	ENC28J60的晶体振荡器
L	51Ω电阻	4	网络接口匹配电阻
M	100μH电感	1	网络匹配电感
N	LED	1	电源指示灯
O	22.1184MHz晶体振荡器	1	主控MCU的晶体振荡器
P	1kΩ电阻	6	接口匹配电阻以及LED限流电阻
Q	30pF电容	4	晶体振荡器稳定电容
R	10kΩ电阻	2	主控MCU与ENC28J60复位电阻

易，甚至可以直接在洞洞板上进行电路布局。

65.1.2 MCU主控芯片

由于选定ENC28J60作为网络接口芯片，MCU的引脚只需保证以下条件即可：

（1）支持3/4线SPI接口，用于与ENC28J60通信，当然，用I/O模拟也可，只是速度会稍慢；

（2）网络需要一定的数据包RAM缓存，因此主控芯片RAM至少为1KB以上；

（3）网络协议占用大量的代码空间，考虑到扩展性，片内Flash最好大于32KB。

在此，从通用与易上手方面综合考虑，笔者选用了51内核的1T单片机STC12C5A60S2，此单片机的特点为：改进传统51单片机12T的指令运行周期，达到了1T，速度大大提高；内部Flash空间达到了60KB，不用担心因程序代码的空间过大而放不下的问题。

65.2 电路设计规划

此测试仪的电路非常简单，主体由3片IC组成，外加带网络变压器的RJ-45接口座HR911105A以及少量的阻容元器件。

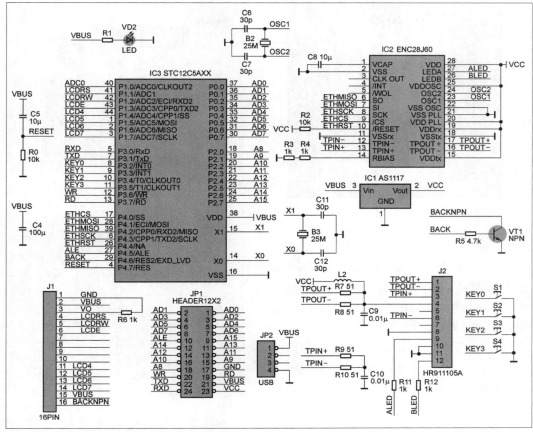

图65.3 简易网络测试仪电路图

　　显示器采用最常用的LCM1602字符型液晶显示屏，虽然只能显示16×2个字符，但经过优化的主菜单看起来效果也不错。

　　电路图如图65.3所示。

65.3　工作流程简介

　　从笔者的设计思路中可以看出，测试仪采用菜单的形式对功能进行分类，包括TCP网页测试页面、PING命令以及通过DHCP功能从路由器自动获取IP这3大功能。其中，对网络协议的数据包处理与分发是测试仪工作的重点，在此，笔者就对此进行简要的介绍。

　　网络数据传输中，最常用的协议组就是"TCP/IP协议"，是一个协议组。相对测试仪系统而言，用到的协议有以下几个。

　　（1）　ARP协议：该协议为大部分数据传输的前提，用于询问对方的MAC地址，以便在后期点对点传输中发送含有正确MAC的数据包。

　　（2）　IP协议：该协议用于点对点数据传输过程，通过IP地址判别接收方的数据包，它是ICMP、UDP和TCP协议的"容器"。

　　（3）　ICMP协议：换个通俗的说法，该协议就是PING，用于确认对方的连接状态，正常连接

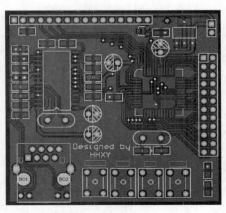

图65.4 PCB布局

图65.5 焊接完成图

图65.6 装配上液晶显示屏

图65.7 主菜单

就能收到PING回应。

（4）UDP协议：该协议是简单的面向数据包的传输层协议，不需要通过复杂的握手协议，只需要知道对方的IP地址和MAC地址即可进行数据传输，因此具有高效却不可靠的特点。

（5）TCP协议：该协议是高可靠性的包交换传输协议，通过复杂的握手、重发、回应协议机制进行传输，和UDP相反，具有冗余、可靠的特点。

（6）DHCP协议：该协议是用来实现自动从路由器上获取IP地址、子网掩码以及网关IP地址的功能，免去了手动设置IP的麻烦。

这6个常用的协议只是众多网络协议中的很小一部分，却负担着大部分网络传输任务，因此，网络传输其实并非很多人想象得那么不可捉摸。

65.4 焊接安装与调试

由于元器件不多，电路结构比较简单，遂采用Protel 99SE设计，完成后的PCB布局如图65.4所示。只要焊接无误，上电烧写程序后即能正常工作。笔者试制了几个均一次成功。

65.5 实际效果

焊接完成之后的效果如图65.5所示，之后进行液晶显示屏装配，效果如图65.6所示。

上电初始化完成后，进入主菜单，如图65.7所示，可以按动Next键选择相应的功能，按Enter键确认。

选择功能1是WebServer，是运行TCP网页测试的页面，用于网络中的计算机对测试仪进行数据访问测试。与测试仪在同一网络中的计算机均可以通过IE浏览器访问测试仪，在浏览器地址栏输入测试仪的地址即可，图65.8所示为测试仪运行界面，图65.9所示为计算机访问测试仪的网页，网页上可以显示计算机的IP地址以及MAC地址。

选择功能2为PING功能，它是用于测试仪对网络中的计算机进行数据交换测试，不仅可以对同一局域网内的计算机进行测试，也可对跨越路由器的远程IP地址进行PING。如果对端计算机未能对测试仪进行回应，测试仪就会显示"Response TTL=？？？"；如果收到回应，则显示TTL=064（也可能是255、128、32等）；如果对端的计算机跨越路由器，则每跨越一层路由器，TTL的数值就会减1，这个数据也可以粗略地估计数据包经过的路由器层数。All后的数据表示总共进行了几次PING，Succ后的数据表示成功的PING次数，All与Succ之差就是丢包的次数。网络状况良好时，一般All和Succ的数据相等。图65.10为PING功能的PING通状态。

选择功能3为设置功能，可以对测试仪的IP地址、子网掩码以及网关进行设置，也可在开启DHCP功能的路由器网络内，通过打开测试仪的DHCP功能从路由器处自动获取上述3个参数，这样就更加方便使用了，图65.11所示为设置的参数。

图65.8 运行网页服务器

图65.9 电脑访问网页服务

图65.10 PING功能的PING通状态

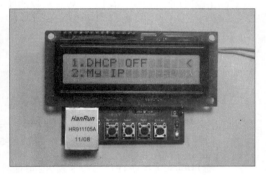

图65.11 设置菜单

65.6 总结

测试仪在设计之初，就本着尽量精简的原则，在完成支持ARP、ICMP、DHCP以及TCP协议的情况下，删除不必要的协议。因此，系统代码相当精简，只占用了大约16KB的代码空间。当然，它也仅能完成菜单选择PING命令、自动获取IP和用网页显示计算机参数等简单的功能，一些复杂的网络功能，例如数据协议分析显示、网络数据包存储等，由于体积和硬件所限，在本测试仪中尚未涉及。

经过一段时间的试用，该系统运行稳定，在日常工作中与网线测试仪搭配，能够完成大部分测试和故障判断工作，完全可以满足日常的应用。

文：吴汉清

66 数字示波器

示波器是最常用的电子测量仪器之一，它能把肉眼看不见的电信号变换成看得见的图像。10年前，为了携带方便，我曾经做过一台微型电子示波器（见图66.1）。在《无线电》杂志上看到魏坤、张彬杰等作者写的制作数字示波器的文章后，我又产生了浓厚的DIY兴趣。在学习了他们制作经验的基础上，我也制作了一台简易数字示波器（见图66.2），材料成本只有150元左右，这台数字示波器的设计思想是：简单实用，价格低廉，容易制作。

66.1 电路工作原理

我们知道，模拟示波器是用阴极射线示波管（CRT）显示被测信号波形的，而数字示波器是采用LCM（LCD显示模块，含LCD及显示驱动控制芯片）显示被测信号波形。因为LCM的每一个显

主要性能指标：

最高采样率：20MSa/s
模拟带宽：4MHz
输入阻抗：1MΩ
垂直灵敏度：0.01V/div~5V/div（按1-2-5方式递进，共9挡）
水平扫描速度：1.5μs/div~6ms/div（按1-2-5方式递进，共12挡）
垂直分辨率：8位
显示屏：2.4英寸TFT，320像素×240像素（驱动控制芯片：ILI9325）

测量时能同时显示信号的频率、电压峰峰值，具有信号保持（HOLD）功能。

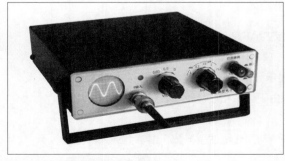

图66.1 多年前制作的微型电子示波器

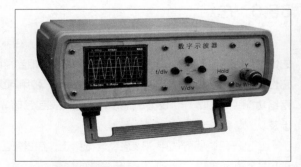

图66.2 自制的简易数字示波器

示像素都对应一个地址，地址要用数据表示，每一个像素的颜色也是用数据表示的。因此电路向LCM发送的是数据编码信号，这就决定了它和模拟示波器的电路结构不一样。

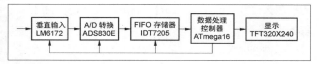

图66.3 数字示波器结构框图

本文介绍的数字示波器的结构框图如图66.3所示。它由垂直输入电路、A/D转换电路、数字信号处理与控制电路、液晶屏显示电路、电源电路等部分组成。

输入的电压信号经垂直输入电路放大，以提高示波器的灵敏度和动态范围。对输出的信号取样后由A/D转换器实现数字化，模拟信号变成了数字形式存入存储器，微处理器对存储器中的数据根据需要进行处理，最终在显示屏上显示测量波形和相关的参数，这就是数字存储示波器的工作过程。

数字示波器的电路原理图如图66.4所示，下面分别对各单元电路进行介绍。

66.1.1 垂直输入电路

垂直输入电路由双运算放大器LM6172和衰减电路等部分组成。我对其有两个基本的要求：一

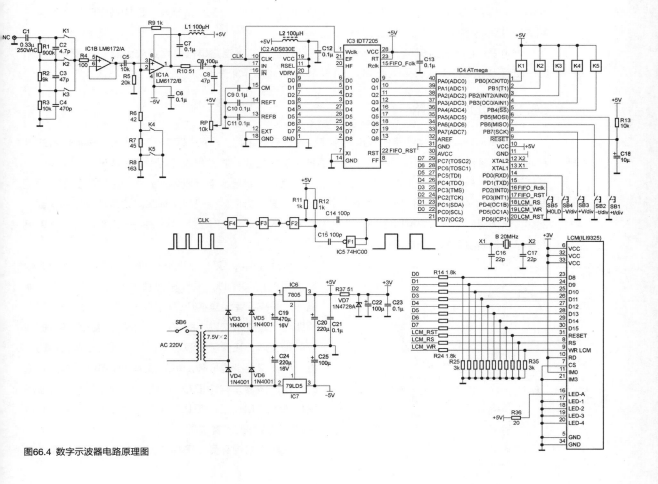

图66.4 数字示波器电路原理图

是对放大倍数进行控制，二是要有满足设计要求的足够的带宽。

示波器输入信号电压的动态范围很大，为了将输入信号电压调节到A/D转换电路的最佳采样范围，以便得到最合理的显示波形，在信号电压较小时要进行放大，在信号过大时要进行衰减。

示波器输入信号的频率范围也很宽，为了使垂直输入电路有较平坦的频率特性曲线，即对不同频率的信号放大电路的增益基本保持一致，选用了高速双运放LM6172，其带宽为100MHz，并在衰减电路中加了频率补偿电容。

电阻R1、R2、R3和继电器K1、K2、K3等组成衰减电路，衰减系数分3挡：1:1、1:10、1:100，由K1、K2、K3控制。第一级运算放大器接成电压跟随器的模式，主要起到缓冲的作用，提高输入阻抗，降低输出阻抗。第二级运算放大器接成电压串联负反馈电路的模式，其中电阻R6、R7、R8和继电器K4、K5等组成3挡增益调节电路，放大器的增益由K4、K5控制。当触点K4闭合时增益为$(R6+R9)/R6$；当触点K4开启、K5闭合时增益为$(R6+R7+R9)/(R6+R7)$；当触点K4、K5均开启时增益为$(R6+R7+R8+R9)/(R6+R7+R8)$。按电路图中各电阻的取值，对应本级3挡的增益分别为25、12.5、5。

继电器K1~K5工作状态受单片机控制，所以垂直输入电路是一个程控放大器。垂直灵敏度和K1~K5工作状态的对应关系见表66.1（1表示闭合，0表示断开）。

66.1.2 A/D转换电路

我们知道，A/D转换电路的作用就是将模拟信号数字化。一般把实现连续信号到离散信号的过程叫采样。连续信号经过采样和量化后才能被单片机处理。通过测量等时间间隔波形的电压幅值，并把该电压值转化为用二进制代码表示的数字信息，这就是数字示波器的采样，采样的工作过程见图66.5。采样的时间间隔越小，重建出来的波形就越接近原始信号。采样率就是每秒采样的次数，例如，示波器的采样率是10MSa/s，即每秒采样10M次，则表示每 0.1μs进行一次采样。采样率是数字示波器最重要的一项指标。

表66.1 垂直灵敏度和K1~K5的对应关系

垂直灵敏度	K1	K2	K3	K4	K5
5V/div	0	0	1	0	0
2V/div	0	0	1	0	1
1V/div	0	0	1	1	0
0.5V/div	0	1	0	0	0
0.2V/div	0	1	0	0	1
0.1V/div	0	1	0	1	0
0.05V/div	1	0	0	0	0
0.02V/div	1	0	0	0	1
0.01V/div	1	0	0	1	0

根据Nyquist采样定理，当对一个最高频率为f的模拟信号进行采样时，采样率必须大于f的两倍以上才能确保从采样值完全重构原来的信号。对于正弦波，每个周期至少需要两次以上的采样才能保证根据采样数据恢复原始波形。在数字示波器中，为了减小显示波形的失真，采样率至少要取被测信号频率的5~8倍。本文介绍的数字示波器采样率取被测信号频率的5倍，因为最高采样率为20MSa/s，所以当被测信号的带宽在4MHz以内时有比较好的测量结果。

采样率的提高受制于A/D转换芯片的工作速度，本

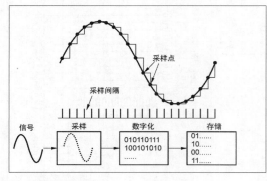

图66.5 采样的工作过程

文电路中使用的单片机ATmega16内部虽然也有A/D转换器，但其工作频率太低，不能满足数字示波器的采样要求。因此我们用了一片高速A/D转换芯片ADS830E，其最高采样率可达60MSa/s。ADS830E的转换精度为8位二进制数，即垂直分辨率为256，因为选用的LCM的分辨率为320×240，对应垂直分辨率为240，所以ADS830E完全能满足分辨率的使用要求。

ADS830E的IN（17脚）是供采样的模拟信号的输入端，CLK（10脚）是采样时钟信号输入端。每输入一个时钟脉冲就进行一次A/D转换，转换后的8位二进制数据由D0~D7输出。ADS830E的输入电压幅度可以通过11脚进行控制，当11脚接高电平时，ADS830E的输入电压范围是1.5~3.5V；当11脚接低电平时，输入电压范围是2~3V。这里选用1.5~3.5V的输入电压范围，中点电压为2.5V，中点电压由电位器RP进行调节。当IN输入电压为1.5V时，D0~D7输出的转换数据是0x00，当IN输入电压为3.5V时，D0~D7输出的转换数据是0xff，即255。

66.1.3 数字信号处理与控制电路

数字信号处理与控制电路由单片机ATmega16、FIFO（先进先出）存储器IDT7205、4个2输入与非门74HC00等组成。

单片机ATmega16在电路中的主要作用是：（1）对A/D转换后的数字信号进行处理，转换成LCM能接受的数据格式，输出给它显示；（2）产生ADS830E、IDT7205工作所需要的时钟脉冲信号；（3）通过按键对示波器参数进行控制调节，输出继电器的控制信号。

FIFO存储器IDT7205是一个双端口的存储缓冲芯片，具有控制端、标志端、扩展端和8192×9的内部RAM阵列，12ns的高速存取时间。内部读、写指针在先进先出的基础上可进行数据的自动写入和读出。当有数据输入到数据输入端口D0~D8时，可由控制端Wclk来控制数据的写入。为了防止数据写入溢出，可用标志端满FF、半满HF来标明数据的写入情况，写入时由内部写指针安排其写入的位置。由于内部RAM阵列的特殊设计，先存入的数据将被先读出。如果需要数据外读，则可由控制端Rclk来控制数据的读出。RST为复位端。Wclk、Rclk、RST均由单片机ATmega16提供控制脉冲。数据输出端口Q0~Q8是三态的，在无读信号时呈高阻态。输入数据位D0~D8和输出数据位Q0~Q8均为9位，这里输入和输出均只使用了8位，即只使用了D0~D7和Q0~Q7。

读到这里，有的读者可能会问：把ADS830E输出端口D0~D7输出的数据直接输入ATmega16的PA端口不就行了吗，为什么还要在中间加上一个IDT7205？这是因为ADS830E工作速度比ATmega16快得多，即ATmega16读取数据的速度比ADS830E输出数据的速度慢，如果直接相连ATmega16就拖了ADS830E的后腿。加上IDT7205后就起到了缓冲的作用，ADS830E转换的结果先存在IDT7205内，等到ATmega16需要时，再从IDT7205中读出来。

ADS830E的采样时钟与IDT7205的写信号时钟是同一个时钟源，以确保两者同步。时钟脉冲信号由ATmega16使用内部定时器产生，由于ATmega16外接晶体的频率为20MHz，所以产生的时钟信号最高频率只能达到10MHz，为了使采样率达到20MSa/s，使用了74HC00等构成的倍频电路。若ATmega16 PD7端输出的脉冲信号频率为f，则74HC00的F4输出的脉冲信号频率为$2f$，倍频电路的工作过程和各点脉冲信号时序关系如图66.6所示。

K1~K5是干簧继电器，干簧继电器特点是吸合和释放时噪声很小，功耗低。因其吸合电流较小，所以可直接用ATmega16的输出端口驱动。

SB1~SB5是示波器调节按钮。SB1、SB2是水平扫描速度调节按钮，按SB1时μs/div的值增加

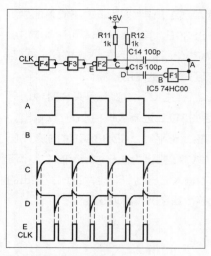

图66.6 倍频电路及各点的脉冲

（水平扫描速度减小），按SB2时μs/div的值减小（水平扫描速度增加）；SB3、SB4是垂直灵敏度调节按钮，按SB3时V/div的值增加（垂直灵敏度减小），按SB4时V/div的值减小（垂直灵敏度增加）；SB5是波形保持（HOLD）按钮，按一下测量波形被冻结保持，同时在显示屏上显示字符"HOLD"，再按一下又恢复到正常测试状态。所有调节参数均显示在液晶屏上，调节好的参数将自动保存到ATmega16的EEPROM中，下次开机时有关参数将预设在上次关机前的设定值上。

66.1.4 显示电路

LCM采用2.4英寸TFT彩色液晶屏，分辨率为320像素×240像素，驱动控制芯片为ILI9325，该芯片传递数据8/16接口位兼容，使用8位接口时能够节省单片机的输出端口，在8位接口工作状态时16位数据分两次传递，速度稍慢。数据端口D0~D15中的高8位D8~D15为8位接口使用的端口。8/16接口位的选择由端口IM0控制，IM0接高电平时为8位接口工作状态，IM0接低电平时为16位接口工作状态。

电路中ILI9325的工作电压是3V，ATmega16的工作电压是5V，两者高电平不一致，通信端口相连时要进行电平转换，因为这里只需要ATmega16向ILI9325单向传递数据，所以只需要将5V向3V电平转换，不需要将3V电平向5V电平转换，就不必使用专用的电平转换芯片，只要用电阻分压电路将5V高电平转换成3V高电平就行了。电路中R14~R35组成电阻分压电路，连接端口有8个数据端口和3个控制端口。

66.1.5 电源电路

这个数字示波器使用了交流电源，提供+5V、−5V、+3V三种直流电压。

66.2 程序设计

设计好电路只是为数字示波器奠定基础，更重要的是单片机程序的设计。实际上在设计硬件时既要考虑到功能，也要考虑到程序设计的需要。比如对单片机的选型，主要考虑功能、工作速度、端口的数量、程序存储器Flash的容量、RAM的容量、有没有EEPROM等。综合考虑后选用AVR单片机ATmega16，它的程序存储器Flash为16KB，RAM为1KB，使用时将16MHz的时钟频率超频到20MHz，经过对其资源合理分配，完全可以满足设计要求。

程序的开发环境为ICC-AVR V6.31A，使用C语言编写。程序采用了分时控制、顺序调度的工作方式，没有使用任何中断程序，程序流程如图66.7所示。

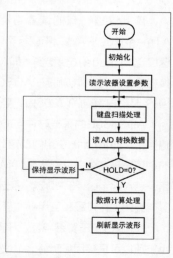

图66.7 程序流程图

下面对主要部分进行分别介绍。

66.2.1 垂直灵敏度控制

按钮SB3、SB4用来调节垂直灵敏度，按动后通过键盘扫描程序可以增加或减小程序中变量Key_ver的值，Key_ver取值范围为1~9，分别对应9挡垂直灵敏度，通过Key_ver的取值控制继电器K1~K5的工作状态，从而得到相应的灵敏度。

以K1为例，K1接ATmega16的PB0端口，有关宏定义为：

#define K1_ON PORTB &= ~(1<<PB0)

#define K1_OFF PORTB |= (1<<PB0)

因此，K1_ON表示PB0输出低电平，K1闭合，触点接通；K1_OFF表示PB0输出高电平，K1释放，触点断开。

66.2.2 水平扫描速度控制

水平扫描速度控制是通过改变A/D转换电路的采样率来实现的，按动SB1、SB2可以改变程序中变量Key_hor的值，Key_hor取值范围为1~12，分别对应12挡水平扫描速度。

A/D转换电路所需的采样时钟脉冲用ATmega16的8位定时器/计数器2-T/C2产生，选择CTC工作模式。其工作参数主要由控制寄存器TCCR2、计数寄存器TCNT2、输出比较寄存器OCR2决定。TCCR2中的位CS22、CS21、CS20的取值确定T/C2的时钟源的分频系数，OCR2中的数据用于同TCNT2中的计数值进行连续的匹配比较，一旦TCNT2计数值与OCR2的数据相等，单片机端口OC2的输出电平即取反，这样即可输出脉冲信号。脉冲信号的频率f由时钟源的分频系数和OCR2的预置值决定，计算公式为$f=$时钟源频率$/(2 \times (1+OCR2))$，OC2输出的脉冲信号经倍频后作为采样时钟信号，相关参数之间的关系见表66.2。

只要对寄存器TCCR2、OCR2的值进行设置，就可以获得我们所需频率的采样时钟信号。

66.2.3 数据的存储和读取

ADS830E的采样数据存入IDT7205后达到一定数量就停止采样，再将IDT7205存储的数据读入ATmega16，程序中用一个数组RAM[650]来存储读取的数据，存储容量为650，即一次读取650个采样数据。

仔细看了电路图的读者可能会发现，IDT7205的满FF端口并没有使用，为什么不用呢？这是因为ATmega16的RAM容量只有1KB，只能分配约650个存储单元用来存储从IDT7205读取的数据，IDT7205存多了数据也没有用，ATmega16不能全部存储，多余的数据就丢弃了，还不如少读点数据节省时

表66.2 相关参数之间的关系

Key_hor	TCCR2	T/C2时钟源	OCR2	采样时钟频率	水平扫描速度
1	0x19	20MHz	0	20MHz	1.5µs/div
2	0x19	20MHz	1	10MHz	3µs/div
3	0x19	20MHz	3	5MHz	6µs/div
4	0x19	20MHz	9	2MHz	15µs/div
5	0x19	20MHz	19	1MHz	30µs/div
6	0x19	20MHz	39	500kHz	60µs/div
7	0x19	20MHz	99	200kHz	150µs/div
8	0x19	20MHz	199	100kHz	300µs/div
9	0x1a	20MHz/8	49	50kHz	600µs/div
10	0x1a	20MHz/8	124	20kHz	1.5ms/div
11	0x1a	20MHz/8	249	10kHz	3ms/div
12	0x1b	20MHz/32	124	5kHz	6ms/div

间，提高显示波形的刷新频率。这在采样时钟频率较低时效果尤为明显，因为采样时钟频率越低，采集一个数据所花的时间越长。以采样时钟频率5kHz为例，如果要将IDT7205存满8192个数据，所需要的时间为8192/5000≈1.6s，显示波形1.6s以上才能刷新一次，这显然是不行的。如果存满700个就结束，则所需要的时间为700/5000=0.14s,刷新速度提高了很多。

从上面的分析可以看出，FIFO存储器其实使用IDT7202就够了，IDT7202有1024个存储单元。不过笔者只买到了DIP封装的IDT7205，虽然有点大材小用，但为以后数字示波器升级提供了空间。FIFO存储器存储数据的容量称为数字示波器的存储深度，也称记录长度，存储深度也是数字示波器的一个重要技术指标，适当的存储深度便于对显示波形进行分析和处理。

不使用FF端口是如何控制IDT7205存储数量的呢？我在IDT7205存储数据时根据不同的采样时钟频率设置了不同的延时时间，在此时间内能存入多于700个数据即可。延时结束后即将IDT7205的存储数据读入ATmega16。

由于ADS830E每次重新进入工作状态要有一个稳定的过程，开始采样的几个数据精度不高，因此在读取IDT7205数据时先空读50个数据，将这些数据丢弃，然后再将后面的数据读入ATmega16。

66.2.4 数据计算处理

数据计算处理工作主要包括同步触发信号检测、信号电压峰峰值测量、信号频率测量。这部分程序设计的思路是：先在650个数据的前350个数据中以显示屏的垂直中点对应数据120为基准，找到同步触发信号。之所以在前350个数据中找同步触发信号，是为保留后面至少有300个数据供显示波形用。找到同步触发信号后，则把对应该点数据为起点的连续300个数据作为显示数据。然后找到650个数据中的最大值和最小值，求最大值和最小值的算术平均数，即可得到中点电压值，检测信号相邻两次向上穿过中点的时间差即可计算出信号的周期。

66.2.5 LCM的控制与显示

TFT-LCD显示屏的分辨率为320像素×240像素。显示屏的每一个像素都对应着驱动控制芯片ILI9325内部存储器唯一的一个地址（x，y），x为横坐标，寻址范围为0~319；y为纵坐标，寻址范围为0~239。在像素对应地址写入16位颜色数据就可以显示相应的颜色，如果某一点要清除，只要对该像素对应的地址写入背景色就可以了。由于这里ILI9325采用8位接口工作模式，因此传递16位数要分两次进行。

因为数字示波器既要显示被测信号的波形，也要显示有关的测量数据，如电压峰峰值、频率、水平扫描速度、垂直灵敏度等，所以必须对显示区域进行合理的划分，并对颜色进行规划设置，分配好的显示区域如图66.8所示。图中用来显示波形的区域为中间的300×200。在这个区域画了刻度线，将水平方向分成10格，垂直方向分成8格。其余区域用来显示各种数据。

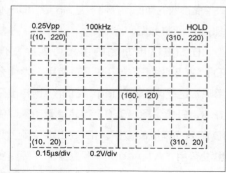

图66.8 显示区域

对ILI9325最基本的操作有两种：发送命令和发送数据。无论是显示屏的初始化，还是设置显示地址和显示颜色，都要用到这两种基本操作。

显示被测信号波形的过程是：先清除上一帧显示波形，然后画刻度线（刻度线每次都要重画，因为有些和显示波形交叉的点也被清除了），最后画新的一帧信号波形，同时备份数据作下一次清除用。显示信号波形时，存储器地址（x,y）中的x代表水平扫描信号所处的位置，y代表信号电压的大小。每次刷新信号波形时，信号电压峰峰值和信号频率显示数据也同时刷新一次。水平扫描速度和垂直灵敏度的数据只有在重新调整后才刷新。

表66.3 主要元器件清单

序号	元件名称	位号	型号规格	数量
1	TFT显示屏	LCM	2.4英寸320×240 ILI9325	1
2	单片机	IC4	ATmega16或ATmega16L	1
3	运算放大器	IC1	LM6172 DIP8封装	1
4	A/D转换器	IC2	ADS830E	1
5	FIFO存储器	IC3	IDT7205 DIP28封装	1
6	四二输入端与非门	IC5	74HC00 DIP14封装	1
7	+5V三端稳压器	IC6	LM7805	1
8	-5V三端稳压器	IC7	79L05	1
9	微型干簧继电器	K1~K5	PRME15005工作电压5V	5
10	ADS830E转接板		SMT20-0.65mm	1
11	TFT显示屏转接板		0.8mm转2.54mm	1
12	万能电路板		5cm×7cm	1
13	万能电路板		10cm×16cm	1
14	220V电源变压器	T	5W，输出：7.5V×2	1
15	机箱		自选	1

66.3　元器件选择

主要元器件的清单见表66.3。

经过试验，我发现在工作电压为5V时，单片机ATmega16和ATmega16L在时钟频率为20MHz下均能正常工作。因此，如果你手头只有ATmega16L也可以使用。

IDT7205如果使用PLCC封装的芯片，请注意引脚编号不同。

干簧继电器也可以选用其他型号的，只要工作电压是5V，闭合电流小于20mA即可。

机箱我选用的是成品塑料机箱，你也可以用其他样式的，或者自己用有机玻璃DIY。

显示屏和ADS830E的两块转接板是必须要用的，不然无法在万能板上安装，可以设法和元器件一起采购。

显示屏的品牌很多，你很难买到和我买的一样的。但有一点要注意，驱动控制芯片一定要是ILI9325的，如果不是，你就要修改程序了，不同的芯片即使是同一系列，驱动程序也往往不兼容。即使驱动芯片一样，不同品牌的显示屏引脚编号也可能不一致，接线时要仔细对照。另外有一点提醒一下：我买的显示屏的4个背光二极管是并联的，我是把它们公共的阳极串接一个电阻（不知道模块内部有没有限流电阻，还是外接一个电阻保险）接到+5V电源，如果你买的显示屏的背光二极管是串联的，要求的工作电压就高了，接到+5V是不能发光的，可串联一个100Ω（电阻的取值使发光二极管工作电流不超过20mA为宜）接到LM7805的输入端，此处的电压约有10V，可以满足驱动要求。

66.4　安装

安装前先将目标文件dso.hex写入单片机ATmega16，特别提醒一下：用编程器将目标文件调入时要选择"缓冲区预先填充00"选项，否则在显示屏显示字符时会出现色块。如果你用下载线写入文件，则往往不提供该选项给你选，会直接把缓冲区都填入了FF，见图66.9上半部分，这时你可以手工编辑一下，把方框中的FF全部改为00，结果见图66.9下半部分。

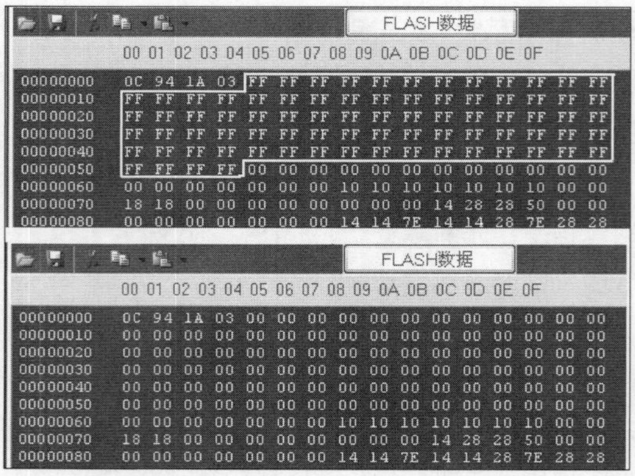

5个按钮开关单独安装在小的万能板上，见图66.10。其余的元器件除显示屏直接固定在机箱面板上外，都安装在大的万能板上。接线时注意同一单元要一点接地，数字地和模拟地要分开。三端稳压器LM7805要加一个小的散热片。

图66.9 缓冲区对比图

图66.10 开关单独安装在小的万能板上

机箱的面板根据显示屏的大小、按钮开关和BNC插座的安装位置开孔，面板上的标记可打印在一张纸上，再用1~2mm厚的透明有机玻璃做一块尺寸一样的面板（对应显示屏的位置不开窗口，正好做防护屏），再把打印好的纸夹在两层中间，用螺丝固定好后，面板就做好了。

按钮开关电路板是直接用4个螺丝固定在面板上的，显示屏可用热熔玻璃胶固定，把显示屏在窗口摆正位置后，在4个角用热熔玻璃胶固定一下就可以了。

安装好的示波器内部结构见图66.11。

66.5　调试

如果安装时没有接线错误，元器件没有质量问题，调试还是比较容易的。

调试分4步进行。

（1）各单元先不接电源，测量电源部分输出电压是否正常，正常后再接通各部分的电源。

（2）检查显示屏工作是否正常，接通电源，显示屏初始化后先是全屏显示白色闪亮一下，然后显示刻度线和相关数据。如果开机后显示屏没有反应，先检查单片机有没有正常工作，如按动K3、K4继电器的工作状态应该有所改变。如正常再查显示屏的连线和供电是否正常，直至显示正常才能进入下一步。

（3）将示波器输入端信号线短接，调节电位器RP，使其中点电压为2.44V（注意不是1.5~3.5V的中点电压2.5V，因为显示屏垂直方向中点的值是120，120是2.44V电压经A/D转换后对应的值，对应2.5V电压的A/D转换值是255/2），这时候可以看到一条水平扫描线出现在水平中线附近，见图66.12，仔细调节RP，使得其和水平中线重合。

（4）对衰减器的频率补偿电容进行调整，将垂直灵敏度调到0.5V/div，输入

图66.11 安装完成的内部结构

200kHz、幅度1V的方波，改变电容C2的容量，使示波器显示的方波波形最好；再将垂直灵敏度调到1V/div，输200kHz、幅度2V的方波，改变电容C3的容量，使示波器显示的方波波形最好。频率补偿电容与方波波形的关系见图66.13。

装配、调试好的数字示波器的使用效果见图66.14。

源程序和烧写文件可以从本书下载平台（见目录）下载。

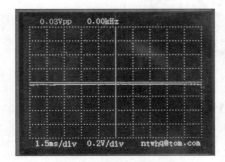

图66.12 水平扫描线与中线未重合

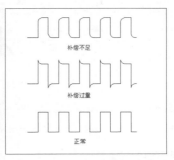

图66.13 补偿电容与方波波形的关系

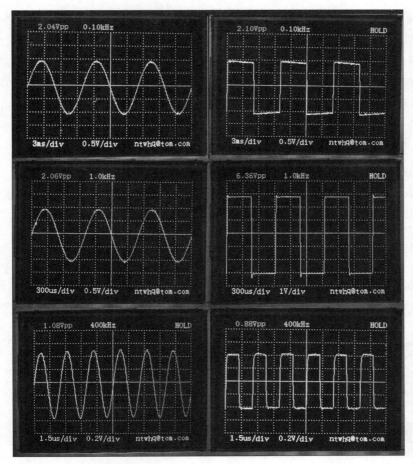

图66.14 调试好的示波器的使用效果

文：朱轩（BH4RCI）

67 检测核辐射的利器
——盖革-米勒计数器

我们所处的环境中核辐射（电离辐射）剂量到底有多大？用什么来检测呢？通过查找资料，笔者制作了一台检测环境核辐射量的仪器——盖革-米勒计数器，特将制作资料和心得与大家共享。

67.1 背景知识

盖革-米勒计数器是1908年由盖革（Hans Geiger，见图67.1）发明，在1928年又由他和他的学生米勒（Walther Muller）改进而成的。盖革-米勒计数器（见图67.2）是一种专门探测电离辐射（α粒子、β粒子、γ射线）强度（见图67.3）的记数仪器。其主要部件——盖革-米勒计数管通常是一根充有惰性气体的管子，管内装有两个电极。工作时，给电极加上额定直流高压，管内气体受激电离产生脉冲电流，经外部放大电路放大后，便可用计数电路记录。管内单位时间电离数目与辐射强度有关，由此便可测得电离辐射强度。

67.2 电路原理

笔者所制作的盖革-米勒计数器可以检测环境中γ射线辐射计量，通过单片机计数、转换成常用的单位微西伏/小时（μSv/h），并使用1602液晶屏显示。电路部分如图67.4所示，大体可以分为两个部分：高压电源部分和计数器电路部分。

67.2.1 高压电源部分

高压电源部分用来产生400V直流高压，给盖革-米勒计数管供电。这里需要指出的是，不同

图67.1 盖革

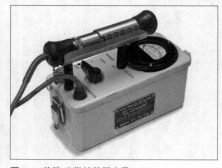

图67.2 盖革-米勒计数器产品

图67.3 检测环境核辐射量

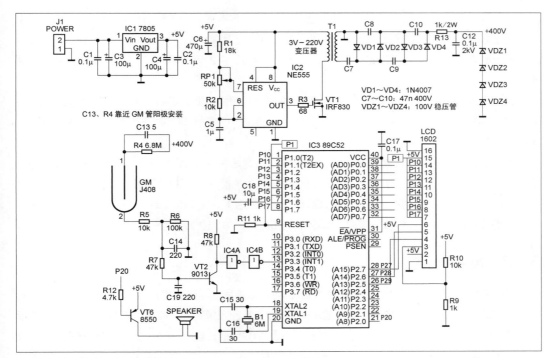

图67.4 盖革-米勒计数器电路原理图

型号的盖革–米勒计数管有着不同的工作电压。笔者所使用的是J408 γ，见图67.5，工作电压在400V，本底数在80次/分钟。若使用不同型号的盖革–米勒计数管，则应当根据说明书推荐的工作电压来调整这个电路高压部分稳压二极管的稳压数值，以达到最佳的工作效果。

笔者实验了多种升压电路，原理图中选择了使用555组成的振荡器驱动MOS管。用升压变压器升压后，经倍压整流、稳压后，就得到了所需的高压。555振荡器结构简单、元器件数少、成熟可靠、易于制作。按照电路图制作无误即可工作。升压变压器可以选用小功率电源变压器，如初级220V、次级3~6V的小电源变压器，用3~6V端接MOS管端，用220V端输出至倍压整流即可。安装正常后，调节多圈可调电阻RP1就可以改变振荡器频率。

用万用表500V直流挡测量R13靠近倍压电路一端的电压，调节RP1，观察万用表，使电压为450V左右即可。这时用万用表测量稳压管稳压输出端的电压，应接近380V（由于一般万用表电压挡内阻为10~20MΩ，而并非无穷大，所以测量结果会略小于稳压管理论电压值），这说明高压电源部分工作正常。

需要说明的是，流过盖革–米勒计数管的电流非常微弱，所以在制作时无须过多关心升压电路的功率。

67.2.2 计数器电路部分

计数器部分主要由采样放大电路、缓冲电路、AT89C52单片机以及1602液晶显示屏构成。笔者采用了盖革–米勒计数管阴极取信号的电路，在阴极上

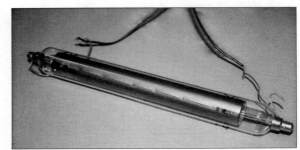

图67.5 制作中使用的盖革-米勒管

由R5、R6组成分压电路。当盖革-米勒计数管电离时，将有脉冲电流通过R5、R6，在R6上产生一个低压脉冲，经过R7限流后控制VT2基极。VT2可以选用常见的9013等NPN三极管。脉冲信号经过VT2放大后，经过两个CMOS缓冲非门（CD4049）进入单片机P3.3(INT1)引脚，触发中断计数。

1602液晶屏、蜂鸣器以及单片机最小系统按照电路图制作即可正常工作。由于市场上的1602液晶屏在时序上存在着一些差别，请务必确保单片机复位电路的时间常数选取合适，以保证1602液晶屏正常运行。

计数部分的单片机C语言程序由我的朋友刘梦蛟编写并调试通过，源程序以及烧录文件可以在本书下载平台（见目录）上找到。程序记录每一分钟的脉冲数，并通过计算得到以微西伏/小时（μSv/h）为单位的核辐射剂量。1602液晶屏第一行每6秒轮流显示每分钟脉冲数和核辐射剂量（单位为微西伏/小时），第二行显示当前的每秒脉冲数进度条，以10次/秒为一格。

67.3 制作要点

在安装方面，盖革-米勒计数管负载电阻R4可根据不同盖革计数管选取5～10MΩ的，C13选用5pF/450V的。R4和C13应尽量贴近盖革-米勒计数管的阳极安装。盖革-米勒计数管可与电路部分安装在同一盒子里，也可单独封装，并通过引线与电路部分连接。但要注意，引线不宜过长，并注意高压绝缘，建议选择小于0.5m长的带屏蔽层的双芯线。

笔者做好的电路及安装方式分别如图67.6、图67.7所示。这个实物电路是经过了改进的，我用更小的升压模块替代了原理图中的555升压部分。图67.8所示外壳是我在买来盒子上自己开孔做的，盖革-米勒计数管装在了PVC管中。

至此，一台可以检测环境核辐射剂量的盖革-米勒计数器便制作完成了，如果内置电池的话，则可以成为便携式测量仪，在环境核辐射检测以及室内装潢材料安全性检测方面都可以收到很好的效果。

笔者介绍的盖革-米勒计数器无须用放射源标定（实际上，普通人也无法取得标准放射源来标定），而使用了计数管厂家给出的每分钟脉冲数与核辐射剂量（单位为微西伏/小时）的换算公式将其并内置于单片机程序中自动计算，其精度不影响一般测量。

笔者按上述方法，制作了多个盖革-米勒计数器，实际使用中效果都非常理想，测量灵敏度非常

图67.6 做好的电路

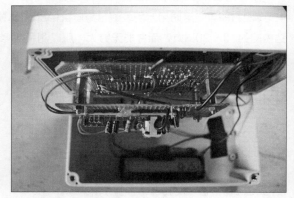

图67.7 电路在盒子里的安装方式

图67.8 我做的盖革-米勒计数器外观

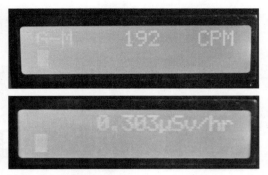

图67.9 显示出的测量数据

高（见图67.9）。最近，有很多朋友和我讨论了关于盖革-米勒计数器制作相关的问题，笔者也得到许多启发，汇总一些典型的问题，希望对读者有所帮助。

问：盖革-米勒计数管哪儿有卖？应该如何选择型号？

答：网上可以买到多种型号的盖革-米勒计数管，也可以找到相关管子的参数，但有些商家价格高，性价比不好，选购时要多比较。

具体型号应根据盖革-米勒计数管测量射线的种类来选择。通常，盖革-米勒计数管分为α、β、γ及多种复合型号。

在环境辐射检测中，最弱的α射线能量，一张白纸就可以挡住，所以这并不是我们关心的；β射线是高速电子流，有一定穿透能力，但也不强；而γ射线能量最高，对人体组织的破坏能力也最大，需要重点防范。因此，我们在选择盖革-米勒计数管时，选可测γ射线或可测β、γ射线的盖革-米勒计数管为好。管子工作电压应该适中，本底数不宜太低或太高。

问：程序写进单片机，1602液晶屏显示异常怎么办？

答：有些朋友购买的1602液晶屏和笔者使用的有些差别，所以会导致显示异常。这是由于市面上一些厂家虽然号称产品兼容，但其产品在时序上依然存在着一些区别。可以通过调整单片机第9脚（复位脚）上复位电路的电阻和电容的大小（如使用1kΩ或10kΩ 以及1μF或10μF的组合）来改变时间常数，使1602液晶屏可靠复位，即可正常工作。

问：外置盖革-米勒计数管并使用馈线和BNC接头作为计数管与电路之间的连接时会有干扰吗？电台在盖革-米勒计数管附近发射会不会产生干扰？

答：会有干扰，因为为了避免从盖革-米勒计数管阳极高压处采样，我设计的电路选择了从阴极采样，使用馈线导致BNC接头外壳易受到干扰。建议选择带屏蔽层的双芯线，并使用航空插头连接。笔者实验了UHF/VHF频段手台在盖革-米勒计数管附近发射，未观察到明显干扰。

问：使用了不同型号的盖革-米勒计数管，程序是否需要修改？

答：需要更改一个换算常数。在换用其他计数管时，本程序记录的每分钟脉冲数无须修改即准确，但进行剂量换算时，由于盖革-米勒计数管参数的不同，需要按照管子的说明换用另一常数，请咨询管子卖家取得这一参数。

文：卫小鲁

68 单片机数字调频收音机

多年前，装制收音机可说是国内业余无线电爱好者的必修课，翻开20世纪五六十年代的《无线电》杂志，各种各样的自制收音机，从最简单的矿石机到用十几个电子管的高级收扩机，期期都有，真可谓琳琅满目。实际上在那个物资相对匮乏的年代，要想装好一台收音机也并不容易，东拼西凑的元器件、不尽如人意的工具、简陋至极的仪表，使得安装收音机的效果很大程度上依赖于因人而异的"经验"。然而时过境迁，科技发展的突飞猛进，使得今天人们已经可以拥有更多的电子爱好，作为与RADIO同义词的收音机制作，也逐渐淡出人们的视野了。虽然现在条件好了：工具不用说，只要你愿意，什么高级仪表私人都能装备，但是传统的收音机元器件却已经远不如从前那样容易随意找到了，那么今天我们还能装什么样的收音机呢？除了初学者的"套件"以外，我们还可以来个"与时俱进"，安装近年来日益普及的数字收音机！现在的数字收音机已经把调频接收这样复杂的功能集成到一个绿豆大的硅片中，而且几乎没有外部可调元器件！这意味着在家里也可以打造出"工厂水平"的收音机！这样的收音机已经不再用常规的可变元器件来控制，而必须和单片机结合起来，用后者来控制其参数进行选台和调节音量（见图68.1），与其说是装收音机，倒不如说是装单片机。常规仪表（如信号发生器）在这里不是必需的，但计算机和编程却是不可缺少的；更有甚者，现在已经出现了一些把单片机整合进去的芯片，这样就不再需要另配单片机，谁都能轻而易举地安装这种只用几个按钮就可以控制的收音机。图68.2所示为几个从淘宝网上买到的数字调频收音机模块和芯片，左边是很有名的飞利浦TEA5767；中间是这次使用的收音模块RDA5807，我们用它来打造一个功能比较齐全的收音机；右面是另一款收音整合芯片GS1299，可以用它做一个小小数字收音机。当然在此领域，还有硅实验室SILICON LABS这个公司，它开发有整系列的数字收音芯片，从调频（SI4730）到全波段（SI4735）都有，不过后者目

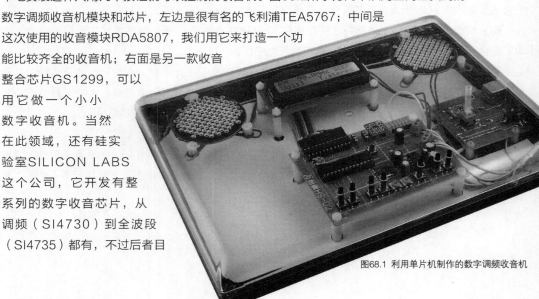

图68.1 利用单片机制作的数字调频收音机

图68.2 常见的调频收音机模块和芯片

前还不容易买到。

这些数字收音机芯片并不是把传统的超外差电路简单地压缩到集成电路中，而是采用了另外的技术，其特点是：完全没有可调元器件，彻底免除了调整的麻烦（扭调节螺丝的乐趣也没了）；调频接收灵敏度高，（$S+N$）$/N$=26dB时灵敏度均在1.5～3.5μV；可在3V低电压下工作，而且除了较早的TEA5767外，大都具有电子音量控制；RDA5807和GS1922还带有末端耳机功放，输出可以直接推动32Ω耳机，用起来十分方便。下面就看看怎么制作这两种数控收音机。

68.1 极易制作的数字调频收音机

采用前述GS1299集成芯片的电路见图68.3。可见外围元器件不多，仅仅5个轻触按钮：S1为音量加按钮，S2为音量减按钮；S3为开关按钮，可以使芯片工作或休眠；S4为向下搜索按钮；S5为向上搜索按钮。用3V电源。注意耳机插口J的公共线不是直接接地，而是接到GS1299的4脚（信号输入），再经过小电感L1接地，这个电感对于音频相当于短路，对于高频则呈高阻抗，这样使得耳机线上感应的调频信号直接加到芯片信号输入，耳机线起到了天线作用，不需要单独的拉杆天线。晶体振荡电路采用电子钟常用的 32768Hz晶体，要求用精确度高的。电源可以直接用3V电池，也可以用5V降压到3V使用，图68.4所示是一个制作实例，因为GS1299是适于表面贴装的SOP16封装，所以做了一小条电路板以便焊接。电源使用计算机的USB电源，因为收音芯片的工作电压是1.8～3.6V，所以这里使用了一个低压差稳压器（LDO）SP6201得到3V电压（如果使用3V电池就不需要它了）。使用方法很简单：直接把它插到计算机机箱面板上的USB接口取电，按下S3，芯片被唤醒，用S4和S5来回搜索电台，收到后用S1和S2调节音量大小，要关机就再按一下S3。容易吧？可是它的最大缺点是"包裹得太严实"：无法获取接收的有关信息，相当于闭着眼睛听，至于所收到的是什么频率、是否是立体声等就无从知晓了。

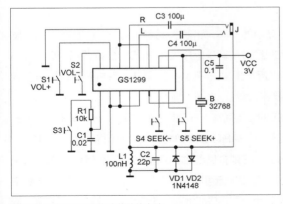

图68.3 采用GS1299集成芯片的电路

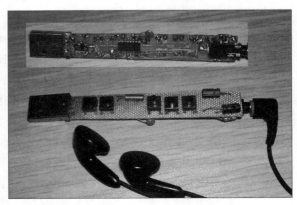

图68.4 用GS1299做的收音机

68.2　功能比较齐全的数控调频收音机

这种收音机需要用单片机来操控收音机芯片，一方面设置其参数，以实现所需性能；另一方面读出其有关数据，得到芯片的当前工作状态，这样就需要在单片机和收音芯片之间建立通信，而最简单可靠的就是I²C总线，这是利用一根数据线和一根同步线，以交互问答的方式完成数据的双向传递的技术，以上几种收音模块都具有这个通信功能（具体要求有所差别）。

下面介绍这个自制的数字调频收音机的主要特点。

◆　使用RDA5807收音模块，它具有灵敏度高（1.5~2μV）、可以用耳机线作天线、自带16级电子音量控制和耳机输出级的特点，使用方便，价格低廉（淘宝网不到5元）。

◆　主控使用单片机ATmega8L，它体积小、接口多、速度快（默认的1MHz内部时钟比外加12MHz晶体的51快得多），不必用汇编语言来提高运行速度，用C语言编程即可，具有硬件I²C接口TWI，只要设置好有关的寄存器就可以进行I²C通信而无须软件模拟，方便又可靠。它具有512B的EEPROM，可以保存频道数据，不怕掉电，无须另配24Cxx等外部EEPROM。带后缀L的芯片可以在低电压下工作，目前也可用ATmega48/88等新型芯片。

◆　使用3.7V聚合物锂电池作电源，从计算机USB接口取电对电池充电，耐用、简单可靠。

◆　虽然RDA5907已经具有耳机输出，但功率较小，为此增加了一片常用的廉价TDA2822M低电压功率放大IC，以推动扬声器。

◆　使用3.3V的LCD1602模块作为显示屏，可以显示接收频率、工作状态（点频或搜索）、音量大小、是否真台、是否立体声等各项信息。

68.3　电路原理

电路见图68.5，其中ATmega8L的PC4、PC5是TWI口，和RDA5807的SDA和SCL对应连接实现I²C通信，次序一定不能错，I²C一般都需要外接上拉电阻，但是5807内部已经装上了两个电阻，就不用再加了。PC0、PC1、PC2为液晶屏控制线，PD0~PD3为液晶屏数据线，因为用的是4线制，所以接到LCD1602的数据线高4位（D4~D7）。PB0~PB6接上7个轻触按钮S1~S7，其功能分别是：S1存储，存储当前的接收频道；S2点频调谐+，从87~108MHz按每步0.1MHz逐点调谐；S3点频调谐−，同上作反向调谐；S4循环搜索，从当前频率向上搜索电台，搜到台就停下，到达最高值108MHz时继续返回最低点87MHz再往上搜台；S5回放，调谐到已经存储的频道；S6音量−；S7音量+，共16级可调。

收音模块RDA5807有10个引出焊点，只用其中的7个。如前述，天线端ANT也是通过小电感接地，以便利用耳机线作天线。左右声道输出L和R经过可调电阻RP2、RP3分压降幅后经C4、C5加到功放集成电路TDA2822左右输入，放大后输出到立体声插孔J1，如果插入耳机就断开扬声器。为了没有耳机也可靠收到广播，扬声器的公共线要留长些。

电源部分见图68.5中右下角。这里通过一个USB的设备插座（方形的是B型插座，在计算机上扁形的是A型插座）用USB电缆从计算机取得稳定的5V电压。CHARGER是锂电池线性充电模块，内部电路如图68.5下面方框中所示，其中有线性充电电路TP4054，它能根据电池状态进行分阶段充电，充电中模块上的LED发光，充满后自动转为涓流充电，LED熄灭，充电电流可以更换Rch调整。2位自锁开关SK被按下是图中状态，整机全部由3.7V锂电池供电，锂电池输出一路直接加到2822的电源端，另一路加到低压差

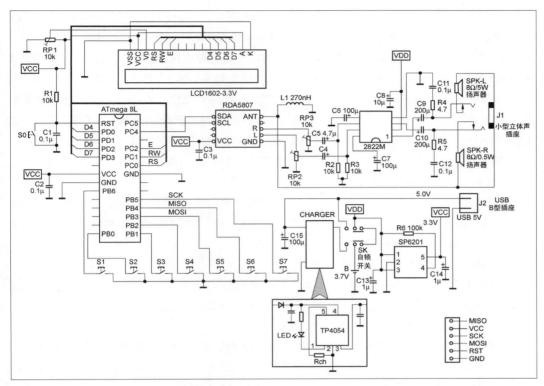

图68.5 电路原理图

稳压电路（LDO）SP6201-3.3的输入端，输出的3.3V电压就是VCC供给单片机、收音模块和液晶屏，因为SP6201允许输入、输出最低压差是0.17V，所以在锂电池的大部分放电时间都可以起作用。如果插上USB电缆并使自锁开关抬起，锂电池就和负载断开而接到充电模块进行充电，同时整机电源也由USB供电（也通过稳压）。总的来说硬件电路比较简单，充电模块和LDO都能在淘宝网上买到，也不贵。聚合物锂电池是1块3.7V 700mAh的，带有保护板以避免过充电和过放电。

68.4 收音模块的控制

由图68.5所示的电路图可知，人的操作通过单片机控制收音模块工作，有关信息由模块返回单片机在液晶屏上显示出来。具体怎样控制RDA5807呢？根据资料，RDA5807可以完全兼容TEA5767，用同样方法编程，这个按下不表。另外还可以采用5807模式编程，这时内部有6个16位寄存器，其中地址为0x02、0x03、0x04、0x05的4个起控制作用，地址0x0A、0x0B两个包含的数据反映当前模块的状态，所以对收音模块的控制最终归结于写、读上述寄存器。对写入寄存器0x02的主要设置见表68.1。

例如，按以上设置用十六进制表示为0x7A01，是有音频输出、不静音、立体声、开重低音、向

表68.1 写入寄存器0x02的主要设置

位	15	14	13	12	11	10	9	8	7	6	5	4	3	2	1	0
功能	-	音频出	静音	立体声	重低音	保留	上搜	搜索	环搜	时钟	时钟	时钟	-	-	软复位	使能
设定	0	1	1	1	1	0	1	0	0	0	0	0	0	0	0	1

上搜索、不启动搜索、按循环搜索模式、时钟32768Hz晶体、不复位、允许操作。如果把第8位置1，则开始从当前频率向上搜索，有台停下，超过最高频率再循环至低端继续向上搜索。

寄存器0x03是关于频率设置的，第15位到第6位是频道设置，和第3、第2位结合确定调谐频率。第5位保留为0，第4位置1就启动调谐到指定频率。第3、第2位是频道选择：00为87～108MHz，10为76～108MHz；第1、第0位是调谐步长，00为100kHz。上面的频道设置实际上是频道编号，例如在87～108频道，若频道编号2：当调谐步长为0.1MHz时，则第2频道的实际频率是87+2×0.1=87.2MHz，最高频率108MHz对应频道是（108－87）×10=210。

寄存器0x04仅仅把第6位置1：允许I²C工作即可，其他按默认值取0，即为不需硬件中断输出、75μs去加重、不用辅助硬输出口、启用I²C。

寄存器0x05的第15位中断模式置0；第14至第8位搜索门限，默认0001000，越大越是强信号才采取（搜索灵敏度越低）；第7位到第4位为天线设置，默认为1010；第3位到第0位是电子音量控制，因此，0x08AF为最大音量，0x08A0为无声。

可见通过写上述寄存器就操作RDA5807。

寄存器0x0A：第15位保留为0；第14位为搜、调完成标志，完成自动置1；第13位是搜索失败标志，在设定门限以上搜不到台自动置1；第12、第11位保留为0；第10位是立体声指示，是立体声台自动置1；第9位到第0位是接收电台的频道编号。

寄存器0x0B：第15位到第9位是信号强度，第8位是真台标志，第7位是搜索准备标志，其他不用。

可见读出这两个寄存器就可以知道RDA5807当前的工作状态，也可根据读出状态决定操作，例如只搜索真台，或只搜索立体声台，但是逐点调谐则把这点的信号全部接收。

关于上述寄存器的详细情况，可以参阅商家提供的《RDA5807编程指南》。

68.5 编程要点

总体程序循环很简单，就是启动后对单片机、液晶屏、收音模块初始化，然后进入查键-扫键循环，根据按键去执行相应程序。因为具体涉及控制较多，所以总体分解为几个模块，每个模块内包含一系列函数，各自完成一项具体工作。编程平台还是GCC加AVRSTUDIO 4.13版，请注意以下几点。

（1）按键查询及防跳不使用老的延时等待按键释放，而是采用主循环计数定时，检查按键状态变化的方法，比老办法响应快也可靠。

（2）所使用的3V液晶屏，不能用5V液晶屏的初始化方法，否则无显示，具体见代码。按照电路图中的4线制接线，显示数据先右移4位，送入高半字节，然后再送低半字节。

（3）RDA5807采用接口复合格式进行I²C通信编程，这时它的硬件"写"地址是0x22，硬件"读"地址是0x23，寄存器子地址就是上述0x02、0x03等。我用了一系列"宏"来表达ATmega8的硬件控制I²C的操作。

（4）定点调谐比较简单，把0x02寄存器的"搜索位"关掉（置0），设置0x03寄存器到频率点（编程用的是频道号）即可。要注意的是为了把频道号写入0x03寄存器的高端，需要先进行左移6位操作然后和低端控制位组合成16位字，分高低字节写入0x03。搜索编程是先设置0x03寄存器到频率点，然后启动0x02寄存器的搜索位，开始搜台。等待40ms后读0x0A寄存器的第14位搜台完成标志，如未搜到等10ms再搜，直到搜到台，然后读寄存器0x0B，判断第8位是否真台，如是结束搜索，置软件标志以便存台，如否则再继续搜索。

（5）编程不必一次完成全部，可以分步以便于调试，例如首先把液晶屏点亮，然后让各按键正常，可以插入临时程序，功能正常以后再删除，逐步完善。修改代码时不要立即把旧的删除，改为注释即可，以便不成时返回原位。这样在出现问题时可以及时改正。

68.6　硬件装配

元器件选用：所有固定电阻、电感、退耦电容都使用贴片元件，电解电容为普通直插元件，可调电阻用小型卧式元件。按键用长柄的（需视机壳厚度和电路板安装高度而定）。直插集成电路用插座安装。低压差稳压集成电路太小，万用板不好装，用了一小片SOP转DIP的8脚转换板。

68.7　硬件安装

本制作采用了两小块万用板。较大的安装单片机、收音模块、功放块、稳压电路、按键以及相关电阻、电容、电感、插针排（见图68.6）。较小的安装USB插座、立体声耳机插座、电源开关、充电电路、锂电池（见图68.7）。注意B型USB插座的电源正负引脚如图68.8所示。这样比较灵活，可以适配不同尺寸的外壳。扬声器、液晶屏用软线和排线分别与两块板相连。扬声器的公共线留长些（70～80cm）。我将一个空的巧克力盒子废物利用作为外壳，在盒盖和盒底侧面打孔，让按键柄和插座伸出盒外，盒盖上还要在扬声器前边钻很多透音孔，如图68.9、图68.10所示。在盒底和盒盖上粘贴塑料垫柱用来固定电路板和扬声器，如图68.11所示。锂电池用双面胶固定在电源板背面。

68.8　调试

硬件安装完工后仔细检查接线，不得有误。VCC、VDD对地不得短路。先不焊接电池和充电板，不插集成电路，不焊LDO正电源，断开液晶屏，插上USB电缆，按下电源开关，核对5V的极性是否正确，没有问题再焊好上述元器件（充电板和电池除外）。再通电，检查LDO是否有3.3V输出，IC插座上电源对不对，液晶屏电源线对不对，没有问题，断电插好IC，连好液晶屏，送电，液晶屏背光亮，电源就没有问题了。连接下载线下载程序。再启动后就运行软件，液晶屏有显示，调节对比度至最佳。如果一切正常，就可以收音了。插上耳机听一个说话节目，可调电阻RP2、RP3调到1/5处，把电子音量开到最大，耳机应无明显失真，如嫌声音太大再减小可调电阻，最后仔细调节使得声音在头顶即可。用不着也没办法去调什么本振、中频变压器（中周）等，最多就是通过程序预置收音模块中的0x05寄存器的搜索门限值。完成后拔掉USB电缆，接上充电模块和电池，检查正负极无误，弹起电源开关，插上USB电缆，充电板上的红灯亮，说明已经开始充电。要经过4个小时左右，红灯灭，充电完成。拔掉USB电缆，按下电源开关，液晶屏亮，收音机可以工作啦。在中低音量时，全机工作电流在50mA左右，充一次电能够连续使用10多小时。

68.9　使用方法

开机后，液晶屏亮，按S2，上排显示"FM78.1MHz TUNE"，按S4搜台，如果搜到88.5MHz就显示"FM88.5MHz SEEK"，下排显示"Vol:1 T.stereo"。按音量+键（S7），声音增大，Vol后的数值也从1、2、3一直加到D、E、F然后回到1。"T."表示真台，"stereo"表示立体声。搜到

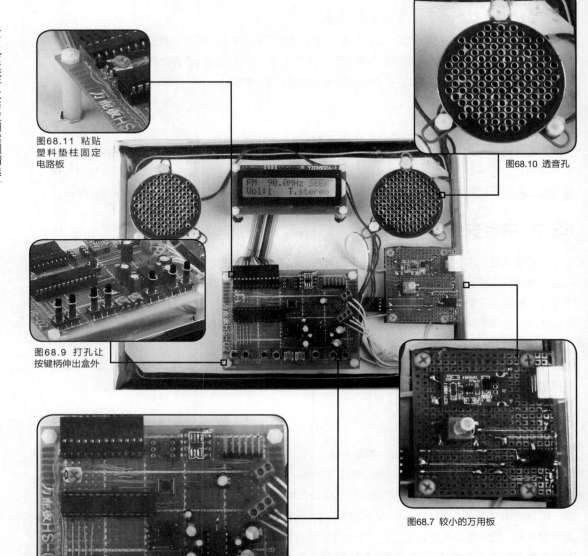

图68.11 粘贴塑料垫柱固定电路板

图68.10 透音孔

图68.9 打孔让按键柄伸出盒外

图68.7 较小的万用板

图68.6 较大的万用板

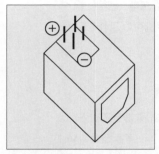

图68.8 B型USB插座的电源正负引脚

台后如果按下存台键S1，此台就存入EEPROM，下次按下回放键S5，就立即调谐到上次存入的频道。可以存10个台，然后再存就抹掉最先的那个。

68.10 实际效果

这个作品与在广州番禺地区和从广播论坛买来的小数字调频收音机"凯世"W62对比，能搜索出成品机能收到的所有电台20多个，频率指示相同，说明这个自己打造的收音机性能的确还过得去。

文：张彬杰

69 ARM7音乐播放器

在校学习期间，教我单片机的王老师时常提起ARM处理器。她提醒我说，我们是计算机专业的，应该研究嵌入式系统。起因是，我喜欢单片机，而单片机偏偏在我们学校是电子系的专业。把单片机玩转了，对于计算机专业的我，就显得偏离专业了。那时，我还是头脑一热，在网上买了一个AT91SAM7S64最小系统，但是一直没有像样地玩它，只是断断续续地写了几个简单的程序，像学习51单片机一样学它。随着时间的推移，它被遗忘在一边了。不过这几天在整理零碎时，我又开始注意到它了。

这次制作的主题是——做一款能够媲美山寨CD机的音乐播放器。随着MP3、MP4、手机、PMP等便携播放器的出现，在市场上很少看到专门卖CD机的柜台了。想想也是，现在马路上很少看到有人拿个硕大的CD机听音乐。最主要的原因，估计是CD光盘尺寸偏大，携带不便。但是，不管怎样，CD的音质还是相当好的。还记得去年，我制作了一款M8音乐播放器，朋友听了后，直接评价那音质不行。我解释说，那是8位的播放器，还是被他鄙视了，太伤我心了。于是，我又琢磨着做一款新的播放器，希望它的音质超过普通MP3的音质。这回机器做好后，又特意给那位朋友试听了一下，这次他评价说，音质的确超过普通MP3了。下面我和大家分享制作它的过程。

69.1 主要芯片介绍

这次制作的音乐播放器使用了TI公司的PCM1770，它是24位低功耗立体声音频DAC。由于它能够直接驱动耳机，所以我选择它作为音频解码器。当耳机的阻抗为16Ω时，播放器的输出功率为13mW。PCM1770使用的电源范围为1.6～3.6V，支持标准的I^2S音频接口。对DAC的操作是通过SPI接口实现的。它的音量也由软件控制，音量控制一共分为64个等级。

电路的处理器使用Atmel公司的AT91SAM7S64。它有64KB的Flash程序存储器、16KB的内部SRAM，是高性能的32 位RISC架构的ARM7处理器，最高工作频率可达55MHz。它一共有64个引脚，PIO控制的I/O驱动电流可以达到8mA，PA0~PA3的电流可以达到16mA，但所有I/O电流之和不能超过150mA。这款处理器具有SSC同步串行控制器，支持I^2S标准，也有SPI接口，可以设定8到16位的数据长度，每个SPI接口有4个片选线。这样，处理器与DAC解码器的数据传输、控制命令的发送都可以在硬件上连接实现。

69.2 可实现功能

这个制作完成后，将CD音质的WAV文件复制到SD卡内，文件必须存放在根目录下。程序通过

AT91SAM7S64的SSC串行控制器，把音频的数据流通过SSC接口传输到TI的音频DAC上。这样，耳机就播放出动听的音乐了。播放器使用普通的微动按钮控制，一共用了5个按钮，分别实现音量、选曲、播放、暂停等控制。

图69.1 制作所需的各部分实物

69.3 工作原理

整个制作，由图69.1所示的AT91SAM7 S64最小系统（左边）、洞洞板（中间）和转接成DIP封装的PCM1770 DAC（右边）组成。

这款音乐播放器的工作原理并不复杂，它主要由5大部分组成。

（1） AT91SAM7S64最小系统：比51单片机最小系统稍微复杂些。

（2） PCM1770 I2S音频解码器：用于驱动耳机或音响，播放音乐。

（3） SD卡：存放44.1kHz/16位的WAV格式的音乐文件。

（4） 5个普通的微动按钮，功能分别为：控制音量、前后选择音乐和播放/暂停音乐。

（5） 稳压芯片：将5V的USB电源转换成3.3V的电路工作电源。

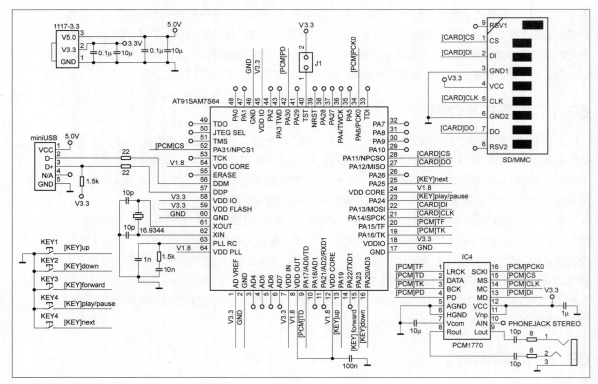

图69.2 电路原理图

音乐播放器的原理图如图69.2所示，可分为5大部分：左上角为稳压电路，左下角为5个微动按钮，右上角为SD卡，右下角为TI的音乐DAC芯片，中间的就是AT91SAM7S64的最小系统了。

69.3.1 稳压电源

它使用1117-3.3V的稳压芯片，把USB接口的5V电源转换成3.3V。4个电容起到滤波作用。稳压芯片可以采用SPX1117-3.3V、LM1117-3.3V或AMS1117-3.3V。如果使用有极性的电解电容，不要粗心地把正负极性弄反。

69.3.2 5个微动按钮

这5个微动按钮排列成经典的上下、左右、中间的十字结构，它的控制功能大家很容易理解，分别是上下为音量控制，左右为切换歌曲控制，中间为暂停/继续播放控制。

69.3.3 SD卡

SD卡使用它的SPI接口直接和ARM7的SPI接口的NPCS0、MOSI、MISO、SPCK连接，在程序中我使用了系统时钟16.9344MHz作为SPCK时钟，这样它的传输速率才可以超过CD音乐格式标准的数据流速度。

69.3.4 TI的DAC

这是这个系统最关键的地方，它需要SPI接口控制它，同时又需要I^2S接口给它提供数据流。它的SPI控制接口与AT91SAM7S64的NPCS1、MOSI、MISO、SPCK引脚相连，程序通过拉低NPCS0与 NPCS1这两个引脚来片选SD卡或DAC芯片。在传输数据时，可以拉低不同的片选信号来指定传输的方向。DAC的LRCK、DATA、BCK接口分别与RAM7的TF、TD、TK连接。但由于DAC芯片还需要系统时钟，它可以是128fs、192fs、256fs或384fs（这是以倍频方式表示的，fs为音乐的基准采样率，如44.1kHz）。所以，我通过ARM7的PCK0引脚输出384fs频率的时钟。最后，还可以通过控制DAC的PD引脚为0，让DAC休眠，减低它的功耗。

69.3.5 AT91SAM7S64最小系统

正确连接好处理器各内部控制器的电源，如VDDFALSH、VDDIO、VDDCORE、VDDPLL等，确认USB的D+上拉电阻连接到3.3V。在播放44.1kHz音乐时，确认使用的是16.9344MHz晶体振荡器（在下载程序时使用18.432MHz）。最后，在AT91SAM7S64的PLL RC引脚上连接PLL滤波用的电容。这样，ARM7上电后就能运行代码了。

AT91SAM7S64的电源系统比较复杂，但还好仅仅需要单一的3.3V电压，即可解决所有供电问题。电源使用USB的5V电压，经过1117-3.3V稳压芯片稳压，然后给DAC、AT91SAM7S64、SD卡供电。AT91SAM7S64还需要1.8V的电源电压，好在它内部集成的电压调节功能，能输出1.8V电压。

AT91SAM7S64处理器只要正确连接好需要的2种电源电压（3.3V、1.8V），焊接上18.432MHz的外部晶体振荡器，并且连接上简单的USB接口电路，在物理上就能够下载程序了。

注意，当使用18.432MHz的外部晶体振荡器时，烧录文件才能通过USB接口下载。但由于音乐播放器需要16.9344MHz的外部晶体振荡器，才能以正常的速率播放CD采样率（44.1kHz）的音乐。因此，下载好程序后，还需要切换晶体振荡器。这一步麻烦些。

程序首先初始化AT91SAM7S64的SPI接口和SSC接口，并使能PIOA引脚（连接按钮的引脚）和SSC接口（I^2S接口）的中断。等初始化接口完毕后，程序才能通过已经正确配置的接口，初始化音频DAC、SD卡设备。等这些操作完成后，程序会通过读取SD卡的特定扇区，识别文件系统种类，并搜索根目录下的第1个音乐文件。最后，通过按钮控制，实现音乐的播放。

69.4　使用方法

先要格式化SD卡，使用FAT（FAT12与FAT16的合集）或FAT32都可以。然后，复制44.1kHz、16位的WAV音乐到SD卡上（注意，请复制到根目录）。插上USB电源后，按中间的播放/暂停按钮播放音乐（音乐播放器在上电时不能自动播放，还需要按下播放/暂停按钮才能播放）。

69.5　烧录文件的下载与使用

69.5.1　引导代码简介

AT91SAM7S64内部含有一段叫SAM-BA BOOT的程序，它在出厂时已被固化，不会被擦除，也不会被改变。在特定的条件下，它会被复制到内部Flash中，这个复制的过程叫系统程序恢复。系统程序恢复后，下一次上电或手动复位时，SAM-BA BOOT代码就会运行了，它使用片上集成的USB或DEBUG串口与上位机通信，实现自编程。

69.5.2　恢复启动代码

在PA0、PA1、PA2、TST这4个引脚保持高电平的状态下，上电并等待10s。由于上电时PA0、PA1、PA2默认上拉电阻使能了，所以这3个引脚可以悬空。而TST引脚内部下拉电阻使能，因此需要通过外部电路将TST引脚拉高。

10秒后当芯片再次上电时（记得恢复TST引脚为低电平），就会运行SAM-BA BOOT程序了。这时，把芯片的USB接口连接上计算机，计算机上就会发现新硬件，并自动安装驱动。当然，前提是你在计算机上已经安装了SAM-BA ISP下载软件。

69.5.3　关于ERASE引脚

上电时ERASE引脚的上拉可以用来擦除内部Flash的安全位，并且会在50ms的时间内完成。它的作用是使整个内部Flash存储器的内容被清除掉。当完成这些操作后，安全位才会清除。

当你使用SAM-BA对器件编程后，执行了Enable Security Bit操作，即编程了Flash安全位，那么下一次恢复系统程序前必须拉高ERASE引脚。

69.5.4　SAM-BA软件使用

首先，安装SAM-BA ISP软件，它会连同驱动一起安装。这样，当把已经恢复启动代码的

图69.3 设备管理器　　　　图69.4 运行SAM-BA

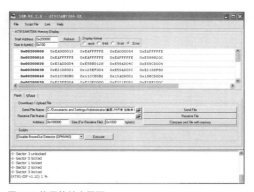

图69.5 烧录软件主界面

ARM7插入USB接口时，驱动即可自动安装，并在设备管理器里多出如图69.3所示的设备。

　　然后，双击软件运行，出现图69.4所示的运行画面。选择图69.4所示的连接方式"\usb\ARM0"和开发环境"AT91SAM7S64-EK"后，按"Connect"后连接。接着，烧录软件的主界面就会跳出，如图69.5所示。

　　接着，单击"Send File"按钮，选择烧录用的BIN文件。最后，单击"Send"发送即可。其间会弹出扇区解锁确认和扇区锁定确认对话框，单击"Yes"即可。

　　几秒后，程序就烧录完毕。重新上电后，音乐播放器的代码就能成功运行了。

69.6　制作简介

　　其实，整个制作对刚学习ARM7处理器的人也不难。买一个AT91SAM7S64的最小系统，它的32个PIO口一般都会引出来的，并用插针连接。只需要自己做底板，焊接好插座，就能方便地合并了。

　　我做的这个底板是用万用板制作的，尺寸大约是10cm×10cm。仔细观察的朋友，还会发现，这个底板的功能不仅仅是特意用来做音乐播放器的，还可以做许多关于ARM7的小实验。

　　底板的反面我用绝缘导线连接线路，这也是我目前喜欢的做法（见图69.6）。如果觉得难看，大家还可以自制PCB的底板，这样也能轻松焊接。

　　为了使自己的制作更美观，我又在网上买了片1.8mm厚的有机玻璃板。用小锯切割成10cm×10cm大小后，用砂纸仔细打磨。打磨好后在合适的位置上钻孔，最后用2mm的螺丝和对应的铜座固定，这个制作的外观就完成了（见图69.7）。

　　大家会发现制作的正面还有一根飞线，这是由于我买的最小系统，3.3V的电源插针没有向下引出，只好拿了条杜邦线连接到底板了。

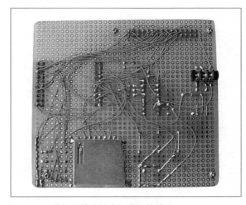

图69.6 用绝缘导线连接底板背面的线路

图69.7 用有机玻璃制作播放器的外壳

第四章 应用多种无线通信

文：盘桥富　卞晓强　边晓明

70 基于STC89C52和nRF905 模块的无线打分器

数据的无线传输技术有着广阔的发展前景，越来越受到消费者的欢迎，逐渐成为生活中不可缺少的一项实用技术。搞活动时经常需要涉及评分，如果我们能够自己DIY一个无线远程的打分器，不仅可以享受电子制作的乐趣，还能够获得周围人赞许的目光，拥有一份成就感。为此我们制作了一套无线远程打分器。本作品基于无线传输数据技术设计，以STC89C52单片机为控制核心，以nRF905无线传输模块来实现数据的生成和无线发送、接收。本制作的控制核心选用了基础的51单片机，它成本低，易于使用和操作，完全适用于日常生活中。

70.1　系统设计

首先我们对本作品将选用的控制核心做了一个选择，之前没有接触过nRF905，认为它需要主频比较高的单片机才能驱动，所以，我们一开始打算用MSP430来作控制核心，而在对nRF905有了充分了解后，才知道这个模块对驱动的要求并不高，用51单片机就足够完成对它的控制。为了降低制作成本和设计复杂程度，我们决定采用51单片机。

现在无线通信有着很多先进技术，如蓝牙、Wi-Fi和ZigBee等，总体向高速和低功耗发展。我们之所以选择nRF905作为无线传输模块，一是因为nRF905使用类SPI数据接口，操作控制和数据传输清晰、简洁，操作起来比较方便；二是因为它价格低廉，比较适合学生使用。

nRF905无线模块在正常工作中是以高频交变电磁波来进行数据传输的。它使用类SPI数据接口，操作控制和数据传输清晰、简洁。独有的Shock Burst技术，把生成前导码、地址和数据长度检查、CRC的添加和校验等功能全部交由nRF905模块完成。当成功接收到数据时，会通过中断引脚输出电平，用户只需专注完成单片机与模块之间的数据写入和读取工作，让无线数据通信工作变得异常轻松与方便。

传统意义上的nRF905无线模块通信只能以点对点发射和接收，或者一点对多点发射的方式完成无线通信，而多台nRF905发射模块向一台nRF905接收模块传递信息时，会发生信号丢失的情况。对于这种现象，我们以普通51单片机为控制核心板进行了测试。

首先将两个发送模块都启动并等待信号，进行一次数据的发送。结果接收端总是只能收到一个信号，并且多次实验，收到的都是同一个信号。把两个发送的单片机交换位置后，发现收到的还是同一个信号。于是我们猜想，在nRF905模块同时接收到两个数据时，会有一个数据丢失，并且这与发送模块的位置无关，可能跟nRF905模块发送的信号频率和模块晶体振荡器的振荡周期有关，由此造成其中一个始终捷足先登。之后，我们把两个nRF905模块从单片机上拆下来并交换，结果与上次不同，这次收到的是另一个信号。因此，猜想是成立的。为避免在打分过程中丢失信息，我们将一个数据按照不同的频率重复发送1000次，总发射时间小于1s，频率不同的话，就会使不同单片机信号发射产生间隔，这样"信号撞车"的概率就降低了。试验了100次，也没有丢失过信息。以这种方式完成多点对一点的信号通信，基本上是可行的。

为了区别和定位不同的发射端，我们给每个发射端都进行了编号，占用一个十六进制数，这样便可以实现对256个发射端做出区别，在nRF905接收到数据时，可根据不同编号进行数据的有效管理，每个发射端都可以通过按键来发送一个百分制的数字，并通过蜂鸣器来判断发送的数据是否合法，然后通过nRF905实现单片机间无线的数据传输。接收端可以将接收到的各个百分制数据都保存起来，并通过PL2303 USB转串口转换头与计算机实现串口通信。

70.2　硬件设计

系统原理如图70.1所示，本制作分为发射端和接收端，发射端主要由以下几个模块组成：STC89C52单片机最小系统、蜂鸣器驱动电路、数码管显示模块、nRF905无线模块、PL2303 USB转串口下载模块、DC供电模块和键盘控制模块。发射端和接收端元器件清单见表70.1和表70.2。

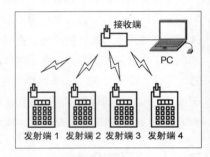

图70.1　无线打分器原理图

70.2.1　STC89C52单片机最小系统

本作品主要应用了51单片机的I/O控制和定时器功能。虽然51单片机是单片机家族中最基础、功能最少的一种，但由于本系统并不复杂，没有涉及高时序和高运算速度的要求，所以成为我们的首选。经试验证明，它确实没有辜负我们的期望。我们所用的STC89C52单片机最小系统如图70.2所示。

70.2.2　蜂鸣器驱动电路

单片机的I/O口驱动能力不足以让蜂鸣器发出声音，因此需要通过三极管放大驱动电流，如图70.3所示。我们可以控制I/O口产生一定频率的PWM波来控制声音的频率。一般而言，频率高一点，听起来会比较悦耳，但是如果频率太高，反而会听不到。

70.2.3　数码管显示模块

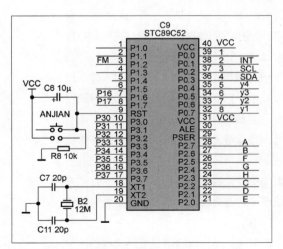

图70.2 STC89C52 单片机最小系统

本作品用的是共阳极二极管，如图70.4所示，Y2

表70.1 发射端（单个）元器件清单

名称	数量
1kΩ电阻	12
3.3kΩ电阻	6
10kΩ电阻	5
47kΩ电阻	1
20pF电容	6
0.1μF电容	6
10μF电容	1
100μF电容	1
12MHz晶体振荡器	2
STC89C52单片机	1
ASM117	1
LM7805	1
DC电源座	1
10×自锁开关	1
B3F4050按键	16
20孔单排母	1
7孔单排母	2
8段共阳极数码管	4
S9012三极管	5
4148二极管	4
蜂鸣器	1
绿色LED	2
ZLG7290	1
nRF905	1
感光板	1
单排针8	3
单排针4	2
单排针3	2

表70.2 接收端元器件清单

名称	数量
PL2303	1
6MHz晶体振荡器	1
6×6自锁开关	1
USB插头	1
1kΩ电阻	2
10kΩ电阻	1
24kΩ电阻	1
20pF电容	2
100μF电容	1
0.1μF电容	1
10μF电容	1
ASM117	1
DC电源座	1
10×10自锁开关	1
12MHz晶体振荡器	1
单排针4	1
单排针7	2
绿色LED	1
20孔单排母	1
STC89C52单片机	1

为公共端，只要控制其他端口的电平就可以显示任意数字了。

70.2.4 nRF905无线模块

nRF905的工作电压为1.9～3.6V，要用稳压管做个相匹配的3.3V电源。我们用的是现成的nRF905模块，只需将SPI接口与单片机相连，即可用单片机完成对它的一切控制，其接线插座如图70.5所示。

70.2.5 PL2303 USB转串口下载模块

PL2303是Prolific公司生产的一种高度集成的RS232-USB接口转换器，该器件内置USB功能控制器、USB收发器、振荡器和带有全部调制解调器控制信号的UART，只需外接几个电阻、电容就可实现USB信号与RS232信号的转换，如图70.6所示。

70.2.6 DC供电模块

该系统需要3.3V和5V供电，而变压器输出的是9V的直流电，这里用LM7805将9V电源稳定到5V，为单片机和其他各电路

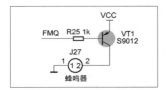

图70.3 蜂鸣器驱动电路

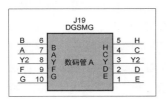

图70.4 8段共阳极数码管

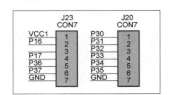

图70.5 nRF905 接线插座

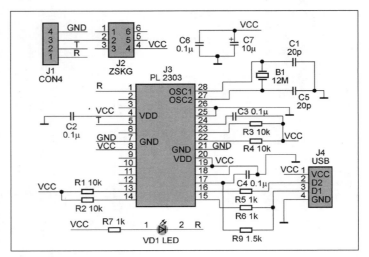

图70.6 PL2303 USB转串口下载模块

供电；用ASM117将5V的电压稳定到3.3V，为nRF905供电，如图70.7所示。

70.2.7 键盘控制模块

ZLG7290采用I²C接口，可扫描、管理多达64只按键，实现人机对话的功能，资源十分丰富。除具有自动消除抖动功能外，它还具有功能键、连击键计数等强大功能，可扩展驱动电压和电流。在本系统中，ZLG7290只用来驱动4×4的键盘，如图70.8所示，感觉有点浪费。

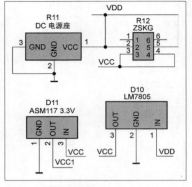

图70.7 DC供电模块

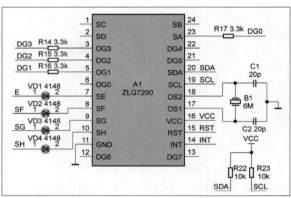

图70.8 键盘驱动电路

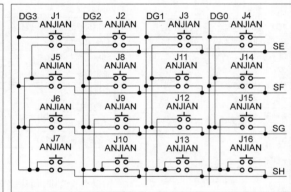

70.2.8 接收端

在制作和调试过程中，我们遇到过很多大大小小的问题，大多数问题我们都通过反复研究和调试一个个逐步解决，然而也有无法解决的情况。我们原打算制作5个一样的电路，通过改程序使它们可以相互代替，但把5块相同的板制作出来后，才发现它们都只能发射信号，而没办法接收信号。通过大量的调试，我们发现驱动nRF905需要特定的I/O口，由于在制作过程中，我们已经利用了其他I/O口，导致nRF905只能发射，不能接收。万般无奈，只能重新设计和制作单独的接收端，如图70.9所示。

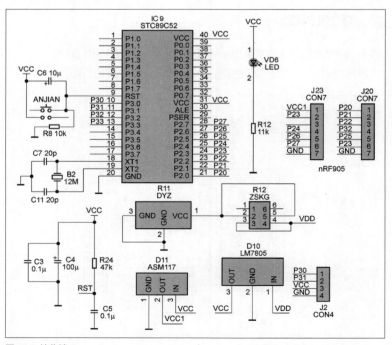

图70.9 接收端

70.3 软件设计

本系统发射端使用ZLG7290来实现键盘的驱动，使用nRF905来实现无线传输，驱动程序可由网上下载，稍加修改就可应用到本系统上。通过按键来实现打分过程，包括开始打分、清除分数、发送分数、对分数值的确认等。同时可用数码管对分数进行显示和确认。而接收端利用nRF905对数据的接收和中断来实现串口通信。发送端先等待用户按键，当按键事件产生，单片机便控制nRF905以一定的频率发送数据，并等待用户输入指令。接收端一直处于接收状态和与PC通信状态，一旦接收到数据，就判断是第几个发射端的数据，再进行大小判断，若符合标准，则覆盖原数据，然后将数据传输给PC。具体软件流程图如图70.10所示。

接下来需要编写上位机软件了。作者作为非计算机专业的大二学生，没有系统的C++编程相关知识，缺少编写计算机软件的经验，力所能及的就是去图书馆和网上找点教程现学现用了。

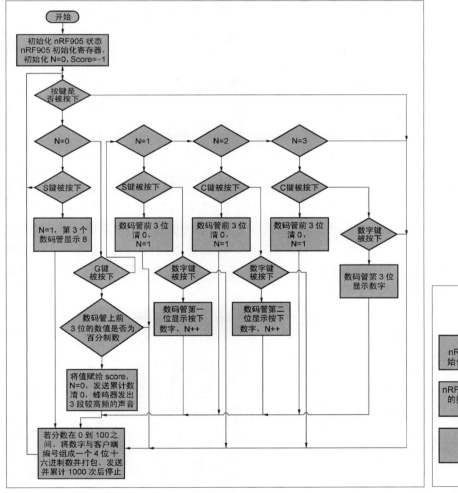

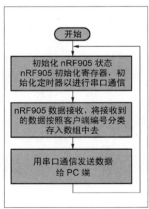

图70.10　无线打分器软件流程图

之前我们自学过VC，所以本程序是用VC上的MFC完成的，其主要部分是MSComm串口控件的应用。在PC主板上，有一种类型的接口可能常被人们忽视，那就是RS-232C串口，在微软的Windows系统中称其为COM。我们可以通过设备管理器来查看COM的硬件参数设置，使用串口控件实现串口通信。

串口通信通过打开串口、配置串口、读写串口以及关闭串口这4个步骤来完成。串口的配置主要是设定一些参数，如串口号、波特率、数据位、停止位和奇偶位等。只要配置好，就可以进行接下来的读写了，在每次接收到数据时都会触发串口事件，这时只需将串口缓冲区的值一个个存入数组就行了。

然后就是界面的设计，我们以简洁朴素的原则设计了界面，如图70.11所示。

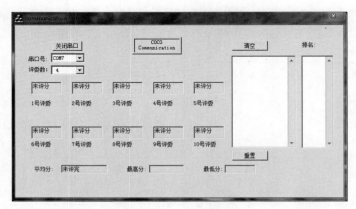

图 70.11 上位机软件界面

运行的流程分为4个步骤：（1）将接收端通过PL2303连到计算机上，并通过计算机的设备管理器查看端口号。（2）打开程序，修改串口号为上一步中查看到的端口号，关闭串口并重新打开。（3）将评委数改为发射端的个数。运行以上步骤后，就可以用单片机进行打分了。当所有的发射端都打分后，可统计出最高分和最低分，并计算出去掉最高和最低分后的平均分。按清空键，可以将数据记录下来，并获得该次打分的名次，然后开始下一次打分。（4）按重置键，可以把记录数据都清空。运行结果如图70.12所示。

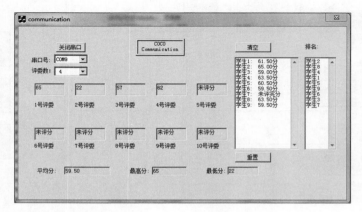

图 70.12 一次打分结果

70.4 制作、调试与使用

电路板是我们自己制作的，其制作过程可分为以下步骤：绘制电路原理图并生成网络表，建立与绘制PCB文件，打印PCB文件，通过感光板生成所要的电路板，腐蚀、钻孔后即可焊接，焊接完成后对系统进行测试、纠错和改良。制作完成的实物如图70.13、图70.14所示。

图 70.13 接收端   图 70.14 发射端

所有发射端可通过9V直流电源供电，而接收端可通过USB供电。各个发射端的操作方法一致，不同的是，它们有着不同的编号。操作方法如下：（1）按S键开始，此时数码管会显示提示。（2）可任意输入一个百分制数字，在此期间，可按C键把数据全部清除。（3）当输入完后，按G键可发送数据，若数码管全灭，则发射成功，然后可重复上述步骤，发送下一个数据。若数码管全显示8，说明数据出错，此时只能通过C键来重新输入。在发送成功后，可听到蜂鸣器发出较清脆的几个声音；而发送错误，则会发出一段较刺耳的声音。发射成功后，即可在计算机上看到收到的数据。

nRF905的最大通信距离约200m，作品设计最大通信距离50m，一般情况下足够使用。我们在通信调试过程中，遇到干扰造成传输数据异常的情况，但其发生概率很小，可通过修改软件将干扰数据（即不在0～100之间的整数）屏蔽。

我们以4台发射端与1台接收端成功完成无线远距离打分信号的通信，实时通过投影机在大屏幕显示打分结果，引来许多同学的注意。有人问，为什么不多设置一些发送端？这主要是受制作经费的限制。不过在上位机的显示窗口，我们预留了10个发射端的显示框，读者可以拓展为10个或更多的发射端，只需要根据程序做相应的修改就可以实现。

文：张彬杰

71 模型遥控器

71.1 起源

小时候，我曾很想自己做个玩具遥控器。那时，我有空就到百货商店的玩具柜台前面，贴近了看那些遥控赛车。真是太想要了！经过几年和父母软磨硬泡，我终于买了第一架遥控赛车。呵呵，那时电池也是奢侈品，都不怎么舍得买电池。相对于对遥控赛车本身的喜爱，我更喜欢它内部的电子零件。终于有一天，我忍不住把它拆了。当然，这也是我最喜欢做的一件事。想想这段回忆真是美好！

这次做的这个遥控器，可以遥控我买的玩具4轴飞行器。这次制作的主角是ATmega8单片机、2个旧玩具摇杆和2.4GHz无线数传模块。制作所需元器件见表71.1和图71.1。

（1）ATmega8单片机在芯片的内部集成了AD转换单元，因此不用购买额外的AD转换芯片。贴片的ATmega8单片机有8通道A/D转换（TQFP、MLF封装），6路10位A/D+2路8位A/D。而直插的ATmega8仅仅只有6通道A/D转换（PDIP封装），4路10位A/D+2路8位A/D。

（2）遥控器的2个摇杆是我从以前买旧的玩具遥控器拆下来的。每个摇杆都可以进行360°的旋转。它的做工和手感肯定比专业的模型遥控器摇杆要差，但是用于这次的制作还是绰绰有余的。

（3）2.4GHz无线模块采用的是nRF24L01。nRF24L01是一款新型单片射频收发器件，工作于2.4～2.5GHz的ISM频段，内置频率合成器、功率放大器、晶体振荡器、调制器等功能模块，并融合了增强型ShockBurst技术，其中输出功率和通信频道可通过程序进行配置。

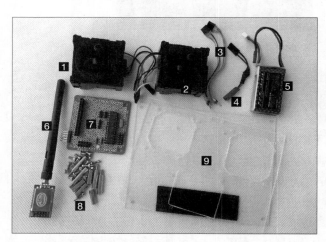

图71.1 制作所需元器件

表71.1 制作所需元器件

编号	名称	作用
1	左摇杆	用于控制油门和方向
2	右摇杆	用于控制副翼和升降
3	nRF24L01无线模块延长线	用于连接万用板
4	稳压线	制作的3.3V稳压线，内部集成稳压芯片1117-3.3
5	2S锂电池7.4V	给遥控器供电
6	nRF24L01无线模块	2.4GHz无线信号发射
7	ATmega8单片机最小系统	可以工作的单片机环境
8	螺丝、铜柱若干	用于固定外壳
9	亚克力外壳	自己手工切割的外壳

nRF24L01功耗低，在以−6dBm的功率发射时，工作电流也只有9mA；接收时，工作电流只有12.3mA，多种低功率工作模式（掉电模式和空闲模式）可以让制作更节能。

71.2 制作过程

01　由于使用的是 7.2V 锂电池，于是先焊接了稳压线（包含 1117–3.3）。

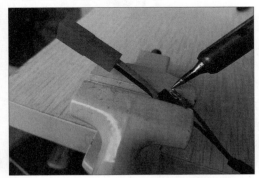

02　电源线焊接好的效果。

03　用热熔胶固定连接处。

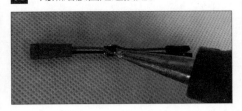

04　最后再将连接处用热缩管保护起来。

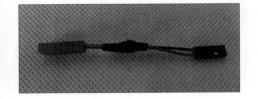

05　用 M2 内六角螺丝固定单片机最小系统（最小系统是以前做的），并在亚克力板上粘贴魔术贴。魔术贴用于固定电池。

06　固定 2.4GHz 无线数传模块到亚克力前面板。

07　用 M3 内六角螺丝固定 2 个摇杆至前亚克力面板。

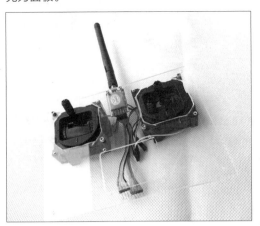

08 由于我使用的铜柱不够长，所以两个合并起来使用。

09 最终组装好的遥控器如图所示。

71.3 原理介绍

本制作的电路如图71.2所示。其实，自制遥控器的2个摇杆是由4个可变电阻组成的。可变电阻的两端分别接电源和地，这样可变电阻中间的滑块位置改变后，滑块的电压也会发生改变，然后通过ATmega8单片机的AD转换单元，就能得到相应的数字量，得到的数字就代表可变电阻滑块的位置，也就是摇杆的位置。

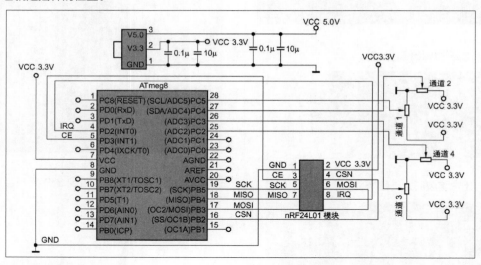

图71.2 电路原理图

程序通过2.4GHz无线芯片把摇杆的4个位置信息发射到接收端。接收端接收到数据后，会再进行数据正确性校验。如果数据正确就处理数据，如果不正确就放弃该数据。这样就完成了一次数据的传输。那么数据的格式是什么样的？数据的传输速度和传输大小又是怎样？这一部分将在后文详细讲解。

模型百科

　　一般模型有两种控制方式，即左手油门和右手油门。在模型爱好者中，左手油门也叫作美国手，右手油门也叫作日本手。

　　（1）美国手的控制方式——左手控制油门和方向舵，右手控制升降和副翼。

　　（2）日本手的控制方式——左手控制升降舵和方向舵，右手控制油门和副翼。

　　真正载人的真飞机是用手操纵驾驶杆的，驾驶杆用来控制升降舵和副翼，脚蹬左、右踏板来控制方向舵。

　　美国手控制方式跟真机是差不多的，将控制飞机姿态最有效的升降舵和副翼放在比较灵活的右手上。左手主要负责油门和方向。在固定翼飞机飞航线时，只需要用脚稍微调整一下方向即可实现转向。

　　那么油门、方向舵、升降舵和副翼又是什么呢？在不同的机种中，它代表的状态是不一样的。

　　在固定翼飞机中，油门代表的是螺旋桨的转速，方向舵代表的是飞机向左或向右转向（就像汽车的转向），升降舵代表的是飞机爬升和下降（往下拉摇杆时飞机抬头爬升，往上拉摇杆时飞机低头降落），副翼代表的是飞机左、右的旋转，往左拉摇杆时逆时针旋转（从尾部看飞机），往右拉摇杆时飞机顺时针旋转（从尾部看飞机）。

　　在直升机中，油门代表的是螺旋桨的转速和螺旋桨角度的控制，方向舵也是代表向左和向右转旋转（以直升机的头部作为参考），升降舵让直升机水平向前或向后飞行，副翼让直升机水平向左或向右飞行。当然，前提是控制要在一定的数据范围内。

　　在4轴飞行器中，油门代表的就是4个螺旋桨的转动速度，方向舵代表的是向左和向右旋转（以4轴的头部作为参考），升降舵让4轴水平向前或向后飞行，副翼让4轴水平向左或向右飞行。当然，前提是要控制在一定的数据范围内。

71.4　遥控编码

　　那么我是如何得知遥控编码的呢？首先，你要判断商品遥控器使用的是哪种无线芯片。然后，了解它的数据接口是什么（I^2C、SPI、并口还是其他）。然后，连接逻辑分析仪到计算机，采集无线芯片引脚上的数据，图71.3所示就是采集到计算机里的（配置无线芯片寄存器）部分数据。接着根据数据手册来判断采集的数据是发送到哪个寄存器。再根据寄存器的定义，分析配置的数据含义，如无线模块的通信速率、通信地址宽度、通信地址、发送的数据宽度等。这些配置在传输数据前，都是必须要先进行设置的。

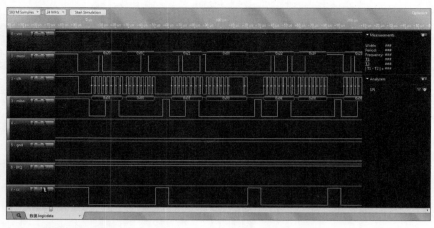

图71.3 采集到的部分数据

不仅需要记录寄存器的配置，还要分析传输的数据是什么含义。怎么判断呢？你可以把遥控的某个通道，逐渐从下到上、从左到右地滑动，看发送到无线芯片FIFO寄存器数据的变化。FIFO寄存器是无线芯片需要发送的传输数据。如果传输的某个数值变化了，并且有某种微妙的关系，那么它就代表着那个通道。

最后，分析一下数据的表示方法，数据可以表示有符号数和无符号数。我兼容的这个遥控器，它传输的摇杆数据用有符号数表示。

还有一个东西很重要，就是校验方式。有时遥控器发送的数据，接收端会产生误读。在模型运动里，一个小小的错误可能都是致命的。校验方式有奇偶校验、数据和校验、CRC校验等。估计开发人员考虑到他们所使用的单片机资源有限，所以在商品遥控器的最后一个字节使用了数据和校验方式。也就是把发送的16字节中的前15个字节加起来，然后除以256，取它的余数。在单片机程序中，定义一个Unsigned Char变量，直接累加每个字节数据即可得到这个数值。因为Unsigned Char变量的范围为0～255中的任意数值，当累加的和大于255时，数据会溢出并回归到0，继续累加。因此程序不必做特殊的处理，简单地用 "+=" 操作符累加即可。是不是想要看看发送的这16字节是什么内容呢？

好吧，还是给一串遥控器实际发送的16字节数据，我们慢慢分析一下它的编码定义吧。

{0x00,0x00,0x00,0x00,0x40,0x40,0x40,0x4b,0xb3,0xf4,0x00,0x00,0x00,0x00,0x00,0xb2};

第1个字节到第4个字节：油门数据、方向数据、升降数据和副翼数据。当左边的摇杆从下往上控制时，油门数据在0x00（最低点）～0xff（最高点）变化。当左边的摇杆从左往右控制时，方向数据在0x7f（最左边）～0x00（中间），0x80（中间）～0xff（最右边）变化。当右边摇杆从下往上控制时，升降数据在0x7f（最低点）～0x00（中间）、0x80（中间）～0xff（最高点）变化。当右边摇杆从左往右控制时，副翼数据在0x7f（最左边）～0x00（中间）、0x80（中间）～0xff（最右边）变化。

第5字节到第7字节：微调方向舵、升降舵和副翼的偏移数值。

第8字节到第14字节：呵呵，这个我还没分析出来。

第15字节：飞行的状态标志，如飞行的机动能力，是否触发一键翻腾等。

第16字节：数据和校验，之前15个数据的和，高于8位的数值忽略。

不管怎样，有了上面的数据，就能很好地控制好4轴飞行器的姿态了。但是，别忘了，现在的遥控器一般都会有自动跳频的功能。为的是能让几个玩家用同一款遥控器时不会产生干扰。因此，你还要分析所买的遥控器使用的调频频点以及调频周期。这个就需要自己耐心记录下遥控器所使用的所有频点了。具体的频点需要查看设置的频点寄存器。还好，我目前使用的遥控器是用32个固定变化的频点，它每隔300Hz左右就会设置一下无线芯片的频点寄存器，更换一下频点。

这篇文章不是要大家去做山寨遥控器，而是去学习成品的控制原理和控制方法。同时自己有条件的话，可以自己做个遥控器兼容自己买的模型。我自己做的这个遥控器不一定适合每一台四轴飞行器，因为，我仅仅是研究并分析了它的编码，它的控制原理还没完全摸透，还需要继续学习。

希望你读了上述的内容，对于自己DIY一个能够使用的遥控器是有所启发吧。

■ 本文相关程序可到本书下载平台（见目录）下载。程序使用CVAVR编译，单击工程文件即可直接打开修改。当然你不想修改的话，可以直接烧录编译好的HEX文件。

72 2.4GHz数字无线话筒

我最近做项目，手头剩下几片ATmega16L单片机和一对NRF24L01+无线模块，闲来无聊，于是做了个数字无线话筒玩玩儿，没想到效果还不错。

如今，越来越多的2.4GHz无线产品进入了我们的生活，如蓝牙、无线上网和无线键鼠等，这些产品极大地方便了我们的生活。接下来我所制作的就是一款简单的2.4GHz数字无线话筒。

2.4GHz无线技术采用的频段处于2.405～2.485GHz（科学、医药、农业），这个频段里是国际规定的免费频段，这为2.4GHz无线技术的可发展性提供了必要的有利条件。2.4GHz无线技术采用全双工模式传输，这决定了它的超强抗干扰性。此外，相比采用蓝牙等其他无线传输技术的产品，采用2.4GHz无线技术的产品，制造成本更低，提供的数据传输速率更高，它的抗干扰性、最大传输距离以及功耗更远远超出采用同样免费的27MHz无线技术。

72.1 设计思路

这个设计的思路非常简单，首先将驻极体话筒采集到的声音模拟信号转换成便于存储和处理的数字信号，即进行AD转换；然后将数据通过2.4GHz的无线模块发送到接收端；接收端收到数据后，再利用PWM将数字信号还原成声音信号。

由于话筒传输的是实时的语音信号，而声音的数字化和还原都会有延迟，因此，这个设计的关键是怎么做才能保证语音信号实时传输。

72.2 元器件选择

这款无线话筒结构简单，用到的主要元器件有nRF24L01+无线模块、AVR单片机、晶体振荡器和驻极体话筒，当然，还得有几个电阻、电容。

至于nRF24L01+无线模块，现在很容易买到，也不贵。通常，这类模块官方给出的传输速度有3种，分别是1Mbit/s、2Mbit/s和250kbit/s，可通过软件选择。然而这只是一次传输32字节的速度，应用中由于每次发送需要等待器件进入发送状态，内部PLL电路工作稳定，每发送一次大约需要700μs（自动应答2Mbit/s时），所以实际能达到的最大速度大概是40～60kbit/s。

根据Atmel官方文档，ATmega16L的AD在10位分辨率时能达到的最大采样率大约为15kHz。而我们在这个设计中给它来点"超频"，设置它的AD时钟频率为1MHz，8位分辨率，这样可以稍稍提高AD转换速度，达到8位16kHz采样的目的。32字节可以存储2ms的声音信息：

1s/16kHz=62.5μs，62.5μs×32=2ms，不要担心，这只是个不太讨厌的计算题。根据计算可以知道，发送一次数据需要大约700μs，而接收一次数据存储了2ms的声音数据，因此完全可以在播放这2ms声音时进行下次的发送、接收。这就达到了实时传输语音信号的目的。系统流程图见图72.1。

当然，并不是一定要用ATmega16L单片机，也可以用ATmega8单片机。其实只要带有AD转换且速度够快的单片机都能使用。

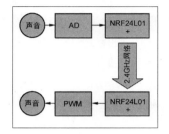

图72.1 系统结构图

72.3 电路原理图简介

前面已经说过这是个简单的设计，简单体现在电路上。

72.3.1 发送端电路

发送端电路有数据传输、数据处理和声音采集3个部分。数据传输部分用单片机的硬件SPI接口与NRF24L01+无线模块连接，提高传输速率，简化程序设计，如果是没有SPI接口的单片机可以用I/O模拟SPI，这里不再说明。声音采集部分就是用驻极体话筒将声音信号转换成连续变化的电压信号，然后通过单片机自带AD转换部分转换成数字信号。从原理图（见图72.2）可以看出，驻极体话筒的电路之外接了一个电阻，那这个电阻的阻值（R）是怎么确定的呢？这个设计中ATmega16L单片机AD的参考电压选择AV_{CC}引脚电压，而$AV_{CC}=V_{CC}$，所以AD输入电压（V_{in}）范围应该在$0\sim V_{CC}$。驻极体的工作电流（I）为0.1～1mA；$V_{in}=V_{CC}-I\times R$，如果取$V_{CC}=4.2$V，则可以确定R取值应在4.2～42kΩ，这里取R为10kΩ，保证信号不失真。数据处理部分就是单片机了，单片机控制AD的采样率，存储数字信号，并且控制无线模块发送数据。

72.3.2 接收端电路

接收端电路用到的数据传输部分与发送端完全相同。只是在单片机PWM输出引脚接了个低通滤波器，滤去高频噪声，还原语音信号。整个设计从简单出发，因此低通滤波器只用一个电阻（10Ω）和一个电容（2.2μF）组成，截止频率大约为7kHz，具体原理图见图72.3。如果想要更好的效果，可以用5532接一个带通滤波器，效果会更好。

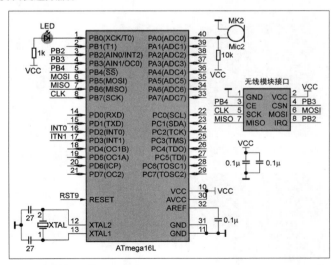

图72.2 发送端原理图

72.3.3 电源

发送端用一块电压为4.2V的锂电池供电，方便手持使用。接收端由于要和耳机或功放连接，采用稳压电源供电，电压为3.3～5V。需要特别说明的是NRF24L01+对电源特别敏感，电源质量差可能会导致接收变差，甚至收不到数据，因此应注意电源滤波，最好在NRF24L01+电源附近接一个

0.1μF电容。

72.4　程序编写

　　电路简单不代表程序就简单，程序是这个数字无线话筒的灵魂。按原理图接好电路（见图72.4），接下来要面对的就是编程问题了。程序同样也分为发送端程序和接收端程序。

72.4.1　发送端程序

　　发送端所做的工作是AD转换、数据暂存和数据发送。发送端程序设计的关键是准确地控制AD采样率为16kHz，还能及时将数据发送出去。为此发送端ATmega16L单片机的AD工作在自动触发模式，以定时器0为触发源，并且以中断方式读取转换结果，从而准确地控制采样率。

72.4.2　接收端程序

　　接收端程序完成的工作是接收到数据后将数字信号转换成占空比不同的连续脉冲。程序设计的关键是保证PWM工作频率与发送端采样率相同，这样才能准确地还原声音信号。ATmega16L单片机带有硬件PWM，大大简化了程序设计。需要特别注意的是，如果没有收到数据，要关闭PWM输出，否则会有非常大的噪声。

　　程序流程图可到本书下载平台（见目录）下载。

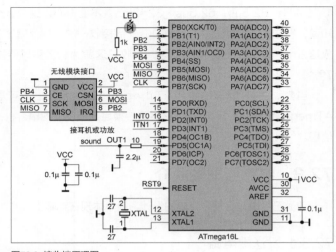

图72.3　接收端原理图

图72.4　初步完成后的发射电路实物

图72.5　接收电路与自制的功放音箱连接

72.5　实际使用效果

　　我原以为用单片机自带AD16kHz采样8位分辨率、PWM变换，还有简陋的滤波器和驻极体话筒，这样的话筒音质一定"惨不忍听"，制作完成后小心试用，没想到得到是惊喜：基本无噪声，清晰地还原了说话的声音，接上功放（见图72.5），音质更好。在使用PCB天线时，室内测试有效距离为6m。2.4GHz数字无线话筒使用的就是最简单的AD转换，没有使用声音的采样量化编码技术，音质勉强，比FM无线话筒音质稍差，比电话语音稍强。如果对音质有很高的要求，可以使用专用的音频ADC芯片和音频DAC芯片，但是成本就高了。

　　2.4GHz的无线信号非常适合于在小范围内进行数据传输。动手试一试吧，用洞洞板也可轻松搞定哦。

文：邓俊波

73 用手机Wi-Fi控制家电

很多人想用手机通过Wi-Fi来遥控家用电器，但这方面的资料少，有的方法复杂。笔者介绍一种简单玩法，轻松DIY，就能实现手机对不少家用电器的"智能"控制。

73.1 硬件搭建

想用手机通过Wi-Fi来实现控制，需要搭建3部分硬件：一个是Wi-Fi信号的接收部分，一个是单片机主控部分，还有一个是与所控电器开关连接的驱动部分。我的硬件电路中，单片机采用STC89C52RC，如图73.1所示。串口Wi-Fi模块可以网购，型号为HLK-RM04，如图73.2所示。输出驱动硬件电路（使用晶闸管），如图73.3所示。完整的硬件连接如图73.4所示。

图73.1 制作采用的单片机

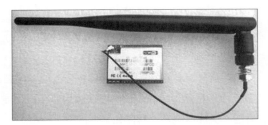

图73.2 串口Wi-Fi模块

各个模块的电路原理如图73.5所示。单片机作为主控模块，一方面接收Wi-Fi模块的输出信号，并根据与Wi-Fi模块连接的引脚的电平变化调整其23脚的输出电平，以控制输出驱动模块产生相应动作。Wi-Fi模块用于接收来自手机的Wi-Fi信号后，输出驱动模块用于实现对另一端电器开关的控制。制作图73.5所示电路的材料清单如表73.1

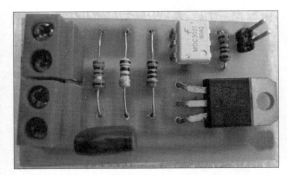

图73.3 输出驱动部分（使用晶闸管）

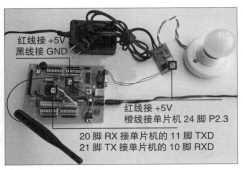

红线接 +5V
黑线接 GND

红线接 +5V
橙线接单片机 24 脚 P2.3

20 脚 RX 接单片机的 11 脚 TXD
21 脚 TX 接单片机的 10 脚 RXD

图73.4 完整的硬件电路连接

表73.1 制作所需的元器件

类型	序号	参数
电阻	R1	10kΩ
	R2	100Ω
	R3	200Ω
	R4	1kΩ
	R5	51Ω
电容	C1	30pF
	C2	30pF
	C3	10μF
	C4	100nF/400V
单片机	IC1	STC89C52RC
串口Wi-Fi模块	IC2	HLK-RM04
光耦	IC3	MOC3021
晶体振荡器		11.0592MHz
晶闸管	VT1	BTA12-600

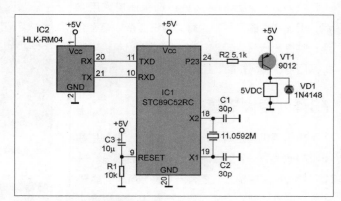

图73.5 使用晶闸管的驱动控制电路

图73.6 使用继电器的驱动控制器电路

所示。

若不想使用晶闸管作输出驱动，也可以使用继电器，电路原理如图73.6所示。

73.2 单片机程序编写

这个制作的单片机程序也分3部分：第一部分是初始化程序，主要是使能串口接收中断，设置波特率为115200波特；第二部分是串口中断程序，接收Wi-Fi模块获取的手机控制信号；第三部分是主程序，根据串口接收的数据，开启、关闭继电器。程序如下：

```
#include <reg52.h>
sbit k1=P2^3;
bit flag;
unsigned char temp;
void init1(void)
{
REN=1;/*允许串口接收数据*/
ES=1;/*打开串口中断*/
SCON=0x50;/*串口方式1,8位UART*/
/********定时器2作波特率发生器********/
TH2=0xff; TL2=0xfd;/*晶体振荡器11.0592MHz,波特率115200波特*/
RCAP2H=0xff; RCAP2L=0xfd;/*16位自动重装值*/
```

```
  TCLK=1;

  RCLK=1;

  C_T2=0;

  EXEN2=0;/*波特率发生器工作方式*/

  TR2=1;/*启动波特率发生器*/

  EA=1;

 }

void main(void)

{

 init1();

 while(1)

 {

  if(flag==1)

  {

    ES=0;

    if(~(temp-'0')==0xc4)k1=0;/*手机发字母"k"表示打开*/

    if(~(temp-'0')==0xc8)k1=1;/*手机发字母"g"表示关闭*/

    flag=0;

    ES=1;

   }

  }

 }

void ser(void) interrupt 4

{

 RI=0;

 temp=SBUF;

 flag=1;

 }
```

73.3　手机软件安装

1．安卓系统的手机，从网上下载EasyTCP.apk软件，并在手机上安装该软件，如图73.7所示。

2．给连接好的51单片机、串口Wi-Fi模块与输出驱动电路通电，等待。

3．当Wi-Fi模块绿灯闪烁后，对手机进行如下设置。

（1）点击手机的"设置"，进入如图73.8所示界面。

（2）点击"WLAN"进入，点击"开启WLAN"后，就能搜索到"HI-LINK_xxxx"（注意：不同的模块，xxxx这4位数不同），如图73.9所示。

图73.7 安装EasyTCP.apk软件　　　　　图73.8 点击"WLAN"　　　　　图73.9 点击"HI-LINK_xxxx"

（3）点击"HI-LINK_xxxx"，进入密码输入的界面，输入密码"12345678"，如图73.10所示，这是该串口Wi-Fi模块厂家的默认设置密码，点击"连接"。

（4）Wi-Fi连接成功的界面如图73.11所示。

4. 只要Wi-Fi连接一次设置成功，以后就不用再重复设置了，退出WLAN设置。接下来，设置并运行EasyTCP。

（1）打开EasyTCP。

（2）出现如图73.12所示界面，同时手机上方出现默认Wi-Fi模块IP地址"192.168.16.100"，点击IP地址右侧的"连接"。

图73.10 输入密码　　　　　图73.11 Wi-Fi连接成功　　　　　图73.12 打开EasyTCP

（3）出现"选择一个远程主机进行连接"的要求，如图73.13所示，点击右上方的"+"，在"地址"栏输入"192.168.16.254"（远程主机，在"端口"栏中输入"8080"，也是进行一次输入设置，以后不再重复设置）。

（4）点击"连接"，则EasyTCP可以正常通信了，如图73.14所示。

5．点击"消息"，如图73.15所示。

（1）在下面的消息栏中输入"k"，点击右边的"发送"，如果连接正确，我们可观察到，与驱动电路连接的灯亮了！

（2）再输入"g"，点击右边的"发送"，如图73.16所示，可观察到与驱动电路连接的灯灭了！

至此，我们用手机已经成功实现了对电灯的遥控，若将电灯换为插座，就DIY了一个简易的"智能插座"。至于其他"智能家居"的控制，怎么发挥，由你说了算。

本玩法虽显简陋，但操作容易，一做就成，不失为串口Wi-Fi控制的入门小制作。

图73.13 输入主机IP和端口号

图73.14 EasyTCP连接成功

图73.15 在消息栏中输入消息

图73.16 输入"k"则开灯，输入"g"则关灯

文：周兴华

74 RFID卡读写器

RFID（Radio Frequency Identification，射频识别）技术是一种非接触自动识别技术，利用射频信号通过空间耦合（电感或电磁耦合）实现无接触信息传递，并通过所传递的信息达到识别目的。

RFID卡技术成功地融合RFID技术和IC卡技术，解决了无源（卡中无电源）和免接触的难题，是电子信息技术领域的一大突破。由于RFID卡方便、耐用，且可高速通信、多卡操作，在门禁安防、身份识别、公共交通等众多领域正逐渐取代传统的接触式IC卡，在市场上所占的份额越来越大，应用日益广泛。高速公路、停车场、加油站收费，智能卡水表、电表、煤气表等应用，也可使用RFID卡。从长远角度看，RFID卡将会替换目前广泛使用的接触式IC卡。

74.1 RFID卡的突出优点

与接触式IC卡相比，RFID卡具有以下优点。

（1）高可靠性：由于无触点，可最大限度地避免由接触读写而产生的各种故障，提高了抗静电和抗环境污染能力，因此提高了使用的可靠性，延长了读写设备和卡片的使用寿命。

（2）易用性：操作方便、快捷，无须插拔卡，完成一次操作只需0.1～0.3s。使用时，卡片可以任意方向掠过读写设备表面。

（3）高安全性：序列号是全球唯一的，出厂后不可更改。卡与读写设备之间采用双向互认验证机制，即读写器验证卡的合法性，同时卡验证读写器的合法性。通信过程中所有的数据都加密，卡片上不同分区的数据可用不同的密码和访问条件进行保护。

（4）高抗干扰性：对于有防冲突电路的RFID卡，在多卡同时进入读写范围内时，读写设备可一一对卡进行处理，抗干扰性高。

（5）一卡多用：卡片上的数据分区管理，可以很方便地实现一卡多用。

（6）多种工作距离：作用距离从几厘米到几米，适应不同的应用场合。

74.2 RFID卡读写器工作原理

RFID卡的结构如图74.1所示。

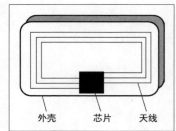

外壳　　芯片　　天线

图74.1 RFID卡的结构

RFID卡读写器是连接RFID卡与应用系统间的桥梁，RFID卡读写器的基本任务就是启动RFID卡，与RFID卡建立通信，在应用系统和卡片间传递数据。

RFID卡读写器将要发送的信息编码后加载到一固定频率的载波上，当RFID卡（卡片内有一个谐振电路，其频率与读写器发送的载波频率相同）进入读写器的工作区域后，谐振电路发生谐振并产生电荷积累，当电荷积累到一定数值时，就能为RFID卡内的电路提供工作电压，使卡内的芯片开始正常工作，处理读写器发送的数据信息。RFID卡系统的模型如图74.2所示。

一个完整的RFID卡读写器应包括以下几个部分（见图74.3）：单片机、射频处理模块、天线、与PC的通信接口以及键盘、显示等部件。

单片机是读写设备的数据处理控制核心。它不仅要控制射频处理模块完成对RFID卡的读写，还要负责通过通信接口与PC进行通信，并对键盘、显示设备等其他外部设备进行控制。

射频处理模块负责射频信号的处理和数据的传输，完成对RFID卡的读写。

天线的作用有两个：一是产生电磁能量，为卡片提供电源；二是在读写设备和卡片之间传送信息。天线的有效电磁场范围就是系统的工作区域。

与PC的通信接口以及键盘、显示等部件主要实现与PC的通信，以及操作时的人机界面。

根据RFID卡与读写器之间能可靠交换数据的距离，RFID卡天线和读写器之间的耦合可以分为3类：密耦合系统、遥耦合系统和远距离系统。

密耦合系统的典型作用距离范围是0～1cm。在实际应用中，必须把卡插入阅读器中或者放置到阅读器的天线表面。密耦合系统的卡与阅读器之间是电感耦合，其工作频率一般在30MHz以下。密耦合系统适合于安全要求较高，但不要求作用距离的应用系统，如电子门锁等。

遥耦合系统的典型作用距离可以达到1m。遥耦合系统又可以细分为近耦合系统和疏耦合系统，前者的典型作用距离为15cm，后者的典型作用距离为1m。所有遥耦合系统在卡和阅读器之间都是电感耦合，典型工作频率为13.56MHz，也有其他频率，如6.75MHz、27.125MHz或者135kHz以下。

远距离系统的典型作用距离是1～10m，个别系统也有更远的作用距离。所有的远距离系统的卡和阅读器之间都是电磁反向散射耦合，在微波范围内用电磁波工作，发送频率通常为2.45GHz，也有系统使用5.8GHz和24.125GHz的频率。

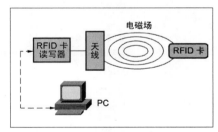

图74.2 RFID卡系统模型图

74.3 Philips公司的Mifare卡

Philips公司是世界上最早研制RFID卡的公司之一，其Mifare技术已经被定为ISO/ IEC14443 TYPE A国际标准。使用Mifare芯片的RFID卡占世界范围内同类智能卡销量的60%以上。这里简单介绍一下Mifare standard卡：MF 1 IC S50（简称Mifare 1卡）。

Mifare 1卡除了微型IC芯片及一个高效率天线外，无任何其他元器件。卡片电路不用任何电池供电，工作时的能量由读写器天线发送频率为13.56MHz无线电载波信号，以非接触方式耦合到卡片天线上产生电能，电压通常可达2V以上。标准操作距离可达

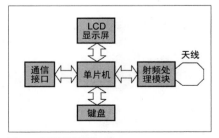

图74.3 系统设计框图

10cm，卡与读写器之间的通信速率高达106kbit/s。芯片设计有增/减值的专项数学运算电路，适合公共交通、地铁车站等行业的检票/收费系统，其典型交易时间最长不超过100ms。

Mifare 1卡芯片内含1KB的EEPROM存储器，其空间被划分为可由用户单独使用的16个扇区。数据的擦写次数超过10万次，数据保存期大于10年，抗静电保护能力达2kV。

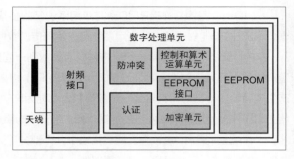

图74.4　Mifare 1卡逻辑框图

Mifare 1卡的芯片在制造时具有全球唯一的序列号，具有先进的数据通信加密和双向密码验证功能，还具有防冲突功能，可以在同一时间处理重叠在读写器天线有效工作距离内的多张卡片。

Mifare 1芯片内部结构较为复杂，可划分为射频接口、数字处理单元、EEPROM这3大部分，其中数字处理单元又分为若干小部分，如图74.4所示。

◆ 射频接口：在RF射频接口电路中，含有波形转换模块。它可接收读写器上的13.56MHz的无线电调制频率，一方面送调制/解调模块，另一方面进行波形转换，然后对其整流、滤波，接着对电压进行稳压等进一步处理，最终输出供给卡上的电路工作。

◆ 防冲突模块：如有多张Mifare 1卡处在读写器的天线的工作范围之内，防冲突模块的防冲突功能将被启动，根据卡片的序列号来选定一张卡片。被选中的卡片将直接与读写器进行数据交换，未被选中的卡片处于等待状态。

◆ 认证模块：在选中一张卡片后，任何对卡片上存储区的操作都必须经过认证，只有经过密码校验，才可对数据块进行访问。Mifare 1卡片上有16个扇区，每个扇区都可分别设置各自的密码，互不干涉。因此每个扇区可独立地应用于一个应用场合，整个卡片可以设计成"一卡通"形式来应用。

◆ 控制和算术运算单元：这一单元是整个卡片的控制中心，它主要对整个卡片的各个单位进行微操作控制，协调卡片的各个步骤，同时还对各种收/发的数据进行算术运算处理、CRC运算处理等。

◆EEPROM接口：连接到EEPROM。

◆ 加密单元：Mifare的CRYPTOL数据流加密算法将保证卡片与读写器通信时的数据安全。

◆EEPROM：容量为1KB，分16个扇区，每扇区有4个块，每块16字节。其组织结构如表74.1所示。每个扇区的块3也称作尾块，是扇区的控制块，其结构如表74.2所示。前6个字节为密码A（KeyA），永远不能被读出，但在满足一定条件下，可被改写；后6个字节为密码B（KeyB），当密钥使用时是不可读的，但用来存储数据时则是可读的；中间4个字节为权限位，存放本扇区的4个数据块的访问条件。控制块使用两个密码，是为了给用户提供多重控制方式。例如，用户可以用一个密码控制对数据块的读操作，用另一个密码控制对数据块的写操作。

表74.1　Mifare 1卡的存储器组织结构

扇区	块	描述
15	63	第15扇区尾块
	62	数据块
	61	数据块
	60	数据块
14	59	第14扇区尾块
	58	数据块
	57	数据块
	56	数据块
……		
1	7	第1扇区尾块
	6	数据块
	5	数据块
	4	数据块
0	3	第0扇区尾块
	2	数据块
	1	数据块
	0	厂商标志块

其余3个块是一般的数据块。扇区0中是特殊的块，包含了厂商代码信息，在生产卡片时写入，不可改写。其中第0～4字节为卡片的序列号，第5个字节为序列号的校验码，第6字节为卡片的容量"SIZE"字节，第7～8字节为卡片的类型号（Tagtype）字节，其他字节由厂商另加定义。

表74.2中，$C1$、$C2$、$C3$三个数据位表达各块的具体访问权限，下标0、1、2、3分别表示在扇区内的块号。"$C1_3$、$C2_3$、$C3_3$"即为扇区第3块（尾块）的访问权限。为了可靠，访问条件的每一位都同时用原码和反码存储，共存储了两遍。尾块的读写权限的意义如表74.3所示。

表74.2 尾块组成及访问权限字节结构

字节	0	1	2	3	4	5	6	7	8	9	10	11	12	13	14	15
	密码A						权限位				密码B					
					7	6	5	4	3	2	1	0				
	6			$C2_3$	$C2_2$	$C2_1$	$C2_0$	$C1_3$	$C1_2$	$C1_1$	$C1_0$					
	7			$C1_3$	$C1_2$	$C1_1$	$C1_0$	$C3_3$	$C3_2$	$C3_1$	$C3_0$					
	8			$C3_3$	$C3_2$	$C3_1$	$C3_0$	$C2_3$	$C2_2$	$C2_1$	$C2_0$					
	9															

表74.3 尾块的权限代码与访问权限

权限代码			访问权限						说明
			密码A		权限字节		密码B		
$C1_3$	$C2_3$	$C3_3$	读	写	读	写	读	写	
0	0	0	N	A	A	N	A	A	密码B可读
0	1	0	N	N	A	N	A	N	密码B可读
1	0	0	N	B	A/B	N	N	B	
1	1	0	N	N	A/B	N	N	N	
0	0	1	N	A	A	A	A	A	密码B可读
0	1	1	N	B	A/B	B	N	B	
1	0	1	N	N	A/B	B	N	N	
1	1	1	N	N	A/B	N	N	N	

注：N表示不能，A表示KeyA，B表示KeyB，A/B表示KeyA或者KeyB。

在空卡状态下，每个扇区的尾块数据（十六进制）为："0x 000000000000 FF078069 FFFFFFFFFFFF"。空卡时的密码A和密码B均为"0x FFFFFF"，由于密码A不可读，读出的数据显示为"0x 000000"。在空卡默认读写权限下可以利用密码A对所有块进行读写操作，以及更改各块的读写权限，但不可以利用密码B进行读写操作（此时密码B可读）。

权限位为："0x FF078069"，由表74.2，得：

$C1_3=0$ $C1_2=0$ $C1_1=0$ $C1_0=0$

$C2_3=0$ $C2_2=0$ $C2_1=0$ $C2_0=0$

$C3_3=1$ $C3_2=0$ $C3_1=0$ $C3_0=0$

$C1_3C2_3C3_3=001$，根据表74.3，密码A不可读，但通过密码A校验后，可改写密码A，权限字节及密码B的读写权限均可用密码A读写。

另外，由表74.3可知尾块的下列属性：密码A永远不可读，因此一旦设定就必须记住，不过在000、100、001、011几种情况下可以改写；访问权限字节仅在001、011、101三种状态下可写；密码B在000、100、001、011四种状态下可写，在000、010、001三种状态下可读（此时密码B的6个字节用于存储数据，不再作为密钥）。

数据块的读写权限如表74.4所示。对数据块的增值、减值操作，仅在状态"110"和"001"下可进行。而第0块（厂商数据块）虽然也属于数据块，但是它不受权限字节影响，永远只读。在空卡情况下，数据块的读写权限代码

表74.4 数据块（i＝0、1、2）的权限代码与访问权限

权限代码			访问权				应用
$C1_i$	$C2_i$	$C3_i$	读	写	增值	减值	
0	0	0	A/B	A/B	A/B	A/B	空卡默认状态
0	1	0	A/B	N	N	N	读写块
1	0	0	A/B	B	N	N	读写块
1	1	0	A/B	B	B	A/B	数值块
0	0	1	A/B	N	N	A/B	数值块
0	1	1	B	B	N	N	读写块
1	0	1	B	N	N	N	读写块
1	1	1	N	N	N	N	读写块

$C1_iC2_iC3_i$＝000，密码A和密码B的读写访问权均为"A/B"，表示可用密码A或者是密码B对各数据块进行读写，但实际上由于在空卡默认状态下密码B是可读的，所以不可用密码B读写数据。

74.4 电路设计

RFID卡读写器主板的电路如图74.5所示，由单片机、与PC的通信接口、键盘、LCD显示等部分组成。RFID卡读写器射频处理模块及天线等的电路如图74.6所示。

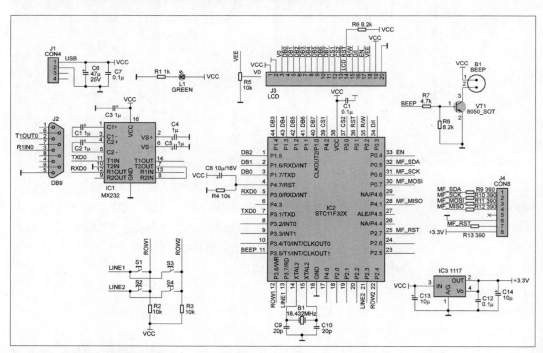

图74.5 RFID卡读写器主板电路原理图

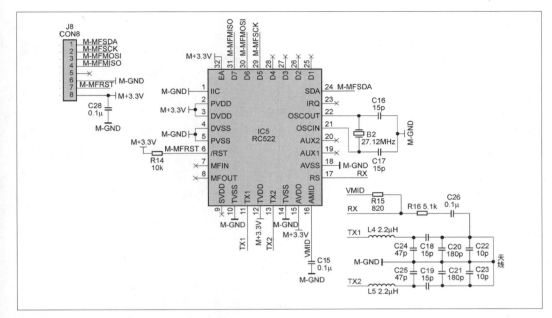

图74.6 RFID卡读写器射频处理模块及天线电路图

　　射频处理模块（也称为射频基站模块）是射频卡读写器的关键部件，RFID卡读写器通过该模块与射频卡进行数据通信。射频处理模块的主要部件就是射频基站芯片，这里我们选用Philip公司的MFRC522。它是13.56MHz非接触式通信中高集成读卡IC系列中的一员，利用先进的调制和解调概念，完全整合了在13.56MHz下任何类型的被动非接触式通信方式和协议。它内部包括微控制器接口单元、模拟信号处理单元、ISO14443A规定的协议处理单元，以及Mifare卡特殊的Cryptol安全密钥存储单元，可以与所有兼容Intel或Motorola总线的微控制器直接连接，其内部还具有64字节的先入先出（FIFO）队列，可以和微控制器实现高速传输数据。

　　MFRC522内部的发送器部分无须增加有源电路就能够直接驱动近操作距离（可达10cm）的天线，接收器部分提供一个高效的解调和解码电路，数字部分处理ISO14443A帧和错误检测。

　　天线部分主要包括低通滤波器、接收电路、天线匹配电路和天线线圈，天线拾取的信号经过天线匹配电路送到RX脚，MFRC522的内部接收器对信号进行检测和解调，并根据寄存器的设定进行处理。然后数据被发送到并行接口，由单片机进行读取。制作完成的实验样机如图74.7所示。

图74.7 制作完成的实验样机

74.5 软件设计及使用

程序采用结构化模块方式设计，条理清晰、结构完善，便于整个程序的装配。限于杂志的篇幅，本文不对程序作详细介绍，有兴趣的读者可以到本书下载平台（见目录）进行下载，这里只对相关的读写过程作简单介绍。

读写卡是一个非常复杂的程序执行过程，要执行一系列的操作指令，调用多个子函数，包括装载密码、询卡、防冲突、选卡、验证密码、读写卡、停卡等。这一系列的操作必须按固定的顺序进行。在没有Mifare 1卡片进入射频天线有效范围时，LCD显示"欢迎光临"；当有Mifare 1卡片进入射频天线的有效范围时，读写器验证卡及密码成功后，将卡号、消费金额、充值金额和余额等数据作为一条记录存入EEPROM存储器中，并同时在LCD上显示出来。

74.5.1 写（设置）RFID卡

读卡器对卡进行数据的读写、密码的管理和功能的测试，可以进行寻卡、防冲突、选择和终止等功能。可对RFID卡的16个扇区进行密码的下载及A、B组密码的选择。可对每个扇区3个块的数据进行读写。块值操作包括初始化、读值、加值、减值、密码的修改等。

74.5.2 读RFID卡

首先寻卡，进入卡处理程序，紧接着防冲突，成功之后，加载密码，之后便可对卡进行数据的读取和操作。完成之后等待拿开卡，确保每次只读一次数据。

74.5.3 读写器与射频通信程序

RFID卡与读写器间的通信流程如图74.8所示，各功能定义如下。

（1）复位应答：射频卡的通信协议和通信波特率是定义好的，当有射频卡进入读写器的操作范围时，读写器以特定的协议与它通信，验证卡片的卡型。

（2）防冲突机制：当有多张卡进入读写器操作范围时，防冲突机制会从其中选择一张进行操作，未选中的则处于空闲模式，等待下一次选卡，该过程会返回被选卡的序列号。

（3）选择卡片：选择被选中的卡的序列号，同时返回卡的容量代码。

（4）3次互相确认：选定要处理的卡片之后，读写器就确定要访问的扇区号，并对该扇区密码进行密码校验。在3次相互认证之后，就可以通过加密流进行通信。当选择另一扇区时，则必须进行另一次密码校验。

（5）对数据块的操作：读一个块、写一个块、对数值块进行加值、对数值块进行减值、将卡置于暂停工作状态。

进入等待状态时，RFID卡读写器的屏幕上显示"欢迎光临"（见图74.9）。图74.5中按键S1～S4的作用

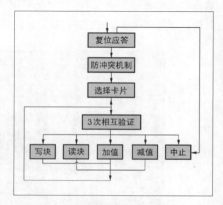

图74.8 RFID卡与读写器间的通信流程

如下：按动S1后，读写器进入消费工作模式（见图74.10）；按动S2后，读写器进入充值模式（见图74.11）；按动S3后，读写器进入注册模式（见图74.12）；按动S4后，读写器进入读卡工作模式（见图74.13）。

图74.9 进入等待状态

图74.10 消费工作模式

图74.11 充值模式

图74.12 注册模式

图74.13 读卡工作模式

文：张万强　陈思辰

75 RFID卡流量监控系统

　　我们学校浴室的收费标准是1.5元/次，每次可以持续洗一小时，但是很多人洗澡的时间并不是很长，根本用不了一小时，于是浪费水的情况便时有出现。我经常看到有些同学在浴室里洗衣服，所以这样的收费方式有滋生学生浪费习惯的弊端。为此我想到了通过改进浴室管理方案，修改计费方式，从而遏制浪费行为，这个系统可先在饮水机上进行测试。

　　我所在学校使用的 "一卡通"是一张RFID卡，用它可以到图书馆借书、到食堂就餐，学校还能通过RFID卡获得使用者的详细信息等。我设想也可以利用RFID卡对淋浴流量管理，每秒或者每几秒读取一次流量器的数据，再经过计算然后扣费，如果某个同学一直开启喷头，那么他一卡通内的钱也会随着流量的增加被更多地扣除。

　　RFID卡具有以下优点。

　　（1）存储容量大。磁卡的存储容量大约在200个字符；RFID卡的存储容量根据型号不同，小的有几百个字符，大的有上百万个字符。

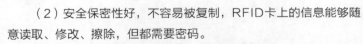

　　（2）安全保密性好，不容易被复制，RFID卡上的信息能够随意读取、修改、擦除，但都需要密码。

　　（3）RFID卡具有数据处理能力，在与读写器进行数据交换时，可对数据进行加密、解密，以确保交换数据的准确可靠；而磁卡则无此功能。

　　（4）使用寿命长，可以重复充值。

　　（5）RFID卡具有防磁、防静电、防机械损坏和防化学破坏等能力，信息保存年限长，读写次数在数万次以上。

　　（6）RFID卡能广泛应用于金融、电信、交通、商贸、社保、税收、医疗、保险等方面，几乎涵盖所有的公共事业领域。

75.1　设计思路

　　我们通过单片机对流量计、RFID卡、电磁阀等实施控制。单片机会按照流量，对RFID卡内的信息进行修改（修改余额信息，对其他信息无影响），单片机访问流量计的频率大约为3s访问一次，也就是，单片机每3s扫描一次流量计的数据，同时进行运算费用，然后修改RFID卡内的信息（修改余额）。余额不足会通过12864液晶屏显示。整个系统的设计

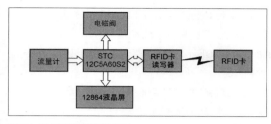

图75.1 整个系统同的设计框图

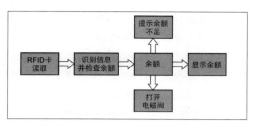

图75.2 第一阶段

框图如图75.1所示。

本系统的主控采用STC12C5A60S2单片机，该单片机是增强型51单片机，ROM高达61KB，运算速度是普通51单片机的8倍。STC12C5A60S2兼容51单片机的指令、引脚，而且该单片机具有A/D转换功能、高速低功耗、抗干扰等特点。电磁阀采用12V六分管通水电磁阀，直流持续式工作模式，工作压力在0.02～0.8MPa，介质温度在1～85℃。并且导体与非导体之间应能承受AC2500V电压，1min不击穿以及产生飞弧等现象。流量计采用六分管高精度水流量传感器，频率$F=26 \times Q$(Q表示流量，单位为L/min)，内径为3.0mm，流量范围为0.5～5L/min。RFID卡部分采用RFID读写器和EHUOYAN IC卡。

本系统的设计分为3个具体实施阶段。

第一个阶段，如图75.2所示，识别RFID卡，读取RFID卡信息，检查余额，满足条件后打开电磁阀，准备读取流量计数据。如果余额不足，则产生提示。

RFID卡相关知识

RFID 卡工作的基本原理是：射频读写器向 RFID 卡发一组固定频率的电磁波，卡片内有一个 LC 串联谐振电路，其频率与读写器发射的频率相同，这样在电磁波激励下，LC 谐振电路产生共振，从而使电容内有了电荷，在这个电容的另一端，接有一个单向导通的电子泵，将电容内的电荷送到另一个电容内存储，当所积累的电荷达到 2V 时，此电容可作为电源为其他电路提供工作电压，将卡内数据发射出去或接收读写器的数据。

RFID 卡的外形与磁卡相似，它与磁卡的区别在于数据存储的媒体不同。磁卡是通过卡上条的磁场变化来存储信息的，而 RFID 卡是通过嵌入卡中的电擦式可编程只读存储器集成电路芯（EEPROM）来存储数据信息的。

RFID 卡上记录有大量重要信息，安全性是很重要的，RFID 卡应用系统开发者必须为 RFID 卡系统提供合理有效的安全措施，以保证 RFID 卡及其应用系统的数据安全。影响 RFID 卡及应用系统安全的主要方式有：使用用户丢失或被窃的 RFID 卡，冒充合法用户进入应用系统，获得非法利益；用伪造的或空白卡非法复制数据，进入应用系统；使用系统外的 RFID 卡读写器，对合法卡上的数据进行修改，改变操作级别等；在 RFID 卡交易过程中，用正常卡完成身份认证后，中途变换 RFID 卡，从而使卡上存储的数据与系统中不一致；在 RFID 卡读写操作中，对接口设备与 RFID 卡通信时所作交换的信息流进行截听、修改，甚至插入非法信息，以获取非法利益，或破坏系统。

常用的安全技术有：身份鉴别和 RFID 卡合法性确认、指纹鉴别技术、数据加密通信技术等。这些技术采用可以保证 RFID 卡的数据在存储和交易过程中的完整性、有效性和真实性，从而有效地防止对 RFID 卡进行非法读写和修改。总体上，RFID 卡的安全包括物理安全和逻辑安全两方面。

物理安全包括：RFID 卡本身的物理特性上的安全性，通常指对一定程度的应力、化学、电气、静电作用的防范能力；对外来的物理攻击的抵抗能力，要求 RFID 卡应能防止复制、篡改、伪造或截听等。常采用的措施有：采用高技术和昂贵的制造工艺，使之无法被伪造；在制造和发行过程中，一切参数严格保密；制作时在存储器外面加若干保护层，防止分析其中内容，即很难破译；在卡内安装监控程序，以防止处理器或存储器数据总线和地址总线的截听。

常用的逻辑安全措施有：存储器分区保护，一般将 RFID 卡中存储器的数据分成 3 个基本区：公开区、工作区和保密区；用户鉴别，用户鉴别又叫个人身份鉴别，一般有验证用户个人识别 PIN、生物鉴别。

卡片有着 16 个扇区，每个扇区包含 4 个数据块，每个数据块具有 16 byte 的存储容量。扇区被定义为扇区 0～扇区 15，数据块被分为数据块 0～数据块 3，整个卡共有 64 个数据块。

每个扇区的密码和存取控制都是独立的，可以根据实际需要设定各自的密码及存取控制。存取控制为 4 个字节，共 32 位，扇区中的每个块（包括数据块和控制块）的存取条件是由密码和存取控制共同决定的。

第二个阶段，如图75.3所示，首先采集流量计数据，然后流量计产生的脉冲通过单片机计数。目前市场上常见的流量计是1L水共输出450个脉冲。1L水的质量是1kg，一个脉冲大概对应2.2g水，利用单片机对脉冲数进行计数，每过一个脉冲扣除一定费用（单价×2.2即可）。实时监测RFID卡内余额，如果余额不足，则触发单片机中断，等待关闭电磁阀，延迟1min后关闭电磁阀。

第三阶段，如图75.4所示，监测RFID卡状态，如果未识别到RFID卡，则关闭电磁阀（防止

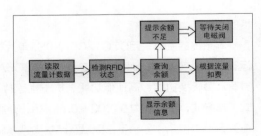

图75.3 第二阶段

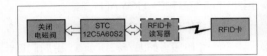

图75.4 第三阶段

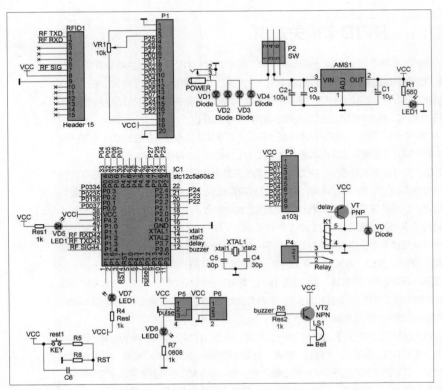

图75.5 电路图

表75.1　制作所需材料

材料	数量
EHY射频卡读写器	2
STC12C5A60S2单片机	2
继电器	2
三极管8050、8550	若干
LED	若干
7805稳压芯片	2
12864液晶屏	2
流量计	2
电磁阀	2

使用者不关喷头直接拔卡）。

75.2　制作过程

制作所需材料见表75.1，整个系统的电路如图75.5所示，PCB如图75.6所示。

PCB是外加工的，

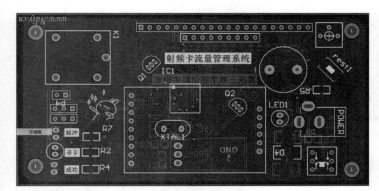

图75.6 PCB图

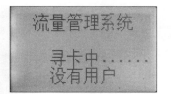

图75.7 驱动12864液晶屏，没有用户，等待模式

需要注意的是，图75.6中长方形白色框体用于放置射频卡模块，尺寸可根据购买的射频卡模块尺寸进行修改。焊接电路板时，遵循"先贴片后插件，先低后高，先小后大"的原则，这样做会让你事半功倍，按照电路图焊接完成并通电之后的的系统可以进行简要的操作（见图75.7～图75.10）。

进行简单的测试之后，下位机就制作完成了，接下来就是进行上位机的编写，上位机（改变姓名、充值、初始化等操作依赖于模块）是用于改变射频卡信息的PC软件，我使用C#语言编写，第一次编写上位机软件，虽然界面很普通，但是功能还是比较完备的（见图75.11～图75.13）。

此制作需要用到的RFID卡读写器（此设备需要和上位机搭配使用）如图75.14所示，设备上面黄色的纸是打印的，然后用双面胶贴上去，内部使用一个USB转TTL模块以及一个RFID卡读写模块。

图75.8 读到卡了，显示姓名、学号、钱包

图75.9 随着流量计脉冲个数增长，单片机进行计费，同时进行扣款操作，操作完毕显示当前余额

75.3 程序部分

按照设计的流程图编写程序，由于程序过多，我不一一附上，

图75.10 用户移走卡，蜂鸣器长鸣一声，提示卡已移走

图75.11 没选择串口时，所有项目都是灰色，表示不可操作

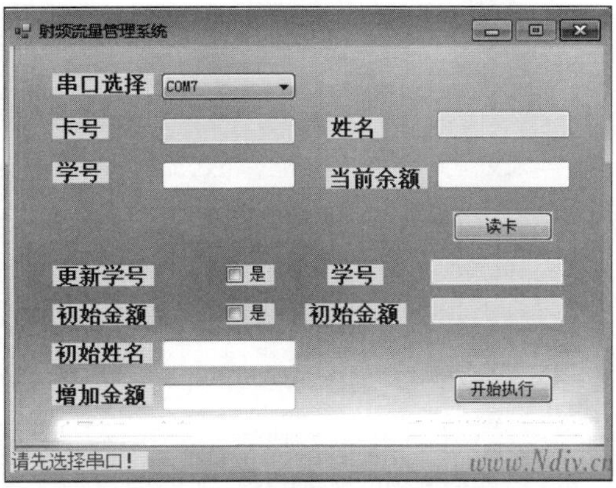

图75.12 选择串口后，按钮可操作，更改框可以进行改写

只截取部分进行说明，完整的程序可以到本书下载平台（见目录）进行下载。

下列程序是本制作要用到的命令数组、处理数组、显示数组等程序，也是上位

图75.13 单击读卡按钮后的显示

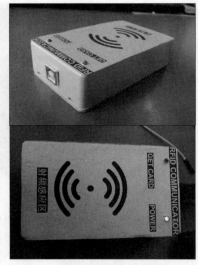

图75.14 此制作需要用到的射频卡读写器

机和下位机都需要的部分，需要注意的地方是，数组的个数和串口发送与接收命令的长度一定要搭配，否则会出错。比如某个命令的返回值的数组大小为10，如果我们在写串口中断处理函数的时候，没注意接收的个数，写成了9，那么处理函数会一直等待最后一个数，才满足跳出函数的条件，当然，你可以写个报错的函数，调试完成后关闭它。

```
//search card and get card serial number
uchar xdata ComSearchCard[5]   = {0xAA,0xBB,0x02,0x20};//寻卡,返回AA BB 06
20 92 BF 72 59 20
//read block No.x
uchar xdata ComReadBlock[13]  = {0xAA, 0xBB, 0x0a, 0x21, 0x00, 0x08, 0xff,
0xff, 0xff, 0xff, 0xff, 0xff};//读哪一块,第6位就是0x0几
```

```
//read block No.8
//uchar ComReadBlock6[13]  = {0xAA, 0xBB, 0x0a, 0x21, 0x00, 0x06, 0xff,
0xff, 0xff, 0xff, 0xff, 0xff};
// write block No.8 with 0x01 to 0x0f
uchar xdata ComWriteBlock[29] = {0xAA, 0xBB, 0x1a, 0x22, 0x00, 0x08,
0xff, 0xff, 0xff, 0xff, 0xff, 0xff,//0xff是密码
0x02, 0x00, 0x01, 0x01, 0x00, 0x07, 0x00, 0x01,//
0x04, 0x02, 0x04, 0x08, 0x00, 0x00, 0x00, 0x00};//要写的数据
//initialize block No.8 as a purse
uchar xdata ComIntiPurse[17]  = {0xAA, 0xBB, 0x0e, 0x23, 0x00, 0x05, 0xff,
0xff, 0xff, 0xff, 0xff, 0xff, 0xff,0xff, 0xff, 0x00, 0x00};//初始化钱包。分区5为钱包
//read purse value of block No.5
uchar xdata ComReadPurse[13]  = {0xAA,0xBB,0x0a, 0x24, 0x00, 0x05, 0xff,
0xff, 0xff, 0xff, 0xff, 0xff};//读取分区5的钱包  返回4字节的数据
```

```
    // purse in block No.5 increase with value"2"
    uchar xdata ComIncrPurse[17]  = {0xAA,0xBB,0x0e, 0x25, 0x00, 0x05, 0xff,
0xff, 0xff, 0xff, 0xff,  0xff, //增加钱包的余额
    0x01, 0x00, 0x00, 0x00};//要增加的值
    // purse in block No.5 decrease with value"1"
    uchar xdata ComDecrPurse[17]  = {0xAA,0xBB,0x0e, 0x26, 0x00, 0x05, 0xff,
0xff, 0xff, 0xff, 0xff, 0xff,//扣费
    0x01, 0x00, 0x00, 0x00};//要减少的值
```

提取数据的数组：

```
uchar xdata user_block8[12]={0}; //学号(8位)
uchar xdata user_card[4]={0};  //卡号
uchar xdata user_cash[4]={0}; //现金
uchar xdata user_name[6]={0}; //姓名
```

程序中有一个举足轻重的"指令选择"函数，由于程序太长，就不附上，有兴趣的朋友可以到本书下载平台（见目录）进行下载。这个函数是一个带返回值的函数，整个系统的命令都由这个函数发出。下面的解释一目了然，以后如果需要升级本系统，在这个函数内部添加命令即可。

指令选择入口函数：

```
输入:j  1~8
输出:1或0
```

功能概述：

1. 确认返回数组的正确性（数组最后一个数据的异或校验以及数组的长度）。

2. 序号说明：

（1）寻卡，返回射频卡序列号；

（2）读取某个模块的值，返回16位数值；

（3）写某个模块，返回成功命令；

（4）初始化钱包，即定义指定RFID卡分区为钱包返回成功命令；

（5）读取钱包的值；

（6）增加钱包的值；

（7）减少钱包的值；

（8）返回增加、减少后钱包的值。

由于这个制作是想在学校里使用的，因此价格基本稳定，就没有给管理员权限使用输入设备更改资费，更改资费需要改动源代码。当然，把它做成产品肯定需要设计输入设备，由于本次制作的用户就是我，所以就简化了。

更改资费的程序段如下：

```
EX0 = 0;
countflag = 0;//脉冲标志清零
feetemp = 0x01;//这里是扣的金额
feecount = feecount + feetemp;//计算使用总额,需要显示也可以显示
ComDecrPurse[12] = feetemp;//写入扣费金额
j = Command_choic(7);//100个脉冲减少一分钱
```

关于脉冲个数与消费金额关系的问题，在外部中断里去修改一下就好了，建议大家使用宏定义，直接在顶部修改。

```
count++;
if (count == 1) //这里更改脉冲个数
{
countflag = 1;
count = 0;
}
```

注：之所以使用双串口单片机是因为一边要和模块通信，一边要打印出来数据观察是否正确，所以要使用两个串口，当然，此制作我用串口2与模块通信，这也是为什么用12C5A60S2的原因。

流量管理系统制作好了，现在就试着将它搭建到饮水机上进行测试。总体来说，就是先断开饮水机的水管，把电磁阀和流量计串联进去，再连接上即可。但连接的时候需要用一些胶布，以防止漏水，并避免饮水机发生漏电危险。

75.4 总结

此制作的RFID卡读取模块，使用的是串口协议，它的所有命令都是以"AA BB"开头，最后一位数据是前面除开头以外的异或结果，串口收数据的时候本来就不知道收多长，这个版本的模块没有解决这个问题。例如，寻卡的命令是"AA BB 02 20 22"，以"AA BB"为开头，22是前面02和20的异或结果。因此推荐大家使用其他协议，其他协议可以自己规定头和尾，检测的时候非常方便。

文：成谏

76 智能宿舍

智能家居原本只存在于豪宅和科幻电影中，是顶级奢侈生活的体现，但随着物联网技术的不断发展，相关配件价格不断降低，技术也变得更加成熟，智能家居正在越来越快地走进我们普通人的生活。智能灯光控制、家电智能化、电动窗帘等智能家居的基本元素已经成熟。

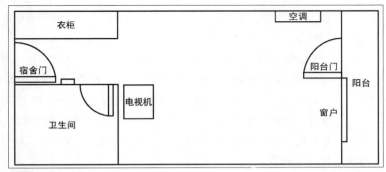

图76.1 宿舍布局图

前一段时间，我在网上看到一个国外的智能宿舍的视频，宿舍叫BRAD（Berkeley Ridiculously Automated Dorm），具有灯光、窗帘控制功能，控制方式包括语音控制、iPad终端控制、PC终端控制等。受到这一视频的启发，我决定把我们宿舍也改造改造。到目前为止，实现了走廊灯和照明日光灯开关、空调开关、电视机开关、电视机音量/频道切换、窗帘开合等控制功能，控制方式包括PC控制、语音控制和按钮控制。下面就分几个部分简单介绍一下智能宿舍的基本原理，并根据目前的效果给出一点改进建议，大家如果有兴趣仿制，可以少走点弯路。我们的宿舍布局如图76.1所示。

76.1 灯光控制

灯光控制作为智能家居最主要的部分，是智能家居人性化的最主要体现。由于宿舍涉及安全等原因，不允许对原有线路进行改造，灯光控制不能使用继电器，我只得在开关面板外加接机械装置，如图76.2所示。

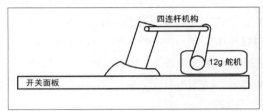

图76.2 灯光控制机械开关原理（侧视）与实物图

开关采用四连杆机构，动力源来自一个12g塑料齿舵机。舵机控制通过PWM（脉宽调制）实现，PWM方波信号可以通过单片机定时器或者具备PWM输出功能的增强型8051单片机（如STC12C系列）产生。由于我手中有一块32路舵机控制板，所以就直接使用了它，如图76.3所示。

图76.3 舵机控制板

该舵机控制板支持串口，波特率从9600波特到115200波特都可以，并且自动识别。我们采用的是9600波特的TTL电平串口总线，正好符合它的要求。虽然它不支持主从总线模式，但是指令均以"#"号开头，只有识别到"#"号，指令才会进行操作。

在开关右侧有一个控制盒，用于实现按键控制。里边安装有舵机控制板、变压模块和一个STC12C2052AD单片机，如图76.4所示。单片机用于读取3×4键盘、读取总线数据、发送舵机控制指令。

控制盒的大致工作顺序为：单片机一直扫描矩阵键盘，串口采用中断。当读取到键盘键值或者接收到串口发送的有关开关灯的指令后，通过串口TXD向舵机控制模块发送对应操作指令，比如"#1P2200T100\r\n"表示1号舵机在100ms内运动到2200波特的位置。虽然共用串口，但是由于这一指令没有第9位，所以默认是数据，由于开头没有地址字节，所以所有主机不接收也不转发。舵机控制板没有使用多机模式，会接收并处理，做出相应动作。灯光控制盒原理与内部实物图如图76.4所示。

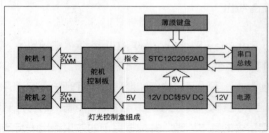

图76.4 灯光控制盒原理与内部实物图

◆ 改进建议

（1）从可靠性和难度上来讲，建议使用继电器作为灯光开关，改进后的控制盒结构如图76.5所示。

（2）建议使用增强型8051单片机，依靠I/O口工作方式设置寄存器（STC12C2052AD为PxM0和PxM1，x为0～3），将对应I/O口设置为高阻输入模式，就能实现电容式触摸。这样可以改善人机交互性，但对电源要求比较高，如不打算使用，可以自己制作薄膜键盘代替。

（3）在开关较多的情况下，如果不希望二次布线，可以考虑使用ZigBee方案进行解决。ZigBee最近降价也很快，是智能家居无线模块的不错选择。

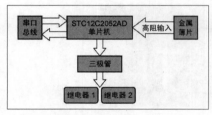

图76.5 改进后的控制盒结构

（4）在有线模式下，注意考虑电缆本身电阻产生的压降可能使单片机无法工作，为此应尽量选用直径较大的电缆。

76.2 空调、电视机控制

智能家居光有灯是不行的，智能化的电器无疑是一个重要组成部分。家电对于普通家庭来说依然属于大件物品，使用寿命也比较长，如何将现有家电整合到智能家居中，并尽可能减少对原有电路的改动，是目前智能家居普遍面临的比较现实的问题。最简单的方案就是对原有遥控器进行克隆，将遥控器整合到智能家居的系统中，就可以尽可能多地实现对该家电的智能操作。

遥控器克隆技术已经相当成熟，学习型红外遥控器在市面上有售。对于DIY爱好者来说，红外接收基本没有难度，单片机开发板上都有这一模块。获得的红外编码存储后如何发射才是一个比较头疼的问题，特别是38kHz的红外方波难倒了不少人。网上比较通用的方式是使用555芯片加上外部电路产生38kHz方波，我为此也折腾了很长一段时间。当初的想法是用单片机定时器产生方波，但是发现12MHz的晶体振荡器根本产生不了38kHz方波，想买块发射模块，也没发现有人卖。在逛了很多论坛之后，我无意之中发现了一位"大神"写的用22.1184MHz晶体振荡器产生38kHz方波，并带有红外码发送功能的程序，兴奋不已。我用了1天时间对程序进行修改和调试，经过逻辑分析仪反复读波形调试，成功完成了对空调的控制。虽然产生的方波频率略高于38kHz，约为38.6kHz，但空调可以准确读出并完成相应操作，我自己写的一个读红外码并通过串口发送的程序也可以识别。

由于空调和电视机往往不在一个方向，用一个二极管无法对两台电器进行控制，可以在P1.1再加一个二极管（见图76.6），并在程序中加入变量ir1，通过判断是电视机还是空调的红外码，决定从哪个二极管发出，实现对两台电器的控制。

图76.6 红外发射头实物

76.3 电动窗帘

现在电动窗帘已经很常见，网上都可以买到成品，但价格有点高，所以我只好DIY一个了。

滑槽的原理图如图76.7所示，卡扣A卡在右侧窗帘最靠近中间的吊轮上，卡扣B卡在左侧窗帘最靠近中间的吊轮上。如果右侧同步轮连接电机，那么顺时针旋转时，卡扣A往右运动，卡扣B往左运动。虽然每个卡扣只连接了一个吊轮，但是在第一个吊轮碰到第二个吊轮后，会带第二个吊轮运动，将窗帘打开。当贴在同步带背面的反光片（锡箔纸）运动到光电开关位置时，光电开关导通，窗帘打开完成，电机停止转动。之后如果电机逆时针旋转，卡扣A和B会相向运动，将窗帘拉上。当反光片2运动到光电开关前端（即图76.7所示位置）时，窗帘关闭完成，电机停止转动。

原理很简单，但是制作过程中还是出现了这样那样的问题。最主要的就是电机输出扭矩不够，窗帘运动一半后，电机拉不动了。这一方面是由于我一开始使用的

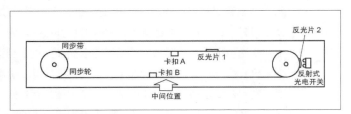

图76.7 窗帘滑槽结构简图

是带塑料减速箱的减速电机（见图76.8），本身扭矩就不大；另一方面是由于我们宿舍的窗帘比较特殊，没有滑槽和吊轮，只是一根窗帘杆上套上塑料环，在塑料环下边吊着窗帘，阻力很大。最后我不得已，拆了一个塑料齿36g舵机，才能拉动窗帘，但是噪声的确有一点点大。虽然也可以接受，没觉得有多烦人，但是电动窗帘最人性化的用处在于早晨自动拉开，让阳光把人叫醒。如果噪声太大，窗帘和闹钟又有什么区别？

图76.8 改进前的舵机。由于当时同步带还没买到，只好先用很粗的棉线代替。为了防滑，在同步轮上包上了网球防滑胶带

要解决这一问题，电机是关键。想噪声小，可以降低转速，但直流电机调速不是件容易的事，同时还会影响输出扭矩。购买专用电机又总觉得只是玩玩而已，没必要投入那么多。我无意之中看到了一个感应电动玻璃门的安装视频，电动门用的是蜗杆减速电机，减速比大、输出扭矩大，同时结构简单，噪声也小得多，于是我花了三十多元买了个最便宜的蜗杆减速电机，通过直流电机控制板进行控制，虽然拉窗帘稍微慢了点，但是噪声小多了。

◆ 改进建议

（1）为了调试，我把控制红外发生的单片机放到了主机里，实际上可以将单片机和二极管做到同一块PCB上，方便扩展更多发射头。

（2）程序中我使用的都是固定的红外编码，但是红外编码往往都有规律可循。比如格力空调就是第2字节低4位从0到C变化对应温度18～30℃；第1字节高4位为4（0100）时表示关闭空调，为C（1100）时表示打开空调。又比如电视机，所有编码的第1、2、3字节都是一样的，第4、5字节根据功能不同有所区别。在编码表中，可以只存储第4、5字节的数据，从而节约ROM资源。

（3）我在布线时把发射头放得离空调比较近，离电视机比较远，于是就出现了有时候发送了信号，但是没有成功接收的情况，要合理布置红外发射头的位置。

76.4　电动门锁

对于我这种出门都懒得带钥匙的人来说，开门的确是件麻烦事，电动门锁是不错的选择。电动门锁也是智能家居重要的组成部分，在一定程度上也可以提升安全性。

有想法只是一方面，干起来依然是困难重重。首先我们宿舍装的是金属的防盗门，上下都有锁头，锁门通过向上提一下门把手实现；开门正好相反，往下按门把手。从外边开门，只能通过钥匙。为此我纠结了很长时间，也上网研究了很多电动锁，它们大部分是简单的单头防盗锁和磁力锁，只有一款更换门内侧的锁，将锁芯更换成一半是钥匙，另一半直接连接电机的专用锁芯。这对于我来说也不实际，宿舍的锁是不可以随便换的。但这款产品给了我启发，我可以在门内侧安上一个电机，将电机主轴粘在钥匙上，带动钥匙转动，就可以把门打开。由于门用了几年了，不是很灵活，对电机要求特别高，于是我将一个金属齿标准舵机拆解后，给减速箱装上两个电机，扭矩大了许多，开门速度也快多了，但同时也带来了较大的噪声。双电机加完整钥匙的结构（见图76.9），

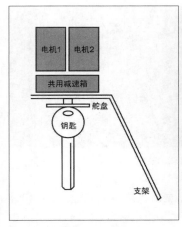

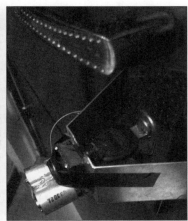

图76.9 电动钥匙原理与实物图

使得这个电动钥匙特别笨重。

对于扭矩要求不大的门，如果也想采用类似方案，可以考虑使用改进后的电动钥匙，如图76.10所示，体积会减小很多。若想降低噪声，同样可以考虑采用蜗杆电机。如果不是防盗门的话，也可以考虑用电磁铁来锁门。

对于控制这一块，要根据具体锁进行。我们的锁，开门是钥匙正转两圈半后继续转一定角度到转不动，便可直接推门打开；锁门是反转两圈（钥匙从水平位置转两圈到水平位置），所以控制机构被设计成一个行程开关，如图76.11所示。

将舵盘切除一部分，安装上一个微型行程开关（我用的是从软驱中拆下来的用于识别舱门是否闭合的微型按钮开关），当钥匙基本处于水平位置时，行程开关就断开。通过读取它的通断情况，我们可以判断钥匙旋转的状况，这样比单纯用延时控制精确一些。

门既然可以电动打开了，那钥匙也就可以扔掉了，但怎样识别"敌我"？一个比较可靠的方法就是使用RFID卡，也就是常用的校园一卡通，通过RFID卡读卡模块（见图76.12）读取RFID卡的卡号进行识别。RFID卡相对于IC卡，安全性虽然欠佳，成本和技术难度却低得多。如果需要较高安全性，可以考虑采用IC卡或者新兴的NFC技术。

76.5 语音识别

语音识别实际上早就已经有一套成熟的理论体系，但到目前为止，依然有很多问题，我个人觉得语音技术需要非常强大的人工智能技术作为支撑，才能将它的潜力展现出来。目前的智能手机也都有语音功能，识别的准确度已经有了很大提高，基本原理也都是将识别结果送到服务器进行分析，接收结果并通过发音软件转化成人声。

作为非常具有潜力的一项技术，语音交互将是智能家居的重要组成部分，我也把它引入智能宿舍之中。为了节约成本，降低开发难度，我用的是商品化生产的LD3320识别模块和开发板（见图

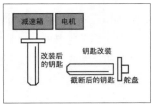

图76.10 电动钥匙改进方案

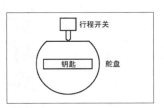

图76.11 钥匙控制原理图

图76.12 RFID卡读卡模块

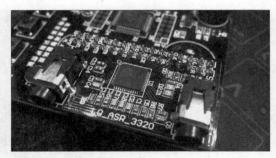

图76.13 LD3320语音识别模块

76.13）。LD3320是ICRoute推出的非特定人语音识别芯片，只需要MCU将关键词语拼音串和设置寄存器传入LD3320芯片，就可以完成语音识别功能。并且模块支持MP3格式文件播放，可以实现语音应答。由于不小心烧坏了板载的Flash芯片，所以我没有使用语音应答功能，只把它作为识别模块使用。

模块识别的原理十分简单，将识别列表汉语拼音送入芯片，芯片会自动捕捉环境声音，得出比对后的最佳结果，读出这一最佳结果的序号就可以完成识别。

◆ 改进建议

（1）可以使用手机语音识别模式，先识别内容，然后对内容进行处理，而不是像LD3320这样比对识别列表。通过寻找内容中的关键词来进行识别，可以改善交互性。比如"打开电视"可以说成很多种方式，通过内容识别的话，只需要找到句子中包含的"电视"和"开"两个关键词就可以得出识别结果。而用LD3320必须说成"打开电视"才会得出识别结果，说"电视打开"就无法识别。

（2）如果你也想使用LD3320模块，建议再加上SYN6288语音合成模块。原本模块的回答内容是要在计算机上提前合成，并复制到Flash芯片中的，这样会使开发变得很麻烦，SYN6288模块恰恰解决了这一问题。

76.6　模块通信

串口总线虽然没有CAN总线运用广泛，但对于单片机而言，依靠自带串口功能，很容易实现。由于串口具有特殊的两线结构，串口总线无法实现任意两机间的直接通信，只能采用主从结构，任意两从机之间的通信必须通过主机转发。整个系统的结构如图76.14所示。

51单片机的串口有4种工作方式，其中工作方式2和3都是9位串口，区别在于工作方式2的波特率固定，工作方式3的波特率可调。所谓9位串口，就是串口每次发送或者接收的数据都是9

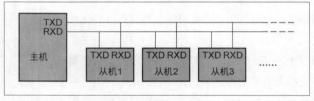

图76.14　串口多机主从结构通信示意图

位，前8位都通过SBUF进行发送或接收，第9位则存放在串口控制寄存器SCON中的RB8或TB8（见表76.1）。

表76.1　SCON寄存器

Bit	B7	B6	B5	B4	B3	B2	B1	B0
SCON	SM0	SM1	SM2	REN	TB8	RB8	TI	RI

将串口工作方式设置为方式3时（SM0、SM1、SM2均为1），单片机会进入多机通信模式。发送的数据均为9位，第9位是数据和地址的标志位。第9位为1时，表示当前发送的是地址；为0时，表示当前发送的是数据。所有单片机都会接收地址，并会和自身的地址进行比较，如果比较结果一致，则将SM2置0，等待接收数据。接收完成后，SM2置1，重新等待接收地址。如果比较结果不一致，则SM2保持1不变。对于第9位为0的数据，会自动忽略，不会产生接收中断。多机通信就是这么实现的。

◆ 改进建议

（1）这种方式在低数据量的控制信号传输中可以高效地运行，但是目前存在一个问题，当两台从机同时递交地址或数据时会造成混叠，引起通信障碍。解决方法是增加一条总线，用于标记总线忙或者空闲状态，当任意从机想发送数据时，必须先检查总线是否忙。如果总线空闲，将总线标记为忙，并开始发送数据，发送完成后，再标记为空闲。如果检测到总线正忙，则等待总线空闲后再发送数据。由于数据量较小，这样不会引起总线堵塞。

（2）为了提高可靠性，可以在发送和接收过程中加入数据校验，避免出现错误。

（3）如果你了解其他更高效、更可靠的总线协议，可以尝试其他解决方案。

76.7　浅谈人机交互和未来智能家居

对于一款产品，用户体验是最重要的成败因素，我做的智能宿舍在一定程度上是不可用的，主要原因还是很多地方存在缺陷，使用起来感觉没有带来多大的便利，同时安全第一，在宿舍没有人的时候，这一系统是关闭的。

这篇文章只是给广大DIY爱好者简单介绍我做的智能宿舍的一些情况，文中提到的解决方案和改进方法并不是最优的，希望大家充分发挥自身的专业特长，为我们未来更智慧的家、更智慧的地球尽一份绵薄之力。

文：赵东哲

77 事故画面传回及物联网定位装置原型

近年来，关于撞倒老人后肇事者迅速跑掉的新闻屡见不鲜，跌倒者与扶人者的相互不信任，让不少老人在发生意外时得不到及时的帮助。每次看到这样的新闻，我就在想，目前流行的事故画面自动传回和物联网定位装置能否有助于减少这类情况的发生呢？渐渐地，一个构想应运而生。

我的设想是，在老人摔倒后进行环境图像的上传和定位。我要制作的这个设备开机后，设备中的摄像头即进入拍照状态（这里将拍照频率设为1张/秒），将照片存入内存卡中。当有较大震动的时候（多数为老人摔倒的情况），立即进入中断状态，获取所在地经纬度数据并上传，之后调取大震动前几秒内（笔者设为6s）的图像，通过彩信发送给相关的联系人。

由于装置是在户外使用，所以需要配备便携电池，需要考虑如何降低功耗，笔者在上述流程的基础上加了一个待机模式，如图77.1所示。当老人在正常行走过程中，会引起装置轻微的振动，在这种小振动的情况下，装置维持正常运行，当老人将装置放在桌子上或其他原因导致装置25s内感受不到轻微振动时，装置自动进入待机模式。

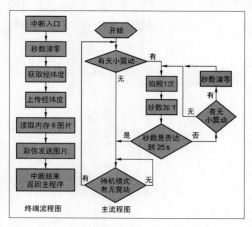

图77.1 程序流程图

77.1 硬件介绍

下面来说说硬件，如图77.2和表77.1所示。

图77.2 制作所需元器件

表77.1 元器件清单

名称	数量
STM32核心板	1
SIM900A模块	1
OV2640模块	1
Micro SD卡模块	1
Micro SD卡	1
AMS1117-3.3V模块	1
SW-420震动传感器模块	2
超小DC-DC降压模块	1
LM2596S-ADJ降压模块	1
SIM卡	1
双面PCB	3
LED	2
铜柱	6
杜邦线、单排针、单排弯针、双排母座、焊线、螺丝、螺母	若干

77.1.1 处理器模块

处理器模块采用STM32F103RBT6核心板（见图77.3），免去了自己搭建最小系统的时间和精力，它的处理速度完全能够胜任上述功能的要求，而且，STM32在待机状态下最低仅需要2μA的电流，可充分降低功耗，不管怎么说，STM32都是做这类装置的优良选择。

77.1.2 图像采集和存储部分

摄像头模块采用OV2640，相对于76xx系列摄像头模块，OV2640优势很明显，不需要FIFO，通过内部DSP压缩后

图77.3 STM32核心板

直接输出jpg图像数据。拿320像素×240像素RGB565图片举例，76xx模块输出的原始数据在150KB左右，而OV2640输出的JPEG数据只有4～6KB，虽然JPEG格式进行的是有损压缩，但图像质量还不错，传输JPEG图像取代原始数据带来的好处就更不用多说了。OV2640与STM32的连接方式如图77.4所示（其中USART3_RX是SDA，接第30脚PB11，USART3_TX是SCL，接第29脚PB10）。

由于要采用彩信发送，为了节省话费，尽量将6张图片全部放在1个彩信中，中国移动宣称彩信最大容量为100KB，这也限定我们只能使用OV2640输出的图像数据。

由于在事故发生时装置要调出之前拍摄的6张照片，单靠处理器内存压力很大，所以笔者把一个8GB Micro SD卡（有点浪费哦）插在Micro SD卡模块中，用来存储照片。

77.1.3 发送模块

为了保证装置在户外能够进行定位和发送彩信，笔者买了一张带200MB

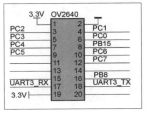

图77.4 OV2640与STM32连线图

全国流量和数十条彩信包的SIM卡。必不可少的还要有GSM/GPRS模块，通过在网上比较多种模块，最终选择了SIM900A模块，这是一个双频的GSM/GPRS模块，支持接打电话、接发短信、接发彩信、基站定位、GPRS功能，工作频段为EGSM 900MHz和DCS 1800MHz。SIM900A支持GPRS multi-slot class 10/class 8（可选）和GPRS编码格式（CS-1、CS-2、CS-3和CS-4）。SIM900A采用省电技术设计，在SLEEP模式下最低耗电流只有1mA（在没有事故发生时，模块一直处于睡眠状态，这点很重要）。SIM900A模块带一组RS-232电平接口，可以和计算机直接连接，也可以通过USB-TTL连接计算机，模块可以通过AT指令设置自己将读取到的每条指令写出，在串口调试助手上直观地显示出了模块接收到的每一条指令以及模块对应做出的回应，这一点对于测试非常方便。

此外，该模块内嵌TCP/IP，扩展的TCP/IP命令让用户能够很容易地使用TCP/IP，这些特点在数据传输应用时非常有用。但是笔者认为SIM900A模块有一点不完美，那就是在搜寻网络和上传数据时，模块的峰值电流将达到2A，所以一般的充电电池就不能满足需要了（不过近期网上已经出现了计算机USB口直接供电的模块，峰值电流下降到1A以下）。笔者开始寻找可输出大电流的充电电池，目光最初锁定在了航模用的11.1V锂电池上，但是其售价普遍偏高，并且还需要几乎与电池等价的平衡充电器配套。笔者转换目标，最终选择了1800mAh的12V聚合物锂电池，体积只有62mm×37mm×17mm，通过可调降压模块将电压从12V降到4V（SIM900A模块电压范围为3.5～4.5V），电流即可满足峰值需要，充电器是赠送的，省钱方便。

硬件连接示意图见图77.5。

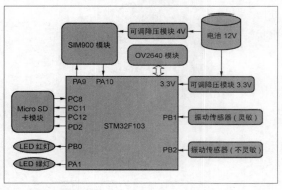

图77.5 硬件连接示意图

77.2 程序设计

77.2.1 OV2640模块部分

从OV2640获取图像数据，需要用到的信号线包括：8位数据总线Y2～Y9、帧同步信号VSYNC、行同步信号HREF、像素同步信号PCLK、SCCB总线SIO_C和SIO_D。图像数据输出的时序图如图77.6所示。

帧同步信号VSYNC是低电平有效，HREF是高电平有效。当引脚VSYNC为高电平时，表示一帧数据已经准备好。当由高电平变成低电平时，表明是一帧图像数据传输的开始。为了得到有效的像素数据，一般将HREF和PCLK连接一个与非门，使得在行信号无效时不输出像素同步信号，用其输出信号作为像素数据同步。

OV2640的初始化配置如下：

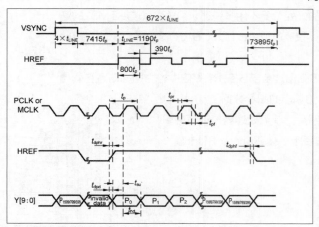

图77.6 OV2640数据时序图

```
OV2640_ReadID(&OV2640_Camera_ID);  /*读取OV2640 ID,测试硬件*/

OV2640_JPEGConfig(JPEG_320x240);  /*输出320像素×240像素JPG图片*/

OV2640_BrightnessConfig(0x20);  /*配置亮度,0x40:+2,0x30:+1,0x20:0,0x10:-1,0x00:-2*/

OV2640_BandWConfig(0x00); /* 设置黑白、彩色模式0x18:B&W,0x40:Negative,0x58:B&W negative,
0x00:Normal */

OV2640_CaptureGpioInit();  /*数据采集引脚初始化*/
```

OV2640在中断函数中，通过一个全局图像缓存区JpegBuffer存储每张图片数据，然后在存储程序中将数据写入存储卡，涉及的中断程序如下：

```
void EXTI15_10_IRQHandler(void)
{
  if(EXTI_GetITStatus(EXTI_Line15) != RESET)  //检查指定的EXTI0线路触发请求发生与否
  {
      EXTI_ClearITPendingBit(EXTI_Line15);//清除EXTI0线路挂起位
      JpegBuffer[JpegDataCnt++] = (u8)(GPIOC->IDR); //把图像数据存入JpegBuffer[]
  }
}
```

77.2.2 内存卡存储部分

SD卡的指令由6个字节组成，字节1的最高2位固定位01，低6位为命令号（比如CMD16，为10000,即16进制的0x10，完整的CMD16，第一字节为01010000，即0x10+0x40）。字节2～5为命令参数，有些命令是没有参数的。字节6的高7位为CRC值，最低位恒定为1，见表77.2。几个主要的命令见表77.3。

表77.2　SD卡命令格式

字节1			字节2～5	字节6	
7	6	5　　　0	31　　0	7　　1	0
0	1	command	命令参数	CRC	1

表77.3　SD卡主要命令

命令	参数	回应	描述
CMD0（0x00）	NONE	R1	复位SD卡
CMD8（0x08）	VHS+Check patter	R7	发送接口状态命令
CMD9（0x09）	NONE	R1	读取卡特定数据寄存器
CMD10（0x0A）	NONE	R1	读取卡标志数据寄存器
CMD16（0x10）	块大小	R1	设置块大小（字节数）
CMD17（0x11）	地址	R1	读取一个块的数据
CMD24（0x18）	地址	R1	写入一个块的数据
CMD41（0x29）	NONE	R3	发送给主机容量支持信息和激活卡初始化过程
CMD55（0x37）	NONE	R1	告诉SD卡，下一个是特定应用命令
CMD58（0x3A）	NONE	R3	读取OCR寄存器

所有主机与SD卡间的通信由主机控制，主机发送下述两类命令，对卡而言也有两类操作。

◆ 卡识别模式：在重置（reset）后，当主机查找总线上的新卡时，处于卡识别模式。重置后SD卡始终处于该模式，直到收到SEND_RCA命令（CMD3）。

◆ 数据传输模式：一旦卡的REC发布，将进入数据传输模式。主机一旦识别了所有总线上的卡，将进入数据传输模式。

有两种方式可对SD卡进行通信——SPI和SDIO，这里笔者采用的是SPI模式。在SD卡收到复位命令（CMD0）时，CS为有效电平（低电平），则SPI模式被启用。要注意，在发送CMD0之前，必须发送多于74个时钟脉冲，这是因为SD卡内部有个供电电压上升时间，而且还需要SD卡同步，在卡初始化时，CLK时钟最大不能超过400kHz。SPI模式下SD卡的操作流程如图77.7所示。对卡的基本读写操作命令有：数据块读命令READ_BLOCK(CMD17)、多数据块读命令READ_MULTIPLE_BLOCK(CMD18)和数据块写命令WRITE_BLOCK(CMD24)、多数据块写命令WRITE_MULTIPLE_BLOCK(CMD25)。

初始化步骤如下：

（1）初始化与SD卡连接的硬件条件（MCU的SPI配置，IO口配置）；

（2）上电延时（>74个CLK）；

（3）复位卡（CMD0），进入IDLE状态；

（4）发送CMD8，检查是否支持2.0协议；

（5）根据不同协议检查SD卡（命令包括：CMD55、CMD41、CMD58和CMD1等）；

（6）取消片选，发多8个CLK，结束初始化。

读取步骤如下：

（1）发送CMD17；

（2）接收卡响应R1；

（3）接收数据起始令牌0xFE；

（4）接收数据；

（5）接收2个字节的CRC，如果不使用CRC，这两个字节在读取后可以丢掉；

（6）禁止片选之后，发多8个CLK。

写操作步骤：

（1）发送CMD24；

（2）接收卡响应R1；

（3）发送写数据起始令牌0xFE；

（4）发送数据；

（5）发送2字节的伪CRC；

（6）禁止片选之后，发多8个CLK。

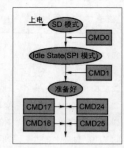

图77.7 SPI模式SD卡操作流程

在进行完SD卡初始化后，需判断SD卡初始化情况：

```
switch(SD_Init())
{
    case 0:  USART_SendString ("SD Card Init Success!\n"); break; //初始化成功
    case 1:  USART_SendString ("Time Out!\n");break; //错误,初始化时间过长
```

```
    case 99: USART_SendString ("No Card!\n");break;  //错误,没有SD卡
    default:  USART_SendString ("Oh Mygod\n"); break;  //错误,其他情况
}
```

只有在初始化成功后才可往下顺利执行SD卡程序。由于每张图片大小仅3KB,所以笔者选择通过SD卡直接向扇区写入和读取的方式来存储和调出图片数据,SD卡读取写入语句如下:

```
SD_WriteSingleBlock(30,send_data);//向扇区30写入512字节的数据(单个块)
SD_ReadSingleBlock(30,receive_data);//读出扇区30的所有数据(单个块)
SD_WriteMultiBlock(50,send_data,6);//从扇区50开始,写入6个扇区的数据(多个块)
SD_ReadMultiBlock(50,receive_data,6);//从扇区50开始,读出6个扇区的数据(多个块)
```

77.2.3 彩信部分

SIM900A模块与STM32之间通过串口通信,以下面两条程序接收STM32指令:

```
USART_SendString(unsigned char *p_STR);//发送字符串指令
USART1_Transmit(u8 ch_data);//发送单字节
```

SIM900A发送彩信的AT指令详见本文相关附件(可在本书下载平台(见目录)下载)。

77.2.4 基站定位部分

SIM900A自带的基站定位可通过"AT+CIPGSMLOC=1,1"指令返回经纬度信息,在STM32串口接收中断中提取出经纬度坐标:

```
for(i10=0;i10<8;i10++)
JingDu[i10] = UsartJieShou[34+i10];//从串口中断读取的经度值给JingDu[]
for(i10=0;i10<7;i10++)
WeiDu[i10] = UsartJieShou[45+i10];// 从串口中断读取的纬度值给WeiDu[]
```

77.2.5 待机模式部分

STM32有3种降低功耗的模式:睡眠模式、停止模式和待机模式,其中待机模式时1.8V内核电源关闭,最为省电。唤醒方法:当PA0有一个上升沿时,即可唤醒STM32。笔者将待机命令"Sys_Enter_Standby()"放在main函数的初始位置(当复位时,程序运行先判断有无小振动,以决定是否进入待机模式),笔者通过看门狗IWDG_ReloadCounter()来决定是否复位(当25s内出现小振动,喂狗一次,重新计时25s;若25s内无振动,程序复位,复位后1s仍无振动,执行最开始的待机命令;若有振动,跳过待机命令,装置正常运行)。待机函数如下:

```
void Sys_Enter_Standby(void) //待机模式
{
    RCC_APB2PeriphResetCmd(0x01FC,DISABLE);//复位所有I/O口
```

```
    Sys_Standby();
}
void Sys_Standby(void)
{
    RCC_APB1PeriphClockCmd(RCC_APB1Periph_PWR,ENABLE);//使能PWR外设时钟
    PWR_WakeUpPinCmd(ENABLE);//使能唤醒引脚功能
    PWR_EnterSTANDBYMode();
    PWR_STOPEntry_WFI);
}
```

77.3　软件推荐

在显示事故地点方面，需要手机软件的配合。这里笔者向大家推荐一款很好用的由国内创业公司开发的物联网平台——Yeelink。Yeelink是一个开放的通用物联网平台，主要提供传感器数据的接入、存储和展现服务，为所有的开源软硬件爱好者、制造型企业提供一个物联网项目的平台，使得硬件制造商能够在不关心服务器实现细节和运维的情况下，拥有交付物联网化的电子产品的能力。它有很多功能，感兴趣的读者可上网详细了解，这里仅对我用到的接入传感器设备这个功能进行描述。

它能够支持用户使用HTTP、MQTT或Socket等方式连入平台，支持以Json、XML等标准格式上传传感器的数据。在Socket模式下，还能提供传感器设备实时反向控制功能（即由Web或App远程控制接入设备），所有的数据存入和取回等API手册完全开放，并支持客户进行二次开发。利用这个功能，通过从SIM900A获取的经纬度，然后通过HTTP请求，与Yeelink平台建立连接，将经纬度信息上传到平台，平台同步更新手机App和计算机地图界面的坐标显示。手机界面如图77.8所示，计算机界面如图77.9所示。

图77.8　Yeelink手机软件界面

图77.9 Yeelink计算机界面

77.4 装置测试

笔者最初的构想是这个装置能够做得非常小，然后装在老人的帽子里，但是由于自己没有设计板子，而是直接将各个模块简单地固定在双面PCB上，所以原型的体积比较大，有待完善，最终作品如图77.10所示。笔者在院子里测试了一下效果，如图77.11所示。

图77.10 装置完成后的原型

图77.11 彩信发送事故前环境图片